George Smoot/Keay Davidson

Das Echo der Zeit

Auf den Spuren der Entstehung des Universums

Aus dem Amerikanischen übertragen
von Friedrich Griese

C. Bertelsmann

Dieses Buch ist 1993 unter dem Titel »Wrinkles in Time« bei William Morrow and Company, Inc., New York, erschienen.

Umwelthinweis:
Dieses Buch und der Schutzumschlag
wurden auf chlorfrei gebleichtem Papier gedruckt.
Die Einschrumpffolie (zum Schutz vor Verschmutzung)
ist aus umweltfreundlicher recyclingfähiger PE-Folie.

1. Auflage

Umschlaggestaltung: Design Team München
Satz: Uhl + Massopust, Aalen
Druck und Bindung: Wiener Verlag
Printed in Austria
ISBN 3-570-12253-0

Inhalt

Vorwort

Als 1992 bekannt wurde, daß der COBE-Satellit Falten im Gewebe der Raum-Zeit entdeckt hatte, nahm das allgemeine Interesse an der Entstehung und Entwicklung des Universums sprunghaft zu. Viele sprachen mich direkt darauf an, und mich erreichten zahllose telefonische und briefliche Anfragen, die ich, so gern ich es getan hätte, unmöglich einzeln beantworten konnte. Damals trat Keay Davidson mit dem Vorschlag an mich heran, ein Buch über dieses Thema zu schreiben. Er und sein Agent John Brockman sprachen mit verschiedenen Verlagen. Keay begann Material zu sammeln. Um viele der an mich gerichteten Fragen zu beantworten und den Hintergrund darzustellen, erweiterte ich die Thematik des Buches. Wir einigten uns darauf, es in der Ich-Form zu schreiben, damit es einen eher unterhaltsam-erzählerischen Charakter bekäme.

Bevor ich mit dem Buch begann, dachte ich, es würde ein schwieriges Unterfangen werden, weil ich nicht genügend interessantes Material anzubieten hätte. Als ich aber zu schreiben anfing, stellte sich schnell heraus, daß es genau umgekehrt war. Ich konnte mich vor dem interessanten Material, den vielen Anekdoten, Abenteuern und erhellenden Episoden nicht retten. Die wichtigen Themen und Konzeptionen, die behandelt werden mußten, nahmen kein Ende. Bald war ich bei einem Buchumfang von sechshundert Seiten angelangt – und hatte noch längst nicht alles gesagt.

Mein Koautor und die Lektoren machten mir klar, daß eine kürzere Fassung mehr Leser finden und dabei doch das Wesentliche vermitteln könnte, während ein dickeres Buch zwar mehr enthielte, aber wahrscheinlich weniger gelesen würde. Etliches mußte gestrichen, anderes umformuliert werden. Roger Lewin und Maria Guarnaschelli nahmen, beraten von Alan Sampson, Louis Audibert und anderen Lektoren, Kürzungen vor und machten aus dem Rohmanuskript ein richtiges Buch. So wurden sechs Ballonflüge auf anderthalb verkürzt; und mein Werdegang vom frischgebackenen Absolventen zum Forscher und Leiter eines Teams fiel ebenso fort wie die Beiträge meiner Kollegen und unsere gemeinsame Entwicklungsarbeit.

Ich muß zugeben, daß die Lesbarkeit des Buches dadurch gewonnen hat und der Leser dennoch genau erfährt, worum es bei der Forschung mit Höhenballons geht. (Als ich dieses Vorwort schrieb, war einige Tage zuvor von Palestine [Texas] aus der vierte Ballon mit den Meßgeräten des Millimeter Anisotropy Experiment [MAX] aufgestiegen. Nach einer nahezu lehrbuchreifen Landung erhielten wir unsere Geräte zurück, aber wieder waren einige der Faktoren im Spiel, die in diesem Buch beschrieben werden.)

Alle Beteiligten haben mit Rat und Tat dazu beigetragen, daß ein relativ schlankes und gut verständliches Buch entstanden ist, das dem Leser eine Vorstellung von der Kosmologie und der Durchführung von Beobachtungen gibt. Dafür mußten bestimmte Themen geopfert werden, so die menschliche Geschichte der Wissenschaft, in der Professoren und Doktorväter aus einem Studenten einen promovierten Kosmologen machen, der dann als Assistent zum Leiter eines Teams und schließlich Professor und seinerseits Doktorvater wird. Die genauen Details und die großen Anstrengungen, die damit verbunden sind, fallen gleichfalls unter den Tisch. Zwangsläufig kommen auch die Bemühungen der Forschungskollegen und Teammitarbeiter zu kurz, zum Beispiel die Ballonflüge und die zwanzigjährige Arbeit, die Hunderte von Mitarbeitern für COBE geleistet haben, und natürlich auch die Beiträge all der anderen Wissenschaftler, die auf diesem Gebiet tätig waren. In der Forschung, die ihrer Natur nach eine gemeinschaftliche kulturelle Aktivität ist, sind heute im allgemeinen Teams tätig, die ihre Ideen, ihre Beobachtungsergebnisse und ihre theoretischen Vorstellungen untereinander austauschen. Ich hoffe, daß die Kosmologie durch die vereinfachte Darstellung interessanter und leichter verständlich geworden ist.

Dieses Buch soll gute Lesbarkeit mit einer unverkürzten Beschreibung der wichtigsten Ideen der modernen Kosmologie verbinden. Einige neuartige Vorstellungen der Kosmologie werden dem Leser ein gewisses Umdenken abverlangen. Lassen Sie sich von Verständnisschwierigkeiten nicht entmutigen, sondern lesen Sie weiter; Sie werden den Hauptgedanken erfassen und zum nächsten Kapitel vordringen. Sie können die schwierigen Abschnitte auch nochmals lesen, um zu einem vertieften Verständnis zu gelangen. Wenn Sie das Buch zuklappen, werden Sie mit den wichtigsten Ideen der modernen Kosmologie vertraut sein.

Alles Gute für die Reise durch die erregende Geschichte der Entstehung und Entwicklung des Universums und unseres heutigen Weltbildes.

George Smoot
Berkeley, Kalifornien

Am Anfang

Ich war ein verborgener Schatz
und wünschte, erkannt zu werden:
darum schuf ich die Schöpfung,
um erkannt zu werden.

Schöpfungsmythos der Sufis

Der Anblick des Nachthimmels versetzt uns in Staunen. Ich habe meine Kindheit zum Glück in einer Gegend verbracht, wo man nachts ohne Schwierigkeiten den Himmel sehen konnte. Lebhaft erinnere ich mich noch an eine Heimfahrt von einem Verwandtenbesuch. Ich saß auf dem Rücksitz und beobachtete durch das hintere Fenster den Mond, der uns während der ganzen Fahrt durch die Landschaft folgte. Es sah so aus, als folgte er uns so, wie mein Hund hinter mir herlief, wenn ich unseren großen Hinterhof und die angrenzenden Felder und Wälder erkundete. Manchmal schien der Mond hinter einem Hügel oder einem Baum verschwunden zu sein, doch dann geriet er wieder ins Blickfeld. Ich fragte meine Eltern: Ist das hier eine besondere Gegend, daß der Mond ständig über uns wacht? Liegt es an uns oder an der Richtung, in die wir fahren? Wie ist es möglich, daß der Mond für alle Menschen auf der Welt derselbe ist? Ist der Mond so etwas wie der Weihnachtsmann? Meine Eltern erklärten mir, der Mond sei sehr groß und sehr weit entfernt, und die Hügel und Bäume, die dazwischentreten, seien im Vergleich dazu sehr klein – wie wenn du dir die Hand vor die Augen hältst und dann, wenn du den Kopf ein bißchen bewegst, gleich wieder sehen kannst. Dann erzählten sie mir von Erde und Mond im Zusammenhang mit den Gezeiten und Mondphasen. In jener Nacht veränderte sich mein Weltbild. Unser

Hof, der nahe Wald, meine Heimatstadt und selbst die lange, zweistündige Fahrt zu unseren Verwandten – das war bloß ein winziger Teil einer sehr viel größeren Welt. Mehr noch: Es hatte alles seinen Grund und seine Ordnung, eine Ordnung, die sich durch genau zusammenpassende Begriffe aufs schönste erklären ließ. Ich konnte nicht nur neue Dinge wie Tümpel und Kaulquappen entdecken, ich konnte auch herausfinden, woran es lag, wenn etwas geschah, wie es geschah und wie eines ins andere griff. Für mich war es, als käme ich in ein dunkles Museum, und dann ging ein Licht an. Es gab dort unglaubliche Schätze anzuschauen.

Jetzt, vier Jahrzehnte später, sitze ich in meinem Labor, und mir wird bewußt, daß ich lange in diesem Museum verweilen durfte, um nach Schätzen zu suchen und sie zu betrachten. Dieses Buch erzählt von der Suche nach einem solchen Schatz, auf den schließlich Licht fiel, einem Schatz, der für manche »der heilige Gral der Kosmologie« ist. Die Geschichte beginnt mit den ersten Betrachtungen der Menschheit über die Sterne und über unsere Ursprünge, und sie setzt sich durch die Jahrhunderte fort mit Beobachtungen, Spekulationen und Experimenten. Es geht dabei um das ganz Große und das ganz Kleine – galaktische Superhaufen und subatomare Teilchen. Es ist eine Geschichte, die mich in die Regenwälder Brasiliens und in die trostlosen, eisigen Ebenen der Antarktis führte, die mich den Zauber der Höhenballons und die Ernüchterung durch sie, das Rätsel der U-2-Spionageflugzeuge und schließlich das Abenteuer der Raumfahrt erleben ließ. Es ist meine persönliche Geschichte, aber auch die Geschichte vieler anderer in Vergangenheit und Gegenwart, die das älteste aller Rätsel zu beantworten suchten: Wie und warum ist das Universum entstanden, und welchen Platz nehmen wir darin ein?

Die Kosmologie wird definiert als »die Wissenschaft vom Universum«. Sie erlebt jetzt, da wir uns dem Ende des Jahrtausends nähern, eine herrliche Phase der Kreativität, ein goldenes Zeitalter neuer Beobachtungen und neuer Theorien, die unser Verständnis des Universums auf erstaunliche Weise erweitern – und unsere Ehrfurcht wachsen lassen. Doch das goldene Zeitalter der Gegenwart ist nur im Lichte der Vergangenheit richtig zu verstehen. Die wissenschaftliche Erkenntnis ist immer nur eine vorläufige, sie wird ständig verfeinert. Die Geschichte der Wissenschaft zeigt uns, daß einzelne Theorien nur eine Zeitlang gelten, um schließlich, wenn die Beobachtung ihnen widerspricht, verworfen oder korrigiert zu werden.

Die abendländische Kosmologie beginnt mit den Griechen, die vor zweieinhalb Jahrtausenden anfingen, den Kosmos systematisch zu beobachten. Aus ihr ging ein Bild des Kosmos hervor, das sich mit dem Namen des Aristoteles verbindet, ein Bild, das sich mit geringfügigen Modifikationen durch das Mittelalter hindurch bis in die Renaissance behaupten sollte. Aristoteles' Vorstellung vom Universum war eine ästhetische, die für die Theologie formalisiert wurde. Aristoteles zufolge versetzte der Erste Beweger (so nannte er den Schöpfer) im Augenblick der Schöpfung die Himmel in eine vollkommene, ewige Bewegung; die Sonne, der Mond, die Planeten und die Sterne waren für ihn an acht Kristallsphären befestigt, die um die Erde als ihren Mittelpunkt kreisten. Einen leeren Raum gab es nicht; alles war erfüllt von der göttlichen Präsenz. Jegliche Materie setzte sich aus den vier Elementen Erde, Wasser, Luft und Feuer zusammen. Die Sphären bestanden aus einer fünften Essenz, einer vollkommenen Substanz, die weder zerstört noch in etwas anderes verwandelt werden konnte – diese »Quintessenz« bezeichnete man als Äther. Die Himmel waren vollkommen und unwandelbar, während die Erde als gewöhnlich und vergänglich galt.

In der aristotelischen Kosmologie waren die Bewegungen der Himmelskörper kreisförmig – ein weiteres Merkmal der Vollkommenheit –, während die irdischen Dinge sich, wenn überhaupt, geradlinig bewegten. Der natürliche Zustand der Materie war der Ruhezustand.

Die aristotelische Kosmologie wies, wie Beobachter der Himmelskörper und der Erde feststellen konnten, Anomalien auf. So schienen die Planeten gelegentlich ihren Lauf zu verändern. Der Mars machte bisweilen halt und wechselte in die entgegengesetzte Richtung. Der alexandrinische Astronom Claudius Ptolemäus nahm, um gewisse Anomalien zu erklären, Modifikationen an der aristotelischen Kosmologie vor, und in dieser Form behauptete sie sich zweitausend Jahre lang, in denen sie von der christlichen Theologie übernommen und adaptiert wurde.

Das ptolemäische Bild des Universums

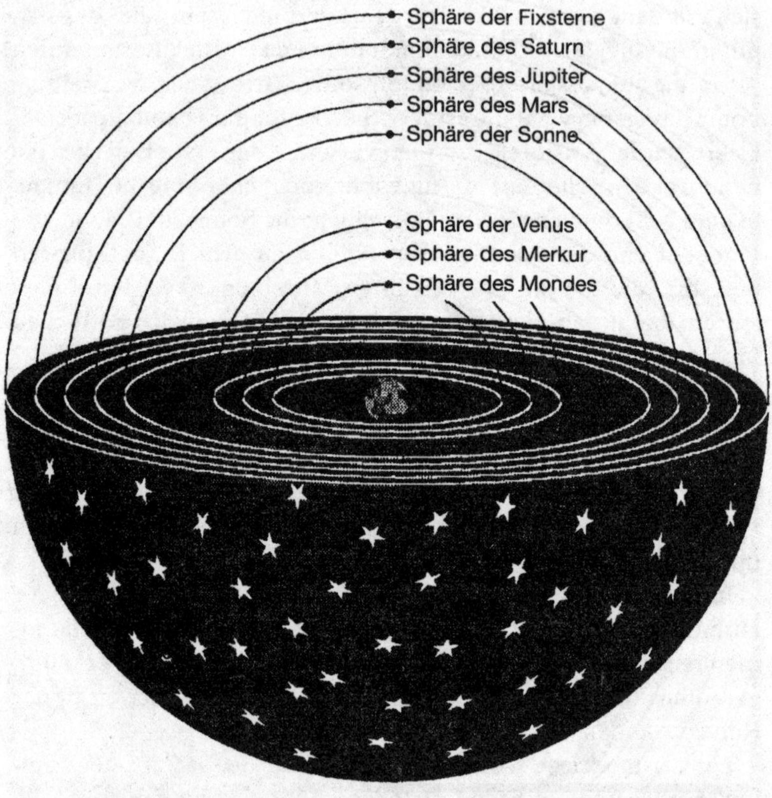

Vor zweieinhalb Jahrtausenden begannen die alten Griechen, ihre Beobachtungen der Welt zu kosmologischen Modellen zusammenzufassen. Wegen seiner ansprechenden Schönheit setzte sich schließlich ein Modell durch. Mit gewissen Korrekturen, die der ägyptische Astronom Ptolemäus (2. Jahrhundert n. Chr.) vornahm, um einige Himmelsbeobachtungen erklären zu können, blieb es vierzehn Jahrhunderte lang das Standardmodell der Kosmologie. [Christopher Slye]

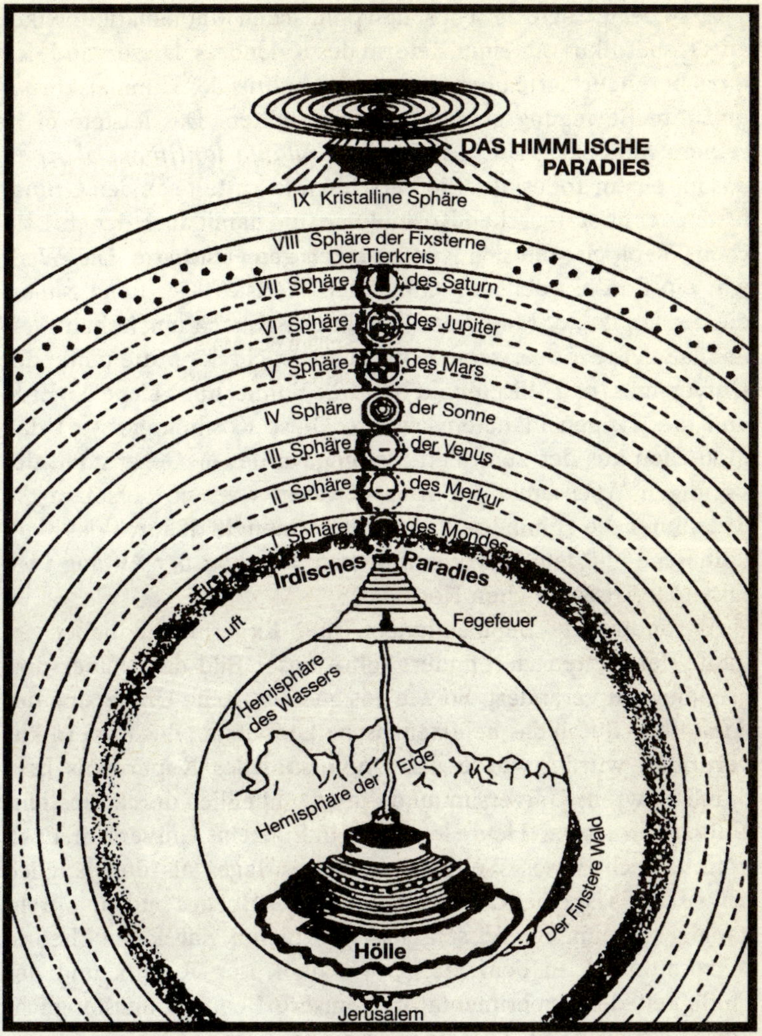

Das mittelalterliche Universum. Die Kosmologie war nicht das ausschließliche Reich von Wissenschaft und Philosophie, sondern schloß auch den Menschen und sein Pantheon ein. Diese Zeichnung aus einer englischen Ausgabe der Göttlichen Komödie *von Dante (1265–1321) zeigt die mittelalterliche Vorstellung vom Universum, in der die Theologie der katholischen Kirche mit der griechischen (ptolemäischen) Kosmologie vereint ist.*

1514 beauftragte der Papst den polnischen Mathematiker Nikolaus Kopernikus mit einer Reform des Kalenders. Dieser fand sich dazu bereit, erklärte aber, daß das Verhältnis der Himmelskörper und ihre Bewegung geklärt werden müßten. Das leistete er in seinem Werk *Sechs Bücher über die Umläufe der Himmelskörper*, das in seinem Todesjahr 1543 erschien. Es rüttelte an den Grundfesten der aristotelischen Kosmologie und damit auch der christlichen Theologie, die sich jene zu eigen gemacht hatte. Das Werk war ein Produkt der aufkommenden Weltsicht der Renaissance, die der Logik, der Mathematik und der Beobachtung hohen Wert beimaß. Die Erde sei, sagte Kopernikus, nicht der Mittelpunkt des Universums; den Mittelpunkt bilde die Sonne, um welche die Erde und die übrigen Planeten kreisen. Diese Kosmologie warf den Menschen aus der zentralen Stellung, in der er Gegenstand der ständigen Wachsamkeit Gottes gewesen war, sie versetzte die Erde unter die Himmelskörper und vermengte dadurch das Vollkommene mit dem Unvollkommenen. Das war der Anfang vom Ende des aristotelischen Kosmos.

Astronomische Beobachtungen und Experimente haben im Laufe der letzten vierhundert Jahre unser Bild des Universums grundlegend verändert. So wie das geozentrische Universum des Aristoteles durch das heliozentrische Universum des Kopernikus verdrängt wurde, wurde das Universum des Kopernikus bald durch Newtons Universum und dieses schließlich durch Einsteins Universum ersetzt. Heute leben wir in Einsteins Universum, doch könnte auch dieses Weltbild sich eines Tages als unzulänglich erweisen. Es ist einer der Gedanken dieses Buches und ein durchgängiges Thema der Wissenschaftsgeschichte, daß keine Theorie sakrosankt ist. In dem Maße, wie dank der Technik und der Findigkeit der Experimentatoren unsere Beobachtungsmöglichkeiten wachsen, müssen wir unsere Theorien den Dingen anpassen, die wir sehen.

Als ich 1970 mit der Kosmologie begann, vollzog sich ein Wandel in der Wissenschaft. Bis dahin waren Astronomie und Teilchenphysik den fundamentalen Fragen der Natur auf getrennten Wegen nachgegangen. Doch inzwischen hatte sich ein Zusammengehen dieser beiden Disziplinen angebahnt. Durch die gemeinsame Erforschung des unvorstellbar Großen (Astronomie) und des

Digges' unendliches Universum umringt das kopernikanische Sonnensystem

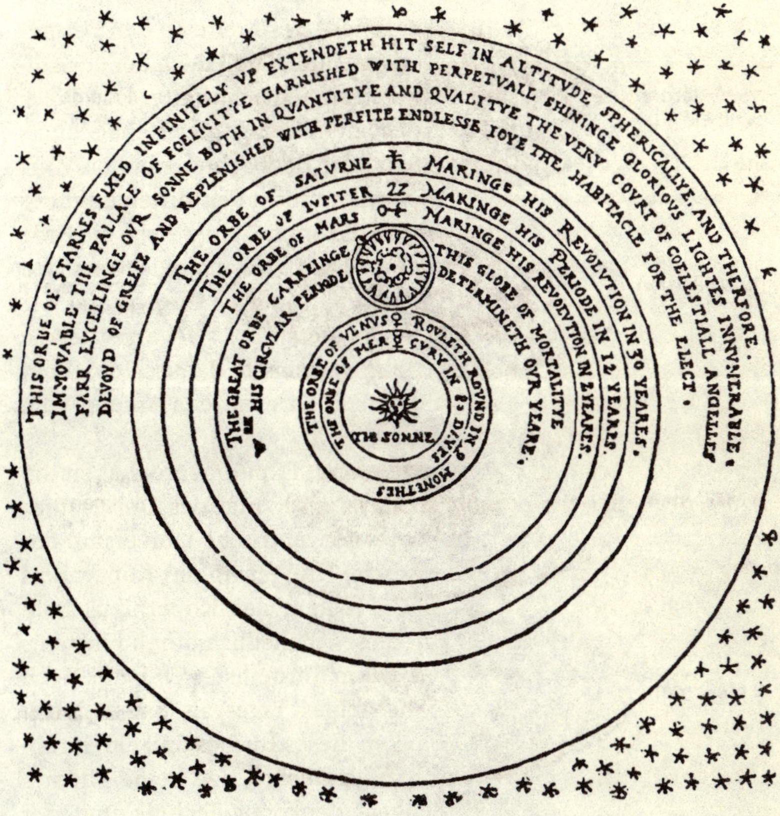

Das unendliche Universum von Thomas Digges. Nachdem Kopernikus (1473–1543) auf Bitten des Papstes den Kalender reformiert hatte, machte eine neue Kosmologie mit der Sonne im Mittelpunkt die Runde. Es war das Zeitalter der Erforschung der Erde (zum Beispiel durch die spanischen und portugiesischen Seefahrer) und des Himmels. Innerhalb eines Jahrhunderts wuchs die gemessene Größe des Sonnensystems um den Faktor 10 000. Die Vorstellung von einem kleinen, gemütlichen Universum wich 1576 einem sehr viel größeren System, als Thomas Digges (1543–95) diese Darstellung veröffentlichte, in der das kopernikanische System umgeben ist von einem sich ins Unendliche erstreckenden Bereich der Sterne.

Der Urknall: Ein expandierendes und sich entwickelndes Universum

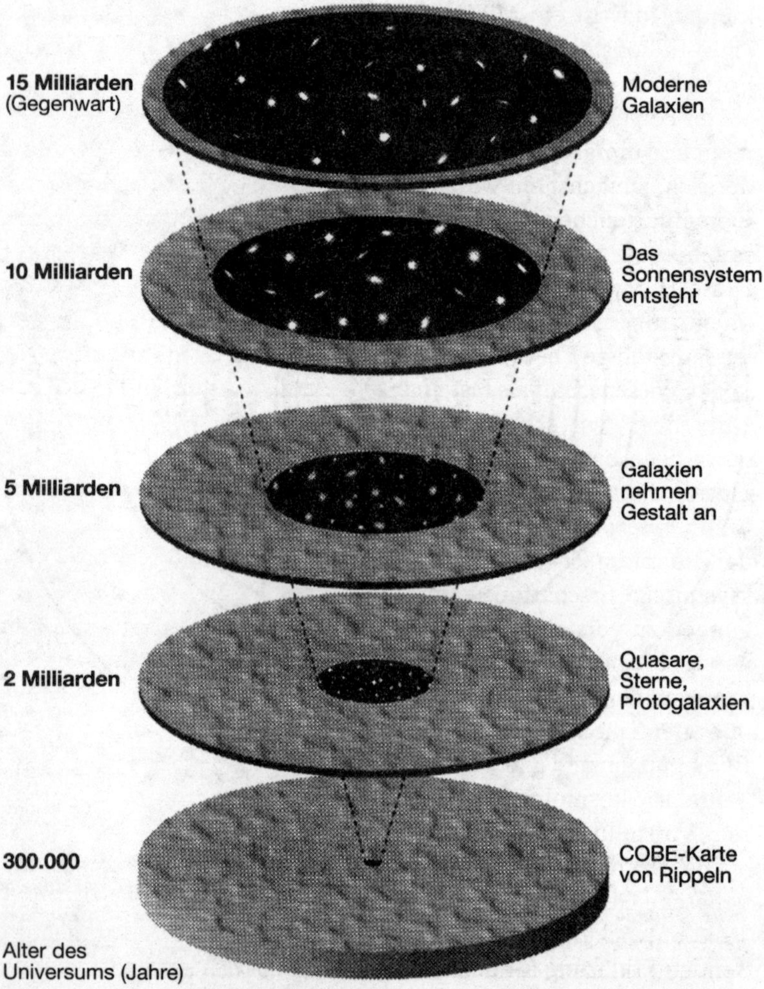

Nach der Urknalltheorie haben wir ein expandierendes und sich entwickelndes Universum. Wenn man in der Zeit zurückgeht, wird das Universum dichter und heißer und sein Inhalt jünger. Am Anfang gibt es nur Keime. [Christopher Slye]

unglaublich Kleinen (Teilchenphysik) besteht die Aussicht, daß der menschliche Wissensdrang einer Antwort auf die letzten Fragen näherkommt. In einem gewissen Sinne erfüllt sich diese Erwartung bereits, denn Theorie und Experiment erlauben uns den Rückblick auf eine kaum vorstellbar kurze Zeitspanne: 10^{-42} Sekunden (das ist ein Millionstel eines Billionstel eines Billionstel eines Billionstel einer Sekunde) nach dem Zeitpunkt, den wir als Entstehung des Universums annehmen.

Der Forschungsbereich der Kosmologie beginnt mit diesem Moment und umfaßt die anschließende Entwicklung unseres Kosmos, der sich, zunächst ein winziger Bruchteil eines Protons (eines der Elementarteilchen, aus denen sich die uns bekannte Materie zusammensetzt), zu einer praktisch unendlichen Weite ausdehnte. Diese Theorie vom expandierenden Kosmos wird gemeinhin Urknalltheorie genannt. Die Kosmologen betrachten sie als eine sehr leistungsfähige Theorie, und seit den letzten dreißig Jahren gilt sie in der Wissenschaft als fast unangefochten. Ihr zufolge begann das Universum, wie schon aus ihrem Namen hervorgeht, mit einer gewaltigen Eruption. Im Unterschied zu einer gewöhnlichen Explosion dehnte sich der Urknall jedoch nicht *in* einen bestehenden Raum *hinein* aus; vielmehr erzeugte er (und erzeugt noch immer) den Raum im Zuge seiner Expansion. Der Urknall war die kataklysmische Erschaffung von Materie und Raum. Um die Bedingungen zu verstehen, die den Urknall möglich machten, müssen wir unsere landläufigen Vorstellungen aufgeben, nach denen Materie und Energie, Zeit und Raum getrennte Dinge sind. Im Augenblick der Schöpfung existierte das Universum unter ganz anderen Bedingungen und gehorchte wahrscheinlich anderen Gesetzen als heute. Die kosmologische Realität entzieht sich gelegentlich unserem Vorstellungsvermögen.

Die Urknall-Kosmologie geht auf eine Idee zurück, die der belgische Geistliche Georges-Henri Lemaître zwischen 1927 und 1933 entwickelte; doch erst 1964 wurde die Theorie zur maßgebenden Erklärung für den heutigen Zustand des Universums. Damals entdeckten zwei amerikanische Radioastronomen ein Phänomen, das als das schwache Nachleuchten jenes kataklysmischen Urereignisses gedeutet werden konnte. Dieses Nachleuchten, eine allgegenwärtige Strahlung mit einer Temperatur von etwas weniger als drei Kelvin (drei Grad über dem absoluten Nullpunkt der Temperatur), bezeichnen wir als kosmische Hintergrundstrahlung; sie liefert uns einen verblaßten Schnappschuß vom Zustand des Universums, wie es rund dreihunderttausend Jahre nach dem Urknall war. In dieser Hintergrundstrahlung hofften meine Kollegen und ich die Falten der Zeit zu entdecken, den heiligen Gral der Kosmologie.

Eine der größten Herausforderungen für die Urknalltheorie bestand darin, zu erklären, wie die Materie über den ständig expandierenden Raum des Kosmos verteilt ist. Man kann sich vorstellen, daß sämtliche Materie gleichmäßig im Raum verstreut sein könnte, so daß das Universum eine homogene Gaswolke mit einer mittleren Dichte von einem Wasserstoffatom auf je zehn Kubikmeter bilden würde. (Zum Vergleich: Die Luft, die wir atmen, enthält $3 \cdot 10^{25}$ Atome pro Kubikmeter, hauptsächlich Stickstoff-, Sauerstoff- und Kohlenstoffatome, die alle massereicher sind als Wasserstoff.) Wäre das Universum heute, rund fünfzehn Milliarden Jahre nach seiner Entstehung, eine praktisch nicht endende Gaswolke, dann wäre der Nachthimmel unerbittlich schwarz, und wir wären nicht da und könnten ihn nicht beobachten. Doch schon aus unserer Existenz können wir schließen, daß irgend etwas in der Entwicklung des Universums die Materie zur Verdichtung brachte, so daß sie Sterne und Planeten und schließlich Leben bildete (nicht nur auf der Erde, sondern mit einer nahezu hundertprozentigen Wahrscheinlichkeit auch auf Millionen anderer Planeten, darunter einigen in unserer Milchstraße).

Man kann sich des weiteren vorstellen, daß Sterne wie unsere Sonne mit den sie umkreisenden Planeten gleichmäßig über das Universum verteilt sein könnten: eine gleichförmige Wolke aus zahllosen Milliarden Lichtpunkten am Nachthimmel. Wiederum wissen wir aus eigener Erfahrung, daß dies nicht der Fall ist. Unsere Sonne ist nur einer von hundert Millionen ähnlicher Sterne in einer riesigen, diskusförmigen, rotierenden Spiralgalaxie, der Milchstraße, die sich als dünner Streifen über den Nachthimmel zieht. Praktisch alle Sterne gehören solchen Galaxien an. Die Materie ist daher nicht nur zu Sternen zusammengeballt, sondern auch zu Ansammlungen von Sternen, zu Galaxien.

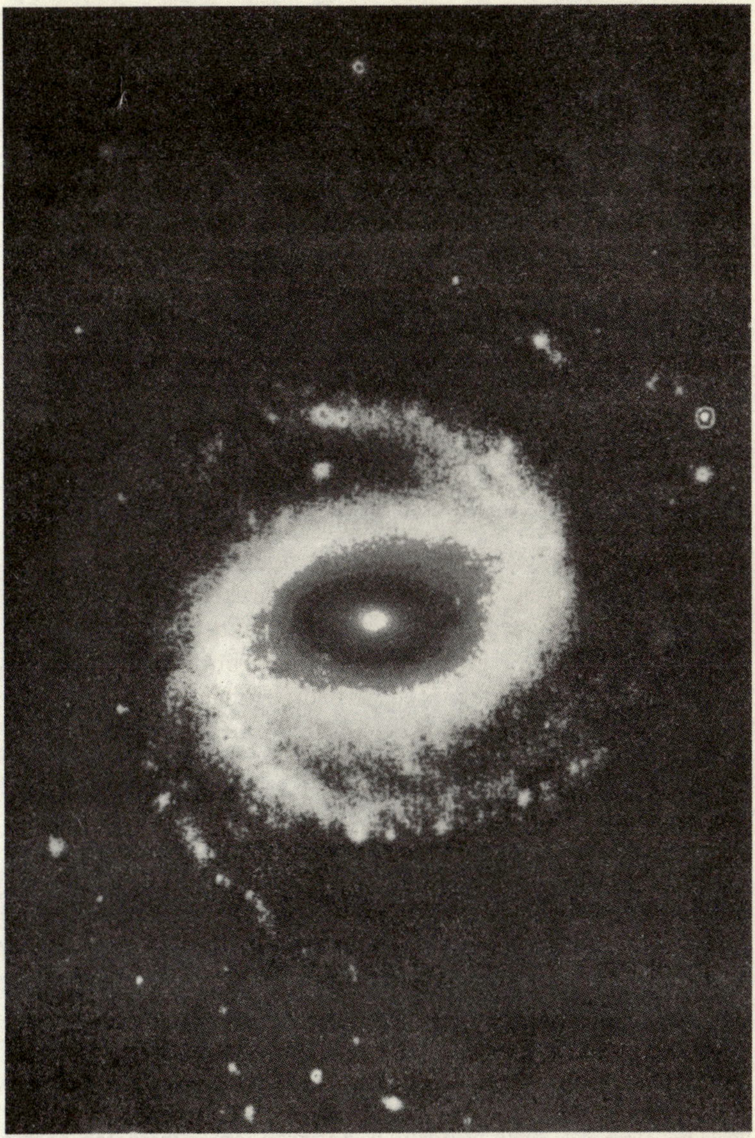

Ein Foto des Spiralnebels NGC 1232, der 65 Millionen Lichtjahre entfernt ist. Die sichtbare Materie ballt sich zusammen in Sternen, die zu riesigen Systemen, den Galaxien, zusammengefaßt sind. Wenn wir unsere Galaxis, die Milchstraße, von außen sehen könnten, würde sich vermutlich ein ähnliches Bild ergeben. [California Association for Research in Astronomy]

Wiederum kann man sich vorstellen, daß alle Galaxien, nachdem aus ihnen einmal durch die Kondensation der Materie eine Gemeinschaft von Sternen entstanden war, gleichmäßig über das Universum verteilt sein könnten: eine gleichförmige Wolke von verschwommenen Spiralen am Nachthimmel. Es ist eine bedeutende Entdeckung der neuen Kosmologie, daß auch dies nicht zutrifft. Galaxien sind oft zu Einheiten zusammengefaßt, nicht nur

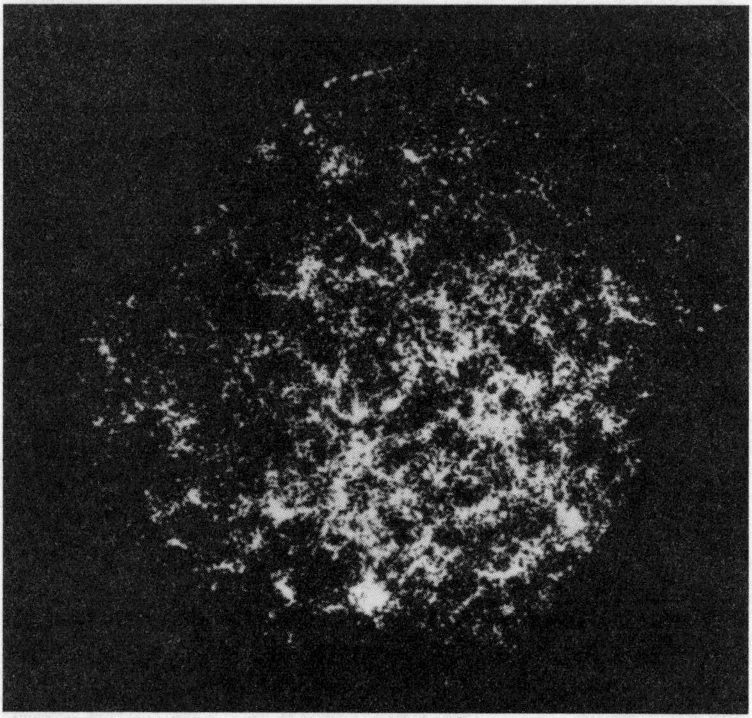

Die Millionen-Galaxien-Karte des Lick-Observatoriums: eine Darstellung der Lage von einer Million Galaxien, die eine Hemisphäre des Himmels einnehmen. Man beachte, daß die Galaxien nicht gleichmäßig oder zufällig verteilt, sondern organisiert sind. Sie treten in Haufen und Gruppen von Haufen auf. Es gibt kugelförmige Leerräume, an deren Oberfläche sich Galaxien befinden; und dort, wo die leeren Blasen sich schneiden, treten Haufen auf. Diese Verteilung entspricht der vom Seifenschaum. Die Materie ist organisiert auf einer Skala, die von den Sternen bis zu den größten beobachteten Systemen reicht. [Edward Shaya, James Peebles und R. Brent Tully]

zu Haufen aus Tausenden von Galaxien, sondern zu größeren Einheiten, den sogenannten Superhaufen, und zu noch größeren Strukturen, die sich über viele Millionen Lichtjahre erstrecken. Mit anderen Worten: Die Materie im Universum ist hochgradig strukturiert. Man kann sich das Universum vorstellen als einen aus Seifenblasen gebildeten Schaum, in dem die Wände der Blasen Konzentrationen von Galaxien und das Innere der Blasen riesige leere Raumvolumina darstellen.

Doch für den modernen Kosmologen ist die Struktur und die Bildung der sichtbaren Materie nur ein Teil des Rätsels. Gehen Sie heute nacht hinaus und schauen Sie, wenn Sie das Glück haben, daß der Himmel klar ist und kein Streulicht stört, tief in die Himmelsweiten hinein. Wenn Sie ein Fernrohr oder ein Teleskop benutzen, werden Sie einen funkelnden Nachthimmel sehen, wie ihn Galilei vor vier Jahrhunderten erblickte, einen Himmel, der Millionen von Sternen und Galaxien enthält, den Stoff der Schöpfung. Daran denken wir meistens, wenn wir vom Universum sprechen. Von wachsender Bedeutung für die Theoretiker ist jedoch das, was Sie *nicht* sehen. Wenn die moderne Kosmologie nicht irrt, machen die leuchtenden Sterne am dunklen Nachthimmel weniger als ein Prozent des Stoffs der Schöpfung aus. Der größte Teil der im Urknall geschaffenen Materie könnte uns vollkommen fremd sein: unsichtbar für unsere Augen und gänzlich außerhalb unserer physischen Erfahrung.

Dieses neue große Rätsel der Kosmologie hängt mit dem zentralen kosmologischen Forschungsgegenstand der letzten dreißig Jahre zusammen. Die Hintergrundstrahlung, 1964 entdeckt, schien die Urknalltheorie zu bestätigen. Doch eine entscheidende Frage blieb dabei offen: Wie kam es nach dem Urknall durch Kondensation des Stoffs der Schöpfung zur Bildung von Sternen, Galaxien, Galaxienhaufen und so weiter? Falls es den Urknall wirklich gegeben hat, müßten sich Hinweise auf die Strukturen, die wir im heutigen Universum beobachten, schon in den ältesten Überresten des furiosen Anfangs der Schöpfung finden. Diese Hinweise müßten sich in der kosmischen Hintergrundstrahlung finden.

Die Entdecker der Hintergrundstrahlung waren der Ansicht, daß diese Strahlung gleichförmig gewesen sei; aus welchem Teil

Die Struktur der Materie

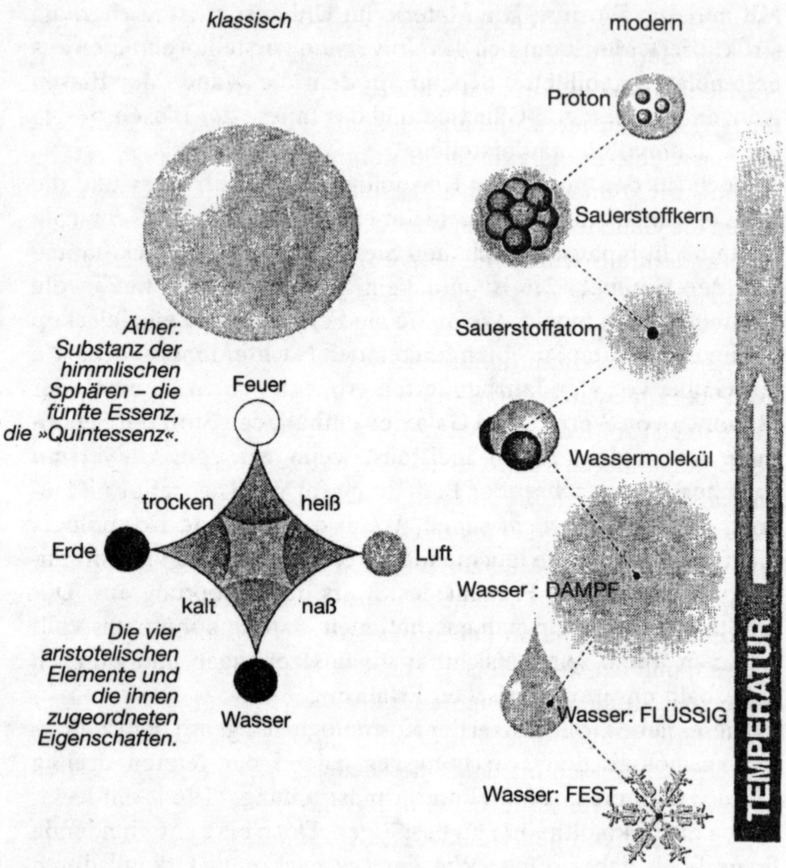

Unser modernes Bild von der Struktur der Materie unterscheidet – anders als das der alten Griechen – nicht zwischen himmlischer und irdischer Materie. Der vollkommene kristallene Äther der himmlischen Sphären wird ersetzt durch die Vorstellung, daß Materie und physikalische Gesetze hier wie dort dieselben sind. Nach unserer heutigen Vorstellung besteht die Materie aus einfachen Bausteinen, die sich zu immer komplizierteren Strukturen zusammenfügen. Mit jeder Stufe der Komplexität wird der Zusammenhalt zerbrechlicher. Steigt die Energie (z. B. die Temperatur), so zerfällt die Materie in einfachere Bausteine. Dies war die Richtung in der Physik. Umgekehrt ist das Universum aufgebaut – vom Einfachen zum Komplexen. [Christopher Slye]

des Universums sie auch kam – was sie entdeckten, war ein glattes Gewebe von Raum und Energie. Doch damit sich aus den Produkten des Urknalls Strukturen verdichten konnten, muß das glatte Gewebe winzige Falten besessen haben, Temperaturschwankungen, die durch Gebiete höherer Dichte hervorgerufen wurden. Nach der Urknalltheorie hätte Materie (bekannter und unbekannter Art) kondensieren und anschließend dank der Schwerkraft in solchen Gebieten galaktische Strukturen bilden können. Diese Falten – wir können sie auch als kosmische Samen bezeichnen, aus denen die Galaxien wuchsen – müssen von Anfang an dagewesen sein; andernfalls würde die moderne Kosmologie und besonders die Urknalltheorie in Schwierigkeiten geraten.

Als ich mein Studium am Massachusetts Institute of Technology (MIT) begann, waren meine Interessen breit gefächert. Ich interessierte mich für Medizin; es schien mir ein sinnvoller und erfüllender Beruf, anderen Menschen sowohl durch die ärztliche Behandlung als auch durch die interessante medizinische Forschung zu helfen. Schließlich brachten mich die Kurse, die ich belegt hatte, von dem geplanten Medizinstudium ab, und ich wählte Mathematik und Physik als Hauptfächer. Mit jedem Kurs und jedem Laborexperiment nahm der Stoff der Physik für mich mehr Gestalt an, und ich war gefesselt von der Schönheit ihrer Theorien. Im letzten Studienjahr wandte ich mich der Kernphysik zu, einer besonderen Stärke des MIT, die eine grundlegende Umkehrung des Trends, den ich bis dahin beobachtet hatte, darstellt, hin zu einer einfacheren, ästhetischeren Physik.

Ausgehend von den vier Grundelementen der Griechen, hatte die Wissenschaft das moderne Bild einer aus Atomen bestehenden Welt entwickelt. Bei niedrigen Temperaturen verbinden sich diese Atome zu sehr komplexen und komplizierten Strukturen. Wenn die Temperatur steigt, spaltet die höhere Wärmeenergie die verbundenen Atome in einfachere, symmetrischere Teile auf. So zerschmilzt die feste Schneeflocke zu Wasser, einer Flüssigkeit, die wiederum verdampft und zu Wasserdampf wird, einem Gas, das sich aus einzelnen H_2O-Molekülen zusammensetzt. Bei höheren Temperaturen zerfallen die Moleküle in einzelne Sauerstoff- und Wasserstoffmoleküle. Bei noch höherer Temperatur werden

den Atomen die Elektronen entrissen. Die Atome waren, wie die Wissenschaft herausgefunden hatte, in Wirklichkeit einfacher, als sie zu sein schienen; sie bestanden aus einer Wolke von Elektronen um einen winzigen dichten Kern, und dieser Kern bestand nur aus Protonen und Neutronen. Die Anzahl der Protonen bestimmte die Anzahl der Elektronen in der Atomwolke und damit die chemischen Eigenschaften des Atoms. Die Elektronen an der Außenseite der Atomwolke waren die Kontaktstellen, dank derer Atome sich zu Substanzen zusammenfügen konnten. Die Elektronen waren offensichtlich einfach: sehr leichte, punktförmige Teilchen, alle waren identisch und trugen eine Einheit der elektrischen Ladung.

So ergab sich ein wunderbar einfaches Bild: Jegliche Materie entsteht dadurch, daß nur drei einfache Teilchen – Elektron, Proton und Neutron – sich auf unterschiedliche Weise verbinden. Diese Verbindungen verbinden sich ihrerseits zu noch komplexeren Strukturen. Leider stellten die Kernphysiker fest, daß das Proton und das Neutron nicht so einfach sind wie das Elektron. Bei hochenergetischen Stößen wurden Scharen neuer Teilchen entdeckt. Es zeigte sich, daß die Kraft, die die Neutronen und Protonen im Kern zusammenhält (die starke Kernkraft), nicht annähernd so übersichtlich und einfach ist wie die elektrische Kraft, die die Elektronen bei den Atomen festhält, oder die Schwerkraft, die uns auf der Erde festhält. Bei hohen Energien schien die Physik durcheinanderzugeraten. Die starke Kraft war sehr kompliziert. Das war das Gegenteil des Bildes, das die Physik zu einer so schönen und fundamentalen Angelegenheit gemacht hatte. Im Idealfall sollte die Physik die Zahl der separaten Dinge, die man sich merken und die man erklären muß, verringern. Jetzt aber waren die Wechselwirkungen komplizierter geworden, und es gab eine Fülle von Teilchen, mit denen man nichts anfangen konnte.

Das stimmte mich auch im Hinblick auf die Urknalltheorie nachdenklich. Wenn es schon so schwierig war, die elementaren Kerne zu verstehen, wie konnte man dann hoffen, das Uratom von Georges-Henri Lemaître zu verstehen, dessen Kern so groß war wie das Sonnensystem? Bei nuklearen Dichteverhältnissen würde das Universum sehr kompliziert sein. Wie sollten wir je herausbekommen, wie das Universum begonnen hat?

Glücklicherweise warb Professor David Frisch mich dafür, die Untersuchung für meine Diplomarbeit in seinem Team durchzuführen. Dieses Team hatte an dem großen Beschleuniger des Brookhaven National Laboratory auf Long Island einen Detektor gebaut und eine Fülle von Daten gewonnen. Es ging um die Zerfallsprodukte, die entstehen, wenn die hochenergetischen Protonen des Beschleunigers mit Deuteriumkernen im Detektor zusammenprallen. (Der Kern von Deuterium oder schwerem Wasserstoff besteht aus einem Proton und einem Neutron.) In diesen Trümmern fanden sich die Spuren zahlreicher Teilchen. Die meisten dieser Teilchen waren so kurzlebig, daß sie mit annähernder Lichtgeschwindigkeit knapp oder noch nicht einmal eine Haaresbreite durchfliegen konnten, bevor ihr Leben zu Ende war und sie in andere Teilchen zerfielen. Frisch bat mich, diese Daten zu untersuchen. Ich fand dabei heraus, daß ein geheimnisvolles Teilchen, das Eta^0, in ungefähr jedem dritten Fall in drei leichtere Teilchen zerfiel, nämlich das Pi^0 (Pion), das sogleich in zwei Gammastrahlen (energiereiche Lichtquanten) zerfiel. Die Aufgabe war schwierig, denn ich mußte unter all den Trümmern sechs Gammastrahlen identifizieren und feststellen, ob sie aus der Zerfallskaskade stammten. Es war jedoch eine dankbare Aufgabe, die Bilder abzusuchen, die Spuren zu vermessen, die Eigenschaften und Wahrscheinlichkeiten zu berechnen und schließlich etwas über diese flüchtigen, exotischen Teilchen herauszufinden.

Meine Resultate fanden bei Frisch Anklang, und so lud er mich ein, zusammen mit Don Fox, der ebenfalls gerade sein Examen gemacht hatte, ein Experiment aufzubauen, um noch mehr kurzlebige Teilchen zu finden, die vielleicht zu K^0-Teilchen (Kaonen) zerfallen würden. Kaonen verhalten sich merkwürdig; sie haben eine rätselhaft lange Lebensdauer und legen daher, bevor sie zerfallen, makroskopische Distanzen zurück. Wir machten uns rasch an die Arbeit. Einige Jahre später führte ich für meine Doktorarbeit ein anderes Experiment durch, bei dem ich untersuchte, ob die Zerfälle dieser merkwürdigen Teilchen bestimmten Regeln gehorchen. Ich wollte damit vor allem feststellen, ob eine Veränderung der Strangeness eines Teilchens stets mit einer entsprechenden Veränderung der elektrischen Ladung einhergeht.

Für die Gemeinschaft der Teilchenphysiker war dies ein fundamentales Experiment, und bald standen wir – Dave Frisch, Orrin Fackler, Jim Martin, Lauren Sompayrac und ich – im Wettbewerb mit vier anderen Gruppen. Am Atomzertrümmerer von Brookhaven arbeiteten wir mit gewaltigen Magneten, Teilchenzählern und Bahndetektoren, und in unseren Labors und Büros standen Computer, die die Meßdaten analysierten. Während wir uns mit Feuereifer in dieses Experiment hineinknieten, befaßte sich die Gruppe von Jerome Friedman und Henry Kendall, die im angrenzenden Bürokomplex arbeitete, mit einem Experiment, bei dem die Größe und Form des Protons gemessen werden sollte. Sie arbeiteten mit dem Stanford-Elektronenbeschleuniger, weil Elektronen als einfache punktförmige Sonden für die komplizierten Protonen benutzt werden können. Wie James Bjorken, Theoretiker am Stanford-Beschleuniger, bewies, zeigte ihr Experiment, daß das Proton nicht fundamental ist, sondern sich aus kleineren Teilchen zusammensetzt, die sie Partonen nannten. Sie hatten herausgefunden, daß Protonen und Neutronen aus einfacheren, punktförmigen Teilchen bestehen, die wir heute als Quarks bezeichnen. Die Wechselwirkung dieser Quarks wird schwächer und einfacher, je dichter die Quarks gepackt sind und je höher ihre Energie ist. All die zusätzlichen Teilchen, welche die Physiker gefunden hatten, waren lediglich instabile Verbindungen von Quarks, die sich rasch in stabilere Verbindungen aufspalteten.

Das war umwerfend. Jetzt hatte ich das Gefühl, daß die Physik wieder auf dem richtigen Weg war. Bei höheren Energien werden die Dinge weniger kompliziert und symmetrischer. Jetzt mußte dem Urknall leichter beizukommen sein. Je mehr man sich dem Anfang des Universums näherte, desto einfacher und leichter wurde die Physik. Ich konnte mir jetzt ohne weiteres vorstellen, daß der gesamte Inhalt des Universums auf ein Gebiet kleiner als ein Proton komprimiert war. Wenn man zu Lemaîtres Urkern kommen will, muß man einfach weitermachen. Die Protonen und Neutronen lösen sich auf in eine Suppe von Quarks. Wenn die Quarks wirklich punktförmig oder zumindest sehr, sehr klein sind, dann ist es kein Problem, sie auf ein Gebiet von der Ausdehnung eines Protons zusammenzudrängen. Wenn sehr viele Quarks zusammengepackt sind, leisten sie weniger Widerstand, als wenn nur drei im Volumen eines Protons vorhanden sind. Allerdings erfordert diese Kompression eine unvorstellbar hohe Temperatur.

Diese Erkenntnisse und die Tatsache, daß die experimentelle Teilchenphysik gewaltigen Zulauf hatte (wodurch die Chancen des einzelnen, sich auszuzeichnen, sanken), veranlaßten mich 1970, zur Kosmologie überzuwechseln. Als ich in dem Fach anfing, war die Urknalltheorie bereits tonangebend, doch der Urknall als solcher – das kataklysmische Ereignis, die Erzeugung sämtlicher Materie und die Bildung der Galaxien – erschien mir fast wie etwas Mystisches. Ich weiß noch, daß ich des öfteren den Nachthimmel betrachtete und mir überlegte, daß der Urknall genauso schwer – oder vielleicht sogar noch schwerer – zu schlucken war wie die Vorstellung, daß Atlas die Welt auf seinen Schultern trägt und Erdbeben auslöst, wenn er, um sich kurz zu entlasten, seine Stellung wechselt. Zwanzig Jahre später erscheint er mir bisweilen immer noch wie etwas Mystisches, nicht weil er unwissenschaftlich wäre, sondern weil er etwas so Bedeutsames für die menschliche Seele darstellt.

Dies empfinden auch andere so. Ein Zeichen dafür sind häufige Zeitungsberichte über die Urknalltheorie, in denen man lesen kann, daß sie durch neue Beweise gestützt wird oder bedroht ist oder daß sie aus Mangel an Beweisen keine Bestätigung findet. Wenn die Gesellschaft einer wissenschaftlichen Theorie so große Aufmerksamkeit schenkt, spricht das dafür, daß diese Theorie mythische Kräfte hat. Die Menschen wissen, daß es um Wissenschaft geht, aber sie möchten mehr dahinter sehen. Beim Jahreskongreß der Amerikanischen Vereinigung zur Förderung der Wissenschaften, der 1993 in Boston stattfand, gab es beispielsweise eine Sitzung zu dem Thema »Die theologische Bedeutung der Urknall-Kosmologie«, in der Wissenschaftler und Theologen nach Verbindungen zwischen der fundamentalen Lehre vom Urknall, wie sie von der aktuellen Theorie beschrieben wird, und der christlichen Schöpfungsgeschichte suchten. Zwischen dem Urknall als Ereignis und der christlichen Vorstellung von einer Schöpfung aus dem Nichts gibt es zweifellos Parallelen. (In der Bibel kommt die Schöpfung aus dem Nichts nicht vor, sie wurde vielmehr später formuliert, um die gnostische Lehre zu verbannen, daß die Materie böse sei, das Werk eines niedrigeren Wesens, nicht das Werk Gottes.) Es ist von nicht zu unterschätzender Bedeutung, daß Papst Pius XII. 1951 im Hinblick auf die Urknalltheorie und sie stützende empirische Belege erklärte: »Wissenschaftler beginnen, in der Erschaffung des Universums die Hand Gottes zu erkennen.«

Die Suche nach seinen Ursprüngen hat den Menschen seit jeher umgetrieben. Überall stößt man auf Schöpfungsmythen, und im Altertum waren Vorstellungen vom Kosmos oft für alle Lebensbereiche – wie etwa den religiösen, politischen und militärischen – von zentraler Bedeutung. Es nimmt daher nicht wunder, wenn der Urknall auch in unserer modernen, säkularisierten Welt vielfach die Dimensionen eines Mythos annimmt.

Unter wissenschaftlichem Aspekt ist die Urknalltheorie eine starke Theorie, die die Entstehung und Entwicklung des Universums zu erklären vermag. Doch unser Verlangen nach der Erkenntnis des Universums reicht viel tiefer als die Geschichte der Wissenschaft und ihrer rationalen Methoden. Joseph Campbell, der bedeutendste Interpret der Mythologie, drückt es so aus: »In einer Schöpfungsgeschichte suchen wir Menschen nach einer Möglichkeit der Welterfahrung, die uns Zugang zu dem Transzendenten verschafft, das uns erfüllt und uns zugleich formt. Das brauchen die Menschen. Danach verlangt die Seele.« Die Gesellschaft dürstet sowohl nach Wissenschaft wie nach Mythologie. In der Urknalltheorie verbinden sich beide aufs innigste.

Auf den folgenden Seiten beschreibe ich die Wege, die andere gegangen sind auf der Suche nach der Erkenntnis, warum das Universum so ist, wie es ist. Ich berichte von den heroischen Bemühungen, die zur Entwicklung jener bemerkenswerten Schöpfungsgeschichte beitrugen, die wir Urknalltheorie nennen. Und ich schildere das Abenteuer, das meine Kollegen und ich erlebten bei der Suche nach den Falten in der Zeit, jenem fernen Echo von den Anfängen der Galaxien-Bildung.

Der dunkle Nachthimmel

Im Winter 1984 hielt ich mich eine Woche in Rom auf. Ich nahm an einem wissenschaftlichen Workshop über das frühe Universum teil und traf mich mit R. Mandolesi, G. Sironi, L. Danese und G. De Zotti von den Universitäten Bologna, Mailand und Padua. Vier Jahre lang hatten wir gemeinsam die Intensität der kosmischen Hintergrundstrahlung gemessen, und dieses Projekt war zu einem wesentlichen Teil meiner kosmologischen Forschungstätigkeit geworden. Ich war bereits mehrmals in Italien gewesen, hatte aber immer noch nicht den Schiefen Turm von Pisa gesehen. Jetzt nahm ich mir den Abstecher dahin ernsthaft vor.

Ich konnte das Ende der Konferenz kaum abwarten, mietete mir am Freitagmittag ein Auto und machte mich auf den Weg in das rund zweihundertsechzig Kilometer nordwestlich von Rom gelegene Pisa, die nah am Meer gelegene alte Stadt in der Toskana. Zwar fuhr ich so schnell, wie ich es auf den italienischen Straßen verantworten zu können glaubte, aber bei meiner Ankunft brach schon die Dämmerung herein, und ich fürchtete, den Turm nicht mehr besteigen zu können. Bei einer Tankstelle im Süden der beeindruckenden, von einer Mauer umgebenen Stadt erkundigte ich mich in gebrochenem Italienisch nach dem Weg zum »Schiefen Turm von Pisa«. *»Ah, Piazza dei Miracoli!«* entgegnete der Tankwart geradezu ehrfurchtsvoll. In der Annahme, daß wir beide dasselbe meinten, folgte ich seinem Hinweis, die Stadt außerhalb der Mauer zu umfahren und durch das nordwestliche Tor zu betreten.

Hastig parkte ich den Wagen und eilte durch das Tor, obwohl mir inzwischen klar war, daß ich den Turm nur noch von außen würde sehen können. Da war sie, die Piazza – der Dom lag direkt vor mir, hinter ihm erhob sich der Schiefe Turm, und zwischen beiden ging der Vollmond auf, dessen Licht auf dem weißen Marmor des Turms schimmerte. Es war eine der seltenen Situationen, wo hohe Erwartungen noch von der Wirklichkeit übertroffen werden. Die Architektur, das dunkelgrüne Gras und der im Mondlicht glänzende weiße Marmor gaben ein atemberaubendes Bild ab, das ich nie vergessen werde. Jetzt wußte ich, warum der Platz *Piazza dei Miracoli* heißt, Platz der Wunder.

Die glanzvolle, außergewöhnliche Architektur Pisas ist schon an sich Grund genug für einen Besuch. Für mich gab es aber auch noch einen anderen Grund. Der Legende zufolge führte Galileo Galilei (1564–1642) auf dem Schiefen Turm ein Experiment durch, das zur Grundlage der modernen Physik und der modernen Kosmologie wurde. Es heißt, er habe zwei Objekte von unterschiedlicher Masse vom Turm herabfallen lassen, um herauszufinden, ob sie gleichzeitig unten ankamen. So war es, und damit war bewiesen, daß alle fallenden Objekte ungeachtet ihrer Masse die gleiche Beschleunigung erfahren.[1] Galilei war nicht nur der erste experimentelle Physiker, der das Studium der Bewegung aus der abstrakten Philosophie in die konkrete Wissenschaft überführte, er war auch der erste Astronom, der ein Fernrohr auf den Himmel richtete. Daß der aufgehende Mond am Himmel stand, als ich auf der Piazza ankam, war daher im doppelten Sinne passend: Wir verstehen seine Bewegung dank der Newtonschen Physik, die aus Galileis Experimenten hervorging, und wir kennen seine Oberfläche dank Galileis bahnbrechenden Beobachtungen mit einem Fernrohr.

Als Kind las ich von Galileis Turmexperiment, und ich war von seiner Einfachheit und seiner durchschlagenden Wirkung begeistert. Galilei wurde für mich zu einer mythischen Gestalt, zu einem wahren Helden in dem langwierigen Bemühen der Wissenschaft, die Welt zu verstehen. Ich weiß, daß einige Historiker die Legende für unverbürgt halten, doch ich glaube daran. Galilei wußte im voraus, daß das Experiment klappen würde, denn er hatte dessen wissenschaftliches Prinzip anhand von Kugeln unterschiedlicher Masse, die er eine schiefe Ebene hinunterrollen ließ, erprobt. Sie bewegten sich dort langsamer abwärts als Kugeln, die von einem Turm herunterfallen, so daß ihre Bewegung leichter zu messen war.

Man kann sich unschwer vorstellen, wie Galilei seine Erkenntnis in Szene setzte und ein Ergebnis vorführte, das er im voraus kannte, indem er vor einem ungläubigen Publikum Kugeln von dem berühmten Turm herunterfallen ließ. Das muß ein gewichtiges anschauliches Argument für ein elementares Gesetz der Naturwissenschaft und ein Schlag für seine an der Universität lehrenden aristotelischen Kollegen gewesen sein. Bald darauf mußte Galilei das muffige Pisa verlassen; er ging an die Universität Padua, wo ein offeneres Klima herrschte.

Als ich am nächsten Morgen den Turm erklomm und an der Stelle stand, an der Galilei wahrscheinlich gestanden hat, begriff ich, daß dieses Experiment unwiderstehlich gewesen sein muß. Ich verließ den Turm und ging zum Dom hinüber, wo mich ein Wärter ins Innere führte und nach oben deutend sagte: »Lanterna di Galileo«. Von der hohen Decke hing eine Lampe herab, die Galilei in den 1580er Jahren während der Teilnahme an Gottesdiensten beobachtet hat. Es heißt, er habe dafür sorgen müssen, daß die Lampe brannte, und deshalb behielt er sie genau im Auge. Er achtete aber nicht nur auf die Flamme. Er studierte damals Medizin, und so nutzte er seinen regelmäßigen Pulsschlag, um zu messen, wie lange die Ausschläge der vom Luftzug in Schwingungen versetzten Laterne dauerten. Der gesunde Menschenverstand sagt einem, daß ein weiterer Ausschlag länger dauert. Galilei beobachtete jedoch, daß jeder Ausschlag ungeachtet seiner Amplitude von gleicher Dauer war. Er hatte das Pendelgesetz entdeckt. Das veranlaßte ihn zu Experimenten, durch die er mehr über Bewegung und Trägheit herausfand.

Die Philosophie hatte bis ins späte sechzehnte Jahrhundert hinein abstrakte, idealisierte Vorstellungen von der Natur entwikkelt, die von der physikalischen Realität vollkommen losgelöst waren. Das war für Galilei unbefriedigend; er wollte durch Experimente und Beobachtungen die Gesetze der Natur erkennen. Er baute sich ein Fernrohr, durch das er die Phasen der Venus beobachtete (was ihm einen direkten Beweis für die Theorie des Kopernikus lieferte, daß die Planeten die Sonne umkreisen). Galilei sah Satelliten, die den Jupiter umkreisen (ein weiterer, indirekter Beweis für die kopernikanische Lehre, da sich zeigte, daß nicht alle Himmelskörper die Erde umkreisen und das Jupitersystem einem Sonnensystem en miniature ähnelte); er erkannte zahllose

Galileo Galilei, auf dessen Erkenntnissen die Physik Newtons aufbaute. [Yerkes Observatory]

Sterne in der Milchstraße (ein Beweis dafür, daß das Universum sehr viel größer war, als man damals glaubte); und er entdeckte Krater und Berge auf dem Mond sowie ausgedehnte flache Ebenen, die er (fälschlich) für Meere hielt. Die an die Erde gemahnenden Erscheinungen unter den Himmelskörpern und die von ihm erspähten Flecken auf der Sonne bewiesen, daß die Himmel nicht so »vollkommen« waren, wie die damalige Theologie lehrte. Vielleicht war der himmlische »Äther« ein Mythos; vielleicht bestanden Erde und Himmel aus dem gleichen »Stoff«, der denselben Bewegungsgesetzen gehorchte. (Dank dieser Einsichten konnte Newton den Zusammenhang zwischen einem fallenden Apfel und dem kreisenden Mond erkennen.) Damit brachen die mittelalterlichen Schranken zwischen Himmel und Erde, zwischen Äther und Materie zusammen. Unter Galileis genialem Blick wurden Physik und Astronomie gewissermaßen zu einem einzigen Fach. Es war die großartigste Vereinigung zweier Naturwissenschaften bis zum späten zwanzigsten Jahrhundert, als Kosmologie und die quantentheoretische Teilchenphysik zu verschmelzen begannen.

Galileis Schriften wurden von der Kirche zunächst geduldet, obwohl sie die geltende Lehre bezüglich des Universums in Frage stellten. Als er jedoch seine Ideen und Beobachtungen in Büchern (wie dem *Sternenboten*), die in italienischer Sprache (also nicht im akademischen Latein) verfaßt waren, für ein breites Publikum herausbrachte, wurden die Kardinäle nervös. 1633 zwang ihn die Inquisition, seine Ansichten auf den Knien zu widerrufen. Er soll, als er sich zum Gehen wandte, gemurmelt haben: »Und sie [die Erde] bewegt sich doch.« Er wurde zu Hausarrest verurteilt, dann erblindete er, und 1642 starb er.[2] Gleichwohl wurde er schließlich in der Kirche Santa Croce in Florenz neben anderen Größen wie Machiavelli, Michelangelo, Dante und Rossini beigesetzt. Santa Croce ist eines meiner bevorzugten Wanderziele. Dort finden sich außerdem phantastische Malereien, Skulpturen und architektonische Kostbarkeiten (darunter Brunelleschis Pazzi-Kapelle). Doch das Wichtigste ist: Die Kirche ist nur ein paar Straßenecken von Vivolis Gelateria entfernt, wo man das beste Eis der Welt bekommt.

Galileis Experimente, die Beobachtungen des dänischen Astronomen Tycho Brahe (1546–1601) und die theoretischen Überlegungen des deutschen Astronomen Johannes Kepler (1571 bis 1630) ebneten den Weg für Newtons Physik. Mit ihr beginnt das, was an wissenschaftlichen Erkenntnissen in diesem Buch beschrieben wird. Newtons Gleichungen finden zahllose Anwendungen, von der Modellierung der Bildung galaktischer Superhaufen bis zur Darstellung der Umlaufbahnen von Satelliten. Wenn Einstein der Vater und Newton der Großvater der modernen Kosmologie war, dann war Galilei bestimmt ihr Urgroßvater. Jedes dieser drei Genies hat in seiner Zeit eine geistige Revolution ausgelöst und unser Bild vom Universum einschneidend verändert. Das Universum, wie man es zu Galileis Zeit wahrnahm, war endlich und statisch. Dank Newtons Gesetzen der Bewegung und der Schwerkraft und dank Einsteins spezieller und allgemeiner Relativitätstheorie haben wir das Universum als unendlich und dynamisch aufzufassen gelernt.

Isaac Newton, der mit seiner Theorie der Gravitation und seinen Bewegungsgesetzen nichtsahnend die Möglichkeit eines expandierenden Universums »entdeckte«. [Yerkes Observatory]

... was hindert die Fixsterne daran,
auf einen Haufen zu stürzen?

Isaac Newton, Opticks (1704)

Die Idee eines unendlichen Kosmos schockierte die herrschende Orthodoxie, die fest in der Theologie gegründet war. Der alte christliche Kosmos war klein und anheimelnd gewesen; im Mittelpunkt der Schöpfung stand der Mensch, über dem Gott und die Engel wachten. Doch gegen Ende des siebzehnten Jahrhunderts hatte die Möglichkeit eines unendlichen Universums unter den Gebildeten breite Aufmerksamkeit gefunden. Die Kosmologie des Kopernikus lieferte einen stichhaltigen wissenschaftlichen Grund zu der Annahme, daß der Kosmos sehr viel größer sei, als man je geahnt hatte, vielleicht sogar unendlich.

Die Möglichkeit eines riesigen, vielleicht unendlichen Universums wurde 1576 von dem englischen Autor Thomas Digges diskutiert. Er nannte die »Welt der Fixsterne unendlich weit... unzählig die ewig scheinenden herrlichen Lichter, die unsere Sonne an Quantität und Qualität weit übertreffen«. Stärker in Erinnerung geblieben ist der mutige, schroffe italienische Mönch Giordano Bruno, der behauptete, es gebe »unzählige Sonnen und eine unendliche Zahl von Erden, die um diese Sonnen kreisen«. Obendrein vertrat Bruno radikale politische Ansichten, was in jenen Zeiten der Reformation und Gegenreformation taktisch unklug war. Im Jahre 1600 wurde er auf dem Scheiterhaufen verbrannt.

Wenn Bruno recht hatte, war die Erde nur ein Planet, der einen Stern unter unzähligen Sternen umkreiste. Man kennt die Geschichten von pazifischen Inselbewohnern, die völlig verwirrt waren, als sie erfuhren, daß es jenseits ihrer Gestade andere Länder gibt. Genauso empfanden viele Europäer, als sie im siebzehnten Jahrhundert zur Milchstraße emporblickten, jenem neuentdeckten Meer von Sonnen, und sich vorstellten, daß zahllose Welten um diese Sonnen herumwirbeln. Der französische Mathematiker Blaise Pascal brachte das Gefühl vieler Zeitgenossen zum Ausdruck, als er schrieb: »Das ewige Schweigen dieser unendlichen Räume erschreckt mich.«

Die kopernikanische Wende erreichte ihren Höhepunkt, und zugleich fand ein unendliches Universum schließlich Anerkennung, als Newton seine *Principia* veröffentlichte. Isaac Newton (1642–1727), im Todesjahr Galileis geboren, war der einflußreichste Wissenschaftler seit Kopernikus, und nur Einstein kann sich mit ihm messen. Newtons Gesetze der Bewegung und der universalen Gravitation hatten eine tiefgreifende Auswirkung auf die Wissenschaft und zählen zu den folgenschwersten Verallgemeinerungen, die der menschliche Geist jemals formuliert hat. Newton zeigte in den *Principia*, daß die neue Kosmologie durch die neuen Bewegungsgesetze physikalisch erklärt werden konnte. Er hatte aus Galileis Versuchsergebnissen und Keplers theoretischen Überlegungen zu den Planetenbewegungen drei Bewegungsgesetze abgeleitet.

Newtons Bewegungsgesetze lauten: 1. Ein bewegter Körper behält seine gleichförmige Bewegung bei, bis er abgelenkt wird (dies ist das Trägheitsprinzip). 2. Die Bewegungsänderung eines bewegten Objekts hängt ab von der auf das Objekt einwirkenden Kraft, geteilt durch die Masse des Objekts. 3. Für jede Aktion (Kraft) gibt es eine dem Betrag nach gleiche, entgegengesetzte Reaktion (Gegenkraft). Newtons Gravitationsgesetz lautet: Die Stärke der Schwerkraft zwischen zwei Körpern ist proportional dem Produkt ihrer Massen, und sie nimmt mit dem Quadrat der Entfernung zwischen ihnen ab. Wenn sich zum Beispiel der Abstand zwischen zwei Massen verdoppelt, wird die gravitative Anziehung zwischen ihnen zu einem Viertel, wenn die Distanz sich verdreifacht, zu einem Neuntel usw.

Diese Gesetze gelten gleichermaßen für himmlische und irdische Körper; sie erklären, warum der kreisende Mond buchstäblich einem fallenden Apfel gleicht, nur daß der Mond »um« die Erde fällt. Mit diesen Gesetzen lieferte Newton die erste korrekte Erklärung für die Planetenbahnen. Mit seinen Gesetzen ist es im Prinzip möglich, Jahrhunderte im voraus die exakte Position von Planeten vorherzusagen. Schließlich zeigten Astronomen, daß Newtons Gesetze auch für das Universum insgesamt gelten. Kometen wie der Halleysche[3] wandern auf stark elliptischen Bahnen, die mit Newtons Gleichungen vorausberechnet werden können, um die Sonne. Doppelsterne umkreisen einander gemäß den Newtonschen Gesetzen; und unbekannte Planeten (wie es der Neptun war) können entdeckt werden, indem man mit Hilfe der Newtonschen Gesetze ihre Anziehungskraft auf bekannte Planeten (in diesem Fall Uranus) berechnet.

Doch Newtons Theorie enthielt ein Paradoxon, das 1692 in einem Brief beschrieben wurde, den er von Reverend Richard Bentley erhielt, einem brillanten, temperamentvollen Gelehrten der Universität Cambridge. Die Korrespondenz zwischen den beiden Männern, in der es um die Auswirkungen der Schwerkraft auf ein unendliches Universum ging, markiert den Anfang einer, so könnte man sagen, dynamischen Kosmologie, was soviel bedeutet wie die Erforschung des Universums als eines in Entwicklung begriffenen Ganzen. Die zwischen ihnen gewechselten Briefe waren die ersten tastenden Schritte auf dem weiten Weg zur Urknalltheorie. Wenn der Kosmos, schrieb Bentley, unendlich ist und wenn, wie Newtons Theorie besagt, die Schwerkraft den Kosmos durchdringt (da sie zwar mit dem Quadrat der Entfernung abnimmt, aber nie völlig verschwindet), dann zeigt eine einfache Überlegung, daß jeder Teil des Universums einer unendlichen Anziehungskraft ausgesetzt sein muß. Folglich müßten alle Sterne in einem gigantischen Feuerball zusammenstürzen.

In seiner ersten, vom 10. Dezember 1692 datierenden Antwort an Bentley erkannte Newton die Möglichkeit an, daß, »wenn die Materie unserer Sonne & Planeten und die Materie des Universums gleichmäßig über alle Himmelsräume verteilt wäre & jedes Teilchen eine innewohnende Schwerkraft auf alles Übrige hätte & der ganze Raum, über den diese Materie verteilt wäre, nur endlich wäre: dann würde die Materie am äußeren Rand dieses Raumes durch ihre Schwerkraft der gesamten Materie im Innern entgegenstreben & folgerichtig zum Mittelpunkt des ganzen Raumes fallen & dort eine einzige große kugelförmige Masse bilden«.

Das Universum könne, fuhr Newton fort, gerettet werden, falls die Sterne gleichmäßig über einen unendlichen Raum verteilt wären. Jeder Stern, so überlegte er, sei vom nächsten durch genau den gleichen Abstand getrennt, so ordentlich verteilt wie die Felder auf einem unendlichen Schachbrett. In diesem Fall würde auf jeden Stern die Anziehungskraft jedes anderen Sterns gleichmäßig aus allen Richtungen bis ins Unendliche einwirken. Die Tendenz, in eine bestimmte Richtung zu fallen, würde aufgewogen durch eine gleich starke Tendenz, in die entgegengesetzte Richtung zu fallen. Demzufolge wären alle Sterne an ihren Ort gebannt, und der Kosmos könne nicht einstürzen.

Newton erkannte indessen rasch, daß diese »Lösung« äußerst instabil war. Einen Monat später schrieb er nochmals an Bentley und wies darauf hin, daß auch nur die geringste Bewegung eines einzigen Sterns gravitative Störungen im ganzen System auslösen würde. Dieses würde infolgedessen unter dem Einfluß der Schwerkraft zu einem einzigen Haufen zusammenstürzen; es könnte aber auch geschehen, daß verschiedene Teile des Systems sich in zahllosen Haufen zusammenballten. Gleichwohl, fuhr Newton fort, könnte das System funktionieren, falls eine »göttliche Macht« eingriffe und dafür sorgte, daß die Sterne »in dieser Position [mit gleichen Abständen verteilt] ohne Bewegung für immer verharren«. Newton war offensichtlich ratlos. Schon damals kam es aus der Mode, sich auf eine göttliche Macht zu berufen, um peinliche Lücken in wissenschaftlichen Theorien zu verkleistern.

Newton und Bentley waren beide von einem statischen Universum ausgegangen; es kam ihnen nicht in den Sinn, daß die Sterne im Laufe der Zeit ihre Position verändern könnten. Hätten sie ein nichtstatisches Universum angenommen, dann hätten sie erkennen können, daß eine Ortsveränderung der Sterne imstande gewesen wäre, den Einsturz des Kosmos zu verhindern. Doch es ist verständlich, daß sie nicht auf diese Idee kamen. Von einer solchen Ortsveränderung war damals nichts bekannt. Die Vorstellung von einem endlichen Universum war dank der Erkenntnis Newtons und anderer zugunsten eines unendlichen Universums aufgegeben worden. Die Vorstellung von einem statischen Kosmos sollte sich dagegen bis in die Anfänge des zwanzigsten Jahrhunderts behaupten.

Wenn das Universum unendlich ist, so bleibt eine für jedermann sichtbare Tatsache ohne Erklärung: daß der Himmel nachts dunkel ist. Dies ist nicht so trivial, wie es scheinen mag. Der Astronom Kepler erkannte als einer der ersten, daß die nächtliche Dunkelheit rätselhaft ist. Wäre die Zahl der Sterne unendlich und wären sie gleichmäßig verteilt, so würden sie jeden Teil des Nachthimmels lückenlos abdecken. Der Himmel wäre gleißend hell und würde die Erde versengen. Leben wäre unmöglich. Kepler folgerte daraus, daß das Universum nicht unendlich, sondern endlich sei.

Der deutsche Arzt und Astronom Heinrich W. M. Olbers war einer derjenigen, denen die nächtliche Dunkelheit rätselhaft erschien. Tagsüber war er Augenarzt und bekämpfte er Epidemien, nachts hielt er vom Obergeschoß seines Bremer Hauses Ausschau nach Kometen und Asteroiden. Anders als Kepler nahm Olbers an, daß der Kosmos unendlich sei. Er schlug 1823 eine These vor, die diese Überzeugung mit dem dunklen Nachthimmel in Einklang bringt: Durch den Raum ziehen sich Wolken interstellarer Materie, die einen Großteil des Sternenlichts abfangen und dämpfen, wie ein Schirm, der das Sonnenlicht dämpft. Er machte diesen interessanten Vorschlag, *bevor* die Existenz interstellarer Wolken eindeutig geklärt war. Allerdings wird das Paradoxon durch die

Dunkler Nachthimmel
(Olberssches Paradoxon)

Wenn das Universum statisch, unendlich und gleichförmig ist ...

Dann muß jeder Blick an der Oberfläche eines Sterns enden.

Warum werden wir nicht gebraten?

Lösungen:

- Das Universum ist endlich in der Zeit
- Das Universum expandiert

Der Nachthimmel ist dunkel, weil das Universum nicht unendlich alt ist; deshalb hat Licht von den ferneren Sternen uns noch nicht erreicht. [Christopher Slye]

von ihm angeführten Wolken gerade nicht aufgelöst, denn in einem unendlichen Kosmos würde das Sternenlicht diese Wolken schließlich bis zur Weißglut aufheizen, und der Nachthimmel wäre so hell, wie Kepler vermutet hatte. Dennoch bezeichnet man das Rätsel des dunklen Nachthimmels seither (was gegenüber Kepler und anderen Vorgängern ein wenig ungerecht ist) als »Olberssches Paradoxon«.

Die richtige Erklärung wurde vor mehr als hundert Jahren nicht von einem Wissenschaftler gefunden, sondern von dem Dichter Edgar Allan Poe (1809–49). Die meisten kennen ihn als Schöpfer von Horrorgeschichten, von Gruselromanen; man weiß, daß seine persönlichen Verhältnisse chaotisch waren, daß er trank und daher bereits mit vierzig Jahren starb. Nur wenigen ist jedoch bekannt, daß er sich ernsthaft für die Wissenschaft und speziell für die Astronomie interessierte. Er war von der Nebularhypothese des französischen Astronomen Pierre Simon de Laplace fasziniert, der zufolge das Sonnensystem sich aus einer ursprünglichen Wolke von Staub und Gas entwickelt hat. Die Hypothese, schrieb Poe, »ist viel zu schön, um *nicht* im wesentlichen wahr zu sein«. Sie regte ihn zu dem kosmologischen Essay *Eureka: A Prose Poem* an.

Nach Poes Ansicht ist das Olberssche Paradoxon gelöst, denn: »[Die] Entfernung des unsichtbaren Hintergrundes [ist] so unermeßlich, daß noch kein Strahl von ihm zu uns gelangen konnte.« Damit war Poe zufällig auf die Tatsache gestoßen, daß das Universum nicht unendlich alt ist, sondern einen Anfang in der Zeit hat (den wir heute im Urknall sehen). Tatsächlich ist das Universum so jung, daß Licht von den weiter entfernten Sternen immer noch zu uns unterwegs ist, uns aber noch nicht erreicht hat. Wenn wir den dunklen Nachthimmel betrachten, schauen wir zurück in eine frühe Epoche, bevor die ersten Sterne sich bildeten.

Eureka wurde unterschiedlich aufgenommen – eine Zeitung schrieb spöttisch von »hyperbolischem Unsinn«. Poe war dennoch felsenfest von der Wichtigkeit seiner Einsichten überzeugt und zeigte das Manuskript von *Eureka* dem New Yorker Verleger George Putnam. Dieser erinnerte sich später, daß Poe »vor Erregung bebte ... [Er behauptete, *Eureka* sei] von ungeheurer Bedeutung. Newtons Entdeckung der Gravitation sei eine Bagatelle im Vergleich zu den Entdeckungen, die er in diesem Buch mitteilte.

Es werde auf Anhieb ein so allgemeines, ungeheures Interesse auf sich ziehen, daß der Verleger alle übrigen Vorhaben aufgeben könne und mit diesem einen Buch das Geschäft seines Lebens machen werde. Zunächst würde vielleicht eine Auflage von fünfzigtausend Stück ausreichen...« Putnam war »wirklich beeindruckt, aber nicht überzeugt«, und druckte statt dessen fünfhundert Exemplare. Sechs Monate später war Poe tot.

Der Erste Weltkrieg (1914–18) bildete nach Ansicht der Historikerin Barbara Tuchman eine unüberwindliche Kluft zwischen der Vorkriegswelt mit ihren Imperien und Kolonien, ihren Monarchien und Aristokratien und der gewandelten Welt, die aus diesem Krieg hervorging. Von diesem Wandel wurde auch die Kultur, die Bereiche der Kunst, Literatur und Wissenschaft, erfaßt. Die Kosmologie machte da keine Ausnahme.

Noch im zweiten Jahrzehnt unseres Jahrhunderts fehlte den Menschen, wie seit jeher, jede Kenntnis von den Anfängen des Kosmos. Wer die biblische Schöpfungsgeschichte nicht wörtlich nahm, hatte keinen Grund anzunehmen, daß es einen Anfang gegeben hatte. Der Ursprung des Sonnensystems war eine Streitfrage, der Ursprung des Weltalls war es mitnichten: In wissenschaftlichen Kreisen wurde er selten, wenn überhaupt, diskutiert. In den astronomischen Zeitschriften beschäftigte man sich damals vor allem mit der Natur der Spiralnebel, der Wiederkehr des Halleyschen Kometen im Jahre 1910, der Entwicklung der Sterne, den »Kanälen« des Mars, der Balmer-Serie in den Spektren von Sternen und der Suche nach einem neunten Planeten – doch die Anfänge des Kosmos waren kein Thema.

Es gab Anzeichen, die – wie im Falle anderer geistiger Strömungen – auf eine bevorstehende Revolution hindeuteten. Die Tragweite dieser Anzeichen wurde jedoch nicht erkannt, und so war man schockiert, als die neuen Ideen schließlich Gestalt annahmen.

Albert Einstein hatte 1905 und 1916 die spezielle und die allgemeine Relativitätstheorie veröffentlicht, welche die Vorstellung der Wissenschaft vom Universum für immer veränderten. Die spezielle Relativitätstheorie zeigte, daß Raum und Zeit sowie Masse und Energie nur Kehrseiten einer Medaille waren. Die allgemeine Relativitätstheorie revidierte Newtons Vorstellung von der Gravitation und zeigte, daß zwischen der Massen-Energie und der Raum-Zeit, wie Einstein sie nannte, ein Zusammenhang bestand. Faßte Newton die Gravitation als eine zwischen Objekten wirkende Kraft auf, so war sie für Einstein eine Wirkung der Masse auf die Geometrie des Raumes.

Was die beiden Auffassungen unterscheidet, läßt sich leicht zeigen. Betrachten wir ein Raumfahrzeug, das an einem Planeten vorbeifliegt. Nach der Newtonschen Physik wird die geradlinige Bahn des Raumschiffs durch die Gravitationskraft des Planeten gekrümmt. Nach Einstein erfährt das Raumschiff keine Kraft und setzt seinen Flug auf einer »aus seiner Sicht« geraden Bahn fort; weil der Raum aber durch die Masse des Planeten gekrümmt ist, beobachten wir eine gekrümmte Bahn. Einstein zufolge erfährt das Raumschiff keine Kraft; es setzt einfach, dem Newtonschen Trägheitsgesetz gehorchend, seine gleichförmige Bewegung fort – jedoch in einer gekrümmten Raum-Zeit. Beispiele dafür finden Sie in Ihrer eigenen Erfahrung. Stellen Sie sich vor, Sie fahren in Ihrem Wagen eine Landstraße entlang, und Sie haben den Tempostat eingeschaltet. Wenn nun eine Kurve kommt, die entsprechend überhöht ist, fährt Ihr Wagen automatisch hindurch, ohne daß Sie zum Lenkrad greifen oder die Geschwindigkeit ändern müssen. Der Wagen verharrt in seiner gleichförmigen Bewegung. Man kann dies auch an vielen Spielsachen und Rummelplatz-Fahrgeschäften beobachten. Die Achterbahn jagt den Fahrgast auf einer gekrümmten Bahn durch die Raum-Zeit. Wenn die Bahn entsprechend gestaltet ist, bleibt die auf den Fahrgast wirkende Kraft unverändert 1 g – Sie brauchen keine Angst zu haben, herauszufallen oder Ihre Cola zu verschütten, auch wenn, um die Sensation zu steigern, bisweilen unerwartete Gefällstrecken, Höcker und Schlängelstrecken eingebaut sind.

Die gravitative Anziehung, sagte Einstein, sei das Ergebnis der Krümmung des Raums, nicht eine geheimnisvolle Kraft zwischen Objekten. Und genau wie die Masse kann auch das Licht durch die Raumkrümmung abgelenkt werden. Die Ersetzung des Gravitationsfeldes durch die Raumkrümmung hätte Newton gefallen, denn er war mit seinen Gesetzen nicht zufrieden, obwohl sie sich als so leistungsfähig erwiesen, daß sie in den folgenden drei Jahrhunderten die Wissenschaft dominierten. In einem Brief an Bentley schrieb er: »Daß ein Körper auf einen anderen, von ihm entfernten Körper durch ein Vakuum einwirken kann, ohne die Vermittlung von etwas anderem, wodurch ihre Wirkung und Kraft vom einen auf den anderen übertragen werden kann, ist für mich eine so große Absurdität, daß nach meiner Überzeugung kein Mensch, der in philosophischen Dingen ein kompetentes Denkvermögen besitzt, jemals darauf verfallen kann.«

Die Physik machte einen weiteren Riesenschritt nach vorn, als Einstein durch das Konzept der gekrümmten Raum-Zeit Newtons

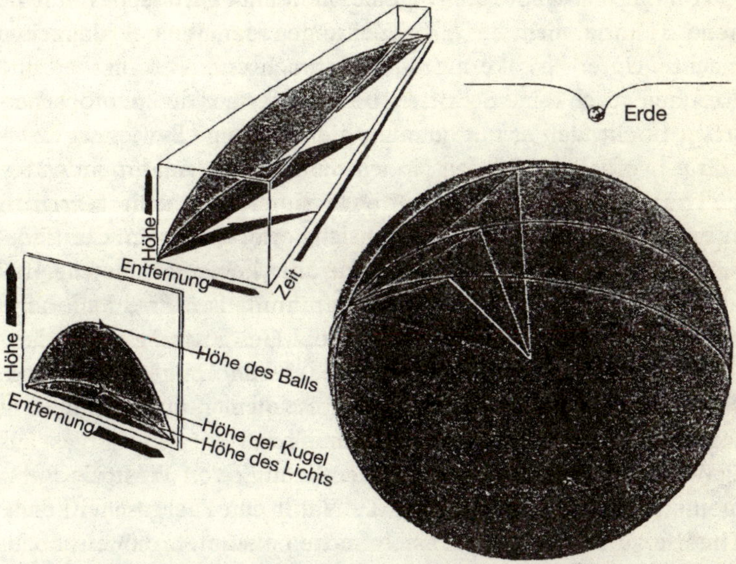

Der Regenbogen der Gravitation. Oben rechts beginnend: *Die Masse der Erde verzerrt ebenso wie die Sonne die umgebende Raum-Zeit. Eine Kugel mit einem Radius von einem Lichtjahr hat etwa die gleiche Krümmung wie die Raum-Zeit an der Erdoberfläche. Alle Dinge beharren ungestört in ihrem Bewegungszustand – das Trägheitsprinzip. Ihre Bahnen sind Abschnitte auf den Großkreisen der Oberfläche der zugehörigen lokalen Raum-Zeit-Kugel. Manche Dinge wie das Licht oder eine Kanonenkugel haben eine große Geschwindigkeit und legen räumliche Distanzen in kurzer Zeit zurück, andere, wie z. B. ein geworfener Ball, benötigen für dieselbe räumliche Distanz mehr Zeit. Ihre Kreise haben daher unterschiedliche Winkel in der Raum-Zeit, und entsprechend unterscheiden sich die Bögen ihrer Bahnen durch die Raum-Zeit. Im Labor stellen sich ihre Bahnen ganz anders dar: Sie ergeben eine Art »Gravitations-Regenbogen« aus einzelnen Parabelbögen. Aus der Sicht der Raum-Zeit sind ihre Bahnen einfache und ungestörte identische Bögen von unterschiedlicher Länge.* [Christopher Slye]

Trägheitsgesetz und das Gravitationsgesetz miteinander vereinte. Dieser Fortschritt bereitete auf unser modernes Konzept eines nichtstatischen Universums vor. Stellen wir uns ein Universum vor, in dem Teilchen gleichförmig gekrümmt sind. In Regionen, wo die Raum-Zeit positiv gekrümmt ist, werden die Teilchen mit der Zeit zusammenkommen; wo sie negativ gekrümmt ist, werden die Teilchen sich voneinander entfernen und Leerräume entstehen lassen. Nur dort, wo die Raum-Zeit gleich Null ist, werden die Teilchen einen konstanten Abstand einhalten.

Von Einstein wußte die Allgemeinheit kaum etwas, bevor seine neue Theorie nicht in allen Zeitungen der Welt Schlagzeilen machte. Unter Physikern gewann er wachsende Bekanntheit und Ansehen durch seine Schriften, besonders über den photoelektrischen Effekt, den er mit quantentheoretischen Überlegungen erklärte (wofür er 1922 den Nobelpreis erhielt). Außerdem waren sie von seinen Relativitätstheorien fasziniert. Noch mit vierzig, als er seine besten Jahre schon hinter sich hatte, war er ein schmuddeliger, aber liebenswerter Exzentriker, der keine Socken trug, und nicht gerade das, was man eine Berühmtheit nennt. Man hätte schwerlich damit gerechnet, daß dieser Mann einmal mit Präsidenten, mit Premierministern und mit Charlie Chaplin verkehren würde, doch einige Jahre später war es soweit – und das alles nur wegen einer Vorhersage, die sich erfüllte.

Wenige Jahre nach der Veröffentlichung von Einsteins allgemeiner Relativitätstheorie bot die Natur eine Gelegenheit, diese Theorie zu überprüfen. Einstein hatte behauptet, daß ein Lichtstrahl von einem fernen Stern abgelenkt werden würde, wenn er dicht an einem massereichen Himmelskörper wie der Sonne vorbeiläuft. Die Ablenkung wird verursacht durch die von dem massereichen Körper hervorgerufene Krümmung der Raum-Zeit. Einstein schlug vor, sich ein Sternenfeld in Abwesenheit der Sonne anzuschauen und dieses Bild zu vergleichen mit dem, das sich ergibt, wenn die Sonne einen Teil des Feldes verdeckt. Wenn die Theorie stimmte, würde sich für Sterne in Nähe des Sonnenrandes eine scheinbare Ortsverschiebung ergeben. Natürlich kann man diese Sterne normalerweise nicht sehen, da uns das Sonnenlicht blendet. Erst bei einer totalen Sonnenfinsternis würde man, so Einstein, das Sternenfeld in Sonnennähe für kurze Zeit beobach-

Das Konzept des gekrümmten Raumes wurde von dem Mathematiker Karl Friedrich Gauß (1777–1855) vorgeschlagen, ungefähr zweitausend Jahre, nachdem Euklid die Grundlagen der ebenen Geometrie niedergelegt hatte. Euklid faßte die Erfahrung ägyptischer Landvermesser zusammen. Grundlage seiner Geometrie ist das fünfte Axiom, daß der Abstand zweier anfangs paralleler Geraden gleich bleibt, anders gesagt, daß die Summe der Innenwinkel eines Dreiecks 180 Grad beträgt. Gauß wollte durch die Vermessung eines Dreiecks, das aus den Harzbergen Inselsberg, Brocken und Hoher Hagen bestand, nachprüfen, ob die Summe der Winkel 180 Grad betrug. Es stimmte, dank der Genauigkeit der Landvermesser.

Nikolai Iwanowitsch Lobatschewskij (1792–1856) entwikkelte 1826 eine offene oder negativ gekrümmte Geometrie. Unabhängig voneinander entwickelten auch Gauß und János Bolyai (1802–60), ein österreichischer Armeeoffizier, diese Geometrie.

Am 10. Juni 1854 gab der große Mathematiker Bernhard Riemann (1826–66) im Alter von achtundzwanzig Jahren der Welt die mathematischen Hilfsmittel, um die Raumkrümmung zu definieren und zu berechnen. Er entwickelte auch die Geometrie des positiv gekrümmten Raumes. Den Rest seines Lebens verbrachte er mit dem Versuch, mit Hilfe der Idee des gekrümmten Raumes Gravitation, Elektrizität und Magnetismus zu vereinigen. Er scheiterte, weil er an dem Zusammenhang zwischen Gravitation, Raum und gekrümmtem Raum festhielt und nicht an jenen zwischen Gravitation, Raum-Zeit und gekrümmter Raum-Zeit dachte.

Geometrie des Raumes

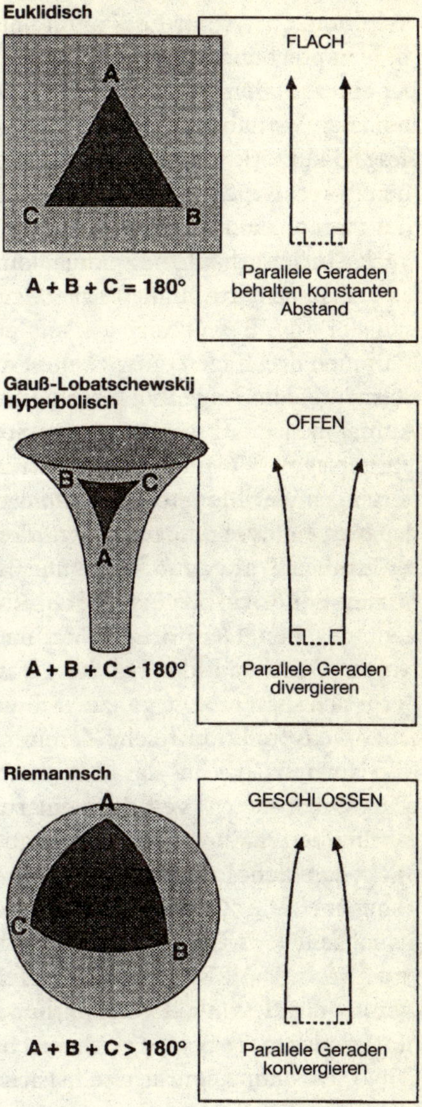

ten können. Eine solche Finsternis wurde für den 29. Mai 1919 im Golf von Guinea in der Südhemisphäre erwartet. Der britische Astronom Sir Arthur Eddington unternahm eine Expedition, um die entsprechenden Beobachtungen zu machen. Beobachtungen bei einer totalen Sonnenfinsternis gehören zu den nervenaufreibendsten Vorhaben in der Astronomie, weil die völlige Verfinsterung so kurz ist: selten länger als ein bis zwei Minuten. »Ich habe die Finsternis nicht gesehen«, schrieb Eddington später, »weil ich viel zu sehr damit beschäftigt war, die fotografischen Platten zu wechseln; ich schaute nur einmal kurz hin, um sicherzugehen, daß sie begonnen hatte, und zwischendurch noch einmal, um zu sehen, wie stark die Bewölkung war.«

Binnen drei Tagen entwickelte Eddington die Platten von dem Sternenfeld im Augenblick der Verfinsterung, verglich sie mit den Aufnahmen in Abwesenheit der Sonne und bestätigte Einsteins Vorhersage. Ehe Einstein vom Triumph seiner Theorie erfuhr, vergingen vier Monate, in denen die fotografischen Platten einer genauen Analyse unterzogen wurden. Die Ergebnisse wurden unter großem Trara am 6. November 1919 auf einer gemeinsamen Sitzung der Royal Society und der Royal Astronomical Society bekanntgegeben. Der britische Mathematiker und Philosoph Alfred North Whitehead, der bei der Bekanntgabe zugegen war, erinnerte sich später: »Die ganze Veranstaltung hatte etwas Dramatisches – das traditionsreiche Zeremoniell, und im Hintergrund das Bild Newtons, das uns daran erinnerte, daß die bedeutendste aller wissenschaftlichen Verallgemeinerungen nun, nach über zwei Jahrhunderten, ihre erste Modifikation erfahren sollte ... ein großes gedankliches Abenteuer war endlich am sicheren Ufer angekommen.« Die Zeitungen meldeten die Entdeckung mit dicken Schlagzeilen: NEWTONS IDEEN UMGESTOSSEN posaunte eine, RAUM »VERKRÜMMT« erklärte eine andere. Der Erfolg werde »die Gewißheit von Jahrhunderten umstoßen«, hieß es in der Londoner *Times*. »Epochemachend«, schrieb die *New York Times*. Einstein zeigte sich selbstsicher. Hätte das Experiment ihn nicht bestätigt, dann hätte »ihm der liebe Gott leid getan – die Theorie stimmt«.

Aus Einsteins spezieller und allgemeiner Relativitätstheorie ergeben sich eine Reihe von einschneidenden Konsequenzen, dar-

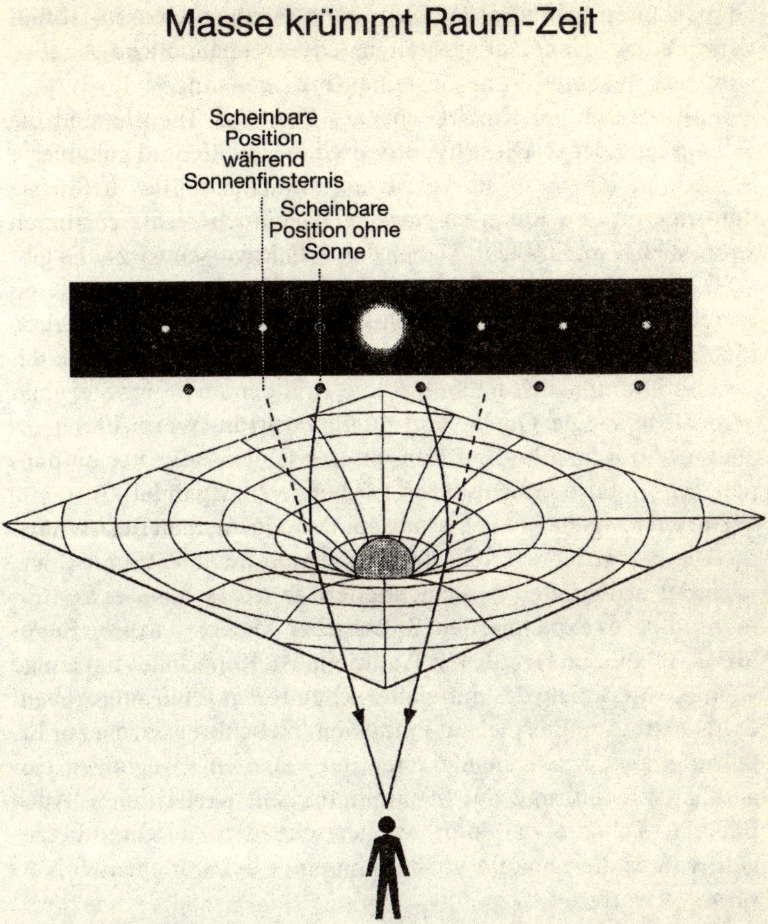

Sir Arthur Eddington verifizierte durch seine Beobachtungen, daß die Krümmung des Raumes durch die Sonne die scheinbare Position eines Sterns »verändert«, wie Einstein vorhergesagt hatte. [Christopher Slye]

unter nicht zuletzt die Vorhersage von Gravitationslinsen. Das sind riesige astronomische Objekte wie etwa Galaxien, die (weil sie Milliarden von Sternen umfassen) so massereich sind, daß sie das Licht von Sternen und Quasaren sehr viel stärker ablenken als die Sonne. Gravitationslinsen erzeugen am Himmel ähnliche Erscheinungen, wie sie in Gestalt von Fata Morganas und Mehrfachabbildungen auch in der Atmosphäre vorkommen. In einem beobachteten Fall wird das Licht eines einzigen Quasars in fünf verschiedene Bilder aufgespalten. Dieser erstaunliche Anblick wird wegen seiner Form Einsteins Kreuz genannt.

Eine berühmtere Konsequenz aus Einsteins Theorie sind die Schwarzen Löcher. Diese hypothetischen Objekte sind kollabierte Sterne mit einem so starken Gravitationsfeld – das heißt, sie deformieren den Raum so stark –, daß ihnen nichts entrinnen kann, nicht einmal Licht. Daher das Adjektiv »schwarz«. Es gibt Spekulationen, wonach Schwarze Löcher Durchgänge zu anderen Universen sind. Bislang ist noch kein Schwarzes Loch eindeutig identifiziert worden, aber es gibt einige aussichtsreiche Kandidaten. So könnten sich eine intensive Röntgenquelle im Sternbild Schwan und eine Quelle von durch Positronenvernichtung erzeugter Strahlung im Zentrum unserer Galaxis als Orte entpuppen, wo Materie in Schwarzen Löchern verschwindet.

Die weitestgehende Folgerung aus der allgemeinen Relativitätstheorie besagt jedoch, daß das Universum nicht statisch ist, wie nach der orthodoxen Ansicht, sondern dynamisch, sei es kontrahierend, sei es expandierend. So mancher wissenschaftliche Revolutionär bleibt im Herzen ein Traditionalist. Kopernikus hat einige wichtige Merkmale des mittelalterlichen Kosmos nie aufgegeben; er beharrte zum Beispiel auf Epizyklen (Nebenkreisen, die zur Erklärung der Ungleichmäßigkeiten der Planetenbewegungen eingeführt wurden) und auf (nichtelliptischen) Kreisbahnen. Auch Einsteins Denken war so in den herrschenden Ansichten befangen, daß er die radikale Vorstellung eines dynamischen Universums verwarf.

Wenn Einstein anfangs diese Implikation seiner allgemeinen Relativitätstheorie verwarf, so unter anderem deshalb, weil das Universum, wenn es sich gegenwärtig in Expansion befindet, irgendwann aus einem einzigen Punkt hervorgegangen sein muß. Der gesamte Raum und die gesamte Zeit müßten dann in diesem »Punkt« verbunden gewesen sein, in einer unendlich dichten, unendlich kleinen »Singularität«. Man könnte daher nicht berechnen, was »vor« der Singularität war, denn alle Berechnungen würden Unsinn ergeben. Die Singularität wäre eine letzte Schranke für die menschliche Erkenntnis, und das erschien Ein-

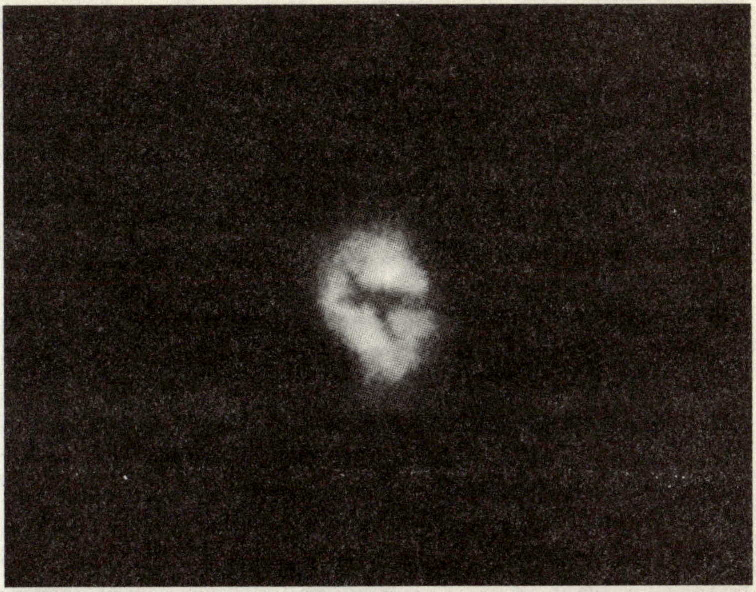

Die als Silhouette erscheinende X-Struktur innerhalb des benachbarten Spiralnebels M 51 könnte ein Schwarzes Loch markieren, dessen Masse der einer Million Sonnen entspricht. [H. Ford (IHU/Space Telescope Science Institute), The Faint Objekt Spectrograph IDT und NASA]

stein widersinnig. Er versuchte deshalb, der Logik seiner Gleichungen auszuweichen, und modifizierte diese, indem er einen willkürlichen Term einfügte, die »kosmologische Konstante«. Dieser Term verkörperte eine Kraft von unbekannter Natur, die der gravitativen Anziehung der Masse im Universum entgegenwirken sollte. Die beiden Kräfte höben sich gegenseitig auf, so daß sich ein statischer Kosmos ergebe, der weder expandiere noch schrumpfe. Einstein besaß keinen Anhaltspunkt für die Existenz einer kosmologischen Konstante; es handelte sich um eine Idee, die er wie ein Kaninchen aus dem Hut hervorgezaubert hatte, eine Idee, welche die Mehrzahl der Wissenschaftler als *ad hoc* bezeichnen würde. Und was Einstein betraf, so repräsentierte sie seine Philosophie, die in seinen mathematischen Gleichungen steckte.

Ironischerweise enthielt Einsteins Ansatz einen lächerlich einfachen Fehler: Sein Universum würde nicht stabil sein. Die kleinste

Verringerung des Abstands zwischen Objekten würde bewirken, daß ihre gravitative Anziehung größer wird als die mit der kosmologischen Konstante verbundene Abstoßung, und folglich würden sie beginnen, sich einander zu nähern (oder sich voneinander zu entfernen, falls ihr Abstand geringfügig zunahm). Sein Universum war in sich instabil, wie ein Bleistift, der auf der Spitze steht.

Es gab einen weiteren philosophischen Grund, der Einstein bewog, die Folgerung aus seinen Gleichungen zu verwerfen, nämlich jenen Grund, der ihn dazu gebracht hatte, seine Gleichungen aufzustellen. Um seine Relativitätstheorie zu formulieren, mußte Einstein der Newtonschen Vorstellung von einem absoluten Raum und einer absoluten Zeit widersprechen. Newton war der Revolutionär gewesen, für den empirische Tatsachen mehr zählten als philosophische Argumente. Für Gottfried Wilhelm von Leibniz (1646–1716), Newtons Erzrivalen, bestand keine philosophische Notwendigkeit, einen wie auch immer gearteten, über die Beziehungen zwischen materiellen Objekten hinausgehenden Raum anzunehmen. In der wissenschaftlichen Welt setzte sich Newton durch, doch die Philosophen befaßten sich weiterhin mit den von Leibniz angedeuteten Möglichkeiten, unter ihnen Immanuel Kant (1725–1804), der Verfechter des Inseluniversums und des absoluten Raumes, und Leonhard Euler (1707–83), der sich gegen Bischof George Berkeley (1685–1753) stellte.

1721 erschien Berkeleys *Motion*, eine erneute Hinwendung zu der aristotelischen Ansicht, daß der Raum wegen der in ihm enthaltenen Materie existiere. Aristoteles behauptete, der Raum sei mit Materie ausgestattet, die ihm einerseits Realität verleihe und andererseits die Bewegung der Objekte abschwäche. Raum an sich könne es nicht geben, und folglich gebe es auch kein Vakuum (weshalb die griechischen Atomisten nach Aristoteles' Meinung irrten, wenn sie sagten, es gebe nichts außer »Atomen und der Leere«). Berkeley führte die aristotelische These, daß der Raum an sich Leere und somit nichts sei, weiter aus, indem er sagte: Ein einzelner Körper in einem ansonsten leeren Universum hat keinerlei meßbare Bewegung. Zwei Körper können eine relative Bewegung auf der Achse definieren, die durch die Gerade zwischen ihnen gebildet wird. Vier Körper können eine Bewegung in drei

Die Zeitaufnahme des Nachthimmels zeigt die auf der Rotation der Erde beruhenden kreisförmigen Bahnen der Sterne. [David Nunut/Sky and Telescope]

Dimensionen definieren, doch um eine Rotation zu definieren, wären mehr als vier Körper erforderlich. Insofern waren die Eigenschaften dessen, was die Newtonianer als absoluten Raum bezeichneten, das Ergebnis des materiellen Inhalts des Universums.

Der österreichische Philosoph Ernst Mach (1838–1916) vertrat ähnliche Ideen wie Bischof Berkeley. Er ging noch etwas weiter und erklärte, daß die Einführung einiger winziger Staubkörnchen in den Raum Bezugspunkte für die Bewegung liefern könne, daß sich jedoch ein festerer Rahmen ergebe, wenn das Universum mit Material gefüllt sei. Bei einer gleichförmigen Verteilung der Materie entstünde ein gleichförmiger Raum. 1893 stellte Mach die Hypothese auf, daß es von der gesamten Materie im Universum abhänge, welches der natürliche Bewegungszustand sei und wie schwer es sei, ihn zu verändern. Wenn Ihnen dabei einfällt, daß Trägheit der natürliche Bewegungszustand ist, so ist das durchaus angemessen.

Schauen wir uns Machs Hypothese einmal genauer an. Wenn wir die Sterne und ihre Verwandten in den fernen Galaxien betrachten, so scheinen sie einen Kreis am Himmel zu beschreiben, der sich in vierundzwanzig Stunden schließt. Doch bezogen auf die Ebene des Sonnensystems, beträgt die beobachtete Rotation der Galaxien weniger als eine Bogensekunde pro Jahrhundert. Wenn wir an den Polen der Erde ein Pendel an einem langen Seil aufhängen und es frei schwingen lassen, so bleibt seine Schwingungsebene, bezogen auf die fernen Galaxien, unverändert, statt mit der Erde zu rotieren. Mit anderen Worten: Sein natürlicher Bewegungsablauf ist auf die fernen Sterne abgestimmt. Aus dieser Beobachtung folgt, daß entweder 1. Newtons absolute Raum-Zeit das natürliche Bezugssystem der Bewegung darstellt, in dem die Erde rotiert und kreist, während die Galaxien sich in ihm zufällig im Ruhezustand befinden, oder daß 2. Machs Hypothese zutrifft und das Mittel der gesamten Materie unser Inertialsystem (Bezugssystem, in dem keine Trägheitskräfte auftreten) darstellt.

Einstein war von Mach, mit dem er korrespondierte, stark beeinflußt. Er bezeichnete die Hypothese als »Machsches Prinzip« und ließ sich bei der Entwicklung der allgemeinen Relativitätstheorie von ihr leiten. 1916 fand Karl Schwarzschild die erste Lösung für die Gleichungen von Einsteins allgemeiner Relativitätstheorie, genauer, eine Lösung für eine einzige statische Masse in einem ansonsten leeren, flachen Raum. Diese Lösung wird heute benutzt, um die Ablenkung des Lichts durch die Sonne – in der Abbildung auf Seite 49 schematisch dargestellt – und andere Effekte innerhalb des Sonnensystems zu berechnen. Einstein war von Schwarzschilds Lösung nicht beeindruckt, eher ein wenig beunruhigt; da er am Machschen Prinzip festhielt, hatte eine Masse allein im Raum für ihn keinen Sinn. Die Schwarzschildsche Lösung lieferte zwar die richtige Antwort für das Sonnensystem, aber nur, so Einstein, weil die übrige Materie im Universum den erforderlichen flachen raum-zeitlichen Hintergrund herstellte.

Dies veranlaßte Einstein, 1917 das erste kosmologische Modell auf der Grundlage der allgemeinen Relativitätstheorie aufzustellen. Sein Ziel: ein statisches Universum, das dem Machschen Prinzip gehorchte. Da die Gleichungen seiner allgemeinen Relativitätstheorie ein statisches Universum nicht zuließen, führte er die kosmologische Konstante ein. In seinem Modell hatte der Raum die Geometrie einer dreidimensionalen Kugel: endlich, aber unbegrenzt. Innerhalb dieser Kugel behielten Galaxien ihre räumliche Lage bei und bewegten sich nur in der Zeit. Einstein war überzeugt, daß seine Lösung die einzig mögliche ohne die gefürchtete Singularität sei. Doch 1919 schlug der Holländer Willem de Sitter eine Lösung vor, welche die kosmologische Konstante enthielt und in der ein Universum ohne Materie *expandieren* würde.

Einstein lehnte de Sitters Modell ab, weil es keine Materie enthielt. Ein Raum ohne Materie, das war nicht einleuchtend. Die Materie *definierte* ja den Raum. Einstein hatte angenommen, die allgemeine Relativitätstheorie enthalte das Machsche Prinzip. Schließlich sollten Einstein und die Welt erfahren, daß das Machsche Prinzip nicht in den Gleichungen der allgemeinen Relativitätstheorie enthalten ist, sondern erst mit der Erfüllung zusätzlicher Bedingungen Gültigkeit erhält.

In den folgenden zehn Jahren kreiste der kosmologische Diskurs um die Streitfrage, welches der beiden Modelle, das Einsteinsche oder das de Sitters, das richtige sei. 1922 zeigte der Russe Alexander Friedmann, daß Einsteins Gleichungen eine Klasse von Lösungen besitzen, die eine gleichförmige Verteilung expandierender Materie darstellt. Friedmann, der klarer erkannte, daß die Expansion ein entscheidender Aspekt eines relativistischen Universums ist, starb 1925, ohne die vollständige Anerkennung seiner Sichtweise zu erleben.

1932 suchten Einstein und de Sitter in gemeinsamer Arbeit nach einer spezifischen Friedmannschen Lösung, in der der Raum flach ist (mit einer kosmologischen Konstante vom Betrag Null), aber expandiert, bekannt als Einstein-de-Sitter-Raum. Diese Lösung scheint eine sehr genaue Darstellung dessen zu sein, was wir von unserem Universum sehen können.

Als Einstein 1917 sein revolutionäres kosmologisches Modell in einer Versammlung der Berliner Akademie der Wissenschaften darstellte, erläuterte er die Gründe für die Einführung der kosmologischen Konstante: »Dieses Glied ist nur notwendig, um eine quasi-statische Verteilung der Materie zu ermöglichen, wie es die Tatsache der geringen Geschwindigkeiten der Sterne erfordert.« Der mathematische Kunstgriff entfernte die Implikationen eines expandierenden Universums aus den Gleichungen der allgemeinen Relativitätstheorie und erlaubte es, bei der alten Vorstellung von einem statischen Universum zu bleiben. Überzeugende empirische Beweise für ein expandierendes Universum lagen damals nicht vor, und der Glaube an ein statisches Universum war philosophisch bequem: Man brauchte sich zum Beispiel nicht mit der Frage zu befassen, was »am Anfang« war. So genial er auch war, hielt Einstein dennoch am statischen Universum fest, obwohl seine Gleichungen ein dynamisches vorhersagten, für das dann auch empirische Belege beigebracht wurden. Untypisch für ihn, traute Einstein der Logik seiner Gleichungen nicht, was er später als »den größten Fehler meines Lebens« bezeichnet hat.

Das expandierende Universum

Edwin Powell Hubble ist einer der großen Helden der wissenschaftlichen Odyssee, die zur modernen Urknalltheorie führte. 1889 in Marshfield im US-Bundesstaat Missouri geboren, studierte Hubble als Rhodes-Stipendiat an der Universität Oxford. Er nahm am Ersten Weltkrieg teil und unterrichtete an einer High-School, wo er bei seinen Schülern so beliebt war, daß sie ihm ein Jahrbuch widmeten. Er studierte außerdem Jura und war kurze Zeit als Anwalt in Kentucky tätig, aber das langweilte ihn sehr schnell. Seine Leidenschaft war die Astronomie. Trotz seines ungewöhnlichen akademischen Werdegangs gelang es ihm, Zugang zum (damals) größten Teleskop der Welt zu erhalten, dem Mount-Wilson-Observatorium in Südkalifornien. Bevor die Sichtverhältnisse durch die allgemeine elektrische Beleuchtung und die auswuchernden Vorstadtsiedlungen um Los Angeles verdorben wurden, hatte man auf dem Mount Wilson mit seinem Hundert-Zoll-Teleskop einen klaren, dunklen Himmel und einen unübertrefflichen Blick in die Weiten des Alls.

Dank seiner Hingabe und seines Fleißes wurde Hubble einer der berühmtesten Astronomen seiner Zeit. 1948 gelangte er auf die Titelseite des Magazins *Time*, mit einem entsprechend feierlichen Gesichtsausdruck, während im Hintergrund ein riesiger Finger zu den Sternen hinaufdeutet.

Hubble wurde charakterisiert als ein »ungewöhnlich exakter und gewissenhafter Wissenschaftler, der normalerweise von Behauptungen absah, die eines soliden empirischen Beweises entbehrten«. Dennoch betrieb er seine Forschungen mit Leidenschaft: Er verbrachte Hunderte von Stunden mit steif werdenden Gliedern in der Beobachterkabine des Mount-Wilson-Teleskops.

Edwin Hubble deutet auf ein Foto des Andromedanebels. [The Huntington Library]

Wer einmal eine Zeitlang in dem »Käfig« gesessen hat, weiß, was für eine außerordentliche Willensanstrengung das erfordert: Man muß vollkommene Konzentration aufbringen und das Zittern in der ständigen Kälte unterdrücken können, um das Teleskop nicht zu erschüttern. Hubble unterwarf sich diesen Unannehmlichkeiten so bereitwillig, weil er die astronomische Forschung von Grund auf verändern wollte. In seiner Diplomarbeit forderte er die Astronomen auf, zu klären, ob die Spiralnebel ein Teil unserer Galaxis sind oder außerhalb ihrer liegen und selbst Galaxien darstellen. Nach der gängigen Auffassung waren die Nebel Objekte innerhalb unserer Galaxis, die sich praktisch mit dem gesamten Universum deckte. Wären die Nebel, wie Hubble vermutete, extragalaktische Objekte, dann würden Entdeckungen von mythischen Dimensionen möglich sein.

Ich kann Hubbles Empfindungen nachvollziehen. Einer der Gründe, aus denen ich mich Anfang der siebziger Jahre entschloß, mich an der Messung der kosmischen Hintergrundstrahlung zu beteiligen, war die Gewißheit, daß alles, was wir herausfinden würden, von *fundamentaler* Bedeutung sein würde. Unsere Beobachtungen würden uns, ungeachtet dessen, was wir herausfanden, etwas über das frühe Universum verraten.

Nacht für Nacht fotografierte Hubble die Nebel und widmete sich seinem Ziel so bedingungslos, daß man ihn (vermutlich zu Recht) als arrogant und elitär empfand. Er brütete über den Bildern auf den fotografischen Platten und versuchte, in den Nebeln Sterne auszumachen, und bisweilen gelang ihm das auch, je nachdem, »was ich zum Frühstück gegessen hatte«. Er profitierte besonders von der Unterstützung durch Milton Humason, einen vormaligen Eseltreiber, der zum Mitarbeiter der Sternwarte geworden war und viele der wichtigsten Aufnahmen von den Nebeln machte.

1924 gelang Hubble eine wichtige Entdeckung: Es war eine ganz besondere Art von Stern im Andromedanebel, einem schwachleuchtenden länglichen Objekt in der Nachbarschaft des Sternbildes Cassiopeia (das wie ein krummes *W* aussieht). Im Fernglas ist der Nebel gut zu erkennen. Wenn man wie ich ungefähr auf vierzig Grad nördlicher Breite lebt, steht der Nebel Mitte Januar um Mitternacht direkt über einem. Er ist ziemlich groß – mit etwa sechs Grad hat er die zehnfache scheinbare Größe des Mondes. Der besondere Stern, den Hubble im Andromedanebel gesehen hatte, war ein Delta-Cephei-Veränderlicher, kurz Cepheid genannt; solche Sterne sind ungewöhnlich, weil ihre Helligkeit mit einer regelmäßigen Periode schwankt. Auf sein Foto des Cepheiden schrieb er erregt »VAR!« (»variable« gleich »Veränderlicher«). Die Existenz des Sterns würde Hubble erlauben, das zu tun, worum die Astronomen sich jahrelang bemüht hatten: die Entfernung des Nebels zuverlässig zu messen. Die Messung würde zeigen, ob Spiralnebel wirklich extragalaktisch oder nur Reisegefährten innerhalb unserer Galaxis sind.

Die Messung astronomischer Entfernungen war für die Astronomen lange eine frustrierende Angelegenheit gewesen. Das einzige verläßliche Verfahren stützte sich auf die Messung der Parallaxe. Hier ein einfaches Beispiel: Halten Sie einen Finger in Augenhöhe und schließen Sie erst das eine, dann das andere Auge. Sie werden bemerken, daß der Finger sich gegenüber dem Hintergrund zu verschieben scheint; diese Verschiebung ist seine Parallaxe. Je näher Sie den Finger vor die Augen halten, desto größer ist die Verschiebung oder Parallaxe; je weiter er von den Augen entfernt ist, desto geringer ist die Parallaxe. Die Verschiebung beruht darauf, daß Sie ihn aus den verschiedenen Positionen der beiden Augen betrachten. Die Entfernung des Fingers von Ihren Augen läßt sich einfach berechnen, da er mit den beiden Augen ein Dreieck bildet. Ähnlich bestimmen die Astronomen die Entfernung von Himmelsobjekten. Ein Objekt wird von zwei verschiedenen Orten (zwei weit voneinander entfernten Sternwarten) aus beobachtet und seine Parallaxe vor dem Sternenhintergrund bestimmt. Hier besteht das Dreieck aus den beiden Sternwarten und dem Himmelskörper. Die Entfernung ergibt sich auch hier aus der Geometrie des Dreiecks.

Bei nahen Objekten wie den Planeten unseres Sonnensystems läßt sich die Entfernung hervorragend auf diese Weise messen. Doch bei weit entfernten Sternen kommen keine meßbaren Parallaxen zustande, weil hierfür der Abstand zwischen zwei irdischen Sternwarten nicht ausreicht. Bei nahen Sternen nutzen die Astronomen die Bewegung der Erde um die Sonne, indem sie einmal im Januar und dann sechs Monate später den entsprechenden Stern beobachten, wenn die Erde sich auf ihrer Umlaufbahn auf der anderen Seite der Sonne befindet. Der Abstand zwischen den beiden Beobachtungsorten beträgt rund dreihundert Millionen Kilometer, das ist der Durchmesser der Umlaufbahn der Erde um die Sonne. Das Dreieck wird jetzt von den beiden Bahnpunkten und dem Stern gebildet – die Entfernung des Sterns ist dann einfach ermittelt. Das Parallaxenverfahren erfordert äußerst genaue Beobachtungen und eignet sich leider nur für relativ nahe Sterne. Bei größeren Entfernungen reichen dreihundert Millionen Kilometer als Basis des Dreiecks nicht aus.

Anfang des zweiten Jahrzehnts unseres Jahrhunderts entdeckte Henrietta Leavitt, eine gehörlose Frau, die an der Sternwarte des Harvard College arbeitete, ein völlig neues Verfahren zur Messung kosmischer Entfernungen. Sie erkannte den Zusammenhang zwischen der absoluten Helligkeit von Delta-Cephei-Veränderlichen und der Periode ihrer Helligkeitsschwankung: Je heller der Stern, desto länger seine Periode. (Die absolute Helligkeit ist die wahre Helligkeit eines Sterns, wie sie einem Astronauten aus der

Nähe erscheinen würde; die scheinbare Helligkeit ist die auf der Erde beobachtete Intensität des aus einer Entfernung von vielen Lichtjahren ankommenden Lichts.) Unter der Voraussetzung, daß die Intensität des Lichts mit dem Quadrat der Entfernung abnimmt, läßt sich leicht berechnen, wie weit der Stern entfernt sein muß, um seine scheinbare Helligkeit zu erklären.

Mit dem Leavittschen Verfahren maß Hubble die Entfernung des Andromedanebels, gestützt auf die Perioden und die scheinbare Helligkeit seiner Cepheidenpopulation. Er kam auf achthunderttausend Lichtjahre, was das Zehnfache der typischen Entfernung zu Sternen unserer eigenen Galaxis ist.[4] Andromeda lag eindeutig außerhalb der Milchstraße und mußte somit eine ferne eigene Galaxie sein. Hubble hatte sein Ziel erreicht: Die Astronomen konnten jetzt sicher sein, daß die Nebel eigene Galaxien darstellen. Und offensichtlich gab es zahllose derartige Galaxien außer unserer eigenen. Der Kosmos mußte also weit größer sein, als man bislang vermutet hatte. Mit Hubbles Entdeckung war ein neues Zeitalter der Astronomie angebrochen.

Die Entdeckung, daß das Universum riesig, ja, praktisch unendlich ist, war schon revolutionär genug. Die Vorstellung von einem anheimelnden Universum, das sich nicht sehr viel weiter erstreckt als das, was von unserer eigenen Galaxis zu sehen ist, wurde in die Geschichtsbücher verbannt. Aber damit ließ Hubble es nicht bewenden. Auf seiner Entdeckung aufbauend, ging Hubble unter Verwendung eines Verfahrens, das der Amerikaner Vesto Melvin Slipher entwickelt hatte, der jahrhundertealten Überzeugung zu Leibe, daß das Universum statisch sei – der Vorstellung, an der Einstein so hartnäckig festhielt.

In der Zeit vor dem Ersten Weltkrieg war Slipher unermüdlich damit beschäftigt, die Nebel zu beobachten. Er arbeitete am Lowell-Observatorium, das sich inmitten der Wüste von Arizona auf dem Mars Hill erhob, einer Anhöhe bei dem Städtchen Flagstaff, in Sichtweite von Kuhställen und Saloons. Hier entdeckte er, ohne sich dessen bewußt zu sein, den ersten direkten Beweis für die Expansion des Universums.

Slipher, der aus Mulberry im US-Bundesstaat Indiana stammte, war knapp fünfundzwanzig, als er im Jahre 1901 an die Sternwarte kam. Er war eingestellt worden von ihrem Gründer, Percival Lowell, einer der umstrittensten Gestalten in der Geschichte der Astronomie. Lowell entstammte einer wohlhabenden Bostoner Familie, aus deren Reihen namhafte Industrielle, Akademiker, Politiker und Literaten kamen. Er hatte in Harvard Mathematik studiert und war für die USA als Diplomat im Fernen Osten tätig gewesen. Berühmt ist er für seine Deutung der rätselhaften Linien, welche die Oberfläche des Mars überziehen. Lowell versetzte die Welt des *fin de siècle* in Aufregung mit seiner Behauptung, die Linien seien Kanäle, von den Marsbewohnern gebaut, um von den Eiskappen an den Polen Wasser in ihre wüstenartige Welt zu leiten. Es war die Zeit, in der die Kanäle von Suez und Panama entstanden, die als technische Glanzleistungen einer hochentwikkelten Zivilisation galten. Was mußte das erst für eine technisch hochstehende Zivilisation sein, die einen ganzen Planeten mit Kanälen zu überziehen vermochte!

Wie im achtzehnten Jahrhundert der französische Astronom Charles Messier und im neunzehnten der englische Astronom William Herschel interessierte sich auch Lowell für die Natur der Nebel, die, wie er vermutete, aus Staub und Gas bestehende Wolken waren, welche sich mit der Zeit zu neuen (und vielleicht bewohnbaren) Planetensystemen verdichtet hatten. Um herauszufinden, ob es sich tatsächlich so verhielt, gab er Slipher 1909 den Auftrag, Spektralbeobachtungen von Nebeln zu machen.

Slipher machte zunächst Aufnahmen vom Spektrum des Andromedanebels. Das Spektrum ergibt so etwas wie ein optisches »Erkennungszeichen« der Galaxie. Wenn man weißes Licht durch ein Prisma schickt, wird es in die Farben zerlegt, aus denen es sich zusammensetzt, in das klassische Regenbogen-Spektrum aus Rot, Orange, Gelb, Grün, Blau, Blauviolett und Violett. Linien im Spektrum verraten die chemische Zusammensetzung von Sternen oder Galaxien. Nach einer langen Reihe von Aufnahmen, die er am Silvesterabend 1912 abschloß, untersuchte Slipher vier Spektogramme von Andromeda und bemerkte, daß die Spektrallinien nicht an der richtigen Stelle waren: Die Linien waren zum violetten Ende des Spektrums hin verschoben. Das war offenbar auf den Doppler-Effekt zurückzuführen, ein nach dem österreichischen Physiker Christian J. Doppler (1803–53) benanntes Phänomen.

Am einfachsten läßt sich der Doppler-Effekt am Beispiel eines vorüberfahrenden hupenden Autos erläutern. Beim Herannahen des Autos ist der Hupton höher, beim Vorbeifahren und Entfernen ist er niedriger. Beim stehenden Auto erzeugt die Hupe einen Schall, dessen Wellenberge in konstanten Abständen zum Beobachter wandern. Fährt das Auto auf den Beobachter zu, wird jeder neue Wellenberg näher zum Beobachter hin erzeugt, die Berge seiner Schallwellen folgen durch die Fahrt des Autos dichter auf-

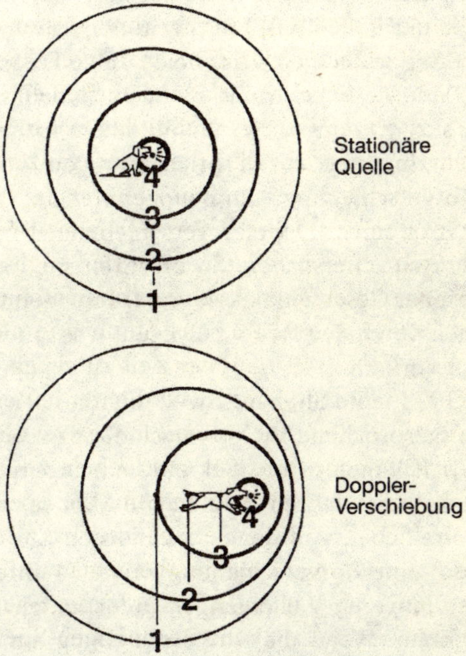

Der Doppler-Hund. Durch den Doppler-Effekt ändert sich für den stationären Beobachter die Tonhöhe eines Schalls aus einer sich bewegenden Quelle. Das verdeutlicht der mit konstanter Häufigkeit bellende Doppler-Hund. Beim Bellen breitet sich von seiner Schnauze eine kugelförmige Schallwellenfront aus. Bei allen Beobachtern treffen die einzelnen Bell-Laute in gleichen Abständen ein. Wenn der Hund beim Bellen läuft, bewegt sich seine Schnauze, und das Zentrum der sich jeweils ausbreitenden Schallwellenkugel verlagert sich. Für Hörer in der Richtung, in die der Hund läuft, verkürzen sich die Abstände zwischen den Bell-Lauten, und diese klingen höher. Hörer in der Richtung, die der Hund verläßt, nehmen eine tiefere Tonhöhe wahr, weil der zeitliche Abstand zwischen den einzelnen Bell-Lauten größer wird. [Christopher Slye]

einander, und damit steigt die Frequenz (die Tonhöhe) des Schalls. Umgekehrt ist es, wenn das Auto sich entfernt: Die Abstände zwischen den Bergen der erzeugten Schallwellen wachsen, diese dringen mit größerem Abstand an das Ohr des Beobachters, und damit sinkt die Frequenz, die Tonhöhe nimmt ab.

Auch das von einem bewegten Objekt ausgesandte Licht unterliegt diesem Effekt. Der Tonhöhe entspricht im optischen Bereich die Farbe: Im sichtbaren Teil des elektromagnetischen Spektrums hat Rot eine tiefere Frequenz (wie der tiefe Hupton), Violett eine höhere (wie der hohe Ton). Ein Stern, der sich uns nähert, sollte daher violetter erscheinen – das heißt, seine Frequenz sollte zum violetten Ende des Spektrums hin verschoben sein –, und ein Stern, der sich von uns entfernt, sollte zum roten Ende hin verschoben sein. Im ersteren Fall spricht man von Violett-, im letzteren von Rotverschiebung.[5] Im neunzehnten Jahrhundert begannen die Astronomen, Doppler-Verschiebungen in den Spektren von Sternen zu untersuchen. So erfuhren sie, daß sich manche Sterne mit einer Geschwindigkeit von Dutzenden von Kilometern pro Sekunde durch den Raum bewegen, was ihnen damals ziemlich schnell vorkam.

Anfang 1913 teilte Slipher Lowell mit, daß der Andromedanebel eine ausgesprochene Violettverschiebung zeigte: Er raste mit dreihundert Kilometern pro Sekunde auf unsere Galaxis zu. In den drei folgenden Jahren untersuchte Slipher zweiundzwanzig weitere Spiralnebel, von denen die meisten (im Unterschied zu Andromeda) eine Rotverschiebung zeigten – ihre Linien waren also zu den längeren Wellenlängen (oder kürzeren Frequenzen) hin verschoben. Wenn die Rotverschiebung auf dem Doppler-Effekt beruhte, dann entfernten sie sich von der Milchstraße, mit Geschwindigkeiten von bis zu tausend Kilometern pro Sekunde.[6]

Die American Astronomical Society, auf deren Kongreß Slipher von seiner Arbeit berichtete, brachte ihm stehend eine Ovation dar. Doch keiner wußte genau – auch Slipher nicht –, was seine Beobachtungen zu bedeuten hatten. Erst als Hubble zehn Jahre später seine Messungen der Entfernung von Nebeln vorlegte, konnte man die praktisch allgegenwärtigen Rotverschiebungen deuten: Die Galaxien entfernen sich nach allen Richtungen von-

Hubbles Diagramm des Zusammenhangs zwischen Geschwindigkeit und Entfernung von 1929

Die schwarzen Punkte und die durchgehende Gerade stellen das Hubblesche Gesetz für einzelne Nebel dar. Die Kreise und die gestrichelten Gerade stellen den Zusammenhang für in Gruppen zusammengefaßte Nebel dar.

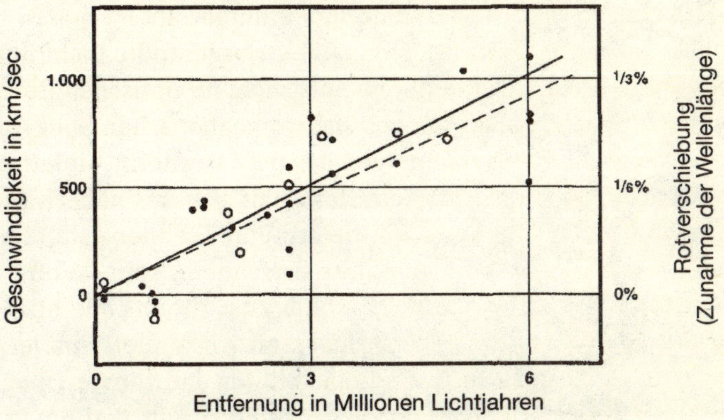

Hubbles und Humansons Diagramm des Zusammenhangs zwischen Geschwindigkeit und Entfernung von 1931

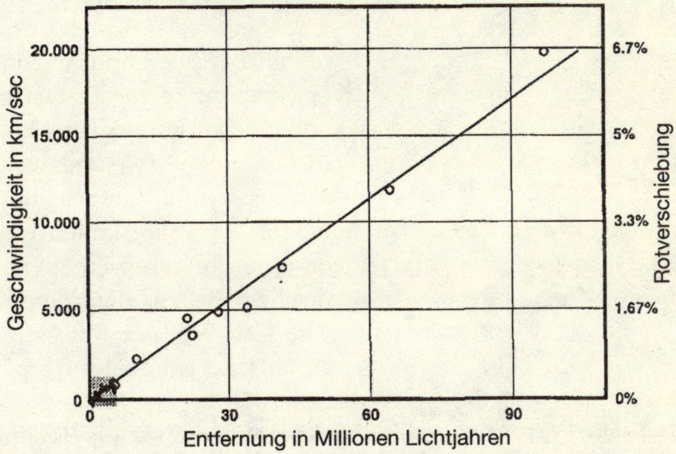

Daten zum Hubbleschen Gesetz. Das obere Diagramm zeigt Hubbles ursprüngliche Daten der Entfernung von Nebeln (Galaxien) und ihrer Rotverschiebung (die aufgrund des Doppler-Effekts mit der Geschwindigkeit zusammenhängt). Das untere Diagramm zeigt Hubbles ursprüngliche Daten in der schattierten Region und die neuen, zusammen mit Milton Humanson gewonnenen Daten. Die neuen Daten liefern ein zwingendes Argument für den linearen Zusammenhang zwischen Entfernung und Rotverschiebung. [Christopher Slye]

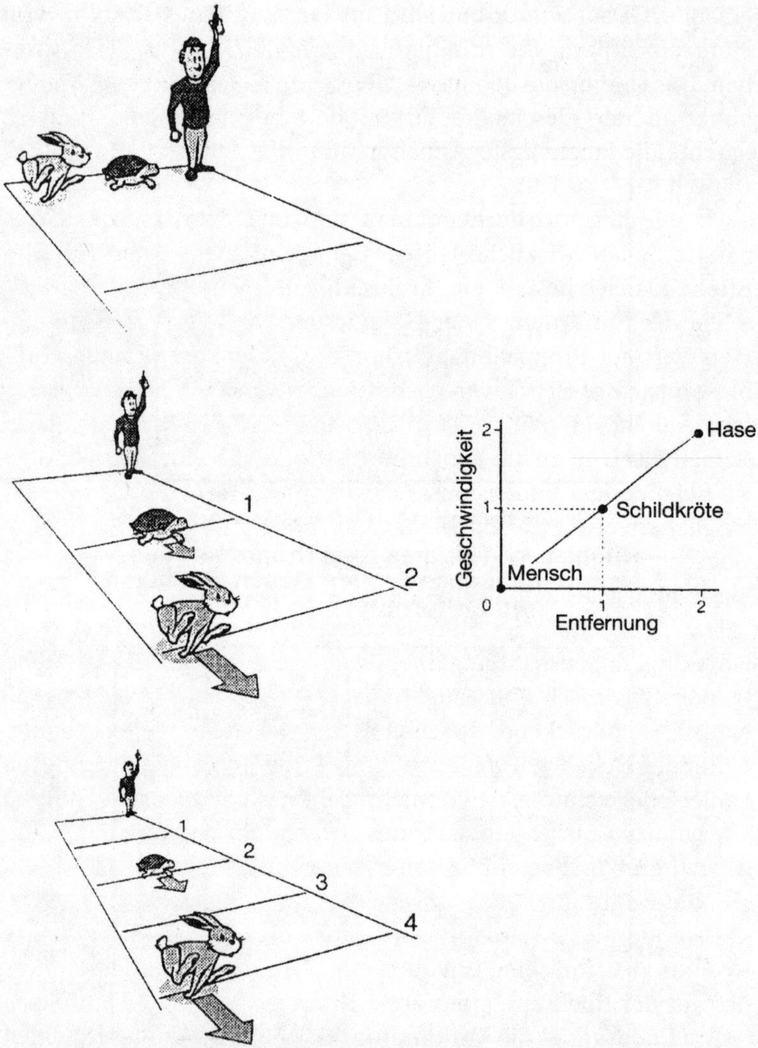

Wettlauf-Modell/Explosions-Modell. Die Zeichnung zeigt, wie das Hubblesche Gesetz des linearen Zusammenhangs zwischen Geschwindigkeit und Entfernung bei einem Wettlauf bzw. bei einer gewaltigen Explosion auftritt. Der sich am schnellsten bewegende Läufer (bzw. die Trümmer) kommt am weitesten. Die zurückgelegte Strecke entspricht der Geschwindigkeit, multipliziert mit der seit dem Start verstrichenen Zeit. Das ergibt automatisch das Hubblesche Gesetz, aber es ist ein irreführendes Bild, was unsere heutige Auffassung vom Urknall betrifft. [Christopher Slye]

einander. Das Universum ist also kein statisches Gebilde von Himmelskörpern, die in einem unveränderlichen Raum schweben. Das Universum dehnt sich vielmehr aus. Dies war ein Wendepunkt in der Geschichte der modernen Kosmologie, und er brachte die langlebigste Annahme über das Universum – daß es statisch sei – zu Fall.

Hubble ging noch darüber hinaus und entdeckte das, wie man es nannte, »erste wirkliche Gesetz der Kosmologie«, den Hubble-Effekt. Danach besteht ein direkter linearer Zusammenhang zwischen der Entfernung einer Galaxie und ihrer Rotverschiebung. Der Wert der Proportionalitätskonstante, der sogenannten Hubble-Konstante, ist schwer zu bestimmen und bis heute umstritten. Auf ihn kommt es aber an, wenn wir wissen wollen, wie schnell das Universum expandiert hat und wie alt es demzufolge ist. Bei niedriger Expansionsgeschwindigkeit wäre das Universum möglicherweise zwanzig Milliarden Jahre alt, bei hoher Expansionsgeschwindigkeit wäre es verhältnismäßig jung, möglicherweise jünger als zehn Milliarden Jahre.

Die Beobachtungen Hubbles und ihre Deutungen waren so eindeutig, daß selbst die glühendsten Verfechter eines statischen Universums rasch überzeugt waren. Das Beobachtungsmaterial war so beeindruckend, daß man es unmöglich übergehen konnte. Unter den Bekehrten war auch Einstein, der es als seinen »größten Fehler« bezeichnete, daß er nicht früher erkannt hatte, daß seine Gleichungen ein expandierendes Universum implizierten. 1930 besuchte er in Begleitung seiner Frau Elsa Mount Wilson, und Hubble zeigte ihnen das Observatorium. Als man Elsa erklärte, das Hundert-Zoll-Teleskop werde dazu benutzt, die Struktur des Kosmos zu erforschen, erwiderte sie: »So, so! Mein Mann macht das auf der Rückseite eines alten Briefumschlags.«

Am Ende war es die Verknüpfung der Leistungen dieser beiden Männer, der wir unser heutiges Verständnis des Universums verdanken. Offen blieb die entscheidende Frage: Was war die *Ursache* der Expansion?

In der Wissenschaft kommt es öfter vor, daß durch das Zusammentreffen bestimmter Umstände die Zeit reif ist für eine wichtige theoretische Erkenntnis. Das trifft auch im Falle des Priesters und Astronomen Georges-Henri Lemaître zu, der Ende der zwanziger,

Modell des expandierenden Raumes

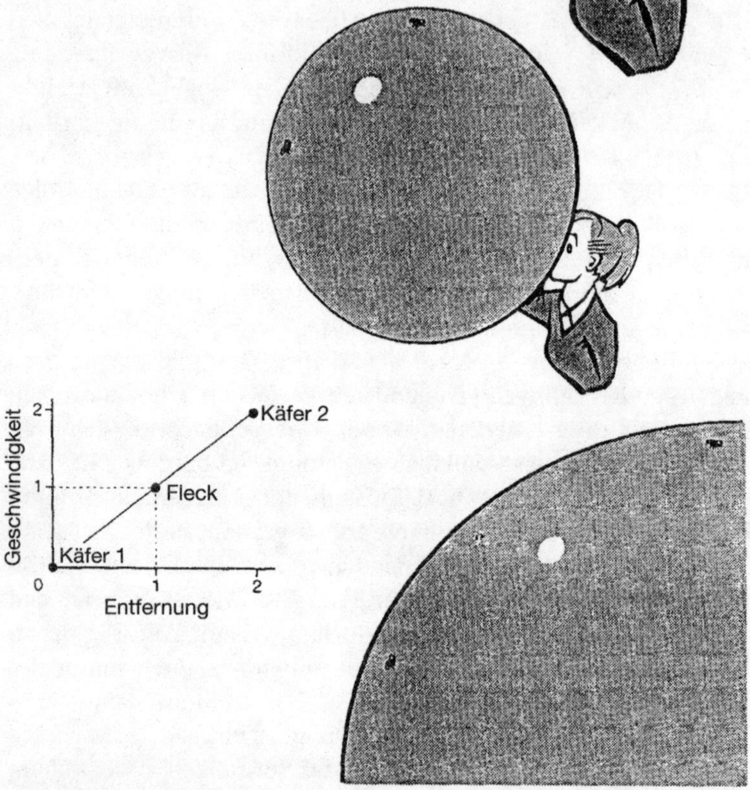

Die Entfernung zwischen den Käfern und dem Fleck wächst mit dem Ballon, so wie auch die Entfernung zwischen Galaxien während der Expansion des Raumes zunimmt. Das heißt nicht unbedingt, daß die Galaxien sich durch *den Raum bewegen: Der expandierende Raum trägt die Galaxien mit.* [Christopher Slye]

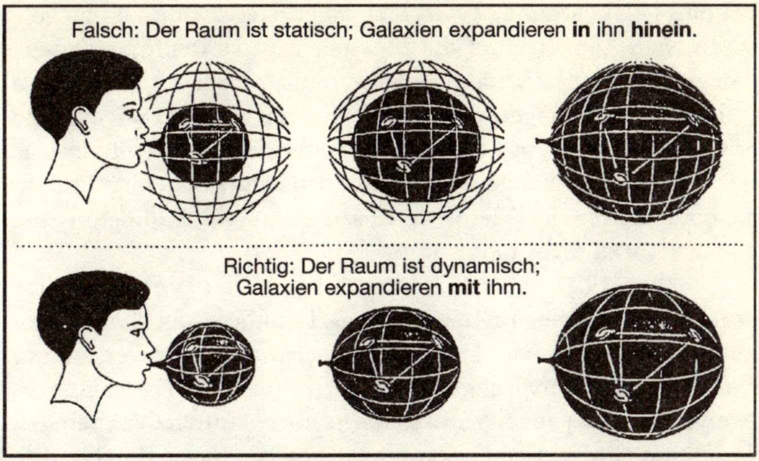

Galaxien, die in den Raum hinein (oben) *expandieren, oder Galaxien, die* mit *dem Raum, nicht in ihn hinein, expandieren.* [Sky and Telescope]

Anfang der dreißiger Jahre unseres Jahrhunderts die Idee konzipierte, aus der schließlich die Urknalltheorie wurde.

Lemaître, der am 17. Juli 1894 im belgischen Charleroi geboren wurde, nahm am Ersten Weltkrieg teil, erlebte neben anderen Greueln einen Chlorgasangriff und wurde für seine Tapferkeit ausgezeichnet. Als aggressive Persönlichkeit wurde er von einem militärischen Ausbildungskurs ausgeschlossen, weil er die unzutreffende Antwort eines Ausbilders auf eine ballistische Frage angezweifelt hatte. In Gefechtspausen las er ein Buch des großen Theoretikers Jules Henri Poincaré über Kosmologie, das ihn in Bann schlug. Anfang der zwanziger Jahre ging Lemaître an die Universität Cambridge und später an die Harvard-Universität, um Astronomie zu studieren.

Die Zeit war günstig. Einstein hatte kurz zuvor seine allgemeine Relativitätstheorie aufgestellt und bemühte sich, der Implikation eines nichtstatischen (wahrscheinlich expandierenden) Universums auszuweichen; Alexander Friedmann und Willem de Sitter deuteten Einsteins Gleichungen und bestätigten die Implikation eines nichtstatischen Universums; Slipher trug Beobachtungen von galaktischen Rotverschiebungen zusammen; Hubble war im Begriff, durch die Bestätigung der Realität extragalaktischer Nebel und galaktischer Rotverschiebungen Geschichte zu machen. Wäre nicht Lemaître auf die Idee mit dem Urknall gekommen, dann mit Sicherheit jemand anderer, und zwar recht bald. Um den Princeton-Kosmologen James Peebles zu zitieren: »Weyl und Friedmann waren vor Lemaître, und bevor die Beobachtungslage reif war, auf der richtigen Spur; Robertson hatte ungefähr ein Jahr nach Lemaître alle Elemente zusammen, und Eddington und Tolman waren dicht hinter ihm.«

Zwischen 1927 und 1933 entwarf Lemaître die erste Fassung der Urknalltheorie. Er nannte sie »Hypothèse de l'atome primitif«, Hypothese vom Uratom. Danach war das Universum aus einem einzigen ursprünglichen Energiequantum (er nannte es Atom) hervorgegangen. Ernest Rutherford hatte inzwischen den Atomkern entdeckt und erkannt, daß gewisse Kerne durch radioaktiven Zerfall Teilchen ausstoßen. Die Quantentheorie war im Gespräch: de Broglie, Heisenberg, Schrödinger, Bohr, Dirac und andere revolutionierten unser Bild von der Mikrowelt. Diese geistige Unruhe hat Lemaître zweifellos inspiriert.

Nach Lemaîtres Ansicht hatte das Uratom sich zu teilen begonnen, und zwar immer wieder, wie Bakterien in einer Kultur. Schließlich brachte es die gesamte Materie des heutigen Universums hervor. Raum und Zeit entfalteten sich in dem Maße, wie die Zahl der Kerne zunahm. Die Selbstvermehrung des Quantums vollzog sich explosionsartig. »Die Entwicklung des Universums kann man mit einem soeben beendeten Feuerwerk vergleichen: ein paar kärgliche Reste, Asche und Rauch«, schrieb er Ende der zwanziger Jahre. »Auf einem stark abgekühlten Aschehaufen stehend, beobachten wir das allmähliche Verlöschen der Sonnen, und wir versuchen uns des entschwundenen Glanzes des Ursprungs der Welten zu erinnern.«

Lemaître bemühte sich vergebens, Einstein und de Sitter für das Uratom zu interessieren. Auf dem fünften Solvay-Kongreß, der 1927 in Brüssel stattfand, suchte er Einstein auf, um ihm seine Theorie vorzutragen. Einstein war ungewöhnlich schroff und fuhr ihn an: »Ihre Berechnungen stimmen, aber Ihr physikalisches Verständnis ist erbärmlich.« Lemaîtres altem Universitätslehrer, Arthur Eddington, widerstrebte es, von den Anfängen des Kosmos zu reden. »Am befriedigendsten schien mir immer eine Theorie zu sein, die den Anfang *nicht zu unästhetisch plötzlich* darstellt«, meinte er mißbilligend (Hervorhebung von ihm).

Lemaître beschrieb seine Vorstellungen in der am 9. Mai 1931 erschienenen Ausgabe der Zeitschrift *Nature* in einem Brief, den ein Wissenschaftler als »die Charta der Urknalltheorie« bezeich-

Frühe dreißiger Jahre: Albert Einstein, dessen spezielle und allgemeine Relativitätstheorie eine grundlegend neue Kosmologie impliziert, und Georges-Henri Lemaître, der belgische Priester und Astrophysiker, der die Idee des Urknalls vorwegnahm. [Brown Brothers]

net hat. Lemaître begann mit dem Hinweis, daß Eddington es verschmäht hatte, über die Anfänge des Kosmos zu sprechen, weil ihm in philosophischer Hinsicht die Vorstellung widerstrebt hatte, daß die gegenwärtige Ordnung der Natur einen Anfang hat.

> Ich neige eher zu der Auffassung, daß der gegenwärtige Stand der Quantentheorie einen Anfang der Welt vermuten läßt, der von der gegenwärtigen Ordnung der Natur sehr verschieden ist. Aus der Sicht der Quantentheorie können die thermodynamischen Hauptsätze wie folgt formuliert werden: 1. Energie von konstantem Gesamtbetrag ist auf diskrete Quanten verteilt. 2. Die Anzahl der einzelnen Quanten nimmt ständig zu. Wenn wir in der Zeit zurückgehen, finden wir zwangsläufig immer weniger Quanten, bis wir die gesamte Energie des Universums in einige wenige oder gar in nur ein einziges Quantum zusammengedrängt finden.
>
> Bei atomaren Vorgängen sind die Begriffe von Raum und Zeit nur noch statistische Begriffe; auf einzelne Phänomene angewandt, bei denen es nur um eine geringe Zahl von Quanten geht, versagen sie. Wenn die Welt mit einem einzigen Quantum begonnen hat, dann können die Begriffe von Raum und Zeit am Anfang überhaupt keinen Sinn gehabt haben; einen vernünftigen Sinn bekamen sie erst, nachdem das Urquantum sich in eine ausreichende Zahl von Quanten geteilt hatte. Wenn diese Vermutung zutrifft, dann hat sich der Anfang der Welt kurz vor dem Anfang von Raum und Zeit ereignet. Ich finde, daß ein solcher Anfang der Welt von der gegenwärtigen Ordnung der Natur genügend weit entfernt ist, um völlig akzeptabel zu sein.

Lemaîtres Brief führte zu einem Bericht in der *New York Times* vom 19. Mai 1931, der die Überschrift trug: »Lemaître vermutet, daß das Universum mit einem einzigen großen Atom begann, das die gesamte Energie enthielt.«

Während die Kosmologen über die Anfänge des Universums diskutierten, litt die Welt unter der großen Wirtschaftskrise. Die Zeitungen bemühten sich, die Leser mit aufregenden (manchmal übertriebenen) Berichten über bahnbrechende Entdeckungen in der Wissenschaft, speziell der Astronomie, aufzumuntern. Dadurch wurde Lemaître zu einer kleinen Medienberühmtheit; zwar wurde er nicht so bejubelt wie Einstein, doch es erschienen Fotos, die sie zusammen zeigten. Einstein hatte inzwischen eingesehen, daß er die Idee des jungen Priesters vorschnell verworfen hatte, und bezeichnete sie nun als die »ansprechendste, schönste und befriedigendste Interpretation« astronomischer Phänomene. Die *Times* versicherte ihren Lesern, daß Lemaître »keinen Konflikt zwischen Wissenschaft und Religion« sehe; er sei »einer der besten mathematischen Physiker der Gegenwart... Sein expandierendes Universum ist zur Zeit so populär, daß Einsteins statisches, zylindrisches Modell so veraltet wirkt wie ein Hochrad.«

Zur Anerkennung der Hypothese vom Uratom hatte Eddington entscheidend beigetragen, Lemaîtres Doktorvater und damals die einflußreichste Persönlichkeit in der Kosmologie. Lemaître hatte Eddington 1927 ein Manuskript überreicht, in dem er die Hypothese skizzierte, doch Eddington sperrte sich so entschieden gegen die Idee, daß er es ohne genauere Lektüre zu den Akten legte. Als er sich fünf Jahre später eines anderen besann, suchte er das Manuskript hervor, ließ es aus dem Französischen ins Englische übersetzen und veröffentlichte es in den »Proceedings« der Royal Astronomical Society. Das kam im Grunde einer Anerkennung gleich. Die Urknalltheorie (die damals noch nicht so hieß) hatte es geschafft.

In der Kosmologie wie in allen anderen Wissenschaften speist sich der Fortschritt aus einem ständigen Wechselspiel zwischen Theorie und Experiment (beziehungsweise Beobachtung). Lemaîtres Theorie fand ersichtlich Anklang, doch wie konnte sie wissenschaftlich bewiesen, das heißt, nachgeprüft werden? Die Produkte des Urknalls umgeben uns in dem Universum, das wir heute sehen. Doch dieses Universum ist ungeheuer kompliziert; es nach Spuren eines fünfzehn Milliarden Jahre zurückliegenden Urereignisses zu durchkämmen, dürfte aussichtslos sein. Ein Zeitreisender würde sehen, daß das Universum immer einfacher wird, je näher er dem Urknall käme, und unter diesen einfacheren Manifestationen des Ereignisses müßte nach Anhaltspunkten gesucht werden. Lemaître erkannte das und äußerte die Vermutung, daß energiereiche kosmische Strahlen Überreste des Urknalls seien, ähnlich wie Funken von einer Explosion. Darin irrte er freilich, denn diese Teilchen stammen mit größter Wahrscheinlichkeit aus Vorgängen in unserer Galaxis. Die Bestätigung des Urknalls sollte noch dreiunddreißig Jahre auf sich warten lassen.

Immerhin waren die Idee und die Theorie des expandierenden Raumes Anfang der dreißiger Jahre endlich unumstößlich in die Kosmologie eingeführt worden. Leider stellten sich viele Laien – und das gilt bis heute – unter dem Urknall eine Explosion vor, die Materie in den leeren Raum hinausspie. Die Bezeichnung »Urknall« ist nicht hilfreich. Die frühe Interpretation der kosmologischen Rotverschiebung als eine Doppler-Verschiebung hat in der Öffentlichkeit die Vorstellung geweckt, als würden sich die Galaxien in einen existierenden Raum hinein ausbreiten. Das Bild von einer Explosion und der dadurch bewirkten Ausbreitung hat viele verwirrende und einander widersprechende Fragen ausgelöst. Einstein trug eine klarere Vision vor, derzufolge Raum und Zeit nicht die von der Newtonschen Physik vorausgesetzten Absolutheiten sind, sondern vielmehr veränderliche Eigenschaften haben. Insbesondere weist die Raum-Zeit eine Krümmung auf, und die Größe der Krümmung ändert sich in der Zeit, wie Einstein widerstrebend einräumen mußte. Wir leben in einem Universum, dessen Raum gegenwärtig expandiert. Die kosmologische Rotverschiebung beruht darauf, daß die Wellenlänge des Lichts durch die Expansion des Raumes zunimmt. Das Licht von fernen Galaxien braucht länger, um zu uns zu gelangen, und wird deshalb durch den expandierenden Raum zu größeren Wellenlängen hin gedehnt als Licht von nahen Galaxien. Der Hubble-Effekt wird also durch die Expansion des Raumes erzeugt. Betrachten wir ein idealisiertes Universum, in dem die Galaxien sich nicht relativ zum Raum oder zu anderem Material in ihrer Nähe bewegen. Die Expansion des Raumes bewirkt, daß die Entfernung zwischen Galaxien proportional zur Entfernung zwischen ihnen wächst. Verläuft die Expansion des Raumes mit konstanter Geschwindigkeit, so wird dieser Zusammenhang durch die lineare Hubble-Konstante ausgedrückt: Die Rotverschiebung ist der Entfernung proportional. Bei hinreichend großem Abstand zwischen zwei Galaxien, die sich relativ zu ihrer Umgebung nicht bewegen, wächst der Abstand schneller, als das Licht zwischen ihnen wandern kann. Wenn man nicht begriffen hat, daß der Raum expandiert, könnte man fälschlicherweise annehmen, daß die Galaxien mit Überlichtgeschwindigkeit auseinanderstreben, obwohl keine sich bewegt.

Die Urknalltheorie bot nicht nur eine entschieden neue Sicht in bezug auf den Ursprung des Universums, sondern auch eine denkbare Lösung für eine der hartnäckigsten Fragen der Kosmologie: Woher kamen die Elemente? Wie hatte die Natur die über zweiundneunzig natürlichen Elemente (Wasserstoff, Helium, Kohlenstoff, Sauerstoff, Eisen usw.) geschaffen, die in Mendelejews Periodischem System vorkommen? Die uns vertraute Welt – die Steine, Tiere und Pflanzen, die uns umgeben – besteht zu einem Großteil aus Elementen, die schwerer sind als Wasserstoff und Helium. Im gesamten Universum überwiegen jedoch zwei Elemente: Helium, das fast fünfundzwanzig Prozent der gesamten Materie ausmacht, und Wasserstoff mit annähernd fünfundsiebzig Prozent. Alle übrigen Elemente belaufen sich gerade auf ein Prozent. Wie ist diese Verteilung der Elemente zustande gekommen? Lemaîtres Urknalltheorie sollte eine Antwort liefern, zumindest eine Teilantwort.

Bis zum Beginn des zwanzigsten Jahrhunderts schien es, als sei die Frage nicht zu beantworten, nicht zuletzt deshalb, weil der innere Aufbau der Atome unbekannt war. 1896 entdeckte Henri Becquerel (1852–1908) die Radioaktivität. Ernest Rutherford (1871–1937), ein nach England verpflanzter Neuseeländer, kam 1897 gerade rechtzeitig an die Universität Cambridge, um mitzuerleben, wie J. J. Thompson das Elektron entdeckte. Rutherford begann mit der Erforschung der Radioaktivität und erhielt für seine Leistung 1908 den Nobelpreis. Indem er eine dünne Goldfolie aus einer radioaktiven Quelle bombardierte, entdeckte er 1910 den Atomkern, womit er der subatomaren Physik den Weg bereitete. Er fand heraus, daß das Atom fast gänzlich aus leerem Raum besteht. Es enthält einen winzigen, positiv geladenen und aus Protonen zusammengesetzten Kern, um den noch winzigere, negativ geladene Elektronen kreisen. (Der andere Bestandteil des Kerns, das Neutron, wurde zwei Jahrzehnte später, im Jahre 1932, von Chadwick entdeckt.)

Ein ungewöhnlicher Sachverhalt wurde schon 1917 von dem

amerikanischen Chemiker William Draper Harkins bemerkt. Er stieß darauf, daß Elemente mit gerader Atomzahl[7] (2, 4, 6 usw.), den Wasserstoff ausgenommen, sehr viel häufiger vorkommen als solche mit ungerader Atomzahl (3, 5, 7 usw.). War das ein Hinweis darauf, wie sich Atome gebildet hatten? Harkins vermutete, daß die Elemente durch eine Verschmelzung (Fusion) ihrer Atomkerne entstanden waren und daß die geradzahligen Elemente deshalb häufiger waren, weil sie sich entweder leichter bildeten oder weil sie stabiler waren.

Die Vorstellung, daß der Fusion eine wichtige kosmologische Rolle zukomme, erhielt Auftrieb, als die Astronomin und Leiterin des Astronomie-Departments der Harvard-Universität, Cecilia Payne-Gaposchkin (1900–1979), 1925 zeigte, daß die Sonne fast ausschließlich aus dem leichtesten Element, dem Wasserstoff, besteht. Theoretiker folgerten daraus, daß die Sonne ihre Wärme nicht, wie vermutet, durch Atomspaltung erzeugte, sondern durch Fusion, genauer gesagt, durch die Verschmelzung von jeweils zwei Wasserstoffkernen (mit je einem Proton) zu einem Heliumkern (zwei Protonen). Die Einleitung des Fusionsprozesses erfordert eine gewaltige Hitze, weil die beiden positiv geladenen Protonen sich gegenseitig abstoßen. Einmal im Gange, setzt die Kernfusion jedoch eine ungeheure Energie frei – deshalb bemühen sich die Physiker seit Jahrzehnten, die Kernfusion für die Energieerzeugung auf der Erde zu nutzen, bislang erfolglos. In den dreißiger Jahren erklärte der deutsche Physiker Hans A. Bethe theoretisch die Kernfusion als Quelle der Sonnenwärme.

Ideen aus verschiedenen Disziplinen kamen zusammen wie Straßen, die in einer Kreuzung aufeinanderstoßen. Wenn die Kernfusion für die Wärme der Sterne verantwortlich war, warum nicht auch für die Entstehung der Elemente? Könnte stellare Wärme oder eine andere Wärmequelle Protonen in unterschiedlichen Zusammensetzungen verschmolzen und dadurch alle Elemente im Kosmos geschaffen haben? So könnten durch Verschmelzung von Heliumkernen, die jeweils zwei Protonen enthalten, schwerere Elemente entstanden sein, die ein Mehrfaches von zwei an Protonen enthielten: vier (Beryllium), sechs (Kohlenstoff), acht (Sauerstoff), zehn (Neon) und so weiter. Das könnte erklären, warum geradzahlige Elemente so häufig sind. »Die den

Kern [des Heliums] bildenden [Teilchen] müssen irgendwann und irgendwo zusammengefügt worden sein; warum nicht in den Sternen?« schrieb Eddington 1927 in seinem Buch *Stars and Atoms.* »Es ist mir klar, daß viele Kritiker die Bedingungen in den Sternen für nicht hinreichend extrem halten, um die Umwandlung zu bewirken – die Sterne sind nicht heiß genug. Die Kritiker setzen sich damit einem naheliegenden Gegenargument aus; wir fordern sie auf, uns *einen heißeren Ort* zu nennen.«

In den dreißiger Jahren stand indes ein »heißerer Ort« zur Verfügung, zumindest auf dem Papier: Lemaîtres Uratom.

1938 kam der Forscher Carl Friedrich von Weizsäcker zu dem Schluß, daß das Innere der Sonne und anderer Sterne nicht heiß genug sei, um die leichteren Elemente zu schwereren Elementen zu verschmelzen; in einer europäischen wissenschaftlichen Zeitschrift* äußerte er die Vermutung, daß dies ein superheißer ursprünglicher »Feuerball« bewirkt haben könnte:

> Man darf daher eine große ursprüngliche Anhäufung von Materie annehmen, die möglicherweise aus reinem Wasserstoff bestand. Als sie unter dem Einfluß der Gravitation in sich zusammenstürzte und dadurch ihre Zentraltemperatur stieg, gelangte sie schließlich in einen Zustand, in dem in ihrem Inneren Kernreaktionen einsetzten...
> Wie groß hat man sich die erste Anhäufung vorzustellen? Die Theorie setzt keine Obergrenze, und unsere Phantasie ist so frei, sich vorzustellen, daß nicht nur die Milchstraße, sondern das gesamte uns bekannte Universum in ihr zusammengefaßt war.

Ein Feuerball so groß wie die Milchstraße, vielleicht sogar wie der ganze Kosmos! Ein so massereicher Feuerball würde auseinanderfliegen und Materie herausschleudern, die wir jetzt als die fliehenden Galaxien beobachten. Diese Materie würde schwere Elemente einschließen, die in der ungeheuren Hitze »zusammengebacken« wurden, Elemente, die sich schließlich zu Himmelsobjekten wie der Erde verdichteten. Von Weizsäckers »Feuerball«

* Quelle ungenannt.

hatte vieles mit Lemaîtres »Uratom« gemein. Wenn der Urknall – zumindest in der Theorie – eine Antwort auf die Frage der Entstehung der Elemente gab, dann trug dies erheblich zu seiner Plausibilität bei. Wie ließ sich diese Theorie nachprüfen?

Alan Lightman und Roberta Brawer haben eine Reihe von Interviews mit Kosmologen unter dem Titel *Origins* veröffentlicht. Dem Leser fällt auf, wie oft die Interviewten berichten, daß sie als Kinder von den populären Schriften George Gamows und Fred Hoyles begeistert waren. Als Junge las ich die Bücher von Gamow, besonders die »Mr. Tompkins«-Storys, und lernte aus ihnen. Ihr Protagonist ist ein unerschütterliches Mitglied der englischen Bourgeoisie, der immer wieder bizarre Erlebnisse mit alltäglichen Manifestationen einer sagenhaften Physik der Makro- und Mikrowelt hat. So begegnet er Radfahrern, die so schnell strampeln, daß sie die Einsteinsche Zeitdilatation erfahren, und Autos, die mit Hilfe des »Quantentunneleffekts« durch Mauern fahren können. Die Bücher von Hoyle, darunter *Frontiers of Astronomy* und *The Black Cloud*, sind natürlich berühmt.

Gamows Genie spornte die Kosmologie an, die Gültigkeit der Urknalltheorie und die Rolle, die der Urknall für die Entstehung der Elemente spielte, einer Nachprüfung zu unterziehen. Und an Hoyles Reaktion auf Gamows Vorschlag entzündete sich eine der härtesten Kontroversen, die je in der Kosmologie geführt wurden.

Gamow, 1904 im russischen Odessa geboren, wurde zu einem der berühmten Universalgelehrten des zwanzigsten Jahrhunderts. Die Themen, zu denen er rasch Zugang fand und zu denen er Wesentliches beitrug, reichen von der Kosmologie und Atomphysik bis zur Genetik und DNA. Gamow arbeitete, nachdem er Rußland verlassen hatte, an europäischen Universitäten, um schließlich in die Vereinigten Staaten überzusiedeln, wo er Professor an der George-Washington-Universität wurde. »Gamows Theorien waren zu neunzig Prozent falsch, und es war leicht zu erkennen, daß sie falsch waren«, erinnerte sich sein Mitarbeiter Edward Teller. »Aber das war ihm egal. Er gehörte zu jenen, die auf ihre Erfindungen nicht sonderlich stolz sind. Oft hat er etwas als seine neueste Idee ausgegeben, um es anschließend als einen Scherz hinzustellen.«

Gamow »konnte Fragen stellen, die seiner Zeit voraus waren«, erinnert sich die Astronomin Vera Rubin, die bei ihm studierte und deren Mann am Laboratorium für Angewandte Physik der Johns-Hopkins-Universität ein Arbeitszimmer mit Ralph Alpher, einem Mitarbeiter Gamows, teilte. »Für die Details interessierte er sich nicht; in mancher Hinsicht war er vielleicht nicht *kompetent*, die Details auszuführen... Er war wie ein Kind.« Er ertrug eine stürmische Ehe, trank zuviel, klatschte und tratschte mit Begeisterung und war berühmt für seine Clownerien. Bei all diesem lärmenden Treiben gelang es ihm noch, einige sehr wichtige wissenschaftliche Untersuchungen durchzuführen. Alpher lernte nach dem Zweiten Weltkrieg die Atomforschung kennen, und zwar am Argonne National Laboratory in Illinois und am Brookhaven National Laboratory auf Long Island, wo ich meine ersten Experimente in der Teilchenphysik machte. Die atomphysikalischen Resultate erwiesen sich als sehr wertvoll für den von Alpher und Gamow unternommenen Versuch, den Ursprung der während des Urknalls entstandenen Elemente mit Hilfe einer Theorie zu erklären, die sie zusammen mit Robert Herman entwickelten, der gleichfalls vom Laboratorium für Angewandte Physik der Johns-Hopkins-Universität kam. Die Untersuchungen am Argonne- und Brookhaven-Institut bildeten zwei Säulen der Theorie.

Dort wurden hochbeschleunigte Neutronenstrahlen auf Metalltargets gelenkt, um Daten zu gewinnen über die Wahrscheinlichkeit, daß ein Neutron nah genug an einem Kern vorbeifliegt, um mit ihm zu verschmelzen. (Mit Neutronen geht das leichter als mit Protonen, weil Neutronen keine elektrische Ladung besitzen und daher von den Protonen im Kern nicht abgestoßen werden.) Die Physiker fanden heraus, daß Neutronen im »freien« Zustand (nicht an einen Atomkern gebunden) innerhalb weniger Minuten spontan in ein Proton, ein Elektron und ein Neutrino zerfallen, damit die elektrische Ladung und andere Eigenschaften erhalten bleiben.

Damit waren die notwendigen Voraussetzungen geschaffen. Gamow postulierte, daß das Universum anfangs aus einer Ursubstanz bestanden habe, die er *Ylem* nannte (griechisch für »Urmaterie«). Das Ylem war ein extrem heißes (zehn Milliarden Grad) Neutronengas. Weil viele der Neutronen »frei« waren, begannen sie in Protonen und die dazugehörigen Elektronen und Neutrinos zu zerfallen. Das Ergebnis war ein kochendes Meer aus Neutronen und Protonen. In der gewaltigen Hitze begannen Protonen und Neutronen zu immer schwereren Elementen zu verschmelzen. Es gab Elemente, die dieselbe Anzahl von Protonen, aber eine unterschiedliche Anzahl von Neutronen besaßen (man nennt sie Isotope). Nach Gamows Auffassung bildeten sich auf diese Weise alle Elemente des gesamten Universums in den ersten zwanzig Minuten nach dem Urknall – »in weniger Zeit, als man braucht, um Entenbraten und Kartoffeln zuzubereiten«. Weil sich freie Neutronen fortgesetzt in Protonen verwandelten, war nach einiger Zeit die Gesamtzahl der Protonen größer als die Anzahl der Neutronen; so bekamen viele Protonen keine Neutronenpartner, und ein Großteil der Urmaterie blieb in Form von Protonen übrig – die Kerne von Wasserstoff. Mochte die Hypothese die Entstehung von Wasserstoff und Helium auch ohne weiteres erklären, so kam sie bei den schwereren Elementen doch in Verlegenheit. Während das Universum sich ausdehnte und abkühlte, konnte es kaum noch zum Aufbau schwererer Elemente kommen, da die dafür erforderliche Energie zurückging. Gamow vermutete, auch wenn er nicht sicher sein konnte, daß es gleichwohl nach dem Urknall zur Bildung schwererer Elemente gekommen sein könnte.

Die genauen Berechnungen zur Hypothese führte weitgehend Alpher aus, im Rahmen seiner 1948 vorgelegten Dissertation. Er verfaßte darüber gemeinsam mit Gamow einen Artikel für die *Physical Review*, was Gamow Gelegenheit zu einem seiner Scherze gab. Er lud Hans Bethe ein, sich als Koautor zu beteiligen, und auf diese Weise wurde der »Alpher-Bethe-Gamow«- (bzw. Alpha-Beta-Gamma-)Artikel zu einem berühmten Stichwort in der kosmologischen Literatur.

Alpher und Herman verfaßten einen weiteren Artikel, der eine einfache, aber grundlegende Vorhersage enthielt, die heute die Basis der modernen Kosmologie bildet. Die Protonen müssen, damit sie zu Kernen verschmelzen können, genügend Energie besitzen, um die elektrische Abstoßung der Protonen in den Targetkernen überwinden zu können. Daher muß das frühe Universum heiß gewesen sein. Wenn es jedoch zu heiß gewesen wäre, wären die Kerne gleich nach der Entstehung durch die energiereichen Protonen, Neutronen und Photonen gesprengt worden. Die

Von links nach rechts: *Robert Herman, George Gamow und Ralph Alpher auf einer Fotomontage, die Gamow aus einer Flasche mit »Ylem« aufsteigen läßt, dem hypothetischen Urstoff des Urknalls. Die Montage war ein Scherz von Alpher und Herman.* [Ralph Alpher und Robert Herman]

Temperatur wenige Minuten nach der Schöpfung konnte sich daher nur in einem schmalen Bereich bewegen. Alpher und Herman kamen zu dem Ergebnis, daß das Universum als ein gewaltiger Feuerball begann und daß die Strahlung – die Hitze – im Zuge seiner Expansion stetig schwächer wurde. Anfangs viele Milliarden Grad heiß, müßte sich das Universum mit der Zeit und parallel zur Expansion des Raumes allmählich abgekühlt haben. Nach ihren Berechnungen müßte das heutige Universum eine Temperatur von rund fünf Grad Kelvin haben (das sind fünf Grad Celsius über dem absoluten Nullpunkt). Wenn es, wie Gamow, Alpher und Herman behaupteten, den Urknall tatsächlich gegeben hat, müßte das Universum erfüllt sein von einer schwachen Hintergrundstrahlung, einem Echo dieses Urereignisses, die einer Temperatur von fünf Grad Kelvin entspricht. Wenn es keinen Urknall gegeben hat, dürfte es eine solche Strahlung nicht geben.

Alpher und Herman hatten sie also ausgesprochen – die Vorhersage der kosmischen Hintergrundstrahlung, eines faßbaren Hinweises auf den Urknall. Da es in den vierziger Jahren keine Möglichkeit gab, ein so schwaches Nachleuchten im All festzustellen, geriet die Vorhersage von Alpher und Herman, von den Verfassern selbst abgesehen, für zwei Jahrzehnte in Vergessenheit, ähnlich wie Mendels epochemachende Arbeit über die Vererbungsgesetze am Beispiel der Erbsen.

Gamow freute sich, seine Ideen einem breiten Publikum verkaufen zu können, und schrieb im *Scientific American*:

> Die Behauptung, daß die heutige chemische Zusammensetzung des Universums vor fünf Milliarden Jahren innerhalb einer halben Stunde festgelegt wurde, wird manchem Leser unsinnig vorkommen. Aber betrachten wir einmal ein Stück Boden auf dem Atomtestgelände in Nevada, wo eine Atombombe gezündet wurde ... Die von der Bombe ausgelösten Kernreaktionen haben innerhalb einer Mikrosekunde eine Vielzahl von Spaltprodukten erzeugt. 1965, hundert Millionen Millionen Mikrosekunden später, war der Ort noch immer »heiß« von den zurückgebliebenen Spaltprodukten. Eine Mikrosekunde verhält sich zu drei Jahren genauso wie eine halbe Stunde zu fünf Milliarden Jahren! Wenn wir in dem einen Fall ein solches Zeitverhältnis akzeptieren können, warum dann nicht im anderen?

Ein überzeugendes Argument, zumindest für Laien. Er schrieb auch ein Buch, *The Creation of the Universe*, das sich flott verkaufte und eine Berechnung enthielt, derzufolge die kosmische Hintergrundstrahlung fünfzig Grad K betrug – nicht fünf K, die korrekte Zahl. Gamow hatte wie üblich einen schlichten Rechenfehler gemacht.

Jenseits des Atlantiks, in England, spottete Fred Hoyle über die Theorie von Gamow, Alpher und Herman, der zufolge das Universum aus einem Urknall hervorgegangen war, und entwarf eine, wie er hoffte, vernichtende Antwort.

Der Streit der Kosmologen

Mr. Tompkins hatte das erste Abendessen im Strandhotel in Gesellschaft des Professors und dessen Tochter eingenommen; der Professor hatte über Kosmologie gesprochen, seine Tochter von Kunst geplaudert. Als er letztlich wieder auf sein Zimmer zurückgekehrt war, fiel er erschöpft auf das Bett und zog sich die Decke über die Ohren. Botticelli und Bondi, Salvador Dali und Fred Hoyle, Lemaître und La Fontaine – alle diese Namen gingen ihm wirr durch den Kopf, bevor er endlich in tiefen Schlaf versank.

George Gamow, Mr. Tompkins' seltsame Reisen durch Kosmos und Mikrokosmos *(1965; deutsch 1980)*

Ohne eine kontinuierliche Schöpfung muß sich das Universum auf einen leblosen Zustand hin entwickeln, in dem die gesamte Materie in einer ungeheuren Zahl erloschener Sterne kondensiert ist.

Fred Hoyle, The Nature of the Universe *(1950)*

Fred Hoyle wurde 1915 in dem nordenglischen Dorf Bingley als Sohn eines Textilhändlers in ungesicherten finanziellen Verhältnissen geboren. Er war drei, als seine Mutter ihm das Einmaleins beibrachte. Sein heimatliches Tal wurde von der Tuchindustrie beherrscht, und wenn er morgens zur Schule ging, hörte er in den Fabriken die Maschinen rattern. Vielleicht war er von Natur aus kämpferisch und eigenwillig, vielleicht hatten ihn auch die harten Zeiten so gemacht – nur wenige hundert Kilometer weiter südlich, in Frankreich, wurden in den Schützengräben des Ersten Weltkriegs Hunderttausende junger Männer geschunden, und London wurde von Zeppelinen bombardiert –; jedenfalls kam er in jungen

Jahren zu dem Schluß, daß die Schule ihm zuwider war, und er beschloß, die Welt der Natur auf eigene Faust zu erforschen, statt nichtssagende Lektionen langweiliger Schulmeister über sich ergehen zu lassen.

Die Wissenschaft war damals etwas besonders Aufregendes, denn es gab ein neues Wunder, das Radio: »Das war etwas ganz Geheimnisumwittertes in unserem Dorf,wo es zwanzig bis dreißig Leute gab, die sich ihren eigenen Rundfunkempfänger zusammenbastelten.« Mit zehn begann er, mit einem Chemie-Baukasten zu experimentieren. Dennoch mußte er von Gesetzes wegen die Schule besuchen, und dort hatte er seine ersten Auseinandersetzungen mit der Orthodoxie. Weil er die Zahl der Blütenblätter einer Blume falsch angab, wurde er vom Lehrer geschlagen, was den kleinen Fred so erboste, daß er sich eine Zeitlang weigerte, in die Schule zu gehen. Er entdeckte die populärwissenschaftlichen Schriften von Arthur Eddington, die sein Interesse für Kosmologie weckten. Es ist auch denkbar, daß die reservierte, arrogante Bemerkung Eddingtons, ihm widerstrebe die Vorstellung, daß die gegenwärtige Ordnung der Natur einen Anfang hat, sich bei ihm festgesetzt hat. Vielleicht haben ihn diese Worte, ohne daß er sich dessen bewußt war, dazu gebracht, zeit seines Lebens die Idee zu bekämpfen, daß der Kosmos zu einem bestimmten Zeitpunkt mit einem Urknall begann. Er bevorzugte die Auffassung, die Aristoteles Jahrtausende zuvor vertreten hatte: Das Universum hat immer existiert und wird immer existieren.

Ein Wendepunkt trat in Hoyles Leben, als er mit dreizehn Jahren von seinen Eltern ein Geschenk erhielt, das schon das Leben so vieler junger Menschen verändert hat: ein kleines Fernrohr. Sie erlaubten ihm, nächtelang aufzubleiben und die Sterne und Planeten zu betrachten. Es sollte sich zeigen, daß Hoyle und Gamow noch mehr miteinander gemein hatten als die Tatsache, daß jeder mit dreizehn Jahren ein Fernrohr bekommen hatte. Beide waren Kämpfer auf geistigem Gebiet, und beide sprühten nur so vor Ideen, daß gar nicht jede richtig sein konnte. Während des Zweiten Weltkriegs arbeitete Hoyle in der englischen Radarüberwachung, um schließlich Professor der Astronomie in Cambridge zu werden. Daneben hielt er bei der BBC Vorträge über Astronomie und schrieb populärwissenschaftliche Artikel und

Bücher. Hoyle wurde wie Gamow ein sehr bekannter Mann, der einem Laienpublikum die Wissenschaft erklärte.

1950 sprach Hoyle in einem seiner Rundfunkvorträge im Hinblick auf die Theorie Gamows, die er ablehnte, vom *big bang* (Urknall; wörtlich »großer Knall«). Er hatte das abwertend gemeint, doch die Bezeichnung war so unwiderstehlich, so phantasieanregend, daß sie sich in den Köpfen festsetzte, jedoch ohne negativen Unterton. Hoyle wurde zum bekanntesten Verfechter einer Theorie, die sich als Alternative zur Urknalltheorie verstand, der sogenannten Steady-State-Theorie, die ein stationäres Universum unterstellte. Der Kampf dieser beiden Theorien um die geistige Vorherrschaft prägte die Kosmologie fast zwei Jahrzehnte lang.

Eines Abends im Jahre 1946 sah Hoyle sich in Begleitung zweier Cambridge-Kollegen, Thomas Gold und Herman Bondi, den Film *The Dead of Night* an. Die Handlung bestand aus einer Reihe von Gespenstergeschichten, und sie endete ungewöhnlich: Die letzte Szene glich der ersten. Es war eine zyklische, unaufhörliche, nichtendende Handlung. Dieser filmische Dreh hat Gold angeblich auf die Idee gebracht, daß auch der Kosmos zyklisch ist. Nach der Urknalltheorie sollte sich der Kosmos in dem Maße, wie der Raum expandiert und die Galaxien sich ausbreiten, allmählich verdünnen wie eine Wolke. Gold wandte gegen diese Vorstellung ein, daß sich das Universum keinesfalls verdünnen werde, da nicht nur ständig neuer Raum für die Expansion erzeugt werde, sondern auch neue *Materie* für die alten Galaxien! Woher die neue Materie kam? Aus dem Nichts! Gold behauptete buchstäblich, das Universum bringe fortgesetzt neue Atome aus dem Vakuum hervor. Diese neuen Atome verdichteten sich zu Galaxien, die weiterhin nach außen hin expandierten.

Das Universum befindet sich demnach in einem stationären Zustand, und bleibt sich, so wie es heute ist, im wesentlichen immer gleich. Es ist nicht nur (wie man seit Jahren allgemein angenommen hat) räumlich homogen, sondern auch zeitlich. Es muß vor zehn Milliarden Jahren genauso ausgesehen haben und wird in zehn Milliarden Jahren genauso aussehen wie heute. Den drei Theoretikern gefiel die Idee, nicht zuletzt, weil sie eines der Hauptprobleme der Urknalltheorie vermied: einen Anfang von Raum und Zeit anzunehmen, über den das Erkenntnisvermögen des menschlichen Geistes nie würde hinausgehen können.

1948 veröffentlichten sie getrennte Artikel zu diesem Thema – Bondi und Gold gemeinsam, Hoyle für sich. Hoyle wählte einen mehr mathematischen, Bondi und Gold einen mehr philosophischen Ansatz. Doch fand Hoyle ein unverkennbares philosophisches Vergnügen an den beruhigenden Implikationen der Theorie: Das Universum würde niemals untergehen. Bislang hatte es den Anschein gehabt, als sei sein Untergang unausweichlich. Nach der thermodynamischen Auffassung des neunzehnten Jahrhunderts gehen geschlossene Systeme nach und nach in Unordnung über (ihre Entropie wächst), und dieses Schicksal schien auch dem Universum beschieden zu sein. Die Physiker gewöhnten sich an die Vorstellung, daß der Kosmos ein großer Mechanismus sei, der sich wie jede Maschine irgendwann abnutzen muß. Die leuchtenden Sterne würden schließlich ausbrennen; die umherwirbelnden Planeten würden schließlich in ihre Muttergestirne hineinstürzen. Diese melancholische Sicht fand literarischen Ausdruck in H. G. Wells' Science-fiction-Roman *Die Zeitmaschine* von 1895, in dem ein Mensch Millionen von Jahren in die Zukunft reist. Auf der beinahe leblosen künftigen Erde am Rande des Meeres stehend, beobachtet er, wie die Welt sich verlangsamt und dunkler wird. Die Planeten haben aufgehört, sich zu drehen, und kreisen immer enger um die sterbende Sonne:

> Zuletzt brütete ein ständiges Zwielicht über der Erde ... Vom Mond war keine Spur mehr zu sehen. Das Kreisen der Sterne wurde langsamer, bis sie nur noch kriechende Lichtpunkte waren ... die Sonne blieb rot und riesig bewegungslos über dem Horizont stehen, eine mächtige Kuppel, die eine dumpfe Hitze ausstrahlte ... Die Felsen um mich herum hatten eine grelle rötliche Farbe, und die einzige Spur von Leben, die ich zunächst wahrnehmen konnte, war die intensive grüne Vegetation ... Es war das gleiche satte Grün, das man bei Waldmoos oder bei Höhlenflechten sieht: also bei Pflanzen, die wie diese im ewigen Zwielicht wachsen ... Ich kann dieses Gefühl gräßlicher Trostlosigkeit, das über der Welt hing, nicht beschreiben.

Eine ähnliche düstere Sicht brachte der Philosoph Bertrand Russell 1923 zum Ausdruck:

> All die Anstrengungen vergangener Zeiten, all die Hingabe, all die Inspirationen, all der helle Glanz des menschlichen Geistes sind dazu verurteilt, im unermeßlichen Tod des Sonnensystems unterzugehen, und der ganze Tempel der Errungenschaften des Menschen wird unausweichlich unter den Trümmern eines zugrunde gegangenen Universums begraben werden.

Wenn die Steady-State-Theorie zuträfe, bräuchten, so Hoyle, die düsteren Visionen Russells und der Visionäre des neunzehnten Jahrhunderts, die den »Wärmetod« vorhersagten, nicht einzutreten. »Ohne eine kontinuierliche Schöpfung entwickelt sich das Universum zwangsläufig auf einen leblosen Zustand hin«, schrieb er 1950, »in dem die gesamte Materie in einer ungeheuren Anzahl erloschener Sterne verdichtet ist... Mit einer kontinuierlichen Schöpfung hat das Universum dagegen eine unendliche Zukunft, in der all seine großmaßstäblichen Merkmale erhalten sein werden.« Die kontinuierliche Schöpfung war für den Verfechter der Steady-State-Theorie die Gewähr dafür, daß das Universum nicht nur – wie es aus dem sogenannten kosmologischen Prinzip hervorging – räumlich, sondern auch zeitlich homogen war. Hoyle und seine Kollegen bezeichneten ihre Idee daher als das *vollkommene* kosmologische Prinzip. Danach würde sich das Universum einem Astronomen zu jedem Zeitpunkt als im Grunde gleichartig darstellen, ob dieser nun Jahrmilliarden zurück- oder in der Zukunft lag.

Das Bestechende an der Steady-State-Theorie war, daß sie sich für die wissenschaftliche Analyse leichter handhaben ließ. Das Urknallmodell postuliert einen Anfang des Universums, an dem Bedingungen herrschten, die von den heute bekannten sehr verschieden waren und daher von den Physikern nicht (zumindest nicht mit den Kenntnissen der vierziger und fünfziger Jahre) erklärt werden konnten. Das Steady-State-Modell besaß kein solches schwarzes Loch der Unwissenheit. Bondi und Gold erklärten in ihrem Artikel von 1948, das stationäre Universum sei »zwin-

Fred Hoyle, der Verfechter der Steady-State-Theorie des Universums.

gend, denn nur in einem solchen Universum sind die Gesetze der Physik konstant«. Den Physikern war es wohler mit einer Theorie, deren Aussagen sie berechnen konnten. Deshalb fand die Steady-State-Theorie in den fünfziger und frühen sechziger Jahren Anklang und wurde als ebenso plausibel betrachtet wie der Urknall.

Allerdings beruhte die Steady-State-Theorie auf einer, wie es schien, schwerverdaulichen Idee: die laufende Erschaffung von Materie aus dem Nichts.[8] Das, sagte Hoyle, »scheint vielleicht eine sehr merkwürdige Idee zu sein, und ich gebe zu, sie ist es auch, doch in der Wissenschaft kommt es nicht darauf an, wie merkwürdig eine Idee erscheinen mag, solange sie funktioniert, das heißt, solange die Idee sich exakt ausdrücken läßt und ihre Konsequenzen sich in Übereinstimmung mit der Beobachtung befinden.« Er äußerte die Vermutung, daß Materie ständig erzeugt werden könne durch ein hypothetisches »Schöpfungsfeld«, das dem Gravitations- oder dem elektromagnetischen Feld verwandt sei. Das Ausmaß der Materieerzeugung werde bestimmt von der Geschwindigkeit, mit der die Galaxien auseinanderstreben; je schneller sie das täten, desto mehr Materie werde erzeugt. Selbst die Expansion des Kosmos beruhe auf der Erschaffung neuer Materie. »Das unerbittliche Eindringen neuer Schöpfungseinheiten [zwang] die anderen auseinander, so wie das Auftreten neuer Gäste bei einer Cocktailparty die schon anwesenden Gäste zwingt, von der Stelle, wo sie bisher zusammenstanden, zur Seite zu treten.«

Wie schnell neue Materie erzeugt wird? So schnell, wie es nötig ist, um die Materie zu ersetzen, die mit dem Entweichen der Galaxien in die Tiefen des Alls verlorengeht. Das würde bedeuten: ein Wasserstoffatom pro Sekunde in einem Würfel von hundertundsechzig Kilometer Kantenlänge. Anders gesagt: In einem Raumvolumen, das dem Volumen der Erde entspricht, entstehen in jeder Sekunde eine Viertelmillion Wasserstoffatome, oder in einem Volumen, das dem Empire State Building entspricht, alle hundert Jahre etwa ein Atom. Das wäre, auf den ganzen Kosmos bezogen, eine gewaltige Produktion: Die pro Sekunde erzeugte Materie würde, in Tonnen ausgedrückt, einer eins mit mindestens zweiunddreißig Nullen entsprechen. Eine solche Erzeugung drohte das Prinzip der Erhaltung von Masse und Energie zu verletzen. Die Steady-State-Theoretiker räumten ein, daß dies eine harte theoretische Nuß darstelle, meinten aber, daß die ständige, allmähliche Erzeugung von Materie aus nichts leichter vorstellbar sei als die von den Urknalltheoretikern postulierte augenblickliche Erzeugung der gesamten Materie.

Der einzige klare Vorteil der Steady-State-Theorie gegenüber der Urknalltheorie – daß sie nicht zu erklären brauchte, was vor der Erschaffung des Universums war –, war emotional sehr befriedigend. Eddingtons Forderung, daß ein kosmischer Anfang nicht »unästhetisch plötzlich« sein solle, war Ausdruck seiner tiefen Überzeugung, daß wissenschaftliche Erklärungen nicht an das Simsalabim erinnern dürften, mit dem ein Zauberer ein Kaninchen aus dem Hut hervorholt. Genau das war das Problem, an dem aus der Sicht der ersten Kritiker die Urknalltheorie krankte. Sie implizierte, daß alle Merkmale unseres Kosmos – die in ihm vorkommenden Kräfte, die physikalischen Konstanten usw. – am Anfang willkürlich bestimmt wurden, daß sie, anders gesagt, spezielle »Anfangsbedingungen« waren. Wenn das stimmte, dann wäre, so der Vorwurf der Kritiker, ihre Entstehung dem wissenschaftlichen Verständnis für immer entzogen.

Hoyle erinnerte dieser theoretische Ansatz an »primitive Völker, die in dem Bemühen, das lokale Verhalten der physikalischen Welt zu erklären, in ihrer Unkenntnis der physikalischen Gesetze auf willkürliche Anfangsbedingungen zurückgreifen müssen, indem sie die Existenz von Göttern postulieren: von Meeresgöttern, welche die willkürlichen Anfangsbedingungen festlegen, von denen die Bewegung des Meeres abhängt, von Berggöttern, Waldgöttern ... Das Ziel der Wissenschaft ist es nicht, Theorien aufzustellen, die durch schützende Bedingungen so abgesichert sind, daß man ihnen nicht beikommen kann.« Theoretiker hören es nicht gern, daß irgend etwas ihrer potentiellen Erkenntnis entzogen sein soll. Nach Golds Ansicht war die Urknalltheorie zirkulär, weil sie behauptete, daß »das Universum so ist, wie es ist, weil es so war, wie es war«. Ein Verfechter der Steady-State-Theorie meinte scherzhaft, die Urknalltheorie sei so peinlich wie ein Mädchen, das aus einem Kuchen springt.

Gelegentlich ähnelte die Debatte zwischen den Urknall- und den Steady-State-Theoretikern mehr einem Streit zwischen verschiedenen philosophischen Schulen als einer Auseinandersetzung zwischen verschiedenen Richtungen der Kosmologie. Gelegentlich wurde sie ziemlich emotional, wenn die Urknalltheoretiker den Spott, den Hoyle und andere über sie ausschütteten, mit gleicher Münze heimzahlten. Gamow machte in seinem Buch *Mr. Tompkins' seltsame Reisen durch Kosmos und Mikrokosmos* (1965) über die Verfechter eines stationären Universums, die ihre geistige Hochburg im englischen Cambridge hatten, die spöttische Bemerkung, ihr Ideal eines unwandelbaren Kosmos befinde sich »in Übereinstimmung mit dem guten alten Prinzip des britischen Empire, den Status quo in der Welt zu erhalten«.

Letzten Endes wurde der Krieg zwischen Urknalltheorie und Steady-State-Theorie weder durch Scherze noch durch Philosophie entschieden. Über ihre Gültigkeit entschied, wie bei allen wissenschaftlichen Theorien, die Übereinstimmung ihrer Vorhersagen mit der Beobachtung. Beide Theorien machten Vorhersagen über das Alter des Kosmos, die relative Häufigkeit einzelner Elemente, die Verteilung der Materie in Raum und Zeit und die vom ursprünglichen Feuerball zurückgebliebene Reststrahlung. Schauen wir uns die einzelnen Vorhersagen genauer an.

1. *Das Alter des Kosmos*

Ausgehend von der Fluchtgeschwindigkeit der Galaxien, berechneten Gamow und seine Kollegen das Alter des Universums mit 1,8 Milliarden Jahren. Für die Steady-State-Vertreter war der Kosmos unendlich alt.

Zunächst schien es, als habe die Urknalltheorie in diesem wesentlichen Punkt versagt. Wie die Datierung von Gesteinen mit Hilfe der Radioisotopenmethode ergab, war die Erde vier bis fünf Milliarden Jahre alt. Wenn Gamows Berechnungen stimmten, mußte der Planet weit älter sein als das Universum – eine offenkundige Absurdität. Eine Zeitlang sahen sich die Steady-State-Theoretiker durch diese Diskrepanz bezüglich des Alters bestärkt. Sie löste sich jedoch in den fünfziger Jahren auf, als der deutsche Astronom Walter Baade (1893–1960) zeigte, daß Hubble die Entfernung der Galaxien und damit auch das Alter des Universums unterschätzt hatte. In Wahrheit war der Kosmos weit älter, vermutlich zehn bis zwanzig Milliarden Jahre, womit für die Entstehung der Erde reichlich Zeit blieb.

2. *Die relative Häufigkeit der Elemente*

Ausgehend von ihrer Theorie über die Entstehung der Elemente, sagten Gamow, Alpher und Herman voraus, daß die Materie des Kosmos zu rund drei Vierteln aus Wasserstoff und zu rund einem Viertel aus Helium bestehe. Alle schwereren Elemente machten weniger als ein Prozent aus. Ferner sagten sie, daß die Elemente ziemlich gleichmäßig über das Universum verteilt sein müßten, da der Urknall überall erfolgt sei. Hoyle und seine Anhänger sagten dagegen voraus, daß die Häufigkeit der Elemente räumliche Schwankungen zeigen würde, da sie, wie die Steady-State-Theorie behauptete, in lokalen Himmelsöfen – den Sternen – gebildet würden.

Beide Seiten hatten, wie es in Debatten häufig vorkommt, teilweise recht. Daß die beobachtete Häufigkeit von Wasserstoff und Helium auf den Urknall zurückgeht, stand für Gamow und seine Kollegen fest, doch nicht so sicher waren sie sich, ob das auch für die schwereren Elemente gelten könne. Enrico Fermi und Anthony Turkevich von der Universität Chicago zeigten 1949–50, daß Gamows Unsicherheit gerechtfertigt war: Elemente, die schwerer sind als Wasserstoff und Helium, konnten nicht im Urknall entstanden sein. Wie ihre Experimente ergaben, sind Isotope mit den Massenzahlen fünf und acht instabil, so daß sie nicht lange genug bestehen konnten, um weitere Protonen und Neutronen aufzunehmen und so zu noch schwereren Elementen zu werden. Die Urknalltheoretiker konnten demnach die Entstehung der leichten Elemente Wasserstoff und Helium erklären, nicht aber die der Elemente, die schwerer sind als Helium.

Vor der entgegengesetzten Schwierigkeit standen die Steady-State-Theoretiker. Nukleare Prozesse in Sternen konnten die schwereren Elemente erzeugen, nicht aber Wasserstoff und Helium. Mitte der sechziger Jahre räumte Hoyle ein, daß er außerstande sei, für die Häufigkeit des Heliums eine einfache Steady-State-Erklärung zu liefern. Hingegen ließ sich die Häufigkeit des Heliums eindeutig mit der gewaltigen Hitze und Dichte des frühen Urknall-Universums erklären.

Zum Verständnis der Entstehung schwerer Elemente trug Hoyle wesentlich bei durch Berechnungen, die er in den vierziger und fünfziger Jahren veröffentlichte. Er, William Fowler sowie Geoffrey und Margaret Burbidge erklärten, wie schwere Elemente im Inneren von Sternen aus Wasserstoff und Helium »gekocht worden sein konnten. Diese Sterne explodierten schließlich und schleuderten ihre Trümmer in die Galaxie hinaus. Nach Millionen von Jahren verdichteten sich diese Trümmer zu neuen Sternen und Planeten. Diese Arbeit revolutionierte unsere Erkenntnisse über die Häufigkeit der Elemente und ist heute die allseits anerkannte Erklärung für die Entstehung schwerer Elemente. Unser Körper setzt sich überwiegend aus Atomen zusammen, die in einem Stern zusammengebraut wurden, der anschließend explodierte. Wir bestehen buchstäblich aus Sternenstaub.

Die Entstehung der Elemente ist somit ein zweistufiger Prozeß.

Wasserstoff und Helium werden in den ersten Phasen eines ursprünglichen Schöpfungsvorgangs, des Urknalls, erzeugt; schwere Elemente werden anschließend durch nukleare Prozesse in Sternen aufgebaut. Die Urknalltheorie, revidiert durch die Arbeit von Hoyle et al., verträgt sich mit diesem Bild, die Steady-State-Theorie nicht.

3. Die Verteilung der Materie in Raum und Zeit

Steady-State-Verfechter sagten voraus, Astronomen würden (a) Galaxien von sehr unterschiedlichem Alter, darunter extrem alte und extrem junge, beobachten und (b) in Raum und Zeit keine nennenswerte Abweichung bezüglich der Dichte und der Art der Galaxien feststellen. Sie begründeten das damit, daß der Kosmos ewig sei und ständig Materie erzeugt werde; folglich entstünden ständig neue Galaxien, um die alten zu ersetzen, die ins All entweichen.

Urknalltheoretiker sagten dagegen voraus, daß Astronomen eine immer größer werdende Anzahl von Galaxien pro Volumeneinheit beobachten würden, je tiefer sie in den Raum und damit in die Zeit hineinschauten (je näher sie also dem Moment des Urknalls kommen würden). Sie begründeten dies damit, daß die gesamte Materie im Urknall erschaffen worden sei; die Dichte des Kosmos müsse folglich mit seiner Expansion abnehmen. Außerdem hätten sich alle Galaxien bald nach dem Urknall gebildet, so daß es keine jungen Galaxien geben könne. Die Astronomen, so die Vorhersage der Urknalltheoretiker, würden, je weiter sie in den Raum hinaus und in die Zeit zurückblickten, die Entwicklung von Galaxien beobachten.

Die folgende Vorhersage ist die berühmteste von allen, und sie entschied letztlich den Streit der Kosmologen.

4. Die Temperatur des Alls

Ralph Alpher und Robert Herman machten in ihrem Artikel von 1948 ihre heute berühmte – aber zwischenzeitlich vergessene – Vorhersage über die kosmische Hintergrundstrahlung. Ein Urknall-Universum muß mit intensiver Hitze – Strahlung – begonnen haben, und als das Universum sich ausdehnte, muß sich die Strahlung pro Volumeneinheit stetig verdünnt haben. Diese allgegenwärtige Strahlungssuppe habe sich daher höchstwahrscheinlich mit der Zeit abgekühlt. Bis heute, so ihre Berechnung, habe sich diese Strahlung auf eine Temperatur von rund fünf Grad Kelvin abgekühlt.[9] Sie regten an, daß man versuchen solle, diese Strahlung zu ermitteln. Nach Alphers und Hermans Vorhersage vergingen sechzehn Jahre, bevor jemand den Versuch unternahm, die Reststrahlung zu ermitteln. Das Steady-State-Modell machte dagegen keine Vorhersage über die Temperatur des Universums.

Es ist ein verdächtiger Zug der Explosions-
[Urknall]theorie, daß offensichtliche Überreste
eines superdichten Zustands des Universums
nicht zu entdecken sind.

Fred Hoyle, Frontiers of Astronomy *(1955)*

Die erste ernsthafte Gefahr für die Steady-State-Theorie hatte mit unserer dritten Vorhersage zu tun: der Verteilung der Materie in Raum und Zeit. Ironischerweise kam die Gefahr nicht von Gamow und seinen Kollegen auf der anderen Seite des Atlantiks, sondern von einem Kollegen Hoyles in Cambridge, dem Radioastronomen Martin Ryle.

Die Radioastronomie veränderte die moderne Astronomie in der gleichen Weise, wie das Fernrohr Galileis die postmittelalterliche Astronomie verändert hatte. War mit herkömmlichen Fernrohren nur ein schmaler Ausschnitt des elektromagnetischen Spektrums zu erforschen, der optische Bereich, den wir mit unseren Augen wahrnehmen, so begann die Radioastronomie den Rest des Spektrums zu erschließen: die Frequenzen der Radio-, Mikrowellen-, Infrarot- und schließlich der Gammastrahlung. Dadurch konnten Astronomen sonderbare, unglaublich energiereiche Phänomene entdecken, darunter Quasare, Neutronensterne und möglicherweise Schwarze Löcher. Mit Radioteleskopen konnten sie außerdem viel tiefer in den Raum hinein und folglich viel weiter in der Zeit zurückschauen; das versetzte sie in die Lage, kosmologische Theorien, speziell die dritte und vierte Vorhersage zu überprüfen.

Die Radioastronomie entstand durch Zufall. In den dreißiger Jahren bemerkte Karl Jansky von den Bell Telephone Laboratories merkwürdige Radioemissionen aus dem Zentrum unserer Galaxis, aus einer Region in der Richtung des Sternbildes Schütze. Um diese Emissionen grob zu orten, errichtete er ein Antennenfeld. Kurz danach baute sich der amerikanische Amateurastronom Grote Reber eine eigene Anlage, um himmlische Radiosignale aufzufangen. Richtig in Schwung kam die Radioastronomie durch den Zweiten Weltkrieg: Die Entwicklung des Radars machte den Astronomen bewußt, daß sie nichtoptische Teile des Spektrums für die Erkundung des Alls nutzen konnten. 1946 gelang es zum Beispiel, ein Radarsignal zum Mond zu schicken und wiederaufzufangen. In den folgenden Jahren wurden mit dem Radioteleskop Jodrell Bank in England und andernorts Radioquellen am Himmel geortet, darunter einige überraschend starke. Man taufte sie »Radiosterne« und »Radiogalaxien«.

Die meisten Radioteleskope ähnelten damals weniger den weiten Schüsseln von heute, sondern mehr Feldern, die mit Masten und Drahtgitternetzen bedeckt waren. Diese unbeweglichen Strukturen waren zu groß, um ein bestimmtes Himmelsobjekt anzuzielen. Sie »erfaßten« vielmehr passiv den Radiohimmel, Während die Erde sich um ihre Achse drehte. Es war eine zeitraubende Angelegenheit. Ob die moderne Astronomie wohl entstanden wäre, wenn Galilei gezwungen gewesen wäre, die ganze Nacht lang durch sein optisches Fernrohr in eine Richtung zu starren und darauf zu warten, daß der Mond sich dort zeigen würde?

Ryle, Absolvent eines Physikstudiums an der Universität Oxford, hatte während des Krieges mit dem Radar gearbeitet und sich anschließend der Radioastronomie zugewandt. 1950 fanden er und seine Kollegen Beweise für Radioemissionen von vier nahen Galaxien, darunter Andromeda. Mit einer an futuristische Stromleitungen gemahnenden Antennenanordnung im Wellenlängenbereich von 3,7 Metern, die sich direkt vor den Toren von Cambridge über einen halben Hektar erstreckte, erfaßte er einige Jahre später die Radioquellen des nördlichen Himmels.

Für die Verfechter der Steady-State-Theorie waren seine Entdeckungen niederschmetternd: Die Radiogalaxien waren nicht gleichmäßig über den Raum verteilt. Mit wachsender Entfernung nahm ihre Zahl zu. Die Dichte von Radiogalaxien war demnach in der Vergangenheit größer (denn je weiter man in den Raum hinausblickt, desto tiefer dringt man in die Zeit vor). Dies widersprach der Steady-State-Vorhersage einer räumlich und zeitlich gleichmäßigen Verteilung der Materie. Es entbrannte ein Streit. Ein australisches Radio-Observatorium meldete Messungen von Radioquellen, die nicht so eindeutig waren wie die von Ryle. Doch im wesentlichen hat sich Ryles ursprüngliche Auffassung bestätigt: Das frühe Universum war dichter als das gegenwärtige. Der Kosmos ist demnach nicht räumlich und zeitlich homogen, wie es das vollkommene kosmologische Prinzip von Hoyle, Bondi und Gold besagt.

Ein noch berühmteres Beispiel für die Nichtgleichförmigkeit der Materie wurde Anfang der sechziger Jahre entdeckt: Quasare. Diese »quasi-stellaren Objekte« zeigten extrem hohe Rotverschiebungen (bei manchen ändert sich die Wellenlänge um einen Faktor drei bis vier). Nach dem Hubbleschen Gesetz müssen die Qasare also vor einer extrem langen Zeit entstanden sein, die fast so weit zurückliegt wie der Urknall. Sie waren – und das ist das Wichtigste – völlig verschieden von allem, was wir im modernen Universum beobachten; sie emittierten von relativ geringen Querschnitten aus erstaunliche Mengen an Strahlung. Man glaubt heute, daß Quasare sehr aktive Kerne (Zentren) von jungen Galaxien sind. Kurz, Quasare zeigten uns ein frühes Universum, das sehr verschieden ist vom gegenwärtigen – und damit sehr verschieden von dem unveränderlichen Universum der Steady-State-Theorie.

Ryles Entdeckungen, die ja eine Bedrohung für Hoyles Steady-State-Theorie waren, versetzten Gamow in Entzücken. Seine Frau Barbara verfaßte ein Gedicht, das er in einem seiner Bücher veröffentlichte:

»Der Steady State ist ein großer Nonsens,
darüber herrscht doch heute Konsens,«
sprach Ryle zu Hoyle, dem Meister.

»Er ist nur schlechte Theorie
im Widerspruch zur Empirie,
in Wahrheit – Scheibenkleister.
Wenn ich mal durch das Fernrohr schaue
und wirklich auf die Fakten baue,
dann muß ich ehrlich sagen:
Die Welt wird dünner, sie wird kälter,
und außerdem wird sie auch älter.
Freund, Sie sind abgeschlagen.«
»Lemaître, Gamow und Konsorten
sprechen, mein Freund, aus Ihren Worten«,
gab Hoyle darauf pikiert zurück.
»Die Bande kann ich gut vermissen,
vom Urknall will ich auch nichts wissen,
das ist des Schwachsinns tollstes Stück.
Ein Anfang unsres Universums,
das ist der Gipfelpunkt des Irrtums,
und ohne Ende ist die Welt;
das werden Bondi, Gold und ich
vertreten unerschütterlich
bis uns das Haar vom Kopfe fällt!«

Als die Tatsachen zunehmend gegen die Steady-State-Theorie sprachen, wurde Hoyle schwankend. 1965 räumte er in *Nature* ein, daß »die Zählungen von Radioquellen darauf schließen lassen, daß das Universum früher dichter war als heute«, und daß die Quasare darauf hindeuten, daß »das Universum sich, ausgehend von einem Zustand höherer Dichte, ausgedehnt hat... [Es] sieht danach aus, als müßte die [Steady-State-]Idee jetzt aufgegeben werden, jedenfalls in der Form, in der man sie allgemein kennt«.

Später tendierte er jedoch wieder zu einer modifizierten Version der Steady-State-Theorie. Er beharrt bis heute darauf, daß die Theorie der kontinuierlichen Schöpfung in irgendeiner Form dem Urknall vorzuziehen sei. Insofern hat Gamows Frau in dem Gedicht eine prophetische Gabe bewiesen: Ich kann Ihnen nämlich versichern, daß Hoyles Haar silberweiß ist, sich aber nicht merklich gelichtet hat.

Ich bin Hoyle verschiedentlich begegnet, so zum Beispiel im Dezember 1991 in Durham in England, wo eine Konferenz über Beobachtende Kosmologie stattfand. Er wohnte im Zimmer nebenan, und wir haben oft miteinander gesprochen und sind gemeinsam essen gegangen. Ich fand ihn scharfsinnig und kämpferisch. Einer der Teilnehmer versuchte, ihm als Verdienst anzurechnen, daß er einen Vorläufer der Inflationstheorie – gemeint war sein berühmtes »C-Feld« [Schöpfungsfeld] – ersonnen habe, doch davon wollte Hoyle nichts wissen. Ein Universum mit einem Anfang (wofür die Inflationstheorie spricht) war für ihn schlimmer, als auf wissenschaftliche Anerkennung verzichten zu müssen.

Inzwischen hat Hoyle Abstand gewonnen und spricht gelassener über die Schlachten der Vergangenheit. Bisweilen wird jedoch Verbitterung spürbar, so etwa in den Bemerkungen, die er 1988 auf einer Konferenz in Italien machte:

> Ryle kam etwa 1955 auf die Idee, er könne die Steady-State-Theorie dadurch widerlegen, daß er die Häufigkeit der Radioquellen als Funktion ihrer Stärke darstellte. Sein Programm, das er jahrelang unermüdlich verfolgte, scheint keinem anderen Zweck gedient zu haben. Es ging nicht darum, die richtige kosmologische Theorie zu beweisen, sondern nur darum, die Ansichten eines Kollegen von derselben Universität zu widerlegen, was aus meiner Sicht nicht den Beifall verdiente, mit dem die wissenschaftliche Welt Ryle überschüttete ... Ich frage mich bis heute, warum man Ryle Glauben schenken sollte ... Die einzige vernünftige Erklärung, die ich mir denken kann, ist die, daß Ryles Behauptungen in weiten Kreisen für kulturell wünschenswert gehalten wurden.

Hoyle machte nicht klar, was er unter »kulturell wünschenswert« verstand. Er war jedoch der erste Kosmologe in der Geschichte, der seine Kritiker bezichtigte, sich von nichtwissenschaftlichen Motiven leiten zu lassen. Ebenso behaupten andere Kritiker der Urknalltheorie, daß sie deshalb populär sei, weil sie (nach Meinung gewisser Verfechter des Christentums) an die biblische Schöpfungsgeschichte erinnere. Gern weisen sie auch darauf hin, daß der erste Urknalltheoretiker, Lemaître, Priester war. »Unsere Mythen von heute hüllen sich gern in ein wissenschaftliches Gewand, um Respektabilität vorzutäuschen«, behauptet ein bekannter Gegner der Urknalltheorie, Hannes Alfvén, ein schwedischer Nobelpreisträger von der Universität von Kalifornien in San Diego.[10] Doch auch die Urknalltheoretiker waren nicht ganz unschuldig, wenn es darum ging, ihren Gegnern Motive zu unterstellen. Edward R. Harrison, ein bedeutender Urknall-Kosmologe, hat sich sogar zu der Vermutung hinreißen lassen, Eddington sei gegen Theorien gewesen, in denen der Kosmos einen Anfang und ein Ende hat, weil er »als Junggeselle, der mit seiner Schwester lebte«, mit Fragen von Geburt und Tod gewisse Probleme habe.

Alles in allem hing die Steady-State-Theorie Mitte der sechziger Jahre am Rande des Abgrunds. Es war nur noch ein kleiner Schubs nötig, um sie in der Versenkung verschwinden zu lassen.

Im August 1959 – ich war vierzehn Jahre alt – brachten die Vereinigten Staaten einen Satelliten namens »Echo 1« in eine Umlaufbahn. Es war ein riesiger Ballon von der Höhe eines Bürogebäudes, der so stark reflektierte, daß man ihn von der Erde aus ohne weiteres sehen konnte. Als er seine Bahn erreicht hatte, gingen meine Eltern und ich nachts in den Hof und beobachteten, wie er über uns hinwegzog. Rundfunktechniker schickten eine Ansprache von Präsident Eisenhower hinauf und ließen sie von diesem hellen Lichtfleck zurückstrahlen, um herauszufinden, ob Nachrichtensatelliten, wie sie Arthur C. Clarke 1945 als erster vorgeschlagen hatte, technisch machbar seien.

Um mit »Echo 1« Experimente zu machen, hatte man eine spezielle Radioantenne gebaut. Sie stand in Holmdel (New Jersey), ähnelte einem großen Horn – es war groß genug, um die schwachen Signale aufzufangen – und wurde betrieben von den berühmten Bell Laboratories der Firma AT&T, in denen der Transistor und andere Erfindungen entstanden waren. Die Männer, die diese Hornantenne entwickelt hatten, ahnten nicht, daß sie imstande sein würde, auch eine andere Art von Strahlung aufzufangen, die fast zwei Jahrzehnte zuvor vorhergesagt, inzwischen aber vergessen worden war: die kosmische Hintergrundstrahlung.

Wie es bei bedeutenden wissenschaftlichen Fortschritten öfter vorkommt, war die Schwelle der Entdeckung von mehreren Forschern fast erreicht, aber aus unterschiedlichen Gründen von keinem überschritten worden. Schon in den späten vierziger Jahren hatten Wissenschaftler eine ungewöhnliche Hintergrundstrahlung vom Himmel aufgefangen, deren Quelle sie jedoch nicht bestimmen konnten. Man deutete sie allgemein als Strahlungsrauschen oder als Instrumentenfehler; offenbar kam niemand auf die Idee, daß sie aus dem Kosmos stammen könnte. 1946 erfand Dicke das differentielle Mikrowellen-Radiometer, ein empfindliches Instrument, mit dem sich Strukturen kosmischer Strahlung nachweisen lassen. Er suchte damit den Himmel ab und kam zu dem Schluß, daß eine eventuell vorhandene Hintergrundstrahlung kühler als zwanzig Grad Kelvin sein müsse. Damals forschte er nach Strahlung jeglicher Art aus den Tiefen des Alls, nicht speziell nach einer kosmologischen Strahlung wie dem Nachglühen des Urknalls.

Im Frühjahr 1964 benutzten Arno Penzias und Robert Wilson, Forscher der Bell Laboratories, die Hornantenne von Holmdel, um Rauschniveaus zu messen, die die Kommunikation mit »Echo 1« stören könnten. Unerwartet fingen sie eine anhaltende Mikrowellenstrahlung (auf der Wellenlänge 7,35 Zentimeter) auf, die ein Temperaturäquivalent von 3,5 Kelvin hatte und die sie nicht aus ihrem System eliminieren konnten. Das Signal kam aus allen Richtungen des Himmels. Die Ursache vermuteten sie in einem, wie sie sich vornehm ausdrückten, »weißen dielektrischen Material«, nämlich in Taubendreck. Auch die von den Tauben abgestrahlte Wärme kam als Ursache in Frage (so empfindlich war die Antenne). Sie entfernten den Dreck, doch das Signal blieb. Ein Kollege, der Radioastronom Bernard Burke vom Massachusetts Institute of Technology, vermutete, daß hinter dem Signal ein kosmisches Phänomen stecken könne, und riet ihnen, sich mit den Astrophysikern Robert Dicke und James Peebles in Verbindung zu setzen, die nicht weit entfernt in Princeton lehrten.

Peebles hatte damals gerade eine Reihe von Vorträgen über die mögliche Entstehung leichter Elemente (wie Wasserstoff und Helium) im frühen Universum gehalten. Er wußte nicht, daß Gamow, Alpher und Herman in den späten vierziger Jahren die Hypothese vorgetragen hatten, daß diese Elemente (und dazu die schweren) im Urknall entstanden seien und daß das Ergebnis ein kosmisches Bad von ursprünglicher Strahlung sei, das sich inzwischen auf eine Resttemperatur von rund fünf Kelvin abgekühlt habe. Dicke und Peebles kamen unabhängig voneinander zu dem Schluß, daß die ursprüngliche Strahlung, vorausgesetzt, daß die Urknalltheorie stimmte, existieren und meßbar sein müsse. Sie errechneten für

Robert Wilson (links) *und Arno Penzias vor der Antenne in Holmdel (N. J.), mit der sie unerwartet die kosmische Hintergrundstrahlung entdeckten.* [A & T Archives]

die Hintergrundstrahlung zunächst eine Temperatur von rund zehn Kelvin. Sie planten ein Experiment, um sie zu messen.

Eines Tages, als Dicke sich mit Peebles, David Wilkinson und Peter Roll – den Kollegen, die an dem Experiment zur Messung der kosmischen Hintergrundstrahlung beteiligt waren – in seinem Arbeitszimmer besprach, klingelte das Telefon, und Dicke hob ab. Als die anderen ihn von »Hintergrundstrahlung« und »drei K« sprechen hörten, spitzten sie die Ohren. Schließlich verabschiedete sich Dicke, legte den Hörer auf und sagte zu seinen Kollegen: »Sie sind uns zuvorgekommen.« Es waren Penzias und Wilson, die angerufen hatten. Sie hatten die seltsame Strahlung beschrieben, die sie sich nicht erklären konnten, und wollten von Dicke wissen, ob er damit etwas anfangen könnte. Er konnte.

Die beiden Teams vereinbarten, in derselben Ausgabe der *Astrophysical Journal Letters* je einen Artikel zu veröffentlichen. Der von Penzias und Wilson, »A Measurement of Excess Antenna Temperature at 4080 Megacycles per Second« (Messung einer erhöhten Antennentemperatur bei 4080 Megahertz), beschrieb lediglich mit zurückhaltenden Worten ihre Beobachtungen. Er enthielt aber den harmlos klingenden Hinweis: »Eine mögliche Erklärung der beobachteten überhöhten Rauschtemperatur liefert die in dieser Ausgabe erscheinende Stellungnahme von Dicke, Peebles, Roll und Wilkinson (1965).«

Diese »mögliche Erklärung« schlug wie eine Bombe ein. Sie besagte, daß die von der Holmdel-Antenne gemessene Strahlung von der Erschaffung des Universums, vom Urknall, herrührte. In der Mitteilung wurde beschrieben, wie der Urknall eine ursprüngliche Strahlung erzeugt haben könnte, die sich mittlerweile auf eine bestimmte Temperatur abgekühlt hätte. Die *New York Times* berichtete am 21. Mai 1965 auf der ersten Seite, man habe endlich zwingende Beweise für den Urknall gefunden. Wilson erklärte, er habe die Bedeutung ihrer Entdeckung erst erkannt, als er die Meldung auf der ersten Seite der *Times* las.

Im Fachjargon klingt die Entdeckung von Penzias und Wilson unspektakulär. Was sie gemessen hatten, war eine isotrope »schwarze Strahlung« mit einer Temperatur von etwa drei Kelvin auf der im Mikrowellenbereich liegenden Wellenlänge von rund

7,35 Zentimetern – der Abstand zwischen den Wellenbergen betrug also 7,35 Zentimeter. Die Wellen trafen außerdem mit einer Häufigkeit von 4,08 Milliarden pro Sekunde (also einer Frequenz von 4080 Megahertz) ein. (Die Lichtgeschwindigkeit ist sehr hoch: 29 979 246 000 Zentimeter pro Sekunde.) Die eigentlichen Beweise bestanden aber darin, daß die Strahlung isotrop und schwarz war. *Isotrop* bedeutet, daß die Strahlung auf der Wellenlänge über den gesamten sichtbaren Himmel hinweg die gleiche Intensität hatte. Genau das war zu erwarten, wenn die Strahlung auf den Urknall zurückging: Er ereignete sich überall zugleich, und so mußte sein Nachleuchten in allen Himmelsgegenden gleichförmig sein.

Sogenannte schwarze Strahlung entsteht, wenn im thermischen Gleichgewicht Teilchen sehr rasch miteinander kollidieren. [Schwarze Strahlung ist die elektromagnetische Strahlung, die von einem idealschwarzen Körper als Temperaturstrahlung ausgesandt wird.] Angesichts der Intensität dieser Kollisionen im angenommenen Urknall müßte früh ein gewaltiger Fluß einer solchen Strahlung entstanden und im gesamten Universum noch immer vorhanden sein. Die schwarze Strahlung ist leicht an ihrem »Planckschen« Spektrum zu erkennen.[11]

Daß das sichtbare Licht durch ein Glasprisma (oder auch einen Regentropfen) in die Farben des Spektrums zerlegt werden kann, ist den meisten bekannt. Jede Farbe repräsentiert eine andere Wellenlänge beziehungsweise Frequenz des Lichts, und das Spektrum, das wir sehen, ist die charakteristische Verteilung der Strahlungsintensität, abhängig von der Frequenz (Farbe). Radioastronomen können ein himmlisches Signal gleichfalls dadurch analysieren, daß sie es in verschiedene Wellenlängen oder Frequenzen zerlegen. Die »Spektralkurve« zeigt, wie die Strahlungsintensität mit der Frequenz zusammenhängt. Die Strahlung eines schwarzen Körpers hat ein sehr charakteristisches Spektrum, das an einen schiefen Kamelhöcker erinnert (siehe Abbildung auf Seite 105).

Der Urknalltheorie zufolge befand sich das Universum in seinen Anfangsstadien im thermischen Gleichgewicht. Blendendes Licht erfüllte jeden Ort und breitete sich in alle Richtungen aus, mit den Merkmalen eines schwarzen Körpers von sehr hoher Temperatur. Anfangs betrug die Temperatur etliche Billionen

Grad. Mit der Ausdehnung des Raumes streckten sich auch die Wellenlängen des Lichts. Man kann das vergleichen mit Linien auf einem Gummiband. Wenn man das Band dehnt, werden auch die Linien breiter. In gleicher Weise dehnt die Expansion des Raumes die Wellenlängen und verschiebt das spezifische Spektrum eines schwarzen Körpers in Richtung eines Körpers von geringerer Temperatur. Blaues Licht wird in den kühleren roten Bereich verschoben und so weiter. Wegen der Expansion kühlte das Universum ab.

Etwa dreihunderttausend Jahre lang war die vom Urknall zurückgebliebene Strahlung eines schwarzen Körpers energiereich genug, um eine Verbindung von Elektronen und Protonen zu verhindern. Sobald ein Elektron ein Proton zu umkreisen begann, wurde es von einem energiereichen Photon (Lichtquant) der heißen Strahlung weggestoßen. Das Universum bestand praktisch aus einer undurchdringlichen Suppe aus Teilchen und Photonen, die unentwirrbar mit hohen Energien miteinander wechselwirkten. Nach dreihunderttausend Jahren hatte sich das Universum so weit abgekühlt, daß die Photonen nicht mehr genügend Energie besaßen, um Elektronen von den Protonen zu lösen. Das hatte zweierlei zur Folge: Protonen und Elektronen begannen sich in Gestalt von stabilen Wasserstoffkernen zu verbinden, und die Photonen konnten sich jetzt ungehindert ausbreiten. Bei dieser raschen Entkopplung von Strahlung und Materie wurde das Universum transparent, und die Strahlung ergoß sich in alle Richtungen, um als die kosmische Hintergrundstrahlung, die wir immer noch beobachten, durch die Zeit zu eilen: eine ewige Erinnerung an unsere feurige Geburt.

Manchmal werden wir gefragt, warum wir die kosmische Hintergrundstrahlung immer noch sehen können. Warum ist ihr Licht nicht an uns vorbeigeeilt und im All verschwunden wie der Lichtblitz einer fernen Explosion? Darin äußert sich eine verbreitete und verständliche Unsicherheit, was die Natur des Urknalls betrifft. Der klassische Urknall ereignete sich nicht an einem bestimmten Ort innerhalb einer unendlichen Leere – er ereignete sich überall, weil er alles war. Außer ihm gab es »nichts«, nicht einmal leeren Raum. Deshalb ist die Strahlung überall und breitet sich nach allen Richtungen aus, und sie wird dies tun, solange das

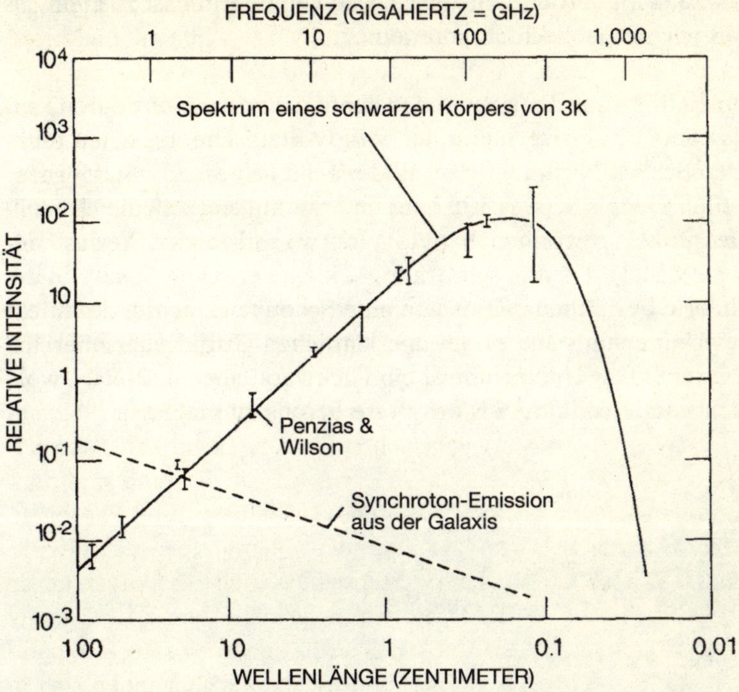

Strahlungsspektrum eines schwarzen Körpers von etwa 3 K. Die mit »Penzias & Wilson« gekennzeichnete Beobachtung ist als Strich dargestellt, gibt aber die wahrscheinliche Intensität unter Berücksichtigung von Meßfeldern wieder. Die anderen Striche stehen für andere Beobachtungen bis Mitte der siebziger Jahre. Die gestrichelte Gerade zeigt die Intensität der Störstrahlung aus unserer Galaxis. Die Frequenz ist in Gigahertz angegeben, das sind eine Million Schwingungen pro Sekunde oder tausend Megahertz.

Universum existiert, da sie sich ungehindert ausbreitet (bis auf ganz seltene Wechselwirkungen von Bruchteilen dieses Lichts mit Gas, Staub und galaktischer Materie). Jahr für Jahr sehen wir kosmisches Hintergrundlicht, das sich zur gleichen Zeit wie das Licht vom Vorjahr zu uns aufgemacht hat, das aber ein Lichtjahr weiterreisen mußte. Weil diese Strahlung eine zusätzliche Distanz zurücklegen mußte, hat sie eine etwas stärkere Rotverschiebung erlitten – um ein Fünfzehnmilliardstel (das Universum ist rund fünfzehn Milliarden Jahre alt). Diese Veränderung ist zu klein, als daß wir sie beobachten könnten.

Die Entdeckung der kosmischen Hintergrundstrahlung durch Penzias und Wilson versetzte der Steady-State-Theorie einen tödlichen Schlag. Nach tapferem Widerstand gab Steady-State-Theoretiker Dennis Sciama 1967 auf und räumte ein, daß die Urknalltheoretiker gewonnen hätten. »Ich war über den Verlust der Steady-State-Theorie sehr traurig«, klagte er. »Die Steady-State-Theorie besitzt eine Kraft und eine Schönheit, die der Architekt des Universums aus einem unerklärlichen Grund übersehen haben muß. Das Universum ist ein Flickwerk, aber uns bleibt wohl nichts anderes übrig, als das Beste daraus zu machen.«

Auf der Suche nach Antiwelten

Perils of Modern Living

Well up beyond the tropostrata
There is a region stark and stellar
Where, on a streak of anti-matter,
Lived Dr. Edward Anti-Teller.[12]

Remote from Fusion's origin,
He lives unguessed and unawared
With all his anti-kith and kin
And kept macassars[13] *on his chairs.*

One morning, idling by the sea,
He spied a tin of monstrous girth
That bore three letters: A. E. C.[14]
Out stepped a visitor from Earth.

Then, shouting gladly o'er the sands,
Met two who in their alien ways
Were like als lentils. Their right hands
Clasped, and the rest was gamma rays.

H. P. F., The New Yorker (10. November 1956)

Die Aufgabe: Zwei Tonnen empfindlicher und kostspieliger Geräte hoch in die Stratosphäre befördern und anschließend wieder sicher auf die Erde bringen, damit Zehntausende wissenschaftlicher Messungen in der Behaglichkeit des Laboratoriums analysiert werden können.

Das Mittel: riesige, mit Helium gefüllte Ballons, ungebärdige Kolosse, die beim leisesten Windhauch in Bewegung geraten, schwanken und laut knallen, wobei sie ständig den Eindruck erwecken, als wollten sie das Gerät und die Experimentatoren zerstören, obwohl sie so zart sind wie die dünne Kunststoffolie, aus der sie bestehen.

Mir war bekannt, daß die Ballonastronomie ein Abenteuer sein würde – auch aus diesem Grund hatte ich mich dafür interessiert. Sie war, wie sich dann zeigte, technisch weit schwieriger – und viel romantischer –, als ich es mir vorgestellt hatte. Und am Ende brach sie mir das Herz – auf jeden Fall dämpfte sie meine Begeisterung für diese Art von wissenschaftlichen Abenteuern.

Beim Ballonflug muß alles klappen, genau wie beim Start einer Weltraumrakete, und alles muß doppelt nachgeprüft werden. Der Ballon ist vorschriftsmäßig zu verstauen, damit es beim Abheben nicht zu einer katastrophalen Verwicklung kommt. Jedes Instrument muß perfekt funktionieren, was für uns bedeutete, die Geräte tiefgekühlt und in einem Hochvakuum zu halten, denn nach dem Start ist eine Korrektur nicht mehr möglich. Nach Abschluß der Mission gleitet die Gondel an einem Fallschirm unbeschadet zur Erde zurück, jedenfalls in der Theorie. In der Realität kann es passieren, daß der Auslösemechanismus nicht funktioniert. In diesem Fall haben wissenschaftliche Instrumente im Wert von Hunderttausenden von Dollar nur noch Schrottwert. Außerdem muß das Wetter mitspielen; es muß nicht nur schön, es muß ideal sein, denn sonst kann die Gondel auf Nimmerwiedersehen verschwinden, wenn beispielsweise der Ballon vom Wind fortgetrieben wird und in unzugänglichem Gelände oder im tiefen Meer landet.

Solche Herausforderungen sind genau das Richtige für mich, und die ersten Starts, an denen ich ab 1971 beteiligt war, werde ich nie vergessen. Eine meiner Aufgaben bestand darin, einen supraleitenden Magneten aufzuladen, der eine wichtige Komponente der Geräte darstellte. Dazu mußte der Magnet mit flüssigem Helium gekühlt werden, und es drohte ständig die Gefahr einer Explosion, falls das Kühlen und Laden aus dem Gleichgewicht geriet. Es erfüllte mich mit einem gewissen Stolz, daß ich die ruhigen Nerven und die erforderliche Geschicklichkeit besaß, diese Aufgabe trotz unangenehmer Rückschläge zu bewältigen, während andere sich lieber abseits hielten.[15] Als Einsatzleiter bestand ich darauf, ideale Wetterbedingungen abzuwarten,denn der leiseste Windhauch konnte den Start oder die spätere Landung verderben. Wegen dieses Ticks verpaßte die Platzmannschaft uns den Spitznamen »California-Küken«, und einer machte sogar ein psychedelisches Küken aus Pappmaché und befestigte es mit Klebestreifen an der Gondel, so daß es mitfliegen konnte.

Wenn der Ballon dann langsam und majestätisch aufsteigt, empfindet man Triumph und Erleichterung darüber, daß man eine Reihe von körperlich und geistig anspruchsvollen Aufgaben bewältigt hat. Eine Zeitlang schaut man dem Ballon nach, der an dem (in der Regel) abendlichen Himmel immer kleiner wird, während die Strahlen der tiefstehenden Sonne sein reflektierendes Gewebe wie einen hellen Planeten aufleuchten lassen. Bald ist man allein mit den Geräuschen der Nacht, seinen Hoffnungen, daß die Mission gelingen möge, und seinen Befürchtungen, daß etwas schiefgehen könnte.

Es waren die Verlockungen der Kosmologie, die mich dazu gebracht hatten, Höhenballons zu starten. 1966 begann ich am Massachusetts Institute of Technology Teilchenphysik zu studieren, und ich hatte das große Glück, Dave Frisch, Steven Weinberg, Victor (Vicki) Weisskopf und viele andere als Lehrer und Vorbilder zu haben. Das Fach entsprach meinem Bedürfnis, nach etwas Fundamentalem in der Natur zu suchen – Teilchenphysik und Kosmologie sind, da sie die Natur des Universums und seinen Ursprung zu ergründen suchen, so fundamental, wie man es sich nur wünschen kann. Als ich im höheren Semester war, vollzog sich ein Wandel in der Teilchenphysik, weil die grundlegenden Forschungsinstrumente, die Teilchenbeschleuniger, immer größer wurden. Beim letzten Experiment, an dem ich als Teilchenphysiker teilnahm, gehörte ich einem Fünferteam an. Ich wußte, daß das nächste Team aus fünfundzwanzig Leuten bestehen würde und daß die Teams ständig anwachsen würden. Ich war damals fünfundzwanzig und damit einer der jüngsten Teilnehmer. Mir war klar, daß ich in einem solchen Kreis kaum eine Chance hatte, persönlich etwas zu bewirken.

In der Kosmologie waren die Teams dagegen klein, und das Fach war gerade im Begriff, sich zu einer modernen Wissenschaft zu entwickeln. Die Kosmologie ist von jeher ein Gemisch aus anderen Disziplinen, vor allem Astronomie und Metaphysik, gewesen. Sie hatte, wie mir klarwurde, die Chance, zu einer eigenständigen, leistungsfähigen Disziplin zu werden, wenn sie die Methoden der Teilchenphysik – organisierte Teams, hochtechnologische Datenerfassung und computergestützte Analyse – übernahm, und dazu wollte ich beitragen. 1970 ging ich vom MIT an die University of California in Berkeley, um am Lawrence Berkeley Laboratory mit Luis Alvarez zu arbeiten. Das Institut, eine mit Bundesmitteln finanzierte Forschungsstätte, an der etliche Nobelpreisträger gewirkt haben, liegt in den Wäldern der Berkeley Hills, wo Autofahrer bisweilen überraschende Begegnungen mit Rehen haben und die Lichter von San Francisco über die Bucht hinweg wie eine nahe gelegene Galaxie schimmern. Die dreitausend Mitarbeiter betreiben Grundlagenforschung auf den verschiedensten Gebieten, von der Astrophysik über die Genkartierung bis hin zur Energieeinsparung: allesamt nichtmilitärische Forschungsbereiche.[16]

Zu meinen wissenschaftlichen Kollegen dort gehörten Andy Buffington, Larry H. Smith und Mike Wahlig; kurz darauf kam noch Charles Orth hinzu. Leiter des Projekts war Alvarez, unter uns Luie genannt. Von ihm ging für uns alle eine große Inspiration aus, zugleich aber auch eine gewisse Einschüchterung. Öffentliche Bekanntheit erlangte er durch seinen Beitrag zu der Theorie, daß die Dinosaurier ausstarben, weil vor fünfundsechzig Millionen Jahren ein riesiger Asteroid oder Komet auf die Erde prallte. Aber auch in der Physik war Luie eine legendäre Gestalt; 1968 erhielt er den Nobelpreis für Physik. Als ein überaus vielseitiger und brillanter Kopf hatte er maßgebenden Einfluß auf unseren Werdegang und prägte unsere Vorstellungen von wissenschaftlicher Forschung.

1912 als Sohn des berühmten Dr. Alvarez von der Mayo-Klinik geboren, der in Zeitungen ärztliche Ratschläge gab, arbeitete Luie am Manhattan-Projekt [der Entwicklung der amerikanischen Atombombe] und machte grundlegende Entdeckungen in der Teilchenphysik. Er rüttelte nicht nur die Paläontologen mit seiner ziemlich ausgefallenen (und mittlerweile weithin anerkannten) Erklärung für das Dinosauriersterben auf, sondern befaßte sich noch mit anderen exotischen Themen, von der Ermordung Kennedys (mit dem Ergebnis, daß die Theorie von der »einen Kugel und dem einen Schützen« stichhaltig sei) bis zu den Geheimnissen einer ägyptischen Pyramide (er »röntgte« die Pyramide mit kosmischen Strahlen). Luie war ein Lehrer, der hohe Anforderungen stellte und Dummköpfe nicht ertragen konnte. Montags abends lud er die Gruppe zu sich nach Hause ein, wo einer von uns über ein wissenschaftliches Thema sprechen mußte. Ein ehemaliger Kollege erinnert sich, daß er dort bei seinem ersten Vortrag sein erstes Schaubild zeigte, woraufhin Luie brüllte: »Grauenhaft, grauenhaft, grauenhaft!« Das Schaubild enthalte fünf Fehler, behauptete Luie, und dann wies er sie nach. Für eine wissenschaftliche Laufbahn waren solche Angriffe sehr hilfreich. »Jetzt arbeite ich in einer Firma, und die Leute staunen, daß ich keinerlei Angst habe, frei zu sprechen«, sagt der Kollege.

Luie hatte in den sechziger Jahren den wissenschaftlichen Ballonflug am LBL mit dem High-Altitude Particle Physics Experiment (HAPPE) begonnen, und zwar vorsichtshalber, um die teilchenphysikalische Forschung auch dann fortsetzen zu können, wenn der Kongreß keine Gelder für den Bau neuer, größerer Beschleuniger bewilligen sollte.

Das war Vorsicht am falschen Platz. Es passierte zweierlei: Der Kongreß bewilligte den Bau des Fermilab-Beschleunigers, und die HAPPE-Gruppe erlebte eine Katastrophe. Am Ende des ersten Fluges, bei dem die HAPPE-Geräte mitflogen, löste sich die Befestigung der Fallschirme, und die Geräte sausten aus einer Höhe von siebenundzwanzig Kilometern im freien Fall in den Pazifik. Instrumente im Wert von Hunderttausenden von Dollar versanken im großen Teich. Nichts davon wurde geborgen, und das HAPPE-Team legte eine Akte »Verschollen auf See« an. Ich erbte diese Akte, und sie hätte eine Warnung für mich sein müssen. Später sollte ich andere Akten wie »Verschollen im Ödland«, »Verschollen im Dschungel« und »Verschollen im All« anlegen.

Als ich zu der Gruppe kam, bestand unser Ziel darin, ein neues Experiment aufzubauen, um ein weiteres mutmaßliches Überbleibsel des Urknalls zu entdecken. Die Theoretiker erklärten die Entstehung des Universums mittlerweile bevorzugt mit dem Urknall, und sie konnten sich dabei auf verschiedene empirische Beweise stützen, darunter die Tatsache, daß das Universum expandiert; die Existenz der kosmischen Hintergrundstrahlung und die relative Häufigkeit von Wasserstoff und Helium im Univer-

Luis Alvarez in seinem Arbeitszimmer im Lawrence Berkeley Laboratory. Auf seinem Schreibtisch stehen Fotos seiner Helden und Freunde (von links nach rechts): *Lord Ernest Rutherford, Walter Alvarez (sein Vater) sowie die Physiker Don Gow, Albert Einstein und Enrico Fermi.* [Lawrence Berkeley Laboratory]

sum. Als Indiz für einen Urknall galt auch der Nachweis der Existenz von Antimaterie, die eine der seltsamsten Substanzen im Kosmos ist. Es war die Suche nach Antimaterie, der mein erstes Ballonexperiment galt, mein erster Vorstoß in eine kosmologische Terra incognita.

Auch in einer noch so sachlichen Beschreibung klingt »Antimaterie« nach Science-fiction. Die Welt, die wir sinnlich erfahren – das Lebendige und das Unbelebte –, besteht aus Materie, das heißt aus Protonen, Neutronen und Elektronen, die zusammen Atome bilden, aus denen alles, was wir kennen, aufgebaut ist. Wie steht's mit der Antimaterie? Ein Stein aus Antimaterie würde aussehen wie ein Stein, ein Mensch aus Antimaterie wie ein Mensch, ein Stern aus Antimaterie wie ein Stern. Außerdem würde Material aus Antimaterie dieselben physikalischen Eigenschaften aufweisen wie normale Materie; Antiwasser würde bei hundert Grad sieden und bei null Grad einfrieren. Es ist sogar möglich, daß jeder von uns – wie Teller in dem Gedicht – einen

Doppelgänger aus Antimaterie hat. Wenn Sie Ihrem Anti-Ich begegnen, dürfen Sie ihm aber nicht die Hand geben. Denn wenn Materie und Antimaterie zusammenkommen, vernichten sie sich – die Masse wird in einer ungeheuren Explosion vollständig in Energie umgewandelt. Das ist der dramatische Beweis für Einsteins spezielle Relativitätstheorie, nach der Masse gleich Energie ist: $E = mc^2$.

Jeder weiß, daß Energie freigesetzt wird, wenn etwas brennt – diese Energie nehmen wir als Wärme und Licht wahr. Doch bei der Verbrennung von Kohle oder Erdöl wird nur ein Milliardstel der Masse in Energie umgewandelt. In Kernreaktoren, die durch Spaltung (das Aufbrechen der Atomkerne) Energie freisetzen, ist der Umwandlungsgrad erheblich höher, erreicht aber dennoch nur 0,1 Prozent der gespeicherten Energie. Die Kernfusion (die Verschmelzung von Atomkernen), die die Energie unserer Sonne und anderer Sterne (und auch der Wasserstoffbomben) liefert und eines Tages vielleicht ein gewaltiges Energieangebot hier auf der Erde bereitstellen könnte, ist noch effizienter, erreicht aber gleichwohl nur einen Umwandlungsgrad von 0,5 Prozent. Bei der Vernichtung von Materie/Antimaterie ist die Umwandlung hundertprozentig – theoretisch würde ein Kilo Antimaterie ausreichen, um die Vereinigten Staaten einen Tag lang mit Energie zu versorgen. Das hat Visionäre zu der Überlegung beflügelt, daß sich ein wahrhaft unbegrenztes Energieangebot schaffen ließe, wenn man Antimaterie finden und ihre apokalyptische Energiefreisetzung zähmen könnte.

Antimaterie besteht – genau wie Materie – aus Elementarteilchen, deren Eigenschaften ein exaktes Spiegelbild unserer bekannten Materie sind. Anstelle der Protonen enthält die Antimaterie Antiprotonen, die in ihren sonstigen Eigenschaften spiegelbildlich den Protonen entsprechen, die aber negativ statt positiv geladen sind. Statt Elektronen enthält die Antimaterie Antielektronen, auch als Positronen bezeichnet, die positiv statt negativ geladen sind. Antineutronen, die wie die Neutronen keine elektrische Ladung tragen, zeigen eine Reihe anderer physikalischer Eigenschaften, die spiegelbildlich denen der Neutronen entsprechen. Zu allen Elementarteilchen der Materie gibt es entsprechende Antiteilchen der Antimaterie.

Der englische Quantenphysiker Paul Dirac postulierte 1929 die Existenz von Antimaterie; das ergab sich aus seinem Versuch, Gleichungen aus Einsteins spezieller Relativitätstheorie mit solchen aus der Quantenmechanik zu verknüpfen. Dirac war dafür bekannt, daß er kurz angebunden war und mit Begriffsstutzigen keine Geduld hatte. Als die Zuhörer nach einem Vortrag Fragen stellen durften, beklagte sich einer: »Dr. Dirac, ich verstehe nicht, wie Sie die Formel oben links an der Tafel hergeleitet haben.« Darauf Dirac: »Das ist eine Aussage und keine Frage. Die nächste Frage bitte.«

Es beunruhigte Dirac, daß sich aus seinen Berechnungen die Existenz von Antimaterie ergab – »es kam mir ziemlich makaber vor«, klagte er –, doch an ihrer zwingenden Logik zweifelte er nicht. (Man erinnere sich an Einstein, der auf seine eigene allgemeine Relativitätstheorie mit der Weigerung reagiert hatte, ihre Implikation – das expandierende Universum – anzuerkennen, und die kosmologische Konstante erfand.) Diracs Folgerung war eindeutig. Wenn aus Energie Materie entsteht, so entsteht auch eine gleiche Menge Antimaterie. Zu jedem Proton im Universum muß es ein Antiproton geben, zu jedem Neutron ein Antineutron, zu jedem Elektron ein Positron usw.[17]

Diracs Theorie war faszinierend, mehr noch, sie war kühn. Seine wissenschaftlichen Kollegen konnten die Idee nicht ignorieren, und auch die *New York Times* kam nicht an ihr vorbei. Am 10. September 1930 beschrieb sie die scheinbar bizarre Idee in einem Artikel, der die Überschrift trug: »Wissenschaftler begrüßen begeistert neue Atomtheorie«. Die Physiker brannten darauf, die Theorie nachzuprüfen – aber wie sollten sie es anstellen? Wir haben heute die gewaltigen Beschleuniger – Atomzertrümmerer –, die subatomare Teilchen mit ungeheuren Energien aufeinander- oder auf andere Targets prallen lassen; aus diesen Kollisionen (Miniversionen des Urknalls, wenn man so will) können neue Teilchen hervorgehen. Der Experimentator hat dann die relativ einfache Aufgabe, festzustellen, ob neu erzeugte Teilchen von entsprechenden Antiteilchen begleitet sind. Doch die Teilchenbeschleuniger der dreißiger Jahre waren ziemlich schwach – der größte hatte die Ausmaße eines kleinen Zimmers.[18] Das war zu schwach, um Antimaterie zu erzeugen.

Zum Glück gibt es einen ungeheuren Teilchenbeschleuniger, den jeder vor seiner Haustür findet: das Universum. Die Erde wird unablässig von zahllosen subatomaren Teilchen aus dem All bombardiert, von denen einige von fernen Galaxien stammen und sich auf die Reise gemacht haben, bevor Dinosaurier auf der Erde wandelten. Diese Teilchenströme bezeichnet man als kosmische Strahlen. Das ist eine falsche Bezeichnung, denn kosmische Strahlen sind keine elektromagnetische Strahlung wie Licht- und Radiowellen, sondern geladene Teilchen und daher strenggenommen keine »Strahlen«. Die meisten kosmischen Strahlen stammen aus unserer eigenen Galaxis. Viele wurden vermutlich durch mächtige galaktische Magnetfelder, die durch die Schockwellen explodierender Sterne (Supernovae) und andere kosmische Ereignisse erzeugt wurden, auf annähernd Lichtgeschwindigkeit beschleunigt. Beim Eindringen in die Erdatmosphäre wechselwirken die kosmischen Strahlen mit Atomen und lösen Schauer oder »Kaskaden« anderer Teilchen aus, die ihrerseits weitere Schauer bewirken können. Die meisten kosmischen Strahlen werden von der Atmosphäre absorbiert, aber einige ihrer »Tochter«teilchen gelangen durch den Schutzschild der Atmosphäre zur Erde. Die Physiker haben sich deshalb gefragt, ob unter den Atomtrümmern, die an die Erdoberfläche kommen, nicht Antiteilchen zu entdecken sind, an denen sich Diracs Hypothese überprüfen ließe.

Carl Anderson vom California Institute of Technology beobachtete 1932 kosmische Strahlen mit Hilfe einer Nebelkammer, eines Geräts, das der schottische Physiker Charles T. R. Wilson im zweiten Jahrzehnt unseres Jahrhunderts entwickelt hatte, um damit die Wolkenbildung zu simulieren. In der Nebelkammer hinterlassen geladene Teilchen eine Ionisationsspur (Ionen sind Atome mit einem herausgeschlagenen Elektron), Kerne, an denen sich im übersättigten Wasserdampf winzige Tröpfchen bilden können. Eine solche Kammer stand jahrelang in der Eingangshalle des LBL-Hauptgebäudes. In der dunklen Kammer sieht man einen ganz leichten Nebel, und dort, wo ein geladenes Teilchen durchgesaust ist, taucht plötzlich eine Spur winziger Tröpfchen auf. Anschließend sinken die Tröpfchen langsam auf den Boden der Kammer. Manchmal laufen die Spuren direkt auf den Beobachter zu.

Anderson umgab seine Nebelkammer mit einem Magnetfeld,

das positive Teilchen in einer Richtung und negative Teilchen in entgegengesetzter Richtung ablenkt. Der Krümmungsradius der Bahn eines Teilchens ist von dessen Geschwindigkeit und Masse abhängig. Durch das Fenster seiner Kammer fotografierte Anderson die Bahnen der hindurchsausenden Teilchen. Anhand der Merkmale der Bahnen (der Richtung, in die sie verliefen) ließ sich bestimmen, durch welche Art von Teilchen (positiv oder negativ) sie erzeugt worden waren.

Der Detektor meldete erwartungsgemäß den Durchgang von Protonen, Elektronen und so weiter. Doch am 2. August 1932 fotografierte Anderson eine Tröpfchenspur, die ein Teilchen hinterlassen hatte, das die Masse eines (negativ geladenen) Elektrons besaß, dessen Bahn aber in die Richtung gekrümmt war, die von positiv geladenen Teilchen genommen wird. Der Überraschungsgast war das erste jemals entdeckte Antimaterie-Teilchen, das Positron, der Antimaterie-Partner des Elektrons. Vermutlich stammte dieses Positron aus einem Teilchenschauer, der in der oberen Atmosphäre durch die Kollision eines hochenergeti-

Edward Lofgren (Mitte) *zwischen den Entdeckern des Antiprotons* (von links nach rechts) *Emilio Segre, Clyde Weigand, Owen Chamberlain und Thomas Ypsilantis. Hinter ihnen ihr Bevatron.* [Lawrence Berkeley Laboratory]

schen kosmischen Protons oder Elektrons mit einem atmosphärischen Atomkern erzeugt wurde.

Dirac, der im Hinblick auf seine eigene Vorhersage mit Recht zurückhaltend gewesen war und sogar Zweifel geäußert hatte, war bestätigt. Er sagte im Scherz, er selbst sei gescheit, aber seine Gleichungen seien gescheiter gewesen. Er erhielt 1933 den Nobelpreis, Anderson bekam ihn 1936. In den fünfziger Jahren wurde am Lawrence Berkeley Laboratory ein Teilchenbeschleuniger, das Bevatron, gebaut, dessen Energie ausreichte, selbst Antimaterie zu erzeugen. Bei einem Experiment, das Emilio Segre, Owen Chamberlain, Clyde Weigand und Thomas Ypsilantis 1955 am Bevatron durchführten, entstanden in der Kollision von hochbeschleunigten Protonen mit Target-Protonen Paare von Protonen und Antiprotonen – ein Vierteljahrhundert nach Diracs Vorhersage. Das war der Nachweis der symmetrischen Umwandlung von Energie in Teilchen von Materie und Teilchen von Antimaterie. Damit war die Existenz von Antimaterie und das Gesetz der Symmetrie bezüglich der Erzeugung und des Verhaltens von Materie und Antimaterie wissenschaftlich bewiesen. Segre und Chamberlain erhielten für ihre Leistungen 1959 gemeinsam den Nobelpreis für Physik.

Die Physiker des zwanzigsten Jahrhunderts waren – wie vor ihnen Galilei und Newton – bestrebt, das, was sie durch Experimente auf der Erde erkannt hatten, auf den Himmel zu übertragen. Wenn kleine Versionen des Urknalls Energie zu gleichen Teilen in Materie und Antimaterie umwandeln, dann mußte dies auch beim großen Urknall der Fall sein. Folglich muß das Material des Universums zur Hälfte aus Antimaterie bestehen. Wo ist sie? Auf der Erde und im übrigen Sonnensystem gibt es offensichtlich keine nennenswerte Menge Antimaterie. »Wäre es anders«, bemerkte der schwedische Physiker Hannes Alfvén in den sechziger Jahren, »wären die Mondraketen bei der Landung heftig explodiert, und die Explosion wäre auf der Erde leicht zu beobachten gewesen.« Gleiches gilt für die Sonne: »Bestünde die Sonne aus Antimaterie, würde sie ein Antimaterie-Plasma oder Antiplasma emittieren, und [dieses würde sich zur Erde hin ausbreiten, wo] die Polarlichter dann tausendmal heller als mit ihrer heutigen Helligkeit leuch-

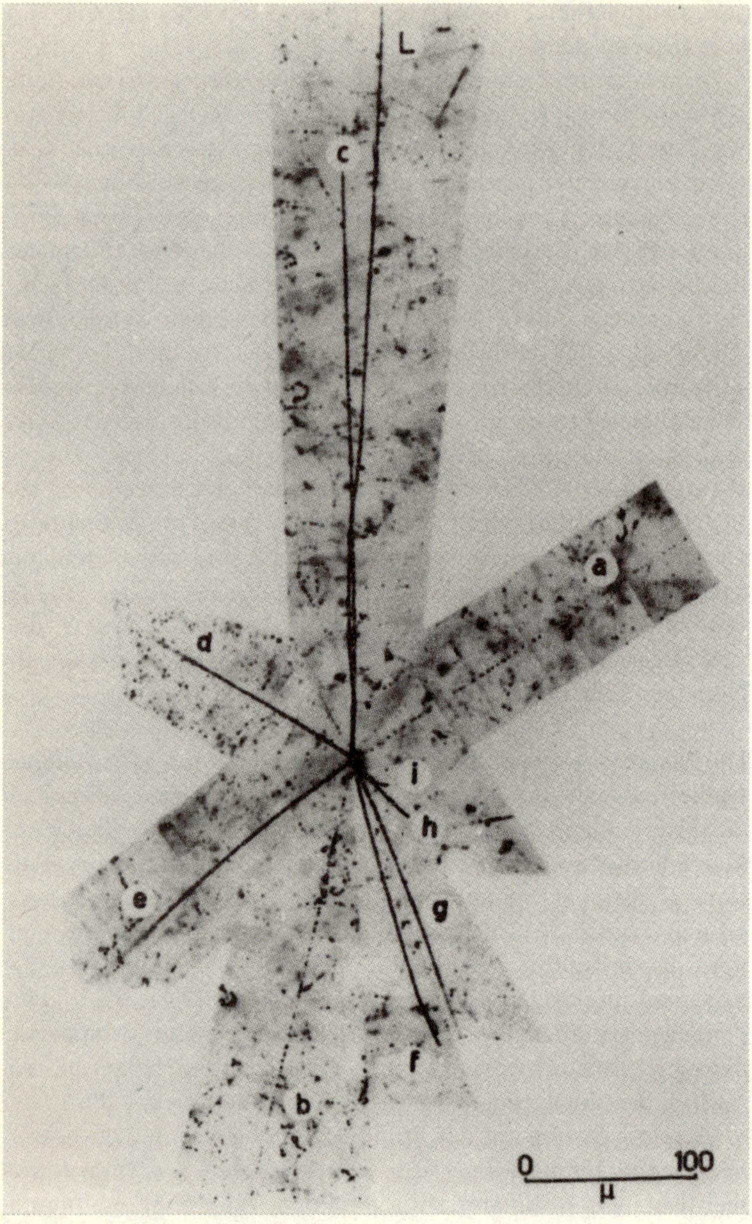

Die 1955 von der Segre-Gruppe gefundenen Spuren der Antiproton-Vernichtung. [Lawrence Berkeley Laboratory]

ten würden.« (Das Plasma besteht aus freien Elektronen und Ionen; letztere sind Atome, denen einige oder alle Elektronen entrissen sind. Die Materie des Universums besteht größtenteils aus Plasma, zum Beispiel in den Sternen.)

Steckt die Antimaterie vielleicht irgendwo anders in der Milchstraße? Vielleicht in anderen Galaxien? Vielleicht gar in anderen Universen? (Es gab sogar die Vermutung, daß bei der Entstehung unseres Universums ein zweites, identisches Antimaterie-Universum entstanden sei; unser Universum habe sich vorwärts in der Zeit bewegt, während das andere sich rückwärts bewegte, so daß die beiden sich nie begegnen würden.) In den sechziger Jahren schienen dies vernünftige Erklärungen dafür zu sein, daß wir nur auf Materie treffen: Es müssen, so wurde argumentiert, große Mengen Antimaterie existieren, aber wir sind ihnen noch nicht direkt begegnet.

Alfvén gab in den sechziger Jahren eine unorthodoxe Erklärung für diese Asymmetrie von Materie und Antimaterie, dafür, daß wir nur auf Materie treffen, während es der Theorie zufolge irgendwo im Universum große Mengen Antimaterie geben muß. Alfvén ist ein liebenswerter, weißhaariger Nobelpreisträger, der an den Nikolaus erinnert – ohne dessen Bart. 1908 geboren und zeitlebens ein Bilderstürmer, vergleicht er sich mit Galilei (der, so sagt er scherzhaft, »auch ein Opfer der Kollegenschelte wurde«). Alfvén ist für dieses Buch von besonderem Interesse, weil er behauptet, daß der Urknall sich nie ereignet habe. Er ist einer aus einer Handvoll namhafter Wissenschaftler, die den feurigen Ursprung unseres Kosmos noch immer nicht anerkennen wollen. Als Alternative bietet er seine auf Überlegungen des schwedischen Astrophysikers Oskar Klein gestützte kosmologische Theorie an, in der Antimaterie und Plasma eine wesentliche Rolle spielen.

Alfvén hat über viele Jahre hinweg behauptet, daß die orthodoxen Astrophysiker die Bedeutung der Gravitation für die Gestaltung des Kosmos überschätzen. An der Entstehung der heutigen Strukturen von Planetensystemen, Galaxien und Galaxienhaufen seien vielmehr gewaltige elektromagnetische Felder und Plasmawolken beteiligt gewesen. Ungeheure Wände aus Plasma und elektromagnetischen Feldern hätten, so postulierte er 1966 in seinem Buch *Worlds-Antiworlds*, die kosmische Materie von der

Antimaterie getrennt, so wie die Berliner Mauer einmal Ost- und Westberlin getrennt hat. Diese Wände nennt er »Leidenfrost-Schichten«, nach dem bekannten Leidenfrost-Effekt. Diesen Effekt können Sie zu Hause ausprobieren. Bringen Sie eine Bratpfanne auf hohe Temperatur und lassen Sie dann ein paar Wassertropfen hineinfallen. Die Tropfen rutschen in der Pfanne herum und prallen von den Rändern ab, bis sie schließlich verdampfen. Warum das so ist, erklärte Leidenfrost damit, daß die Unterseite des Tropfens durch die hohe Temperatur der Pfanne augenblicklich verdampft. Der Druck des Dampfes isoliert den Rest des Tropfens gegen die Hitze. Der Wassertropfen schwebt daher auf »Luft« und »fliegt« in der Pfanne umher. An den Grenzen zwischen Regionen von Materie und Antimaterie vermischen sich die beiden und vernichten sich; die dadurch an der Grenze entstehende Hitze und der Druck sollen die Hauptmasse der Materie und der Antimaterie voneinander trennen.

Dennoch werden, so Alfvén, die Leidenfrost-Schichten gelegentlich durchbrochen. Antiteilchen gelangen in die Region der gewöhnlichen Teilchen und finden vielleicht ihren Weg zur Erde, wo Forscher sie entdecken könnten. Und manchmal lösen, Alfvéns Überlegung zufolge, diese Begegnungen von Materie und Antimaterie titanische Explosionen aus, die ungeheure Mengen von Materie und Antimaterie in den Kosmos schleudern. Deshalb fliehen die Galaxien in alle Richtungen – weil sie von einer Materie-Antimaterie-Explosion getrieben werden, nicht aber, weil unser Kosmos einen Urknall hinter sich hat. »Der Urknall ist ein Mythos; er hat sich nie ereignet. Unser Kosmos ist ewig und nicht etwas, das vor rund fünfzehn Milliarden Jahren plötzlich ins Dasein sprang«, behauptete Alfvén. »Das ›expandierende Universum‹ ist nur eine Expansion in unserem Teil des Universums und einer von zahllosen Mini-Knällen, die sich, von der Vermischung von Materie und Antimaterie gezündet, seit Ewigkeit ereignet haben.«

Das herausragende Resultat von Alfvéns Theorie war, daß es, wie er 1966 schrieb, nicht unvorstellbar sei, »daß jeder zweite Stern in unserer Nachbarschaft aus Antimaterie besteht. Sollte jemand behaupten, daß Sirius, der hellste Fixstern an unserem Firmament, aus Antimaterie und nicht aus [gewöhnlicher Materie] besteht, so hätten wir kein stichhaltiges Argument, diese Behauptung zu widerlegen. Bestünde Sirius aus Antimaterie, so hätte er genau das gleiche Aussehen und würde er genau dasselbe Spektrum emittieren, als wenn er aus [gewöhnlicher Materie] bestünde. Der Raum in der Umgebung von Sirius müßte dann Antimaterie enthalten, diese könnte jedoch von der [gewöhnlichen Materie] in dem uns umgebenden Raum durch eine dünne Leidenfrost-Schicht getrennt sein, zu deren Entdeckung unsere Geräte nicht ausreichen.«

Alfvéns Theorie fand in den sechziger Jahren große Aufmerksamkeit und forderte eine experimentelle Prüfung geradezu heraus. Wenn sie stimmte, würde ein Teil des Stroms von Teilchen, der ständig auf die Erde niedergeht, Antimaterie sein.

Carl Anderson hatte 1932 in seiner Nebelkammer am CalTech ein Antimaterieteilchen – ein Positron – entdeckt. Dieses Positron war höchstwahrscheinlich durch die Wechselwirkung eines kosmischen Strahls mit einem Kern in der Erdatmosphäre erzeugt worden. Die Beobachtung bewies, daß Antimaterie existiert, sie bewies aber nicht, daß Antimaterieteilchen als Trümmer von fernen Agglomerationen von Antimaterie, wie Alfvén sie sich vorstellte, die Erde bombardieren. Praktisch alle derartigen Antiteilchen würden beim Auftreffen auf die Erdatmosphäre vernichtet werden. Um Alfvéns Behauptung nachzuprüfen, mußte also Detektionsgerät so hoch wie möglich befördert werden, in eine Höhe, wo die Atmosphäre praktisch bis auf Null verdünnt ist. In dieser Höhe würde ein ankommendes Antiteilchen in der dünnen Luft weit oberhalb der Troposphäre kaum auf einen Atomkern treffen und sich mit ihm vernichten. Würde man in der Stratosphäre Antimaterie entdecken, so würde sie wahrscheinlich von weither kommen, aus den Tiefen des Alls, und nicht durch eine lokale Kollision zwischen zwei Materieteilchen erzeugt sein. Das war unsere wissenschaftliche Motivation für den Einsatz von Höhenballons.

Mein Ziel war es in diesem Zusammenhang, nach Antikernen zu suchen, die bedeuten würden, daß Antisterne existieren. Die Entdeckung eines Antiprotons konnte natürlich auch nur bedeuten, daß wir auf ein seltenes Antiproton gestoßen waren, das in einer Kollision eines hochenergetischen kosmischen Strahls mit Material im nahen interstellaren Vakuum oder sogar in der oberen Atmosphäre entstanden war. Auf je zehntausend Protonen ist mit etwa drei solcher Antiprotonen zu rechnen. Antihelium und schwerere Antikerne werden jedoch weit seltener erzeugt – die Häufigkeit ist eins zu einer Billion und kleiner; sollten wir sie entdecken, so wären sie aussichtsreiche Kandidaten für kosmische Antimaterie. Wenn wir einen Antiheliumkern fanden, dann hieß das, daß Helium vom Urknall zurückgeblieben war, denn, wie Gamow ausgerechnet hatte, muß praktisch das gesamte Helium im Universum in den ersten paar Minuten dieses Ereignisses erzeugt worden sein. Elemente *schwerer* als Helium wurden jedoch, wie Hoyle und Kollegen bewiesen haben, in Sternen erzeugt. Die Entdeckung von schwereren Antikernen – Antikohlenstoff, Antistickstoff, Antisauerstoff usw. – würde folglich bedeuten, daß es Antisterne gibt. So begann unsere Suche nach Antiwelten.

Wir ließen unsere Ballons an entlegenen, unbewohnten Orten aufsteigen, zum Beispiel auf der U. S. National Scientific Balloon Facility in Palestine (Texas) und gelegentlich in Aberdeen (Süddakota). Dies war insofern günstig, als es manchmal vorkommt, daß ein Ballon unerwartet niedergeht, und das sollte natürlich nicht in bewohnten Gegenden passieren. Neben der geistigen und körperlichen Anspannung, die es kostet, den Ballon und die Nutzlast startbereit zu machen, wurden wir auch noch von Tieren belästigt, allerdings solchen von der winzigen Art. Insekten flogen und krabbelten, wie sich Andy Buffington später erinnerte, »in die Gehäuse unserer optischen und elektronischen Instrumente. Skorpione kamen aus ihrem Versteck und bedrohten uns, wenn wir wegen der optischen Eichungen das Licht ausgemacht hatten.« In Texas ist alles groß, auch die Insekten. Sie und die lange Vorbereitungszeit stellten unsere Nerven auf die Probe, und manchmal riß einem der Geduldsfaden.

Um Antimaterie eindeutig nachzuweisen, mußten wir das tun, was Carl Anderson vier Jahrzehnte zuvor getan hatte: das (positive oder negative) Ladungsvorzeichen jedes Teilchens, das unseren Detektor durchlief, bestimmen. Um die Teilchen abzulenken, benutzten wir einen supraleitenden Magneten, der mit flüssigem Helium gekühlt wurde. Anstelle einer Nebelkammer verwendeten wir jedoch eine Funkenkammer. In ihr bilden sich nicht Wassertröpfchen längs der Ionisationsbahn des geladenen Teilchens, sondern die freien Elektronen erzeugen einen Funken, einen winzigen Blitz. Wenn an die Platten der Funkenkammer eine Hochspannung angelegt wird, erzeugt die Ionisationsspur einen Weg für die elektrische Entladung, ähnlich dem Funken statischer Elektrizität, den man an kalten, trockenen Tagen spüren kann. Die Spannung konnte aber nicht ständig angelegt bleiben, denn dann hätte sie sich zufällig entladen, und wir hätten die kosmischen Strahlen verpaßt. Der Durchgang eines Teilchen mußte uns durch einen Trigger angezeigt werden. Glücklicherweise sendet ein ionisiertes Atom einen winzigen Blitz aus, wenn es sich wieder mit seinem Elektron vereinigt. Teilchenphysiker haben szintillierende Stoffe entwickelt, die das sehr rasch und effizient leisten. Wir verwendeten Plastik-Szintillatoren, um festzustellen, wann ein geladenes Teilchen hindurchging, und die Energie zu messen, die es durch die Ionisation der Atome im Plastikmaterial verlor. Der Energieverlust ist normalerweise dem Quadrat der Teilchenladung proportional; ein Kohlenstoffkern – Ladung 6 – sendet 36mal soviel Licht aus wie ein Proton, ein Sauerstoffkern – Ladung 8 – 64mal soviel. Wir stellten unser Gerät so ein, daß ein Teilchen, das den Detektor durchlief, automatisch eine Hochspannung an die Funkenkammer anlegte. Das Ergebnis: Lichtblitze, die die Ereignishäufigkeit und die in den Szintillatoren emittierte Lichtmenge anzeigten. Die gefilmten Ereignisse wollten wir dann daraufhin prüfen, ob sich ein Teilchen mit inkongruenten Eigenschaften fand, zum Beispiel eines mit der Masse eines Kohlenstoffkerns, aber einer negativen Ladung.

Der Blitz des Funkens und die Lichter wurden auf Film aufgezeichnet. Bei einem späteren Flug installierten wir außerdem ein Mikrofon, das die Geräusche der feuernden Funkenkammern und das Surren des durch die Kamera laufenden Films übertrug. Wenn wir diese Geräusche unten am Boden hörten, konnten wir einigermaßen beruhigt sein, daß die Geräte richtig arbeiteten. Weniger beruhigend war das unheimliche Knacken und Knallen der glasfaserverkapselten Gondel im Hintergrund. Es rührte daher, daß sich während des Aufstiegs der Druckunterschied zwischen dem Inneren der Gondel und ihrer äußeren Umgebung änderte.

Unser Instrument hatte gegenüber seinen Vorgängern, die der Entdeckung von Antimaterie dienten, Vor- und Nachteile. Im Vergleich zu den früher verwendeten Emulsionsschichten konnte der supraleitende Magnet fünfzigmal energiereichere Teilchen registrieren. Je energiereicher ein Teilchen ist, desto weiter kann es sich von seinem Entstehungsort entfernen; wir untersuchten somit kosmische Strahlen, die aus weiten Fernen unserer Galaxis und darüber hinaus stammten. Andererseits mußte der Magnet während des Flugs in einem Kryostaten mit flüssigem Helium gekühlt werden, was nicht nur gefährlich war, sondern auch das Gewicht der Nutzlast erhöhte.

Der Flug verlief problemlos. Nach zehn Stunden war es an der Zeit, die Gondel auszulösen. Wir wußten von den Erfahrungen, die andere gemacht hatten, daß an diesem Punkt sehr leicht etwas schiefgehen konnte, und zwar auf der ganzen Linie. Man denke nur an den unglücklichen Ausgang des ersten HAPPE-Flugs. Doch wir hatten mehr Glück. Auf das Funksignal hin klinkte die Gondel aus, ihr Fallschirm öffnete sich und trug die Nutzlast mehr oder weniger unbeschädigt zu Boden. Während des Sinkflugs begann die Gondel beunruhigend unter dem Schirm zu pendeln. Wir hatten die Unterseite vorsichtshalber mit Styropor gepolstert, um den Aufprall abzufedern, aber die Seiten waren ungeschützt. Wie es der Zufall wollte, landete die Gondel zwischen Bäumen, und als sie sich dem Boden näherte, geriet sie durch ihre Pendelbewegung in heftige Berührung mit einem massigen Stamm, wodurch eine Seite aufschlug und ein Teil der Geräte zerstört wurde.

Als Andy Buffington und ich die Landestelle in einem sumpfigen Kieferngehölz erreichten, waren wir über die Beschädigung der Gondel entsetzt und stürzten hinzu, um zu sehen, ob die Kameras unbeschädigt waren. Falls Licht an den Film gekommen wäre, wären unsere Ergebnisse vernichtet gewesen. Zum Glück hatten die Kameras den Stoß überstanden, doch der Anblick der zertrümmerten Gondelkapsel ließ uns das Schlimmste befürchten. Glücklicherweise waren nur einige Spiegel zerbrochen.

Der Detektor hatte während des zehnstündigen Flugs fünfzigtausend Ereignisse registriert – umherfliegende Teilchen, die auf Hunderten von Filmmetern ihre Spuren hinterlassen hatten. Wir setzten ein automatisches Gerät in Gang, das den Film »scannte«

und alle normalen Ereignisse aussonderte. Es blieben noch einige Bahnen übrig, die in die »verkehrte« Richtung gekrümmt zu sein schienen – ein möglicher Hinweis auf Antimaterie. War dies unsere Quelle? Luie war von unseren Ergebnissen angetan und beauftragte uns, über jede anomale Bahn ein Dossier anzufertigen und ihre Eigenschaften detailliert zu beschreiben. Er machte sich persönlich über unsere Berichte her und konnte jedes Indiz für Antimaterie erklären, bis auf eines. Das war für uns das kosmische Strahlenereignis Nr. 26262, nach der Nummer, die das Filmbild trug.

Im oberen und mittleren Plastik-Szintillator hatte Nr. 26262 soviel Licht erzeugt wie ein Sauerstoffkern, doch im unteren Szintillator hatte sie eine ungewöhnliche Energiemenge freigesetzt. Es lief uns kalt über den Rücken, als Luie laut überlegte: »Könnte die Überschußenergie von einem Antisauerstoffkern stammen, der sich mit einem gewöhnlichen Atom vernichtet?« Wir hatten große Angst, daß unsere Neuigkeit vorzeitig durchsickern könnte. Es wäre dann nämlich sehr peinlich geworden, hätte sich für Nr. 26262 noch eine ganz gewöhnliche Erklärung ohne Antimaterie gefunden. Luie drängte uns beharrlich, die Sache gründlich zu überprüfen, und häufig sagte er: »Sorgen wir dafür, daß dieses [mögliche Antisauerstoff-]Ereignis ein anständiges Begräbnis erhält.« Er meinte damit, daß wir uns unserer Erklärung sicher sein müßten, statt uns entweder irgend etwas aus den Fingern zu saugen, um uns das Problem vom Hals zu schaffen, oder ohne zwingende Beweise eine große Entdeckung hinauszuposaunen. Luie nahm es mit der Präzision sehr genau. Er wußte, wie leicht Instrumente und Menschen sich täuschen können. Er hatte nicht vergessen, wie er und ein Kollege in den fünfziger Jahren einen seltsamen Laboreffekt entdeckt hatten, bei dem es sich um eine langsam verlaufende Kernfusion zu handeln schien. Die Medien hatten die Sache an die Öffentlichkeit gebracht und über eine möglicherweise grenzenlose Energiequelle spekuliert. Luie erkannte bald darauf, daß es nur ein seltener chemischer Effekt war, die myonische Katalyse, und keineswegs eine Energiequelle.[19] Er hatte fest beschlossen, künftig ein solches unnötiges Aufsehen zu vermeiden.

Wochenlang bemühten wir uns vergeblich, Nr. 26262 der gewöhnlichen Materie zuzuordnen, und unsere Überzeugung wuchs, daß wir die ersten kosmischen Antikerne entdeckt hatten. Wir stellten Spekulationen über die mögliche Existenz von Antisternen und Antiplaneten an und rissen Witze über den Vatikan, der sich nach Bekanntgabe unserer Entdeckung Gedanken über einen Antipapst machen würde.

Doch sowenig wir beweisen konnten, daß Nr. 26262 ein Materieteilchen war, sowenig konnten wir beweisen, daß es ein Antiteilchen war. Ein sehr energiereicher normaler Sauerstoffkern würde das Magnetfeld auf einer vollkommen geraden Bahn durchlaufen. Es genügten jedoch winzige Fehler in der optischen Ausrichtung der Spiegel, um bei der Rekonstruktion der Bahn den Eindruck zu erzeugen, daß sie in der verkehrten Richtung gekrümmt war. Wenn der Stoß im unteren Plastik-Szintillator zufällig ein unelastischer gewesen war, würde das Teilchen dort einen Großteil seiner hohen kinetischen Energie gelassen haben. Diese weiteren Möglichkeiten einbeziehend, kamen wir zu dem Ergebnis, daß die Wahrscheinlichkeit, daß Nr. 26262 ein Antimaterieteilchen war, drei zu eins betrug. Das klingt sehr verheißungsvoll, doch wenn es um eine wichtige neue Entdeckung geht, stellen Physiker höhere Ansprüche. Die Feststellung eines extragalaktischen Antimateriekerns wäre eine solche außergewöhnliche Entdeckung gewesen, die so viele wichtige Implikationen nach sich gezogen hätte, daß unsere Kollegen (alle geborene Zweifler wie Luie) sie ohne ebenso außergewöhnliche Beweise nicht akzeptiert hätten. Unsere Kollegen erklärten uns, daß sie erst dann glauben würden, daß Nr. 26262 Antimaterie war, wenn die Wahrscheinlichkeit eine Million zu eins betrüge.

Wir kamen zu dem Schluß, daß es vernünftig wäre, Nr. 26262 als einen Zufallstreffer abzuschreiben, und veröffentlichten in *Nature* eine Mitteilung, daß der Ballonflug keinen Beweis für Antimaterie erbracht habe. Derweil planten wir ein verbessertes Folgeexperiment, um herauszufinden, ob Nr. 26262 ein Beweis für Antimaterie gewesen sein könnte. Wir verkleinerten die Bestückung des Geräts, um weniger zufällige Wechselwirkungen zwischen den Teilchen und den Detektoren zu erhalten, die täuschende Anzeichen von »Antimaterie« erzeugen konnten. Wir vereinfachten die Optik und ließen die Kamera direkt die ge-

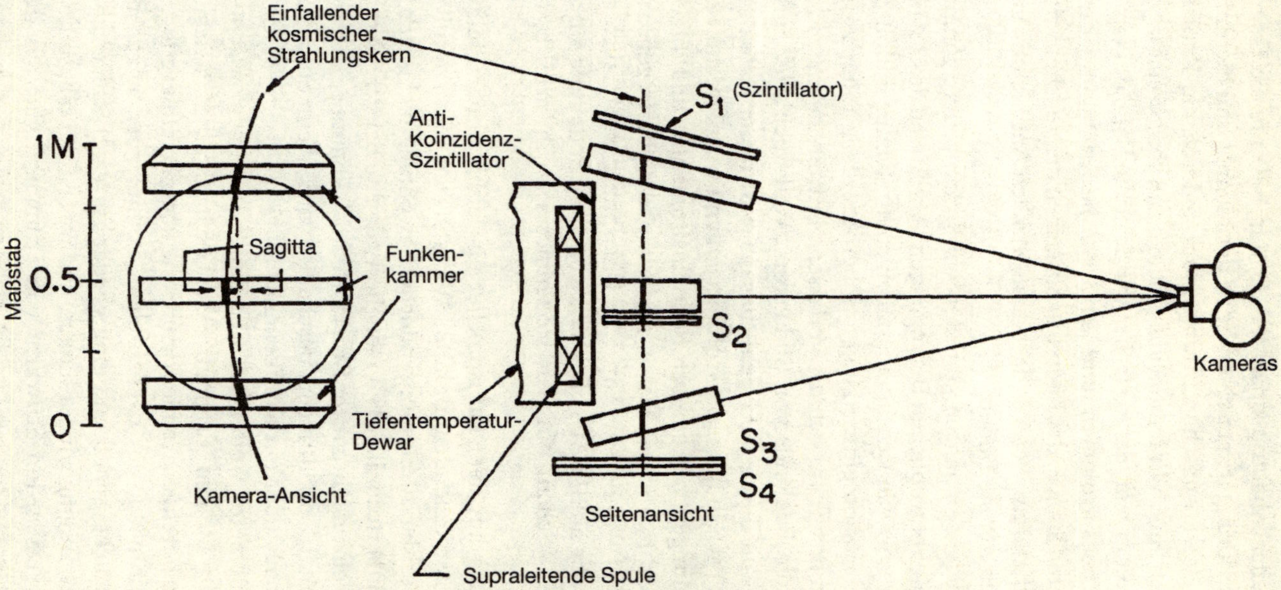

Diese Skizze der neuen Nutzlast zeigt eine Kamera-Direktansicht der Ablenkung kosmischer Strahlungskerne im Magnetfeld des supraleitenden Magneten. Die Stärke der Ablenkung (mit »Sagitta« gekennzeichnet) zeigt die Intensität der Messung an, und die Richtung der Ablenkung trennt Materie von Antimaterie.

krümmte Teilchenbahn beobachten. Dadurch wurde die Gondel länger und eiförmiger: am einen Ende der Magnet und die Bahndetektoren der kosmischen Strahlen, am anderen die Kameras und die Elektronik. Wir bauten außerdem einen stärkeren Magneten. Je stärker er war, desto stärker würde er die Bahn des einfallenden Teilchens krümmen, und je stärker die Krümmung, desto größer unsere Chance, das Ladungsvorzeichen des Teilchens richtig zu identifizieren. Wenn es dort oben wirklich Antimaterie gab, dann würden wir sie finden.

In den folgenden Jahren starteten wir sechs weitere Ballons, teilweise unter betrüblichen Bedingungen. Am Abend des 28. Mai 1977 hob unser, wie sich herausstellen sollte, letzter Ballon mit seiner Nutzlast von einem Flugplatz bei Aberdeen (Süddakota) ab. Ringsum erstreckte sich die verlassene Prärie – in einer Richtung lagen die Badlands von Süddakota. Weit oben trieb unser Ballon langsam durch die Nacht, unser Gerät nahm Daten auf. Charles Orth saß in unserem Wohnwagen und verfolgte die Telemetrie-Meldungen von unseren Balloninstrumenten und die Geräusche, die durch ein Mikrofon in der Gondel übertragen wurden. Alles lief wunderbar. Um 7.25 Uhr sprang er plötzlich auf und schrie: »Er sinkt!« Alle blickten zu ihm hin. Er deutete auf die Instrumente. »Schaut auf den Höhenmesser!« Tatsächlich, die Nadel fiel.

Dann drang aus dem Lautsprecher ein leiser, ferner Pfeifton wie von einer fallenden Bombe. Wir stürzten nach draußen, konnten aber durch die morgendliche Bewölkung nichts erkennen. Unser Obertechniker Hal Dougherty dachte bei sich: O mein Gott, das ist ein ungebremster Fall. Hoffentlich kommt er im freien Gelände runter – damit nichts beschädigt wird. Wenn er nun auf ein Waisenhaus oder ein Krankenhaus fällt?

Einige Kilometer weiter saß der Bauer Anderson in seinem Kuhstall beim Melken. Er glaubte das Geräusch eines Passagierflugzeugs zu hören, das in niedriger Höhe über ihn hinwegflog. Er ging nach draußen, um nachzusehen, konnte aber wegen der Bewölkung nichts sehen und ging wieder zurück. Das Geräusch wurde lauter. Er ging wieder hinaus, und was er nun sah, sollte er niemals vergessen. Ein Schwarm von Trümmern ging aus dem bewölkten Himmel nieder – große, sich um ihre Achse drehende

Hal Doughertys Ulkzeichnung vom Ballonflug im ländlichen Süddakota.

Bruchstücke. Die Trümmer schlugen hinter einem Hügel in den Badlands auf. Seine Frau stürzte aus dem Haus, sie glaubte, ihr Mann habe etwas abbekommen. Beide sprangen in den Lastwagen und rasten zu dem Hügel hinüber, in der angstvollen Erwartung, dort auf Leichen, Blut und abgetrennte Glieder zu stoßen. Alles, was sie antrafen, waren ein ziemlich großer Krater und verbogene Metallteile. Nachbarn liefen zusammen und durchstöberten die Trümmer. Jemand fand auf einem Bruchstück eine Telefonnummer und rief die Ballonstation an, die sich dann bei uns meldete und den Absturzort mitteilte.

Wir fuhren hin, gleichzeitig niedergeschlagen und aufgeregt. John Yamada, unser Fachmann für die Funkenkammer und die Kamera, der als erster ankam, war über den Anblick entsetzt. Filmrollen lagen ungeschützt im Sonnenlicht. Durch den harten Aufprall war nicht nur die Druckkapsel zerbrochen, sondern auch das Gehäuse der Filmkamera. John war so geistesgegenwärtig, seine Jacke über den Film zu werfen und diesen in lichtundurchlässige Hüllen zu bergen. Er konnte den Film retten, weil dieser so eng aufgespult war, daß nur die äußeren Kanten vom Sonnenlicht verdorben waren. Einen Großteil der Daten konnten wir verwerten – allerdings mußten wir die Vermessung und das Sichten von Hand vornehmen.

Die Andersons waren nette Leute. Sie dachten überhaupt nicht daran, uns zu verklagen, weil wir sie und ihre Kühe in Angst und Schrecken versetzt hatten; sie freuten sich vielmehr, daß sie an unserem wissenschaftlichen Abenteuer (das freilich ein Fehlschlag war) teilhaben durften. In den folgenden zwei bis drei Tagen halfen sie uns, den Schlamassel zu beseitigen. Wieder in Berkeley, legte ich eine neue Akte an: »Verloren in den Badlands«.

In all den Jahren bis zu diesem letzten Flug hatten wir nicht einen überzeugenden Hinweis auf kosmische Antimaterie gefunden. Meine Begeisterung für den Ballonflug hatte sich abgekühlt.

Mögen sie für die Forscher auch eine Enttäuschung sein, so sind negative wissenschaftliche Befunde doch ebenso wichtig wie positive. Zwar sind negative Ergebnisse auf keinen Fall schlüssig, doch klären sie die Grenzen unseres Wissens; sie sagen uns, was wir vernünftigerweise für wahr halten können und was demgegenüber ungeklärt bleibt, was also noch untersucht werden muß. Wir veröffentlichten unsere negativen Befunde (in *Nature* und im *Astrophysical Journal*, und 1975 berichteten die noch lebenden Teammitglieder – Smoot, Buffington und Orth – in den *Physical Review Letters*). Das American Institute of Physics würdigte unsere Ballonflüge als eines der zwölf weltweit herausragenden physikalischen Experimente des Jahres 1973.

Unsere Arbeit ist im Hinblick auf die Eingrenzung der Frage komplexer Antimateriekerne in kosmischen Strahlen bis heute die überzeugendste Veröffentlichung. Wir erklärten, daß Antimateriekerne wie Kohlenstoff und Sauerstoff, sofern sie überhaupt existieren, in unserem Teil des Universums eine geringere Häufigkeit als eins zu zehntausend haben. Es sei denkbar, daß sie im Verhältnis von eins zu einer Million oder einer Milliarde oder einer Billion vorkommen oder daß sie gar nicht existieren; auf jeden Fall seien sie äußerst selten.

Unser Ergebnis widersprach Alfvéns Hypothese über die Geschichte des Universums. Falls seine kosmologische Theorie von Antimaterie und Plasma stimmte, hätten wir auf je zehntausend registrierte Teilchen mindestens ein Antimaterieteilchen finden müssen. Das war aber nicht der Fall.[20]

Aber wie verhält es sich mit der Urknalltheorie? Ist sie nicht auch falsifiziert? Wenn es zulässig ist, aus den Ergebnissen für Mini-Urknälle auf den Urknall zu schließen, müßte es im Universum Antimaterie und Materie in gleicher Häufigkeit geben, und doch fanden wir keinen Anhaltspunkt dafür. Möglicherweise ist ein solcher Schluß unzulässig. Vielleicht hat es schon immer mehr Materie als Antimaterie gegeben.

Der bekannte russische Physiker Andrej Sacharow machte 1967 einen Vorschlag, der den Kern einer Lösung für das verwirrende Problem der Asymmetrie von Materie und Antimaterie enthält. Danach herrschten im frühen Universum ungewöhnliche Bedingungen, die für die experimentelle Teilchenphysik unzugänglich sind. Aus diesem Grund blieb seine Hypothese fast zehn Jahre lang unbeachtet. Erst als Mitte bis Ende der siebziger Jahre neue Theorien auftauchten, wurde Sacharows Vorschlag anerkannt.

Sacharow war ein Mann mit Mut und festen Grundsätzen, und

sein Lebensweg war der Gipfel der Ironie. Als junger Mann entwickelte er für Stalin die sowjetische Atombombe; als alter Mann wurde er zum politischen Dissidenten, zusammen mit seiner nicht minder aufrichtigen Frau, Jelena Bonner. Von den sowjetischen Behörden wurde er zu jahrelanger Verbannung verurteilt. Dennoch gelang es ihm, weiterhin wissenschaftliche Forschung zu betreiben. Ende der achtziger Jahre wurde er von Michail Gorbatschow befreit, und kurz vor seinem Tode wurde er noch zum Abgeordneten des Obersten Sowjet gewählt. Er starb 1990, vor dem Zusammenbruch der Diktatur, der er zuerst gedient und die er später bekämpft hatte.

Im Lichte der modernen Kosmologie stellt sich Sacharows Vorschlag folgendermaßen dar: Im ersten Moment nach dem Urknall (innerhalb der ersten Millionstelsekunde) liefen Prozesse ab, die einen leichten Überschuß an Materie gegenüber der Antimaterie ergaben; anschließend vernichteten sich Materie und Antimaterie unter einer kataklysmischen Energiefreisetzung, wobei der geringe Materieüberschuß blieb, aus dem sich dann das bekannte Universum bildete. Die ungeheure Energiefreisetzung in der Materie-Antimaterie-Vernichtung äußerte sich in Gestalt von Photonen (Bündeln von Lichtenergie) der kosmischen Hintergrundstrahlung, die gegenüber den Baryonen (zusammenfassender Begriff für schwere Teilchen wie Protonen und Neutronen) ein zahlenmäßiges Übergewicht von einer Milliarde zu eins hatten. In diesem Szenario besteht das heutige Universum fast ausschließlich aus Materie (vielleicht mit verschwindend kleinen Resten von Antimaterie, die der frühen Vernichtungsorgie entgingen), mit einem Verhältnis der kosmischen Photonen zu den Baryonen von einer Milliarde zu eins, wie wir es heute beobachten.

Wir wissen, daß etwas in diesem Sinne im ersten Moment des Universums geschehen sein muß, mit einem geringen Überschuß an Materie gegenüber der Antimaterie. Wären Materie und Antimaterie statt dessen im Augenblick der Schöpfung in exakt gleicher Menge erzeugt worden, dann sähe das Universum anders aus. Es wäre zu einer gewaltigen Vernichtung gekommen, von der nur sehr wenige Teilchen von Materie und Antimaterie in vereinzelten Überresten und ein allumfassendes Meer von Photonen zurückgeblieben wären. Der Nachthimmel würde nur vom leisen

Summen der Mikrowellenstrahlung erfüllt sein, ohne das schimmernde Bild der Galaxien und Sterne.

Sacharows Vorschlag bedeutete, daß zwei »Voraussetzungen« der Teilchenphysik verletzt werden mußten: (1) die Erhaltung der Baryonenzahl und (2) die CP-Symmetrie. Das klingt zwar sehr geheimnisvoll, ist aber ganz einfach zu beschreiben. Das erste ist lediglich eine andere Formulierung der Tatsache, daß Energie stets in gleiche Mengen von Materie und Antimaterie umgewandelt wird; es kann also bei keiner Reaktion zu einer Nettoerzeugung oder einem Nettoverlust von Baryonen (Materie) gegenüber Antibaryonen (Antimaterie) kommen. Das zweite besagt, daß Materie und Antimaterie in ihren chemischen und physikalischen Reaktionen identisch sind. 1956 hatten Val Fitch und Jim Cronin entdeckt, daß von den seltsamen Kaonen eines unter einer Milliarde die CP-Symmetrie verletzte. Die Natur hat also einen »Zeh in der Tür« zur CP-Symmetrieverletzung. Materie kann sich daher ein wenig anders verhalten als Antimaterie. Wenn die Baryonenzahl verletzt wird, besteht die Möglichkeit, daß ein kleiner Überschuß von Materie gegenüber Antimaterie erzeugt wird.

Ende der sechziger, Anfang der siebziger Jahre legten verschiedene theoretische und experimentelle Untersuchungen den Gedanken nahe, daß es tatsächlich zur bislang verbotenen Verletzung der Baryonenzahl kommen könnte. Die wichtigste Rolle spielte dabei die Formulierung einer Theorie, genauer: einer Gruppe von Theorien, durch die drei fundamentale Naturkräfte – die schwache, die starke und die elektromagnetische Kraft – vereinigt werden sollen. Diese Theorien, die man als große vereinheitlichte Theorien, kurz GUTs (für *Grand Unified Theories*), bezeichnet, wurden vom pakistanischen Physiker Abdus Salam, dem an der Universität von Texas wirkenden Physiker Steven Weinberg und dem Harvard-Physiker Sheldon Glashow entwickelt.

In dem uns bekannten Universum verhalten sich die schwache, die starke und die elektromagnetische Kraft unterschiedlich. Wenn man jedoch den GUTs folgen kann, dann waren sie bei der unvorstellbaren Temperatur, die im allerersten Moment des Universums (zur Zeit $t = 10^{-34}$ Sekunden nach dem Urknall) herrschte, praktisch identisch und wirkten in gleicher Weise auf Teilchen ein. Die GUTs-Theoretiker sagen, daß die Baryonenzahl nicht exakt erhalten werde. Das klingt nach dem sprichwörtlichen Kaninchen aus dem Hut, aber es ist tatsächlich eine der zentralen Aussagen aller GUTs.

Meine optimistische Erwartung ist die, daß die Baryonenentstehung – die Erzeugung des Überschusses an Materie gegenüber der Antimaterie – zu der Zeit erfolgt, in der elektromagnetische und schwache Kraft sich vereinigen. Der elektroschwachen Theorie von Weinberg und Salam zufolge geschieht dies bei Energien, die rund hundert Protonen- (oder Neutronen-)Massen entsprechen. Der Superconducting Supercollider hätte dieses Energieniveau erreicht, so daß wir die Antwort vielleicht um das Jahr 2005 herum erfahren hätten.[21]

Die Erzeugung eines Überschusses an Materie ist jedoch nur der Anfang. In physikalischen Systemen im Gleichgewicht können Reaktionen ungehindert in beiden Richtungen ablaufen: Der Materieüberschuß könnte genauso schnell verschwinden, wie er entsteht. Doch das Urknall-Universum expandiert und kühlt sich ab. Wenn die Temperatur erst einmal so tief gefallen ist, daß die Materie erzeugende Reaktion nicht mehr von ihr umgekehrt werden kann, wird der kleine Überschuß an erzeugten Baryonen zu einem bleibenden Bestandteil des Kosmos.

Man kann aus dieser Beschreibung den Eindruck gewinnen, als sei das Universum – und unsere Existenz in ihm – das Ergebnis eines glücklichen Zufalls: eines geringen Überschusses an Materie, der dadurch entstand, daß die Regeln zum richtigen Zeitpunkt verletzt wurden. Es ist denkbar, daß dies nur eines von zahllosen möglichen Ergebnissen jener winzigen Zeitspanne nach dem Urknall ist, es ist aber auch denkbar, daß dies zwangsläufig aus den damals wirksamen physikalischen Gesetzen folgt. Das läßt sich noch nicht entscheiden. Diese Jagd nach Antimaterie, die viele von uns so lange beschäftigt hat, zwang uns, einer entscheidenden Eigenschaft – und einer der härtesten Herausforderungen – der Kosmologie ins Auge zu sehen, nämlich der Unausweichlichkeit, die auf der Erde entdeckten physikalischen Gesetze auf den Kosmos zu übertragen. Für den längsten Teil der Geschichte des Universums scheint diese Extrapolation wunderbar zu klappen. Es könnte jedoch sein, daß sie uns im Stich läßt, wenn wir uns dem Augenblick des Urknalls nähern. Das ist in der Tat Terra incognita.

Der Spion am Himmel

Lange bevor unser letzter, mißglückter Ballonflug im Mai 1977 in den Badlands von Süddakota endete, hatte ich mich auf Anraten unseres Teamleiters Luie Alvarez neben der Suche nach Antimaterie anderen Dingen zugewandt. Luie hatte meinen Kollegen und mir Anfang 1974 einen guten Rat gegeben, denn er ahnte, daß wir mit den uns zur Verfügung stehenden Instrumenten an die Grenze der Möglichkeiten gelangt waren: »Statt auf schnellstem Wege das soeben durchgeführte Experiment in einer neuen, verbesserten Version zu wiederholen, solltet ihr euch einmal hinsetzen und Bilanz ziehen. Denkt gründlich darüber nach, welches die wesentlichen Probleme der Physik sind. Besonders eingehend solltet ihr euch mit den hervorragenden Möglichkeiten befassen, die in der Physik dank neuer Technologien und aktueller Versuchsergebnisse entstanden sind. Nehmt euch ein bis zwei Monate dafür Zeit und prüft, welches die interessantesten und wichtigsten Probleme sind. Erst danach solltet ihr entscheiden, was ihr als nächstes machen wollt.« Solche Ratschläge sind das Ergebnis von Weisheit und Erfahrung.

Ich näherte mich der Dreißig und hatte keine Zeit zu verlieren. So ging es uns allen. Wir – Andy Buffington, Terry Mast, Rich Muller, Charles Orth und ich – nahmen uns Luies Worte zu Herzen und gingen daran, mögliche Zukunftsprojekte zu prüfen. Aus wochenlangen Überlegungen und Diskussionen zog jeder seine eigenen Schlüsse. Andy und Charles entschlossen sich, die Experimente mit Antimaterie und kosmischer Strahlung fortzusetzen. (Bis zu dem Absturz in den Badlands arbeitete ich weiter mit ihnen an diesem Experiment.) Rich interessierte sich für die Entwicklung der Beschleuniger-Massenspektroskopie und die Messung radioaktiver Spezies. Er entwickelte später ein automatisiertes Teleskopsystem für die Detektion von Supernovae, das, wie er hoffte, eine bessere Messung der Hubble-Konstante und der Verlangsamung der kosmischen Expansion erlauben würde. Terry liebäugelte mit mancherlei Projekten, in denen er sich versuchte, bis er sich dazu entschloß, mit Jerry Nelson am heutigen Keck-Zehn-Meter-Teleskop, dem größten Teleskop der Welt, auf dem Mauna Kea auf Hawaii zu arbeiten.

Inspiration schöpften wir aus James Peebles' *Physical Cosmology* von 1971, einem Buch, das für die beobachtenden Kosmologen meiner Generation dieselbe Bedeutung hatte wie Darwins *Entstehung der Arten* für die Naturforscher der viktorianischen Zeit – als Fahrplan der künftigen Forschung.[22]

Peebles' Buch enthielt einen Abschnitt über »Anwendungen des ursprünglichen Feuerballs«. Die erste Anwendung des »möglicherweise entdeckten ursprünglichen Feuerballs« – eine Anspielung auf die von Penzias und Wilson gemessene kosmische Hintergrundstrahlung – war das »Ätherdriftexperiment«. Was Peebles dort unter Bezugnahme auf die wissenschaftliche Literatur an überzeugenden Argumenten zu diesem Thema vortrug, brachte mich dazu, meine Zukunft in der Erforschung der kosmischen Hintergrundstrahlung zu sehen. Die kosmische Hintergrundstrahlung ist ein Überbleibsel des Urknalls, ein leises Mikrowellenrauschen (ein Lichtbad von nur drei Kelvin), das den ganzen Kosmos erfüllt. Die meisten Astrophysiker waren der Ansicht, daß dieses ferne Echo der Schöpfung eine Fülle von Hinweisen auf die anschließende Entwicklung des Universums enthalte, die von findigen Wissenschaftlern nur aufgespürt werden mußten. Als Quelle für die ursprüngliche Idee nannte Peebles einen Artikel aus dem Jahre 1967 von Dennis Sciama von der Universität Cambridge. Sciama schlug darin vor, anhand der kosmischen Hintergrundstrahlung zu überprüfen, ob das eigene Inertialsystem gegenüber der Materie im fernen Universum eine Rotationsbewegung ausführt. Wenn die Messung (des Machschen Prinzips) gelänge, würde sich für die Überprüfung des Machschen Prinzips eine fünftausendfache Steigerung der Genauigkeit ergeben. Ich war fasziniert: Man konnte die kosmische Hintergrundstrahlung nutzen, um etwas über die Rotation des Universums zu erfahren.

Der berühmte Mathematiker Kurt Gödel hatte 1949 für die Gleichungen von Einsteins allgemeiner Relativitätstheorie eine Lösung gefunden, in der das gesamte Universum rotiert – eine kühne Hypothese, aus der sich außerdem ergab, daß Zeitreisen möglich sind. Es entstanden später noch andere, teils konventionellere, teils ausgefallenere Modelle von rotierenden und verzerrten Universen, doch nicht alle enthielten die verlockende Aussicht auf Zeitreisen. In allen rief die Rotation jedoch charakteristische Temperaturschwankungen am Himmel hervor. Diese müßten wir, wenn sie wirklich existierten, messen können. Außerdem ließ sich feststellen, ob das Universum symmetrisch expandiert, wie es die Hubblesche Beziehung fordert, oder ob es in bestimmten Richtungen schneller expandiert als in anderen. Sollte letzteres der Fall sein, wären das Universum und die Bedingungen, aus denen es hervorging, komplexer, als die herrschende Theorie vorsah.

Das (für Theoretiker) Beunruhigendste an der Urknalltheorie ist, daß die Raum-Zeit in einem einzigen mathematischen Punkt, einer sogenannten Singularität, begonnen haben muß. Dieser Punkt müßte, so seltsam das klingt, ausdehnungslos und von unendlicher Dichte gewesen sein. An einem solchen Punkt versagen die physikalischen Gesetze, und das Universum entzieht sich jeder mathematischen Beschreibung. Die Theoretiker schreckten vor dieser Möglichkeit zurück, denn genau wie Einstein wünschten sie nicht, daß die physikalischen Gesetze versagen und das Chaos herrscht. Angeblich ließ sich diese unangenehme Möglichkeit jedoch vermeiden, wenn das Universum sich asymmetrisch ausdehnte. Es konnte dann oszillieren, abwechselnd expandieren und kontrahieren, weil sich der »Endknall« am Ende der Kontraktionsphase vermeiden ließ. Wenn eine Richtung schneller zusammenstürzte als die anderen, würde das Universum durchsacken und erneut zu expandieren beginnen, bevor die anderen Richtungen den Endpunkt erreichten.

Dies war ein unerforschtes, aber wichtiges Territorium, auf dem ich mit Sicherheit etwas Interessantes finden würde, wenn ich mich seiner experimentellen Untersuchung widmete.

Peebles' Bezeichnung »Ätherdriftexperiment« knüpfte an eine Vorstellung an, die sich seit frühgriechischer Zeit durch die Kosmologie zieht. Unter dem Äther, den man sich ursprünglich als ein reines, unwandelbares, »ideales« Fluidum vorstellte, verstand man später (unter Aristoteles) eine äußerst feine kristalline Substanz. Die Erde wurde gedacht als von Kristallsphären umgeben, deren Drehung die Sonne, den Mond und die Sterne auf vollkommenen Kreisbahnen mit sich führten. Die Kosmologie Newtons machte den Äther überflüssig, denn ihr zufolge war der Raum leer. Doch ein Jahrhundert später kehrte die Vorstellung zurück und behauptete sich bis in die viktorianische Zeit hinein, nun in Gestalt einer ätherischen Substanz, in der sich die Lichtwellen ausbreiten sollten. Wissenschaftler suchten eifrig nach diesem lichttragenden Äther, bis Albert Michelson und Edward Morley 1886 alle entsprechenden Bemühungen durch ein berühmt gewordenes Experiment für fruchtlos erklärten.

Die beiden amerikanischen Physiker gingen von der folgenden Überlegung aus: Die Erde bewegt sich auf ihrer Bahn um die Sonne durch den Äther. Vom Ätherfluß aus gesehen ist eine Richtung »stromaufwärts«, die andere »stromabwärts«. Stromaufwärts müßte ein Lichtstrahl das Labor folglich langsamer durchqueren und stromabwärts schneller. Wenn die Lichtgeschwindigkeit *c* durch die Erdrotation eine eindeutige Variation erführe, wäre das ein Beweis für die Existenz des Äthers. Zu ihrer größten Überraschung stellten die beiden Forscher keinerlei Variation von *c* fest. Der Äther existierte demnach nicht.

Der Verlust des Äthers beraubte die Wissenschaft des von Newton postulierten absoluten Raumes, eines »univerellen Bezugssystems«. Nach dieser Vorstellung, an der man bis dahin festgehalten hatte, bilden Raum und Zeit einen unverrückbaren Bezugsrahmen. Eine Strecke von einem Meter ist stets einen Meter lang und nie einen Millimeter länger oder kürzer; eine Sekunde ist stets eine Sekunde und vergeht nicht langsamer oder schneller. Gewiß kann ein Mensch niemals feststellen, mit welcher *absoluten* Geschwindigkeit sich eine Kugel bewegt. Er kann lediglich sagen, daß sie innerhalb einer bestimmten Zeit eine bestimmte Strecke *relativ* zu einem bestimmten räumlichen Bezugssystem zurückgelegt hat. Die »wahre« Bewegung der Kugel ist nicht erkennbar, denn während sie mit einer Geschwindigkeit von beispielsweise dreißig Zentimetern pro Sekunde dahinrollt, vollziehen sich andere Bewegungen im größeren Maßstab: Die Erde dreht sich um ihre Achse und kreist um die Sonne, die Sonne und ihre Planetenschar bewegen sich durch die Galaxis, die Galaxis rotiert, und so weiter.

Welches ist also die »wahre« Bewegung der Kugel? Man kann sagen, die wahre Bewegung sei die Summe aller zuvor genannten Bewegungen. Doch wie läßt sich diese »wahre« Bewegung bestimmen? Welches ist das letzte Bezugssystem, anhand dessen wir die Bewegung der Kugel zu beurteilen haben? Im achtzehnten Jahrhundert nahm Newton an, dieses Bezugssystem sei etwas, das er absoluten Raum nannte und das er offenbar mit Gott gleichsetzte. Später war das, was man sich unter dem Raum vorstellte, durch den Äther verkörpert; man glaubte, daß er das ganze Universum ausfülle, Michelson und Morley zeigten jedoch, daß er nicht existiert. Die Nichtexistenz des Äthers war für Einstein indes keine Überraschung; seine spezielle Relativitätstheorie von 1905 war nicht darauf angewiesen. Für alle Beobachter, so Einstein, breitet sich das Licht unabhängig von ihrem Bezugssystem mit exakt derselben Geschwindigkeit aus – 299 792 Kilometer pro Sekunde –, niemals schneller oder langsamer. Diese Tatsache ist die Grundlage der speziellen Relativitätstheorie, derzufolge es keinen absoluten Raum und keine absolute Zeit gibt, kein definitives Bezugssystem, anhand dessen Veränderungen der Geschwindigkeit beurteilt werden können.

Dennoch sei nicht alles verloren, sagte Peebles in seiner *Physical Cosmology*. Die kosmische Hintergrundstrahlung besitze gewisse Eigenschaften, die im neunzehnten Jahrhundert fälschlich dem Äther zugeschrieben wurden. Sie erfülle das ganze Weltall und könne daher als Ersatz für den legendären, von Newton angenommenen und von Einstein verworfenen absoluten Raum genommen werden, ohne daß die spezielle Relativitätstheorie dadurch verletzt werde. Die kosmische Hintergrundstrahlung sei ein universelles Bezugssystem, anhand dessen die absolute Bewegung bestimmt werden könne. Sie sollte also der Ausgangspunkt für meine Erforschung des Universums sein.

Die kosmische Hintergrundstrahlung ist praktisch nach allen Richtungen homogen. Sie ist daher nicht gerade ein hoffnungsvolles Bezugssystem für die Bestimmung von Bewegung im Universum, denn sie weist keine erkennbaren Markierungen auf – es ist,

Die U2 von NASA-Ames überfliegt die Golden Gate Bridge; im Hintergrund Dunst und San Francisco. Berühmt waren die U-2-Höhenjets für Aufklärungsflüge während des Kalten Krieges. Jetzt dienen sie der wissenschaftlichen Forschung.

als befinde man sich in dichtem Nebel. Aufgrund des Doppler-Effekts ist es jedoch möglich, durch sie Bewegung zu bestimmen. Wenn die Erde in bezug auf das übrige Universum unbewegt ist, dann ist die kosmische Hintergrundstrahlung nach allen Richtungen gleichförmig, besitzt sie in allen Richtungen das exakt gleiche Temperatur-Äquivalent. Man kann daher sagen, die Strahlung sei isotrop. Wenn die Erde sich jedoch bewegt, tritt durch den Doppler-Effekt eine geringe Variation der Himmelstemperatur auf. In der Richtung, in welche sich die Erde bewegt, erscheint der kosmische Hintergrund wärmer, in der Richtung, aus der sie kommt, kühler. (Es ist, wie wenn man mit dem Auto durch senkrecht fallenden Regen fährt. Die Windschutzscheibe erhält mehr härter aufschlagenden Regen als die Heckscheibe.) Der Doppler-Effekt erzeugt eine Dipol-Anisotropie (zwei Pole: ein warmer und ein kühler Pol).

Die Stärke der Erwärmung und Abkühlung entspricht dem Verhältnis der Geschwindigkeit der Bewegung zur Lichtgeschwindigkeit, und die Richtung des Dipols stellt sich entsprechend der Bewegungsrichtung ein. Sonne und Erde umkreisen den Mittelpunkt der Galaxis mit rund 250 Kilometern pro Sekunde. Daraus folgerten Sciama und Peebles eine Dipol-Anisotropie in der Größenordnung von 0,08 Prozent, annähernd eins zu tausend.

Mir war klar, daß das Ätherdriftprojekt enorme technische und logistische Probleme aufwerfen würde. Der Erfolg des Projekts hing deshalb entscheidend von Luies Unterstützung ab. Nachdem er vor zehn Jahren den Nobelpreis erhalten hatte, genoß er in wissenschaftlichen und politischen Kreisen großes Ansehen. Unserem Vorhaben brachte er gehörige Skepsis entgegen, und gegenüber Rich Muller äußerte er sogar mit Nachdruck, daß wir niemals einen Dipol beobachten würden. Rich deutete das als eine Überreaktion auf das Michelson-Morley-Experiment von 1887. Die Tatsache, daß sie den Äther nicht hatten entdecken können, war so tief ins Bewußtsein der Physiker eingedrungen, daß diese jedem Versuch, ein universelles Bezugssystem zu entdecken, mit instinktivem Mißtrauen begegneten, und dieses Vorurteil teilte Luie. Dennoch konnten wir ihn dazu bewegen, unser Experiment zu unterstützen. Wir änderten daraufhin den Namen und nannten es »das *neue* Ätherdriftexperiment«, bevor wir uns um die Finanzierung bemühten.[23] Bob Birge, damals Leiter der physikalischen Abteilung des LBL, stellte erste Mittel bereit, um das Projekt in Gang zu bringen.

Luies Skepsis war verständlich, denn es würde schwierig sein, den Dipol zu entdecken. Das neue Ätherdriftsignal würde äußerst schwach sein und wahrscheinlich nur in einer Abweichung von einem Tausendstel von drei Kelvin bestehen (drei Tausendstel Grad), was damals an der Grenze der Empfindlichkeit unserer Instrumente lag. Wir mußten den feinen Temperaturunterschied erkennen und durften ihn nicht mit unzähligen Formen von »Rauschen« verwechseln, das von Himmelsobjekten – Sternen, interstellarem Staub und Galaxien – ausging. Seit dem Urknall hat sich in der Entwicklung des Kosmos vieles getan, und das alles erzeugt Rauschen. Außerdem würde von der Erde und von den Instrumenten selbst Wärmestrahlung ausgehen. Obendrein ist die Erdatmosphäre eine Quelle von Mikrowellenrauschen, denn Sauerstoffatome und Wasserdampf emittieren Mikrowellenstrahlung.

Das Instrument mußte daher auf eine große Höhe gebracht werden – oberhalb eines Großteils der Atmosphäre –, von wo aus es nicht nur die kosmische Hintergrundstrahlung, sondern auch die Galaxis und die Atmosphäre überwachen konnte. Wenn wir erst wußten, wie laut diese Quellen während unserer Anisotropie-Messungen waren, konnten wir sie von der insgesamt gemessenen Strahlung abziehen. Ein eventuell auftretender Rest konnte dann das Signal der kosmischen Hintergrundstrahlung sein. Kurz, das »Lauschen« auf kosmische Anisotropie würde vergleichbar sein mit dem Lauschen auf Geflüster während einer lärmenden Strandparty, bei der Radios plärren, Wellen donnern, Menschen kreischen, Hunde bellen und die Motoren von Strandbuggys dröhnen.

Wenigstens zwei große Probleme hatten wir zu lösen. Wie konnten wir ein Instrument bauen, das empfindlich genug war, um Anisotropie zu entdecken, die Messung aber so auslegen, daß sie nicht in der vom Himmel, der Atmosphäre und dem Instrument selbst ausgehenden Strahlung unterginge? Und von was für einer »Plattform« aus sollte es seine Beobachtungen machen? Einem Berg? Einem Ballon? Oder gab es etwas anderes? Wir wußten, daß Brian Corey und David Wilkinson von der Universität Princeton ebenfalls vorhatten, nach dem Dipol zu suchen, und zwar höchstwahrscheinlich mit einem Ballonsystem. Dirk Muehlner und Rainer Weiss vom MIT planten gleichfalls ein Ballonexperiment. Adrian Webster aus Cambridge und Paul Boynton von der Universität von Washington prüften die Möglichkeit, Beobachtungen von Berggipfeln aus durchzuführen. Wir fragten uns, wer wohl als erster Anisotropie entdecken würde, konnten es uns aber wegen der enormen technischen Probleme nicht leisten, uns von dem Schreckgespenst der Konkurrenz zur Eile treiben zu lassen und einen Fehler zu machen. Ich bin jedenfalls so etwas wie ein Perfektionist – manche würden sagen, von Perfektion besessen –, und habe immer darauf vertraut, daß etwas Brauchbares dabei herauskommt, wenn man sich bemüht, die bestmögliche Lösung zu finden.

Während wir, immer die Konkurrenz im Auge, darüber nachgrübelten, welche Art von Plattform wir benutzen sollten, begannen wir mit der Erweiterung des Teams für das Dipolprojekt. Ein wichtiger Fang war Marc Gorenstein. Ich hatte Marc als Student am MIT kennengelernt. In Boston aufgewachsen, war er seit jeher wissenschaftlich interessiert gewesen, mit einem romantischen Einschlag – er war einer von denen, die mit zehn Jahren »verblüfft« sind, wenn ihnen bewußt wird, daß Menschen aus Atomen bestehen. Zum neuen Ätherdrift-Team gehörte außer Marc, Rich und mir noch Jon Aymon, der weitgehend die Computerprogrammierung erledigte. Er schrieb die Programme für die Übertragung der Daten von den Magnetbandkassetten auf den »zahlenfressenden« Computer. Er schrieb zusammen mit mir den Großteil der Software für die Datenverarbeitung und die ersten Analyseschritte. Ein weiterer unschätzbarer Verbündeter war unser liebenswürdiger Handwerkermeister Hal Dougherty, der sich bei zahlreichen Projekten des Lawrence Berkeley Laboratory bewährt hatte. Er baute fast alle mechanischen Teile des Projekts und dazu ein Modell des Geräts, anhand dessen wir die mechanische Konstruktion und das Rotationssystem des Detektors überprüften. Mit von der Partie war auch John Gibson, der die elektronischen Systeme und Bordinstrumente wie etwa Temperatursensoren anfertigte. Robbie Smits entwarf und baute das sehr schnelle, sehr stabile Rotationssystem des Experiments.

Ein weiterer wichtiger Mann im Team war Tony Tyson, der sich bei Bell Labs für sechs Monate hatte beurlauben lassen, um am Lawrence Berkeley Laboratory mitzuarbeiten. Tony war in dieser Zeit auch mein Zimmergenosse. Dank seiner Erfahrung mit Detektoren für Gravitationswellen kannte er sich mit empfindlichen Geräten aus. Er wußte, wie man verhindert, daß unsere Messungen durch Schwingungen der Beobachtungsplattform gestört werden; auf dieses Problem waren wir nicht gefaßt, weil wir bislang mit relativ störungsfreien Ballons gearbeitet hatten.

Seit fast zehn Jahren hatten Astronomen die kosmische Hintergrundstrahlung mit verschiedenen Instrumenten untersucht, darunter Radioempfänger und Bolometer, die auf die äußerst schwache Mikrowellenstrahlung vom Himmel reagierten. Wir beschlossen, einen bestimmten Radioempfänger zu verwenden, ein sogenanntes differentielles Mikrowellen-Radiometer, kurz DMR, dessen Vorläufer in den vierziger Jahren von Robert Dicke in Princeton entwickelt worden war (er war der Leiter jener Wissenschaftler, die Penzias und Wilson 1964 auf die wahre Bedeutung ihrer

Entdeckung der kosmischen Hintergrundstrahlung aufmerksam machten).

Das DMR maß nicht die absolute Temperatur eines gegebenen Punktes am Himmel, sondern die Temperaturdifferenz zwischen zwei Himmelspunkten. Daher das Adjektiv »differentiell«. Während ein Radiometer mit einer Einzelantenne beispielsweise aussagen würde: »Die Temperatur am Punkt A beträgt 2,725 K«, würde es bei einem differentiellen Radiometer mit Doppelantenne heißen: »Die Temperaturdifferenz zwischen den Punkten A und B beträgt 0,002 Grad.« Da gute Empfänger damals ein Eigenrauschen hatten, das 400 Grad entsprach, mußte das Auflösungsvermögen eines *absoluten* Radiometers besser als eins zu hunderttausend sein. Wenn es uns aber gelang, die Antennen richtig anzupassen, brauchte die Genauigkeit des DMR nicht besser zu sein als eins zu tausend. Wir entwarfen daher ein symmetrisches DMR, das auf einer Drehscheibe ruhte, die sich rasch und wiederholt um 180 Grad nach beiden Seiten drehen konnte. Dadurch wurden die von beiden Antennen gewonnenen Bilder gegeneinander ausgetauscht, mit der Folge, daß das Signal vom Himmel sein Vorzeichen wechselte, während ein falsches Signal aufgrund einer DMR-Asymmetrie konstant bleiben würde. Die Empfindlichkeit und Zuverlässigkeit des Instruments wurde durch diese doppelte Nachprüfung jeder Messung erheblich gesteigert.

Wir wußten, daß der Bau eines solchen Instruments eine technisch höchst anspruchsvolle Aufgabe war. Das Ausmaß der Schwierigkeit hing freilich davon ab, wo wir das Instrument zum Einsatz bringen würden. Wir wollten es so hoch wie möglich oberhalb der Erdoberfläche einsetzen, oberhalb der Reichweite des militärischen Radars, des atmosphärischen Sauerstoffs, des Wasserdampfes und anderer Quellen störender Mikrowellen. Ich hatte um diese Zeit begonnen, Vorstellungen über den Einsatz unserer Instrumente auf erdumkreisenden Satelliten zu entwikkeln, und plante schon, entsprechende Möglichkeiten bei der NASA zu erkunden. Das lag jedoch noch in weiter Ferne, und einstweilen mußte ich mich mit prosaischeren Lösungen zufriedengeben.

Eine Möglichkeit bot der Gipfel des White Mountain im Osten Kaliforniens, wo die Universität von Kalifornien ein Observatorium errichten wollte. Es war ein kalter, trockener Ort in viertausendsechshundert Meter Höhe, wo die Wissenschaftler nach Luft japsten und nicht selten von der Höhenkrankheit befallen wurden – eine malerische Ferienlandschaft, aber als Arbeitsplatz strapaziös. Dieser Standort hatte den Vorzug, daß wir das differentielle Mikrowellen-Radiometer ganz nach unseren Wünschen bauen konnten – das Observatorium bot Raum genug für alles, was eine vernünftige Größe und Form hatte. Auch würden Reparaturen relativ einfach sein. Wir erörterten auch die Möglichkeit, das Instrument mit einem Ballon aufsteigen zu lassen, wodurch wir eine Höhe von vierzigtausend Metern erreichen konnten. Nach meinen jüngsten Erfahrungen war ich von dieser Idee nicht sonderlich angetan; von Ballonflügen wollte ich nichts mehr wissen.

Im Herbst 1973 hörte ich dann durch Zufall einen Vortrag von Charles Townes, dem Nobelpreisträger aus Berkeley, der seinen Ruhm der Entwicklung des Lasers verdankte. Townes hatte auch maßgebenden Anteil an der Entwicklung des (nach dem berühmten Astronomen Gerard Kuiper benannten) Kuiper Airborne Observatory, eines militärischen Transportflugzeugs des Modells C-141, das damals zum fliegenden Observatorium umgebaut wurde. Könnten wir, so überlegte ich, das DMR nicht auch in einem Flugzeug unterbringen? Wir würden dieselbe Höhe wie mit dem Ballon erreichen, zugleich aber direkteren Zugriff auf das Instrument haben. Rich war zunächst sehr skeptisch, doch Luie war von der Idee begeistert. Flugzeuge gefielen ihm, und er kannte sich mit ihnen aus; 1946 hatte er die Collier Trophy dafür erhalten, daß er während des Zweiten Weltkriegs die Instrumentenlandung entwickelt hatte, womit er vielen alliierten Piloten das Leben rettete. Luie kannte zufällig den damaligen Direktor von NASA-Ames, Hans Mark, und das verschaffte uns einen idealen Zugang zum bürokratischen Verfahren der Antragsbewilligung. Luie setzte sich gleich hin und schrieb Hans einen Brief, in dem er schilderte, was wir brauchten. Ich fuhr nach Mountain View, rund fünfundvierzig Kilometer südlich von San Francisco, um mir auf der NASA-Ames-Basis das Kuiper Airborne Observatory anzusehen. Dabei ergaben sich zwei Probleme. Zum einen hatte die C-141 nur ein Fenster für astronomische Beobachtungen; das DMR würde aber zwei Hornantennen aufweisen, die in verschiedene Richtungen zeigten. Damit war uns also nicht gedient. Außerdem kam das Flugzeug nicht hoch genug, um den atmosphärischen Störungen zu entgehen. Es schien, als müßten wir doch auf Ballons zurückgreifen. Da besannen Luie und ich uns auf eine Alternative – das Spionageflugzeug U 2.

Das seit Mitte der fünfziger Jahre gebaute Aufklärungsflugzeug U 2, von seinen unerschrockenen Piloten »Dark Lady« genannt, war während des Kalten Krieges und vor dem Aufkommen von Spionagesatelliten *das* Instrument der USA zur Überwachung der sowjetischen Truppen- und Rüstungsentwicklung. Die U 2 waren im Grunde Segelflugzeuge mit starken Triebwerken. Extrem leicht gebaut, flogen sie hoch in der Stratosphäre, dreiundzwanzigtausend Meter hoch oder höher, und drangen heimlich in den sowjetischen Luftraum ein, um Aufnahmen von dem Geschehen weit unten zu machen. Wegen der großen Flughöhe hatten die Piloten »Raumanzüge« an, die Vorläufer von denen, die einige Jahre später die Astronauten trugen. Öffentlich protestierten die Russen zunächst nicht gegen die Flüge, wohl aber diskret über diplomatische Kanäle – und sie waren entschlossen, jeden Eindringling abzuschießen. Ihre Luftabwehrraketen, anfangs langsam und ungenau, wurden mit der Zeit schneller und treffsicherer. Damit sie nicht so leicht zu erkennen war, hatte man die Unterseite der U 2 dunkelblau gestrichen, so daß sie sich kaum von der oberen Atmosphäre abhob. Trotzdem wurden zahlreiche Piloten abgeschossen. In meiner Jugendzeit war die Welt wie gelähmt von der Nachricht, daß die Sowjets Gary Powers abgeschossen hatten. Es kam zu einem größeren diplomatischen Zwischenfall, und die U 2 war nicht länger ein Geheimnis.

Luie und ich erkannten, als wir auf die U 2 zu sprechen kamen, daß sie eine ideale Plattform für unser Instrument abgeben würde. Das Flugzeug flog extrem hoch und war sehr stabil, genau richtig für unsere Zwecke. Wir fuhren nach Ames, um über die Durchführung des Experiments an Bord einer U 2 zu sprechen. Hans Mark, ein Kerl von beeindruckender Größe mit Bürstenhaarschnitt und deutschem Akzent, der wie ein General wirkte, hörte uns an, und Luie drängte nicht darauf, daß er uns das Spionageflugzeug anbot. Wir warteten, bis er von sich aus sagte, was wir zu hören hofften: »Ihr solltet die U 2 ausprobieren, sie ist ideal.«

Wir waren elektrisiert. Wir würden unser DMR an Bord eines Spionageflugzeugs in Position bringen. Es war kaum zu glauben. Ich weiß noch, daß ich mich unheimlich gefreut habe, als ich ein Exemplar des *U-2 Users' Manual* in Händen hielt. Die enthusiastische Unterstützung von Hans Mark stimmte uns zuversichtlich, daß wir das neue Ätherdriftexperiment durch die NASA-Bürokratie bringen würden. »Wir alle würden uns freuen, wenn wir mit Deiner Gruppe in dieser Sache zusammenarbeiten könnten«, schrieb Luie in einem Brief vom 8. Oktober 1974. Wir hatten es fast geschafft.

Obwohl über die Kosten anfangs Unklarheit herrschte, waren wir entzückt über die U-2-Techniker bei Lockheed. Sie hatten das Spionageflugzeug in den fünfziger Jahren gebaut und kannten es in- und auswendig. Marc Gorenstein und ich begaben uns zum Flughafen Burbank, wo Lockheed streng geheimgehaltene Militärmaschinen baute (zum Beispiel die U 2 und die SR-71 Blackbird). Die Lockheed-Experten unterstützten uns bereitwillig. Die fotografische Aufklärung war inzwischen technisch veraltet, und so waren sie bestrebt, sich neue Tätigkeitsbereiche zu erschließen.

Unsere erste große Aufgabe bestand darin, das differentielle Mikrowellen-Radiometer mit der U 2 zu verbinden. Wir konnten das Instrument nicht so einfach in das Flugzeug stecken, wie wenn man eine Glühbirne in die Fassung schraubt. Die U 2 war ein zierlicher Vogel, ein wahrhaft minimalistisches Flugzeug. Als Kelly Johnson von Lockheed die U 2 in den fünfziger Jahren konstruierte, war sein Ziel, sie so hoch und so lange wie möglich mit einem Minimum an Treibstoff (einer speziellen Sorte, die in großer Höhe nicht sieden würde) fliegen zu lassen. Also reduzierte er sie aufs äußerste, ließ er jede Strebe, jeden Träger, jeden Bolzen weg, der nicht nötig war.[24] Die U 2 wurde hauptsächlich durch ihre dünne Metallhaut zusammengehalten, die durch Luftdruck (wie ein Ballon) versteift wurde. Wir konnten nicht einfach ein Loch in den Rücken der U 2 schneiden, um eine Sichtluke für das DMR zu schaffen; das hätte die Metallhaut geschwächt, und das Flugzeug wäre im Flug instabil geworden. Es hätte sogar auseinanderbrechen können; die U-2-Piloten erzählten uns Horrorgeschichten von Maschinen, die eben noch problemlos geflogen und in der nächsten Sekunde in Stücke gefallen waren. Im Scherz schlugen

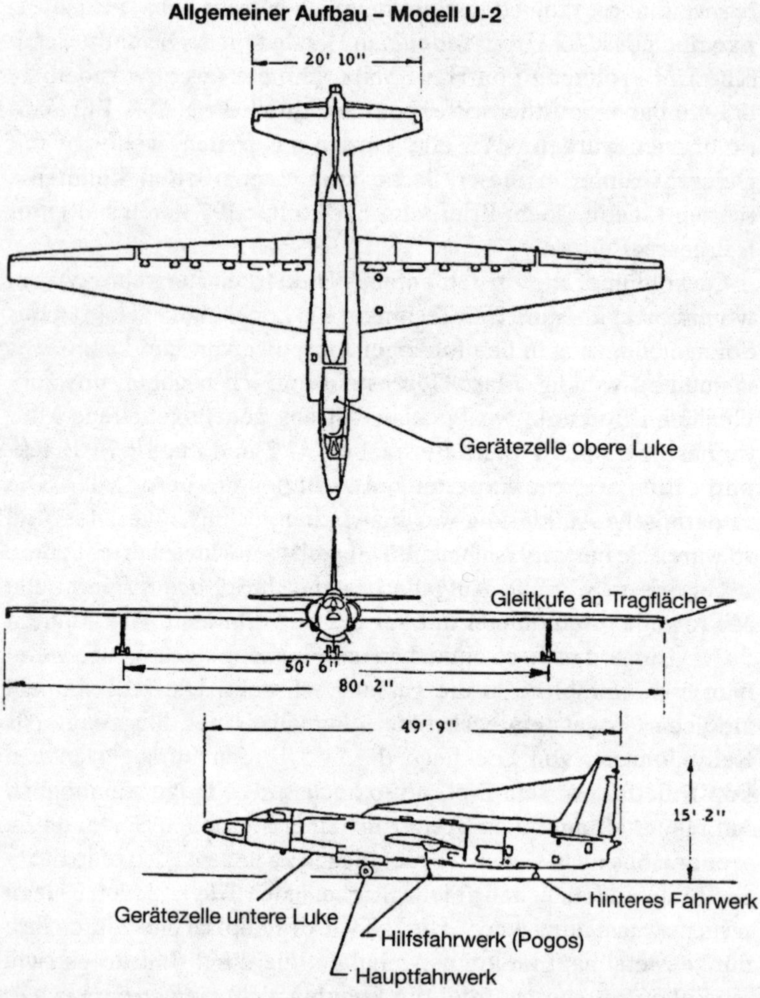

Der allgemeine Aufbau des U-2-Flugzeugs nach dem U 2 Investigator's Handbook *(1976).*

wir ein einfaches Verfahren vor, mit dem wir unter Umgehung all dieser Probleme dennoch zu unseren astronomischen Daten gelangen könnten: Die U 2 brauchte nur auf dem Rücken geflogen zu werden. Zum Glück fand Bill Ferguson von Lockheed eine Lösung für unser Problem. Die Luftwaffe hatte für die Beobachtung des Wiedereintritts von Test-Interkontinentalraketen bereits heimlich ein oberes Sichtfenster für die U 2 entwickelt. Davon wußten nur wenige, aber er fand es heraus, und nach der Einholung von etlichen Genehmigungen konnte er eine Maschine mit dem oberen Sichtfenster für unser Experiment bereitstellen.

Nachdem sich dieses Problem erledigt hatte, baute Hal Dougherty, unser Meistermechaniker, ein Modell der Nutzlastzelle in natürlicher Größe. Dadurch konnten wir alle Teile im Labor zusammenbauen. Hal besaß die unwahrscheinliche Gabe, sich eine Vorrichtung vorzustellen und dann ein Modell davon zu machen – vergleichbar mit Einsteins Fähigkeit, sich vorzustellen, wie es wäre, auf einem Lichtstrahl zu reiten. Probleme, an denen andere Ingenieure Wochen oder Monate mit Zeit- und Geldaufwand gearbeitet hätten, löste Hal in einem Tag. Unsere Mittel waren nicht unbegrenzt, und so waren wir froh, daß Hals Phantasie uns half, finanziell flüssig zu bleiben.

Das DMR mußte vollständig automatisiert werden, denn der Pilot würde mit dem Steuern der Maschine ausgelastet sein, und für einen Passagier war kein Platz. Außerdem mußten wir dafür sorgen, daß das DMR die U 2 und ihren Piloten nicht gefährdete. Das DMR durfte keine Signale aussenden, die die Funkverbindung des Piloten stören konnten, und um das Flugverhalten nicht zu beeinträchtigen, durfte es auch nicht zu schwer sein. Vor allem mußte das Gewicht des DMR gleichmäßig verteilt werden – ein geringfügiges Ungleichgewicht konnte dem Flugzeug eine seitliche Neigung bescheren. Das konnte sich für ein so zerbrechlich gebautes Flugzeug als gefährlich erweisen. Außerdem konnte es die Messungen des DMR beeinträchtigen, denn wenn sich die übergewichtige Seite stärker zur Atmosphäre hin neigte, wuchsen die Störungen auf dieser Seite.

Eine unserer größten Herausforderungen bestand darin, sicherzustellen, daß der Chor des elektromagnetischen und thermischen Rauschens von der Erde, der Atmosphäre, dem Himmel und der

U 2 selbst das DMR nicht beeinflußte. Strahlungsrauschen konnte sich durch Beugungseffekte über die Öffnung der Hornantenne bis in den Empfänger schleichen. Das Instrument würde solche Strahlung dann irrtümlich als eine Variation in der kosmischen Hintergrundstrahlung registrieren. Schon eine geringfügige Störung konnte ein Problem aufwerfen. Das DMR war so empfindlich, daß man nur mit der Hand davor zu winken brauchte, und schon zeigte die Nadel wilde Ausschläge. (Die Hand hat eine Temperatur von rund dreihundert Kelvin.) »Als wir es zum ersten Mal einschalteten, registrierte es alles, was im Raum war«, erinnert sich Marc. Rich konstruierte mühsam Abschirmungen, die, auf der U 2 angebracht, das Gerät gegen Strahlung von der Erde schützen sollten, die eine Temperatur von rund zweihundertneunzig Kelvin hat. Das war jedoch keine ideale Lösung, weil die Abschirmungen die Aerodynamik des Flugzeugs stören würden. Luie schrieb Hans Mark, daß dieses Problem »sich anfangs als das schwierigste darstellte, dem wir begegnen sollten«. Mit der Hilfe von Lockheed konnten wir es schließlich auf weniger auffällige Weise lösen. Ingenieure des Luft- und Raumfahrtunternehmens konstruierten einen glatten, nur wenig herausragenden Deckel für die obere Luke der U 2, aus der die Antennen herausspähten. Die Enden der Antennen schlossen fast bündig mit der abgeplatteten Luke der U 2 ab, und die günstige Aerodynamik sorgte dafür, daß der Wind nicht an ihnen rüttelte. Damit dieses Arrangement funktionieren konnte, brauchten wir annähernd vollkommene Antennen.

Ich war kein Experte und verwendete daher viel Zeit drauf, mich mit der Theorie und Technik der Antennen vertraut zu machen. Ich fuhr nach Boston, um zusammen mit den Antennen-Ingenieuren der TRG Corporation (die heute zur Alpha Corporation gehört) die Spezifikationen und die Konstruktion der Antennen auszuarbeiten. Wir entschieden uns für zwei schöne Antennen von dreiunddreißig Gigahertz (GHz)[25], weil die atmosphärische Mikrowellenemission bei dieser Frequenz minimal ist, so daß die Sicht auf die kosmische Hintergrundstrahlung weniger behindert ist. Die Richtwirkung der Hörner (ihre Fähigkeit, unter minimaler Einstrahlung von den Seiten geradeaus zu blicken, wie bei einem Menschen mit extremer Gesichtsfeldeinengung) wurde durch das sogenannte Apodisations-Verfahren,[26] das heißt durch parallel zur Öffnung angebrachte Riffeln in der Innenwand des Horns, erhöht. Die Riffeln blockieren den größten Teil der nichtaxialen Strahlung, die sich in das Horn hineinschleicht und an der Wand entlangzuwandern versucht.

Wir sorgten uns nach wie vor um die Stabilität und Symmetrie der U 2. Für schöne Aufklärungsfotos war das Flugzeug stabil genug, doch ob es für die kosmologische Forschung hinreichend stabil war, wußten wir nicht. Es mußte genau horizontal fliegen, denn bei der geringsten Neigung würde ein Horn mehr oder weniger auf die Erdatmosphäre gerichtet sein und damit entsprechende Mikrowellenstörungen aufnehmen. Um dem entgegenzuwirken, legten wir eine Flugbahn in Gestalt einer langen, schmalen Rennbahn fest. Nach dem Start sollte der Pilot eine lange gerade Strecke in einer bestimmten Richtung fliegen und dann nach einer kurzen Wende um 180 Grad in der Gegenrichtung genau parallel zur bisherigen Flugbahn zurückfliegen. So würden sich etwaige falsche Signale, verursacht durch eine Neigung des Flugzeugs oder durch Asymmetrie, gegenseitig aufheben.

Da auch diese Vorkehrung uns unsere Sorge wegen möglicher atmosphärischer Störungen nicht nehmen konnte, ergriffen wir eine zusätzliche Sicherheitsmaßnahme und bauten ein weiteres Radiometer ein, das 54-GHz-DMR. Die Mikrowellenemission der Atmosphäre ist bei 54 GHz rund hundertmal stärker als bei 33 GHz, und daher würde das neue Radiometer die geringste Veränderung der atmosphärischen Signale und folglich auch die geringste Neigung der U 2 registrieren. Nach dem Flug konnten wir durch Vergleich des 54-GHz-Signals mit dem 33-GHz-Signal zwischen Signalen, die auf kosmischer Anisotropie beruhten, und solchen, die durch die Atmosphäre hervorgerufen waren, unterscheiden. (Wie sich zeigte, funktionierte das 54-GHz-DMR hervorragend; es maß die Neigung des Flugzeugs mit einer höheren Genauigkeit als ein sechstel Winkelgrad.)

Überstunden bescherte uns auch das Problem, störende Wärmequellen in den Hörnern auszuschalten. Da wir sie aber nicht alle eliminieren konnten, griffen wir zu einer Notlösung, vergleichbar dem Flugweg in Form einer Rennbahn. Es war eine Lösung nach dem Motto »Wenn du sie nicht besiegen kannst, dann paktiere mit ihnen«, nur daß man hier sagen konnte: »Wenn du

Um das bei den U-2-Flügen verwendete Radiometer stehen (von links nach rechts) *Luis Tenorio, Charles Lineweaver, John Gibson, Giovanni De Amici, George Smoot und Jon Aymon. Alle gehörten zur COBE-DMR-Gruppe des Lawrence Berkeley Lab.* [Lawrence Berkeley Laboratory]

nicht alle Wärmequellen besiegen kannst, dann sorge dafür, daß beide Hörner der Wärme in gleichem Maße ausgesetzt sind.« Die Hörner mußten einander in technischer Hinsicht so ähnlich wie möglich sein, so daß keines sich stärker durch falsche Signale »täuschen« ließ als sein Partner (gleich große Täuschung war in Ordnung, ungleich große Täuschung war schlecht).

Die Entwicklung der Radiometer machte viel Arbeit, und alle arbeiteten wochen- oder monatelang die Nächte hindurch. Das persönliche Leben geriet ins Hintertreffen. Manchmal bedrückte uns alle das langsame Vorwärtskommen. Marc Gorenstein erinnert sich, wie er einmal in seinem klapprigen 68er Chevy Malibu den Berg vom Lawrence Berkeley Laboratory hinunterfuhr. Es war ein schlimmer Tag gewesen – das DMR wollte einfach nicht richtig funktionieren. Er war, wie er gestand, »sehr entmutigt«. Unten am Berg angekommen, bog er in die Oxford Street ein, wo

Studenten sich auf dem grünen Grasstreifen entspannten. Er bemerkte die Autos, die längs der Straße geparkt waren. Schau dir diese Autos an, sagte er sich. Ich könnte einfach hingehen und den Schlüssel umdrehen, und fast bei jedem würde es *funktionieren.* Es würde anspringen, und ich könnte die Straße hinunterfahren. Dabei ist doch jedes eine sehr komplizierte Maschine.

Es war kein besonderer, aber dennoch wichtiger Moment, als er schlicht und einfach erkannte, daß tagtäglich Tausende und Abertausende sehr komplizierter Maschinen anspringen. Es war für ihn wie ein Erweckungserlebnis, und es ließ Marc wieder an das DMR glauben.

Den größten moralischen Auftrieb gaben uns die U-2-Piloten selbst. Es waren tüchtige, selbstbewußte Männer, und wir hätten unser DMR nicht in zuverlässigere Hände geben können. »Wer ist der beste U-2-Pilot, der mir je begegnet ist?« fragte Jim Barnes und gab lachend zur Antwort: »Ich. Alle anderen halten sich natürlich auch für die Besten.«

Wir lernten die Piloten recht gut kennen. Da war zum Beispiel Ivor »Chunky« Webster, ein lustiger Brite, der genau dem Bild entsprach, das man sich von einem alten RAF-Piloten macht; man konnte sich gut vorstellen, daß er im Luftkrieg um England den Kugeln deutscher Jagdflugzeug entkommen war. Er nahm im Rahmen eines Austauschprogramms mit der Royal Air Force am U-2-Programm teil. Chunky war eine ehrliche Haut, er gehörte aber auch zu den Piloten, die, was ihr Flugzeug angeht, einen sechsten Sinn zu haben scheinen. Eines Tages – es lag Jahre zurück – hatte er auf dem Luftwaffenstützpunkt Edwards eine U 2 geflogen, während Kelly Johnson, der Konstrukteur der U 2, den Flug vom Boden aus verfolgte. Chunky meldete der Bodenstation, daß mit der Maschine etwas nicht stimme; nach seinem Gefühl war eine der Tragflächen leicht verbogen. Die Experten am Boden hatten Zweifel, doch Johnson, nach seiner Meinung gefragt, erklärte: »Wenn Chunky sagt, daß die Tragfläche verbogen ist, dann ist sie verbogen.« Nach der Landung wurde die Maschine von Technikern untersucht. Tatsächlich war die Tragfläche kaum merklich verbogen. Das beweist, wie gut Chunky war.

Die Piloten hatten einen komplexen Ehrenkodex; eine Regel

besagte, daß die Gleitkufen am Ende der Tragflächen bei der Landung auf keinen Fall den Boden berühren durften. »Wenn einer die Gleitkufe über den Boden schleifen ließ, dann kriegte er was zu hören, Mannomann«, sagte Barnes. »Oder wenn einem etwas Unverzeihliches passierte, wenn einem zum Beispiel einer dieser verdammten kleinen Hochdruckreifen platzte. Da sah man verdammt alt aus. Dann mußte man für die Crew, die den Reifen wechseln mußte, eine Kiste Bier ausgeben.« In den dreißig Jahren, in denen er die U 2 flog, ist ihm nur einmal ein Reifen geplatzt.

Barnes erinnerte sich, wie er in den fünfziger Jahren, als er bei der Luftwaffe war, gefragt wurde, ob er Lust hätte, an einem Geheimprojekt mitzumachen. Einzelheiten erfuhr er zunächst nicht. Bei jeder Zusammenkunft wurde er von den hohen Tieren umworben, mit Bruchstücken von Informationen gefüttert, darauf hingewiesen, daß es um ein Projekt höchster Geheimhaltungsstufe ginge. Ihm wurden die Gefahren verdeutlicht: »Sie kommen in eine feindliche Umwelt, über welche die medizinische Wissenschaft nichts weiß – wir wissen nur, daß sie feindlich ist. Sie werden ein neuartiges, sehr empfindliches Flugzeug fliegen. Die lebenserhaltenden Systeme an Bord sind völlig neu. Es ist noch nie ausprobiert worden. Sie werden in eine unbekannte Welt vorstoßen.« Sie fragten ihn, ob er völlig sicher sei, daß er diese Verantwortung übernehmen wolle, und rieten ihm: »Schlafen Sie noch mal drüber.« Das war nicht nötig; er hatte seinen Entschluß schon gefaßt und sagte das auch. Nach dem zu urteilen, was er bis dahin erfahren hatte, »klang es so aufregend, daß ich nicht widerstehen konnte. Ich gestehe es ungern, aber ich dachte nicht an das Risiko. Das habe ich nie getan.«

Nicht anders erging es Bob Ericson. Er war 1956 Luftwaffenpilot auf dem Luftwaffenstützpunkt Tinker in Oklahoma City. Er war ledig und verdiente fünfhundert Dollar im Monat. In jenem Jahr starb Joe McCarthy; Stalin war drei Jahre zuvor gestorben. Aber der Kalte Krieg war in vollem Gange; kurz darauf sollten die Sowjets Panzer nach Ungarn schicken und den *Sputnik* ins All schießen. Die Vereinigten Staaten wollten unbedingt herausbekommen, was hinter dem Eisernen Vorhang los war, speziell in den supergeheimen Rüstungsfabriken der Sowjetunion. Eines Tages wurde Ericson zu seinem Kommandeur bestellt. Dort erfuhr er, daß das Pentagon an einem »Sonderprogramm« außerhalb der regulären Luftwaffe arbeite; ob er Interesse hätte, dabei mitzumachen? »Ja, hätte ich«, erwiderte Ericson. In den folgenden Wochen und Monaten wurde er zu streng geheimen Lagebesprechungen geholt. Jedesmal erfuhr er etwas mehr über das »Sonderprogramm«. Es ging um Luftaufklärung, die Überwachung sowjetischer Panzer und Truppen, ein neuartiges Flugzeug und dergleichen mehr. Wie bei einem Puzzle fügte sich ein Teil zum anderen. Zuweilen wurde Ericson aufgefordert, nach Hause zu gehen und sich das Ganze ruhig durch den Kopf gehen zu lassen. Ob er sicher sei, daß er immer noch mitmachen wolle, fragten sie ihn. Er sei sich sicher, trotz der Risiken, gab er zur Antwort.

Wie alle Piloten erzählten Barnes und seine Kollegen gern Geschichten von der Art, die bei den Zuhörern Ungläubigkeit, Entsetzen und Bewunderung auslösen. Wenn wir solche Geschichten hörten, wunderten wir uns, daß überhaupt einer von einem U-2-Flug zurückgekehrt war. Nach ihren Schilderungen kam es immer wieder vor, daß die Triebwerke ausfielen oder daß das Flugzeug ein wenig zu schnell flog und plötzlich auseinanderbrach.

Barnes erinnerte sich an ein Jahre zurückliegendes Ereignis auf dem U-2-Ausbildungsstützpunkt in der Mojave-Wüste. Einer seiner Kumpels, ein Mann namens Buster, zog mit seiner U 2 Schleifen. Buster meldete der Bodenmannschaft, daß mit einer der Tragflächen etwas nicht in Ordnung sei: »Ich geh' jetzt mit der Geschwindigkeit runter, um zu sehen, was mit der Tragfläche los ist.« Daraufhin stieg Buster, so Barnes' Schilderung, »auf etwa zweitausend Fuß hoch. Wir starrten hinauf, und ich sagte zu dem Typ neben mir: ›Huber, der nimmt den Schub raus.‹ Wir schauten zu, als plötzlich in zweitausend Fuß Höhe die linke Tragfläche an Busters Maschine abknickte und abbrach. Schlagartig! Er geriet ins Trudeln, machte ungefähr eindreiviertel Drehungen und sackte herunter. Ein pfeifendes Geräusch und dann ein Knall! Direkt vor meinen Augen. Unglaublich. Er war nicht der erste, den ich sterben sah.«

Ericson erinnerte sich an das Jahr 1962, als die Welt sich am Rande eines Atomkriegs bewegte. Seine U-2-Fotos offenbarten erstmals das geheimgehaltene Vorhandensein sowjetischer Raketen auf Kuba. Es war, noch bevor Präsident Kennedy mit der Meldung an die Öffentlichkeit gegangen war. »Für mich wirkten sich die Fotos nur insofern aus, als ich für drei bis vier Monate Startverbot erhielt. Meine Chefs meinten: Dieser Ericson weiß zuviel; wir dürfen nicht zulassen, daß *er* abgeschossen wird.« Seine Fotos zeigten außerdem dünne weiße Linien, die bogenförmig nach oben verliefen. Die Fotoauswerter erklärten ihm, das seien kubanische Raketen, die von ihrer Abschußrampe aufstiegen, auf Ericsons U 2 zu. Die Kubaner hatten ihn abzuschießen versucht, und er hatte nichts davon bemerkt.

Als »Ammenmärchen« tat Barnes die Legende ab, U-2-Piloten trügen eine Blausäurekapsel bei sich, die sie im Falle eines Abschusses schlucken sollten. Sie hatten etwas anderes bei sich. Betont umständlich zog Barnes eine Münze aus der Tasche, einen Silberdollar, in dessen Kante ein Loch vom Durchmeser einer Bleistiftmine gebohrt war. Die Bohrung ging durch die Münze und endete fünfzehn Millimeter vor der gegenüberliegenden Kante. »Dies schraubte man auf und zog eine kleine Hülle heraus, in der sich eine ganz dünne Nadel befand, welche mit der tödlichsten Substanz bestrichen war, die der Mensch kennt. Ein superkonzentriertes Curare.«

Eingeborenenstämme nutzten Curare für todbringende Pfeile; das Curare im Silberdollar war zweitausendmal so stark. Damit, so Barnes, konnte ein abgeschossener U-2-Pilot, wenn er Hunger hatte, ein Schaf oder sonst ein Tier töten. Er konnte damit auch einen feindlichen Soldaten töten. Oder falls es keinen Ausweg gab, »konnte man es für etwas anderes verwenden«.

Schließlich waren wir soweit, daß unser Instrument, das brandneue differentielle Mikrowellen-Radiometer, richtig getestet werden konnte. Vierzehn Tage vor dem ersten Flug luden Marc Gorenstein und ich das DMR eines Nachts auf einen Holzkarren und brachten es auf der Ladefläche unseres Lieferwagens, »Old Yellow« genannt, unter. Wir deckten das Instrument mit einer Plane ab und sicherten es mit Ketten. Dann fuhren wir durch die Dunkelheit zu einem einsamen Parkplatz am Lawrence Berkeley Laboratory. Dort holten wir das DMR hervor und richteten seine beiden Hörner auf den dunklen Himmel. An den Meßanzeigern konnten wir ablesen, was das DMR sah. Eine unsichtbare Wasserdampfwolke zog über uns hinweg; der Abtaster zeigte einen Temperaturanstieg – gut. Das Instrument funktionierte also, denn Wasserdampf ist eine Quelle von Strahlungsrauschen. Der Durchzug solcher Wolken erinnerte uns nochmals daran, warum es so wichtig war, das DMR in die Stratosphäre zu schaffen, weit oberhalb der Wolken.

Wir luden außerdem ein spezielles Paar großer polierter Spiegel aus, die Hal Dougherty für uns angefertigt hatte. Wir befestigten sie mit einer bestimmten Neigung, so daß sie die direkt von oben einfallende Strahlung in die beiden Hornantennen (zwischen deren Ausrichtung ein Winkel von sechzig Grad bestand) lenkten. Wenn beide Antennen mit Hilfe identischer Spiegel dieselbe Stelle am Himmel beobachteten, durften die beiden Hörner, falls sie richtig funktionierten, keine Temperaturdifferenz registrieren. Die Hörner registrierten jedoch eine Temperaturdifferenz, die nahe bei Null lag – das war für unsere Zwecke nicht genau genug. Wir brachten das Radiometer also wieder ins Labor, um die beiden Seiten neu abzustimmen und die Symmetrie zu verbessern. In der folgenden Nacht gingen wir wieder hinaus, um das DMR erneut zu prüfen. Nach zwei Anläufen bestand es den Test vorzüglich; beide Hornantennen sahen dieselbe Strahlungsmenge.

Einige Tage später luden wir das DMR in den Lieferwagen und fuhren die achtzig Kilometer von Berkeley nach Ames. Dort testeten wir unsere Schöpfung an Bord der im Hangar stehenden U 2. Marc und ich spielten abwechselnd »Pilot«, zwängten uns in das enge Cockpit und bedienten das DMR durch Drücken verschiedener Tasten. Der jeweils andere brachte derweil Objekte, die Mikrowellen emittieren (Strahlungsquellen von unterschiedlicher Stärke) vor die Hörner, um deren Empfindlichkeit zu testen. Als alles überprüft war, ließen wir den richtigen Piloten die U 2 mit dem Instrument an Bord auf die Rollbahn hinausfahren. Zu Testzwecken schaltete er sein Funkgerät und andere Geräte ein, damit wir feststellen konnten, ob sie das DMR störten. Es gab keine Probleme. Wir waren flugbereit.

Unser erster U-2-Start war für den 7. Juli 1976 angesetzt, drei Tage nach der Zweihundertjahrfeier der Vereinigten Staaten und zwei Wochen vor der ersten Landung einer unbemannten Viking-Sonde auf dem Mars.

Es war früher Abend; die Sonne verschwand hinter dem Küstengebirge im Westen, und der blaue Himmel verdunkelte sich. Der U-2-Pilot Ron Williams stieg in seinen Raumanzug, setzte sich den Helm auf und ging hinaus zum Flugzeug. Er sah aus wie ein Astronaut, der zum Mond fliegen will. In Wirklichkeit reichte seine Mission (wegen des DMR) weit über den Mond hinaus, weit hinaus über unsere Galaxis und tief in den Kosmos hinein. Er zwängte sich ins Cockpit, schloß die durchsichtige Luke und ging die übliche Checkliste durch. Vielleicht hat er ein stummes Gebet gesprochen – ich weiß es nicht. Er jagte das Triebwerk hoch und rollte langsam die Startbahn hinunter, unterstützt von den abwerfbaren Rädern unter den Tragflächen, die sich unter der Treibstofflast bogen.

Dann beschleunigte er und hob ab. Die Stützräder wurden abgeworfen. Plötzlich schien das Flugzeug fast senkrecht aufzusteigen, wie eine Rakete. Es war ein atemberaubendes Bild: Eben noch am Boden, sahen wir von der U 2 in der nächsten Sekunde nur noch das Ausstoßrohr, eine weiße Flamme vor dem nachtblauen Himmel. Als sie über die Dumbarton Bridge hinwegflog, hatte sie bereits dreißigtausend Fuß unter sich.

In der Stratosphäre schaltete der Pilot das DMR an. Es begann hin und her zu kreisen. Daß es funktionierte, konnte er an einem kleinen Licht auf seiner Instrumententafel erkennen, das bei jeder Drehbewegung blinkte. Die Hörner wechselten automatisch alle zweiunddreißig Sekunden die Stellung, um die gemessenen Temperaturen ferner Gebiete des Kosmos miteinander zu vergleichen.

Bald würde sich erweisen, was aus zwei Jahren intensiver Teamarbeit herausgekommen war. Ein vergleichbares Instrument war noch nie in die Stratosphäre geflogen. Wir hofften, daß unsere harte Arbeit sich bezahlt machen würde und daß nichts schiefginge. Am Boden analysierte ich die ersten einlaufenden Ergebnisse. Ich war mir nicht sicher, was wir finden würden, doch ich war mir sicher, daß es, was immer die Daten zeigen würden, interessant sein würde.

Ein anderes Universum

Innerhalb weniger Monate nach jenem ersten U-2-Flug im Juli 1976 war klar, daß unser Experiment klappen würde. Die Daten vom differentiellen Mikrowellen-Radiometer begannen zu fließen. Wir hatten das System auf mehreren technischen Flügen gründlich getestet und waren zu den, wie wir sie nannten, wissenschaftlichen Flügen übergegangen. Die U 2 erwies sich als ein sagenhaft stabiles Flugzeug und flog horizontal mit einer mittleren Abweichung von einem Sechstelgrad, genau was wir brauchten, um falsche Signale nach Möglichkeit auszuschließen. Einige Kinderkrankheiten mit dem DMR waren rasch behoben. Anschließend ging es auf seine »wissenschaftlichen« Flüge mit ihrer anspruchsvollen Aufgabe, winzige Unterschiede in der kosmischen Hintergrundstrahlung in verschiedenen Himmelsregionen zu messen. Im Laufe dieser Flüge konnten wir die Empfindlichkeit des DMR steigern, und wir entwickelten Computerprogramme für die Datenanalyse. Wir waren soweit, die kosmische Hintergrundstrahlung, dieses schwache Nachleuchten der ungeheuren Energie der Schöpfung, zur Erforschung der Dynamik des Universums zu nutzen.

Die »klassische« Urknalltheorie betrachtete die Entstehung und Entwicklung des Universums damals – Ende der siebziger Jahre – als eine ziemlich geordnete Angelegenheit. Nachdem sich vor fünfzehn Milliarden Jahren das Urereignis vollzogen hatte, bewirkte die Schwerkraft, daß Materie sich in einem ansonsten gleichförmigen Medium in kleinen Regionen mit überdurchschnittlicher Dichte (kosmischen Keimen) allmählich zu Galaxien zu verdichten begann. Der Raum, so glaubte man, war äußerst spärlich mit diesen zarten Galaxien bevölkert, die sich relativ ungestört von anderen Himmelskörpern durch die Zeit bewegten. Jede Region des Raums glich weitgehend jeder anderen – alles war relativ homogen. Wir wußten, daß die Keime für diese Strukturen in der Frühgeschichte des Universums gelegt worden sein müssen, um sich danach langsam zu entwickeln. Die angenommene relative Gleichförmigkeit der Galaxienbildung und -verteilung regte jedoch nicht gerade an, die Natur dieser Keime eifrig zu erforschen (dies war vor der Entdeckung von gigantischen Superhaufen von Galaxien). Ich war daher eher daran interessiert, mich mit einigen der großen Fragen hinsichtlich der Dynamik des Universums zu befassen: Rotiert es? Dehnt es sich gleichförmig nach allen Richtungen aus?

Auf Antworten brauchten wir nicht lange zu warten. Als ein halbes Dutzend wissenschaftlicher Flüge voll war, ging uns nur allzu deutlich auf, daß die DMR-Daten keinen Hinweis auf eine Rotation des Universums enthielten. Das war ziemlich überraschend, denn *innerhalb* des Universums befindet sich alles – Planeten, Sterne und Galaxien – in Rotation. Ich war zu der Überzeugung gelangt, daß das Universum rotieren müßte. Alle Systeme, vom Proton bis zu den Galaxien, rotieren, und so war es eine vernünftige Annahme, daß auch das Universum selbst rotiert. Ich wußte, daß die allgemeine Relativitätstheorie von einer Rotation ausging, auch wenn das die unausweichliche Frage aufwarf: In bezug auf was rotiert das Universum? Aus unseren Ergebnissen errechneten wir, daß das Universum, falls es tatsächlich rotiert, in den letzten Milliarden Jahren weniger als ein Hundertmillionstel einer Rotation vollzogen hatte. Soweit hatten wir die Genauigkeit der Überprüfung des Machschen Prinzips schon verbessert. Wir konnten sie noch weiter verbessern, wenn wir die neue Ätherdrift fanden, die durch die Rotation unserer eigenen Galaxis verursacht wird. Doch wenn das Universum selbst nicht rotierte, hieß das, daß es mit Zeitreisen schwierig werden würde.

Außerdem fanden wir, daß das Universum sich mit bemerkenswert gleichförmiger Geschwindigkeit nach allen Richtungen ausdehnt. Es gab keinen Hinweis auf eine Asymmetrie. »Der Urknall, das höchste kataklysmische Ereignis, das wir uns vorstellen können, scheint bei näherem Hinschauen fein orchestriert zu sein«, schrieb ich zur Zeit unserer Beobachtungen. »Entweder waren die

Bedingungen vor dem Anfang sehr geordnet, oder Prozesse, von denen wir noch nichts wissen, haben das Universum extrem gleichförmig werden lassen.« Diese Schlußfolgerung war ziemlich harmlos und nicht dazu angetan, Aufsehen zu erregen, denn die Gleichförmigkeit des Universums war offensichtlich im Einklang mit der klassischen Urknalltheorie. Erst später, als andere Entdekkungen hinzukamen, sah man darin ein Problem.

Was jedoch bei den Menschen und besonders bei den Astronomen große Überraschung hervorrief, war eine vollkommen unerwartete Entdeckung. Wir stießen zufällig auf Beweise dafür, daß das Universum ganz und gar nicht so war, wie man es sich vorgestellt hatte.

Die Milchstraße rotiert wie alle Spiralgalaxien – eine riesige Scheibe von Sternen, die sich langsam dreht, während ihre Sterne um ihr Zentrum kreisen. Wir wußten, daß wir ein Signal dieser Rotation in der kosmischen Hintergrundstrahlung sehen würden. Wegen des Doppler-Effekts, den die Bewegung der Sonne durch unsere Galaxis hervorruft, würde die Hintergrundstrahlung in einer Himmelsrichtung (der Richtung, in welcher die Sonne vorrückt) gegenüber der Durchschnittstemperatur wärmer erscheinen, in der Gegenrichtung (jener Richtung, aus der sie kommt) kühler. Wir wußten außerdem, daß diese Temperaturdifferenz, die Dipol-Anisotropie, gering sein würde. Falls unsere Daten nicht den Dipol offenbarten, würden wir wissen, daß entweder mit unserem Instrument oder mit unserer Analyse etwas nicht stimmte.

Anfang Dezember, fünf Monate nach unserem ersten Flug, hatte ich den Eindruck, als stünden wir kurz vor der Entdeckung des erwarteten Dipol-Signals. Jon Aymon und ich mühten uns viele Stunden lang mit einem störrischen computergesteuerten Bandlesegerät ab, um über einundzwanzig Stunden U-2-Beobachtungen auf Datenkassetten auszuwerten. Nur sechs Minuten an Aufzeichnungen mußten wir aussondern, weil die Daten mit verschiedenen Störungen behaftet waren. Das zeigte, wie gut unser System arbeitete. Jetzt hatten wir alle Daten in dem großen zahlenfressenden Computer des Lawrence Berkeley Laboratory, der von jedem Flug komprimierte Meßdaten ausspuckte. Die Daten jedes einzelnen Fluges fügte ich nach Verarbeitung und Überprüfung dem bisherigen Stapel hinzu und ließ sie durch meine Programme laufen. Ansatzweise zeichnete sich auf der Himmelskarte, die wir nach und nach aufbauten, ein Dipol ab. Wenn das stimmt, sagte ich zu Jon, müßten wir vorhersagen können, wie die Daten des jüngsten Fluges aussehen werden. Ich machte die Berechnungen, skizzierte die voraussichtliche Lage der Punkte auf der Karte und verglich sie dann mit den realen Daten. Die Übereinstimmung war sehr groß.

Das war eine aufregende Sache. Ich wollte jedoch wissen, wie signifikant dieses Ergebnis war, und bat Jon, ein Programm zur Überprüfung der Resultate zu schreiben, das die Messungen ohne Signal simulierte und nur das Eigenrauschen des Instruments enthielt. Wenn sich auch dabei eine gute Übereinstimmung ergab, würden wir wissen, daß unsere Resultate keinerlei Signifikanz besaßen. Es ergab sich keine Übereinstimmung – heraus kam nur, was wir vorgegeben hatten: Rauschen. Das gab uns größere Sicherheit. Wir hatten unsere Ergebnisse auf eine große Himmelssphäre übertragen, einen Globus des Himmels, auf dem die Sternbilder, die hellsten Sterne, die Umrisse der Milchstraße und das System der Himmelskoordinaten aufgetragen waren. Ich versah den Globus mit farbigen Markierungen, welche die Temperaturvariationen anzeigten. Damit waren wir die ganze Nacht hindurch beschäftigt, und als es dämmerte, konnten wir das Muster erkennen, nach dem wir suchten: die Dipol-Anisotropie, derzufolge eine Himmelsrichtung wärmer (Violettverschiebung) und die Gegenrichtung kühler (Rotverschiebung) erschien.

Das Ausmaß der Anisotropie war gering – nur ein Zehntelprozent. Es war jedoch nicht alles wie erwartet. »Schau dir das an«, sagte ich zu Jon. »Was hat das nach deiner Meinung zu bedeuten?« Die Anisotropie hielt sich ungefähr in der erwarteten Größenordnung, doch ihre Richtung war der erwarteten nahezu entgegengesetzt. Am wärmsten war der Himmel in Richtung Löwe, am kühlsten in Richtung Wassermann, was bedeutete, daß die Erde sich auf das erstere Sternbild zu und vom letzteren fort bewegt. Das ist *nicht* die Richtung, in der die Galaxis rotiert. »Wenn wir nicht ein Vorzeichen vertauscht haben«, sagte Jon, »kann das nur eines bedeuten.« Wir wußten beide, wie die Erklärung lauten mußte: Die ganze Galaxis rotiert nicht nur, wie erwartet, sondern sie bewegt sich auch, unerwartet, durch den Raum. Und sie bewegte sich sehr schnell – mit sechshundert Kilometern pro Sekunde, also über zwei Millionen Kilometern pro Stunde.

Als es Morgen wurde, waren Jon und ich erschöpft, aber erregt wegen unserer Entdeckung. Wir konnten es kaum abwarten, den anderen Teammitarbeitern die Neuigkeit mitzuteilen. Sie hatte – das war uns bewußt – weitreichende Implikationen.

Stellen Sie sich das ungefähr so vor. Als Kopernikus verkündete, daß die Erde um die Sonne kreist, hat sich bestimmt einer Papier und Stift genommen und gesagt: »Na gut, rechnen wir einmal nach. Wenn Kopernikus recht hat und die Erde eine annähernd kreisförmige Bahn um die Sonne beschreibt,[27] dann muß nach der Formel für den Umfang eines Kreises die Bahn einen Umfang...« kritzel, kritzel »...von fast 960 Millionen Kilometern haben. Und da ein Jahr 365 Tage zählt, das sind etwa 8800 Stunden oder etwa 530000 Minuten oder etwa 32 Millionen Sekunden, umkreist die Erde...« kritzel, kritzel »...die Sonne mit einer Geschwindigkeit von rund 30 Kilometern pro Sekunde. Dreißig Kilometer in der Sekunde! Wieso fällt nicht alles von ihr herunter? Der Kerl muß verrückt sein!«

Das ist, ins sechzehnte Jahrhundert verlegt, was wir gefunden hatten und was man schließlich als das Problem der »Eigengeschwindigkeit« bezeichnete. Die Zeitgenossen des Kopernikus wunderten sich darüber, daß die Erde sich überhaupt bewegt. Ähnlich erging es etlichen unserer Kollegen in den siebziger Jahren des zwanzigsten Jahrhunderts, die kaum glauben mochten, daß unsere Galaxis sich mit einer so hohen Geschwindigkeit relativ zur kosmischen Hintergrundstrahlung durch das All bewegt. Die Theoretiker waren bereit, eine galaktische Bewegung von etwa sechzig Kilometern in der Sekunde zu akzeptieren, nicht aber eine, die um eine Größenordnung größer war. Unsere Resultate konnten nur unter der Bedingung stimmen, daß es da draußen eine gigantische, unbeobachtete und unerwartete himmlische Masse gab, die mit ihrer Schwerkraft die Milchstraße anzog. Der damals herrschenden Theorie zufolge ist die Materie im Kosmos ziemlich homogen verteilt, und es wurde nicht angenommen, daß irgendwo Massen von so außergewöhnlicher Größe existieren. In einem für die *Physical Review Letters* bestimmten Papier schrieben wir:

»Die große Eigengeschwindigkeit der Milchstraßengalaxie ist unerwartet und stellt eine Herausforderung für die kosmologische Theorie dar... Es könnte sein, daß das Universum sehr viel homogener ist, als wir bislang vermutet haben.« Wenn das Resultat korrekt wäre, dann wäre es – dessen waren wir sicher – von sensationeller Bedeutung.

Eine Frage ließ mir jedoch keine Ruhe: Könnte der Dipol ein Effekt der Jahreszeit gewesen sein? Wenn die Erde sich, sagen wir, im Frühling, auf einer Seite der Sonne befindet, bewegt sie sich relativ zur Galaxis in einer Richtung, und wenn sie sich (im Herbst) auf der anderen Seite befindet, bewegt sie sich in der um 180 Grad gedrehten Gegenrichtung. Wie konnten wir wissen, daß der Dipol nicht einfach ein Artefakt des jahreszeitlichen Wechsels war, der mit der galaktischen Bewegung durch den Kosmos nichts zu tun hatte?[28] Um dem möglichen Problem der Jahreszeiten auf den Grund zu gehen, baten wir die U-2-Besatzungen um weitere Flüge, bei denen das DMR die Himmelsgebiete, die im Laufe des Jahres bereits beobachtet worden waren, nochmals abtasten konnte. Für die Piloten war das eine große Strapaze, denn sie mußten sehr viel später nachts fliegen als sonst. Als wir die neuen DMR-Daten mit den älteren abglichen, um einen etwaigen jahreszeitlichen Effekt auszuschließen, hielten wir alle den Atem an. Zu unserer Erleichterung gab es keine jahreszeitlichen Veränderungen – der Dipol war unverändert da.

In der Gewißheit, daß unsere Daten stichhaltig waren, plante ich, unsere Ergebnisse im April 1977 auf der Konferenz der American Physical Society in Washington vorzutragen. Unsere Konkurrenten, vor allem das Princeton-Team von Brian Corey und David Wilkinson, waren dem Dipol mit ballongestützten Beobachtungen dicht auf den Fersen, aber wie dicht genau, das entzog sich meiner Kenntnis. Uns war daran gelegen, unsere Arbeit aktenkundig zu machen, und die Physikkonferenz bot genau die richtige Gelegenheit dazu. Einen regulären Platz auf der Liste der Vortragenden konnten wir nicht bekommen, weil wir uns unserer Resultate erst sicher waren, nachdem der Termin für die Einreichung einer Kurzfassung und die entsprechende Einladung verstrichen war. Jim Peebles, dessen Buch uns zu unserem U-2-Experiment inspiriert hatte, hatte aber glücklicherweise eine Ein-

George Smoot (links) *und Jim Peebles 1992 auf einer Konferenz.* [El Escorial – Conversaciones de Madrid]

ladung zu einem Vortrag über Kosmologie erhalten, und er trat mir großzügig einige Redeminuten ab. Es hatte etwas Romantisches, daß er dort sein würde, so als sollte sich der Kreis der Idee des neuen Ätherdriftexperiments schließen.

Vor der Konferenz hatte ich den kurzen Vortrag etwa zehnmal geprobt. Dies war ein großer Tag für mich; ich trug entgegen meiner Gewohnheit Jackett und Krawatte. Meine Freundin Constantina Economou kam, um mir Mut zu machen.

Als ich in dem großen Konferenzsaal vor meinen Kollegen stand, kam ich mir unerfahren vor und war aufgeregt. Peebles stellte mich mit ein paar freundlichen Worten vor und bat mich ans Podium. In meinem kurzen Vortrag erklärte ich, daß, während die Erde und das Sonnensystem sich mit rund dreihundertfünfzig Kilometern pro Sekunde – mehr als zehnmal so schnell, wie die Erde die Sonne umkreist – auf das Sternbild Löwe zubewegen, die Milchstraße rund sechshundert Kilometer in der Sekunde zurücklegt. »Es ist ein recht großes Volumen, das sich mit einer so großen

Geschwindigkeit bewegt«, sagte ich unbeholfen. Im stillen dachte ich: Jim ist bestimmt der einzige hier, der wirklich versteht, was das bedeutet. Dann war mein Vortrag beendet; drei einfache Fragen aus dem Saal beantwortete ich, und ehe ich mich recht versah, setzte Peebles seinen Vortrag fort. Die von uns entdeckte rasche galaktische Bewegung sei »für den Theoretiker ein echtes Dilemma«, sagte er fast beiläufig.

Das war untertrieben. Die Zuhörer waren an jenem Tag überwiegend Physiker, und für sie war eine so außergewöhnliche Bewegung physikalischer Objekte selbstverständlich und ohne weiteres akzeptabel. Unsere Resultate berührten ihren Interessenbereich nur am Rande und konnten daher kein liebgewonnenes Weltbild in Frage stellen. Astronomen würden anders reagieren.

Sechs Monate nach der Physikertagung in Washington trug Marc Gorenstein unsere Resultate auf einer Konferenz der American Astronomical Society in Atlanta vor. Die Reaktion der Zuhörer war zurückhaltend, um nicht zu sagen frostig. Marc wurde eingehend befragt, mit dem erkennbaren Hintergedanken, daß entweder mit unseren Messungen oder mit ihrer Interpretation etwas nicht stimmen konnte. Die Implikationen unserer Resultate, wie wir sie verstanden, waren für die herrschende astronomische Lehre so bedrohlich, daß kaum ein Astronom bereit war, uns ernst zu nehmen.

Marcs Vortrag lenkte die Aufmerksamkeit von Walter Sullivan von der *New York Times* auf sich, der in der Ausgabe vom 14. November 1977 auf der ersten Seite über unsere Arbeit berichtete; sein Artikel trug die Überschrift »Galaxis rast mit über zwei Millionen km/h durchs Universum«. Darin erläuterte er knapp, welche Probleme unsere Resultate für die orthodoxe Kosmologie aufwarfen. Erstens setzt die außergewöhnliche Bewegung unserer Galaxis die Existenz großer, bislang unentdeckter Massen im Universum voraus, was bedeutet, daß das Universum hinsichtlich der Verteilung der Materie nicht annähernd so homogen ist, wie man bislang angenommen hatte. Zweitens verleiht dies der Frage, wie sich das heutige Universum nach dem Urknall entwickelt hat, neues Interesse und neues Gewicht. Die unerwartete Existenz riesiger Strukturen im heutigen Universum bedeutete, daß die kosmischen Keime, aus denen sie entstanden waren, im ganz jungen Universum vorhanden gewesen sein müssen. Andernfalls hätten die Strukturen nicht bis heute zu solcher Größe anwachsen können. Eine Folge unserer Resultate bestand somit darin, die Aufmerksamkeit auf die Natur dieser Keime und die Möglichkeit ihrer Entdeckung zu lenken.

Die Astronomen griffen uns an zwei Fronten an: empirisch und theoretisch. Der kanadische Astronom Robert Roeder von der Universität Toronto wies darauf hin, daß unsere Karte der kosmischen Hintergrundstrahlung stark auf die Ebene des Sonnensystems ausgerichtet sei, und warf die Frage auf, woher wir wüßten, daß die »Anisotropie« nicht einfach Staub sei, der die Sonne umkreist. Und zwar ein Staub wie der, welcher das Zodiakallicht hervorruft, das auf Teilchen beruht, die von den Kollisionen der Asteroiden zurückgeblieben sind. Roeder machte auch darauf aufmerksam, daß das Signal in der Zeit von Dezember bis Mai aus der Richtung zu kommen schien, in der das Zodialkallicht am hellsten sei.

Da war etwas dran. Ich hatte vor der Bekanntgabe unserer U-2-Daten gemeint, etwaige Effekte des Zodiakalstaubs angemessen berücksichtigt zu haben. Aber man kann sich auch täuschen; vielleicht enthielt das Sonnensystem größere Staubteilchen, als wir angenommen hatten, Teilchen, die die von uns registrierten Temperaturunterschiede verursacht haben könnten.

In den folgenden Monaten erhielt ich Briefe von Roeder, in denen er seine ersten Einwände erweiterte. Nach einer Analyse unserer Daten bekräftigte er seine Ansicht, daß es zwischen unserem anisotropen Signal und der Ebene des Sonnensystems beunruhigende Korrelationen gebe. (Fast die gesamte Materie im Sonnensystem – vom Staub bis zu den Planeten – kreist annähernd in einer Ebene.) Unser Signal lag in einem Bereich, der um fünf bis zehn Grad über die Ebene des Zodiakallichts hinausging. Auch lag der wärmste Teil des anisotropen Signals direkt in der Ebene der Ekliptik (der Bahn der Sonne über die Himmelskugel). Ferner war das anisotrope Signal stark nach dem Schnittpunkt der Ekliptik mit dem Himmelsäquator ausgerichtet (der in derselben Ebene liegt wie der Erdäquator). Vielleicht waren das nur Zufälligkeiten.

Aber selbst wenn sie es waren, dann gehörten sie zu den Zufälligkeiten, die den Astronomen schlaflose Nächte bereiten. Ich besaß keine definitive Antwort, und erst später konnten wir Roeders Einwände entkräften.

Ich denke, daß ich auf rund einem Dutzend Konferenzen über unsere Entdeckungen gesprochen habe, und auch Marc und Rich hielten zahlreiche Vorträge. Fast immer wurden Zweifel an unserer Messung der galaktischen Geschwindigkeiten geäußert. Selbst Astronomen aus dem heimischen Berkeley bezweifelten die Existenz des Dipols. Die theoretischen Einwände stützten sich darauf, daß unsere Befunde ein zentrales Axiom der modernen Kosmologie in Frage stellten, das Hubblesche Gesetz. Diesem Gesetz zufolge, das Edwin Hubble in den zwanziger Jahren aufgestellt hatte, ist die gleichmäßige Expansion des Alls für den linearen Zusammenhang zwischen der Entfernung einer Galaxie und ihrer Fluchtgeschwindigkeit verantwortlich. Zwar mochte eine Galaxie eine geringfügige, von der kosmischen Expansion unabhängige Eigengeschwindigkeit haben, doch hielt man, wie mir mehrere Experten vor unserem U-2-Experiment versichert hatten, diese Geschwindigkeit wirklich für sehr geringfügig. Wenn sich Galaxien wirklich so schnell bewegten, wie wir behaupteten, konnten sie nicht dem Hubbleschen Gesetz gehorchen. Wenn es, anders gesagt, tatsächlich eine Tendenz gab, daß Galaxien sich mit extrem hohen Geschwindigkeiten in beliebige Richtungen bewegen, dann mußte es eine weit größere »Streuung« von der mittleren Geraden des Hubble-Diagramms geben; der Zusammenhang konnte nicht so eng sein, wie man geglaubt hatte.

Die Implikation, daß unsere Galaxis von einer unvorstellbar großen und fernen Masse angezogen wird, war natürlich ein enormes Problem, weil solche Strukturen in keinem theoretischen Modell des Universums vorkamen und auch nicht beobachtet worden waren. Wenn es wirklich eine so massive Gravitationsquelle gab, warum wurde unsere Galaxis dann nicht von ihr auseinandergerissen? Die Astronomen hatten etliche Galaxien erfaßt, deren Struktur durch eine nahe Begegnung mit anderen Galaxien zerstört worden war. Solche Kataklysmen zeigen, daß eine Galaxie wie ein Sack Federn ohne den Sack ist: Bei der kleinsten Störung zerfällt sie. In den siebziger Jahren fiel es schwer zu begreifen, wieso eine gravitative Anziehung, die stark genug ist, die Milchstraße auf sechshundert Kilometer pro Sekunde zu beschleunigen, sie nicht zugleich durch Gezeiteneffekte zerreißt. Und die Milchstraße stand nicht allein mit ihrer extremen Geschwindigkeit. Ein rundes Dutzend benachbarter Galaxien – die lokale Gruppe – bewegt sich ebenfalls unter dem mutmaßlichen Einfluß der fernen, unbeobachteten Struktur. Um eine solche Geschwindigkeit zu erzeugen, ohne daß die lokale Gruppe zerstört wird, bedarf es einer sehr großen Massenkonzentration in sehr großer Ferne; unter dieser Voraussetzung kann die Veränderung der gravitativen Anziehung über Millionen Lichtjahre hinweg klein sein (klein genug, um ein Zerreißen der Galaxis zu vermeiden). Jahre später begannen andere Astronomen nach einer solchen Struktur zu suchen und fanden sie – den »Großen Attraktor«. So groß er auch sein mag, ist es doch unwahrscheinlich, daß er die einzige Großstruktur dieser Art darstellt. Wahrscheinlich gibt es davon sehr viel mehr im Universum.

Jedenfalls gab es in den siebziger Jahren keine Theorie, die erklären konnte, wie derart massive Gravitationsquellen entstanden sein könnten. Man nahm damals an, daß die Urkeime oder Falten, aus denen die Strukturen im Universum hervorgegangen waren, relativ klein waren und eine schwache Schwereanziehung ausübten, so daß auch die daraus resultierenden galaktischen Haufen verhältnismäßig klein sein müssen.

Das alles waren starke Einwände, und wir konnten ihnen nichts entgegnen. Manche meinten, wir seien gefährlich nahe daran, die Grundlagen der modernen Kosmologie in Frage zu stellen. Wissenschaftler zögern verständlicherweise, ungewöhnliche Ideen zu akzeptieren, wenn diese nicht durch ungewöhnliche Tatsachen gestützt werden, und unsere Tatsachen waren in den Augen vieler Astronomen damals nicht ungewöhnlich. Ich kann ihnen nachträglich aus ihrer Zurückhaltung keinen Vorwurf machen. Sie leisteten für uns, was Luis Alvarez uns, seinen Studenten, gegenüber leistete, sobald wir behaupteten, diesen oder jenen Effekt entdeckt zu haben: Er unterwarf uns einer oft grausamen Kritik, um sicherzustellen, daß wir jede Behauptung peinlich genau belegen konnten. Eine solche Kritik ist in der Wissenschaft lebenswichtig. Wie weit wäre das Debakel mit der »kalten Fusion« wohl gegangen, wenn Physiker nicht schon die ersten Behauptungen einer gründlichen Prüfung unterzogen hätten?

Wir waren jedenfalls nicht die ersten Astrophysiker, die in die Mangel genommen wurden, weil sie die orthodoxe Vorstellung von der Homogenität des Kosmos in Frage stellten. In dieser ehrenhaften Position war uns Vera Rubin zuvorgekommen – um ein Vierteljahrhundert.

An einem schneereichen Dezembertag des Jahres 1950 wurde die dreiundzwanzigjährige Rubin in Begleitung ihres Mannes von ihrem Vater zu einer Konferenz der American Astronomical Society am Haverford College in Pennsylvania gefahren. Drei Wochen zuvor hatte sie ihr erstes Kind zur Welt gebracht. Als Absolventin des Vassar College schrieb sie damals unter George Gamow an der Cornell-Universität an ihrer Magisterarbeit; sie hatte noch nie an einer Konferenz der AAS teilgenommen. Jetzt sollte sie auf einer solchen Konferenz sprechen. Eine »plumpe Studentin, die nichts anzuziehen hatte«, wie sie sich selbst spöttisch beschreibt, hatte sie sich aus diesem Anlaß ein blaues Strickkleid gekauft. Beim Betreten des Konferenzsaals warf sie einen ängstlich-prüfenden Blick auf die Anwesenden. Sie kannte keine Menschenseele. Ihr Vater und ihr Mann nahmen Platz. Sie begann mit ihrem Vortrag. Sein ursprünglicher Titel »Rotation des Universums« war dem Veranstalter merkwürdig vorgekommen, und so hatte er ihn abgeändert in »Rotation der Metagalaxie«.

Rubin stellte eine scheinbar einfache Frage: Ist der Hubble-Fluß eine ausreichende Erklärung für die zeitliche Änderung der kosmischen Dichte von Galaxien? Wenn der Raum expandiert, »entfernen sich« die Galaxien voneinander, so wie Käfer, die auf einem Ballon sitzen, sich voneinander »entfernen«, wenn der Ballon sich ausdehnt. Aber gibt es vielleicht Galaxien, die eine zusätzliche Bewegung aufweisen, welche nichts mit der Expansion zu tun hat? Es war, aus heutiger Sicht, eine vernünftige Frage. Auch die Erdrotation ist keine einfache Rotation um eine Nord-Süd-Achse; der Planet macht daneben subtilere zyklische »Wakkelbewegungen«, die sich im Laufe von Jahrtausenden wiederholen. (So wird durch eine Wackelbewegung, die man als Präzession der Äquinoktialpunkte bezeichnet, der Polarstern periodisch aus

Modell des expandierenden Raumes

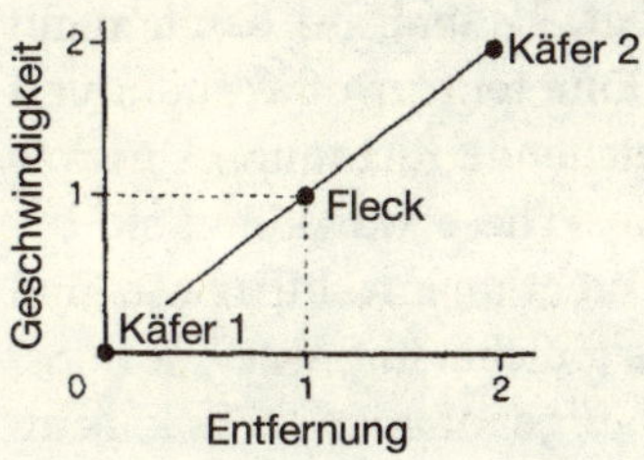

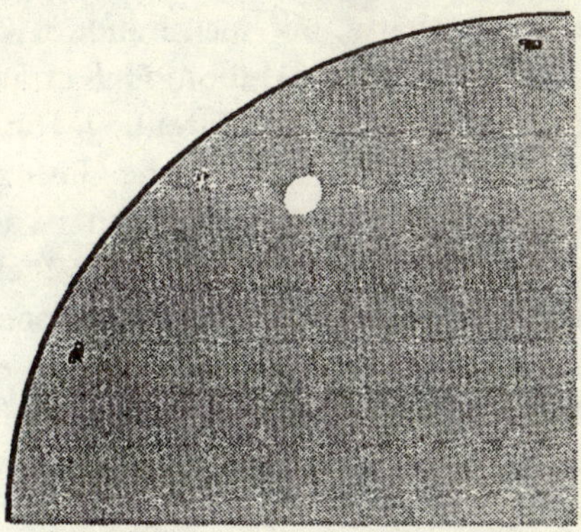

seiner bevorzugten Lage als der Punkt, um den der Nordhimmel rotiert, entfernt und wieder in sie versetzt). In diesem Sinne wollte Rubin wissen, ob Galaxien vom Hubble-Fluß unabhängige Bewegungen aufweisen. Das kam der Frage gleich, ob Käfer auf der sich ausdehnenden Ballonoberfläche eigene Bewegungen ausführen.

Um das herauszufinden, untersuchte sie über hundert Galaxien darauf hin, ob sie sich genau mit der vom Hubble-Fluß vorhergesagten Geschwindigkeit voneinander entfernen. Nach dem Hubbleschen Gesetz ist die Rotverschiebung einer Galaxie, aus der deren Fluchtgeschwindigkeit entnommen werden kann, der Entfernung der Galaxie proportional. Rubin verglich daher die (von anderen Astronomen gemessenen) Rotverschiebungen der Galaxien mit deren Entfernung, die sie anhand der Helligkeit der Galaxien abschätzte – eine gewagte Sache, der die unbewiesene Annahme zugrunde liegt, daß alle Galaxien eines Typs die gleiche absolute Helligkeit besitzen. Dabei fand sie heraus, daß Galaxien eine vom Expansionseffekt des Universums unabhängige Bewegung aufweisen. Manche Galaxien bewegen sich sehr viel schneller beziehungsweise langsamer, als zu erwarten wäre, wenn das Hubblesche Gesetz eherne Geltung hätte, erklärte sie der Versammlung. (In diesem Sinne entdeckten wir später, daß unsere Milchstraße sich weit schneller bewegt, als man bis dahin angenommen hatte, mit sechshundert Kilometern pro Sekunde, und zwar in eine vom Hubble-Fluß abweichende Richtung.) Das war eine überraschende Mitteilung. Rubins These war kühn; sie bedeutete, daß das Hubblesche Gesetz nicht unanfechtbar war und daß der Hubble-Fluß alles andere als gleichmäßig war.

Ihr Vortrag wurde »sehr, sehr übel aufgenommen ... Es kam zu einem regelrechten Tumult«, erinnert sie sich. Besonders aufgebracht war man darüber, daß ihre Analyse keine Fehlerspannen enthielt. Fehlerspannen sind ein Maß für die in den Daten enthaltenen Fehler und damit für den Bereich, über den die Ergebnisse bei wiederholter Messung vermutlich streuen werden. Bescheiden gibt sie zu, daß sie damals nicht wußte, wie sie bei einer so komplexen Analyse die Fehlerspannen berechnen sollte. »Man hielt meine Analyse für ungesichert – und das traf sicherlich zu«, räumt sie ein. Zur Besänftigung der Gemüter erhob sich der berühmte Forscher Martin Schwarzschild und sagte die beruhigen-

Vera Rubin, deren Dissertation ergab, daß Galaxien Eigengeschwindigkeiten haben. [Carniegie Institute of Washington]

den Worte, die junge Studenten unter solchen Umständen gelegentlich von älteren Forschern zu hören bekommen: »Dies ist eine recht anständige Arbeit. Die Daten sind vielleicht nicht ausreichend, aber es war ein interessantes Unternehmen.« Ein Kritiker wollte jedoch unbedingt wissen: »Warum haben Sie keine Fehlerspannen angegeben?« »Ach«, erwiderte sie, »die ganze Sache ist so... nebulös.« Über dieses unbeabsichtigte Wortspiel brachen alle in Gelächter aus. Auch sie mußte lachen. »Damit nahm die Sache zum Schluß noch eine freundliche Wendung.«

Nach der Kaffeepause fuhren die Rubins heim. »Ich hatte gar kein schlechtes Gefühl«, erinnert sie sich. »Ich hatte einen sehr guten Vortrag gehalten; ich hatte ihn praktisch auswendig gelernt; zehn Jahre später hätte ich ihn genauso halten können. Ich fuhr nach Hause und stillte meinen Sohn.«[29] Die Sache wurde von den Zeitungen aufgegriffen. Die *Washington Post* berichtete darüber auf der Titelseite unter der Überschrift »Junge Mutter findet Zentrum der Schöpfung«.

Astronomische Zeitschriften lehnten es ab, Rubins Vortrag abzudrucken, und ihre Arbeit wurde von den Astronomen fast völlig übergangen. Der in Texas lehrende französische Astronom Gérard de Vaucouleurs nahm sie jedoch ernst. Er fand die Möglichkeit, daß das Universum nicht so homogen sein könnte wie allgemein vermutet, daß also die galaktische Dichte stellenweise sehr viel größer sein könnte, interessant. Solche dichten Regionen könnten, vermutete er, eine so große Anziehungskraft ausüben, daß Galaxien auf die von Rubin berichteten Geschwindigkeiten beschleunigt werden.

Die Idee der Galaxienhaufen war nicht neu. So hatte zum Beispiel der am CalTech arbeitende Schweizer Astronom Fritz Zwicky in den dreißiger Jahren die Vermutung geäußert, daß Galaxien sich zu Haufen zusammenschlössen, die sich über zehn Millionen Lichtjahre erstrecken,[30] und daß das Universum in »Haufenzellen« gegliedert sei. De Vaucouleurs meinte aber viel größere Haufen, als sie Zwicky vorschwebten. Wie er später einräumte, gab Rubins Arbeit ihm den Anstoß, seine Daten zu veröffentlichen, aus denen hervorging, daß es einen »Strom« von Galaxien gibt, der sich über die nördliche galaktische Hemisphäre erstreckt. Die Galaxien des sogenannten Virgo-Haufens lagen größtenteils in einer riesigen Scheibe, die er als Superhaufen bezeichnete. »Ich kam auf die Idee, daß dieser Gürtel von Galaxien eine reale physikalische Einheit darstellen müsse« und keine scheinbare Zusammenballung sei, erklärte de Vaucouleurs in den achtziger Jahren in einem mündlichen Interview mit Alan Lightman. »Den Anstoß oder den Mut, dies zu veröffentlichen, erhielt ich von Vera Rubin, die gerade eine Kurzfassung ihrer Magisterarbeit veröffentlicht hatte.« Wegen der frostigen Rezeption kam Rubin zwanzig Jahre lang nicht mehr auf das Thema zurück.

Dagegen meinte de Vaucouleurs: »Ich bin wahrscheinlich kämpferischer, und wenn ich etwas sehe, dann spreche ich es auch aus.« Dennoch reagierte die astronomische Gemeinschaft mit »völligem Schweigen« auf seine Arbeit.

Im Arbeitszimmer von de Vaucouleurs an der Universität von Texas in Austin sind die Zweifel seiner frühen Kritiker auf der Tafel festgehalten. Auch von Zwicky findet sich ein Zitat (aus dem Jahre 1959): »Superhaufen gibt es nicht.«

Und das war noch auf Jahre hinaus die orthodoxe Auffassung, auf die wir mit unseren ersten U-2-Resultaten gestoßen waren.

Unter den zahlreichen Einwänden gegen unsere Befunde war einer unzweifelhaft stichhaltig, und wir mußten darauf eingehen. Konnte die extreme Geschwindigkeit der Galaxis eine Täuschung sein, die auf einem – astronomisch gesehen – »lokalen« Effekt beruhte? Wir hatten lediglich in der nördlichen Hemisphäre Beobachtungen gemacht. »Wenn ihr dieselbe Anisotropie auch in der südlichen Hemisphäre beobachtet«, sagten unsere Kritiker, »dann glauben wir euch.«

Also begaben wir uns in den Süden. Sollten wir denselben Dipoleffekt auch in der südlichen Hemisphäre sehen, würden die Kritiker unser Ergebnis anerkennen oder schweigen müssen.

Südamerika ist seit dem neunzehnten Jahrhundert als Standort für die Astronomen immer wichtiger geworden. Von dort aus fotografierten Astronomen von der Harvard-Universität Cepheiden-Veränderliche; aus diesen Aufnahmen konnte Henrietta Leavitt die Perioden-Helligkeits-Beziehung bei den Cepheiden herleiten – den Schlüssel, der die Tür zum expandierenden Universum öffnete. Und 1987 entdeckten und studierten Astronomen von dort aus die erste größere Supernova in der Nähe unserer Galaxis seit Jahrhunderten, eine Supernova, die von der Nordhalbkugel aus nicht zu sehen ist.

Die britische Zeitschrift *Nature* fand es ebenfalls klug, wenn wir U-2-Flüge auf der Südhalbkugel unternähmen, warnte aber unter Hinweis auf die in der Vergangenheit nicht immer problemlosen Beziehungen zwischen den Vereinigten Staaten und Südamerika, »daß die U 2 außerhalb des Luftraums der USA vielleicht nicht gar zu gern gesehen werden.« Die eigentliche Schwierigkeit für unsere Südamerika-Expedition stellte jedoch nicht die Politik dar, sondern das Geld. Im Januar 1977 schrieb ich Hans Mark und teilte ihm mit, daß ich die NASA um die Finanzierung eines Südamerika-Trips gebeten hätte, daß die NASA darauf aber nur geantwortet habe, alle unsere U 2-Flüge seien ab September 1977 gesperrt. Ein Grund dafür sei, daß die U 2 einem anderen Zweig der NASA unterstellt würden; außerdem fragten sich die Verantwortlichen, wieso wir den Dipol, den wir ja bereits entdeckt hatten, nochmals entdecken wollten. »Unser Antrag wird derzeit von der Hauptverwaltung der NASA geprüft, und in der Zwischenzeit bekommen wir keine Daten«, klagte ich ihm.

Es war frustrierend. Vielleicht, so überlegte ich, könnten wir die NASA erneut für uns gewinnen, wenn bei der vorgesehenen Expedition noch andere Experimente durchgeführt würden. Man müßte andere Wissenschaftler finden, die ihre Instrumente bei einem U-2-Flug in der südlichen Hemisphäre einsetzen wollten. »Informieren Sie uns bitte über andere Interessenten an Flügen in der südlichen Hemisphäre«, bat ich Mark. »Neben unserem Gerät lassen sich eine Vielzahl anderer Instrumente einsetzen, so daß man gemeinsam oder abwechselnd fliegen könnte.« Unter solchen Bedingungen wird im ausgehenden zwanzigsten Jahrhundert Wissenschaft betrieben: Das Betteln um Geldmittel und das Ausfüllen von Formularen nimmt ebensoviel Zeit in Anspruch wie die Arbeit im Labor. In unserem Fall hatte die Bettelei Erfolg – schließlich wurde das Geld bewilligt. Bei den U-2-Flügen wurden gleichzeitig andere Experimente durchgeführt.

Dann stellte sich die Frage, wohin wir auf der Südhalbkugel gehen sollten. Unsere erste Wahl fiel auf Australien, Argentinien und Chile. Doch Australien war zu weit weg. Die U 2 konnte nicht direkt dorthin fliegen; man würde sie zerlegen und unter großem Kostenaufwand mit einer Transportmaschine hinbringen müssen. Damit schied diese Option aus. Für Argentinien und Chile sprach die Lage weit jenseits des Äquators und ein entsprechend ungehinderter Blick auf den südlichen Himmel; leider drohte damals Krieg zwischen den beiden Ländern – das war zu riskant. Unsere vierte Option war Peru. Zwar war es keine Ideallösung, denn seit einem unblutigen Militärputsch im Jahre 1975 herrschte dort ein politisches, soziales und finanzielles Chaos. Dennoch war Peru noch das beste Land, das wir finden konnten.

»Von kahlen braunen Hügeln umgeben, liegt Lima an der trostlosen Stelle, wo die öde peruanische Wüste an das Meer grenzt«, schrieb Milton Viorst 1978 im *Atlantic Monthly*. »Ein eisiger Wind vom Pazifik hüllt es fast ganzjährig in graue Wolken ein. In Lima herrscht so gut wie immer Nebel, aber es regnet nie, so daß kaum eine Blume oder ein Baum die düstere Stimmung hebt.« Der spanische Entdecker Pizarro hatte Lima den Beinamen »Stadt der Könige« gegeben, eine Anspielung auf seine ruhmreiche Vergangenheit, als die Anden von dem noch ungehobenen Gold glitzerten. Als wir kamen, war von dem Gold nichts mehr da, und das Land kämpfte darum, seine Fischereiflotte solvent und seine im Aufbau befindliche Erdölindustrie am Leben zu erhalten. Lima war zu einer ausgedehnten, schnell wachsenden städtischen Agglomeration der dritten Welt geworden, in der sich fünf Millionen Menschen drängten.

Der U-2-Pilot Bob Ericson kam mit einem Vorausteam, um die Anlagen des in der Nähe von Lima an der Küste gelegenen Jorge-Chávez-Flughafens in Augenschein zu nehmen. Zusammen mit einem Kollegen ging er zunächst zur US-Botschaft und sprach dort mit dem Luftfahrtattaché. Bis für die U 2 Vereinbarungen getroffen seien, könnten »Wochen« vergehen, sagte man ihnen. Ericson erinnert sich: »›Kommen Sie in einigen Wochen wieder vorbei‹, sagte der Botschaftsmensch. Also gingen wir zurück ins Hotel und betranken uns. Am anderen Morgen erwachten wir mit einem Kater und fragten uns, was wir nun anfangen sollten. Mein Kollege Jack Wall und ich fuhren zum Luftstützpunkt und begannen uns umzusehen, und es dauerte nicht lange, bis wir den Leiter des Betriebsbüros auf dem Flugplatz fanden. Er sagte: ›Ja, ich habe einen Hangar für Sie. Ja, wir haben dies, wir haben jenes...‹ Er nahm uns mit und stellte uns dem Chef der peruanischen Marine vor. Das war der Kerl, mit dem der Attaché ein Treffen zu vereinbaren suchte. Wir tranken Tee oder etwas Ähnliches. Er sagte: ›Ja, wir werden das regeln, wir können dies tun, wir können jenes tun.‹ Am Abend fuhren wir zurück ins Hotel und betranken uns wieder, und am anderen Morgen suchten wir den Luftfahrtattaché auf und sagten: ›Heh, wir fahren ab. Wir haben alles geklärt, wir brauchen Sie nicht.‹«

Ein U-2-Team flog nach Lima; das wissenschaftliche Gerät

wurde mit einem Militärtransporter hingebracht. Die U 2 ist auf eine umfangreiche technische Ausrüstung angewiesen. Sie braucht ihren eigenen Treibstoff, eine eigene Boden-Anflugkontrolle, eigene Versorgungsfahrzeuge und so weiter. Das alles war speziell auf die Maschine zugeschnitten und mußte im voraus nach Peru geschafft werden. Der Treibstoff wurde in Zweihundertliterfässern per Fluß- und Seeschiff vorausgeschickt. Das gesamte Team, dem achtzehn Leute von der NASA und von Lockheed angehörten, stand unter der Leitung von James Cherbonneaux, dem Projektmanager der NASA für die U 2, der früher selbst die Maschine geflogen hatte. Die Vorbereitungen und der logistische Aufwand erinnerten mich an eine Safari oder eine Expedition vergangener Zeiten.

Auf dem Jorge-Chávez-Flughafen war die zivile Luftfahrt am einen und die militärische am anderen Ende des Flugplatzes untergebracht. Wir errichteten unsere U-2-Basis in der Nähe des militärischen Bereichs, wo die US-Präsenz sich auf eine aus zwei Räumen bestehende Baracke beschränkte. Sie diente als Basis für den amerikanischen Militärattaché und als Verteilungsstelle für Diplomatenpost nach Südamerika.

Auf dem Dach der Baracke stellten wir ein automatisches Polarimeter auf, das Anzeichen einer Polarisation (Bevorzugung einer bestimmten Schwingungsrichtung der Strahlung) der kosmischen Hintergrundstrahlung feststellen sollte. Dieses Experiment, Grundlage der Doktorarbeit meines Studenten Phil Lubin, würde Aufschluß über die Quelle des Dipols liefern. War die Strahlung polarisiert, dann wurde der Dipoleffekt von unserer Galaxis hervorgerufen; war sie unpolarisiert, dann war er ein kosmisches Signal.

Die Polarisation ist am besten in einem trockenen Klima festzustellen, und das Dürregebiet von Peru schien ein idealer Standort für Phils Beobachtungen zu sein. Leider sollten die Messungen teilweise durch die hohe Luftfeuchtigkeit, durch Bewölkung und Staub behindert werden. Durch einen ärgerlichen Zufall fiel ausgerechnet während unseres Aufenthalts in der dortigen Wüstenregion zum ersten Mal seit acht Jahren Regen. Er befeuchtete kaum das Pflaster, doch die Schlagzeilen, mit denen er gemeldet wurde, waren zehn Zentimeter hoch.

Die Arbeitsbedingungen in Peru waren mit denen bei der NASA in Ames nicht zu vergleichen. So dauerte es drei Wochen, bis Ersatzteile in Peru eintrafen. Einige Leute erkrankten und fuhren nach Hause. Auch unsere Geräte nahmen Schaden bei der Reise über den Äquator. In den Tropen ist es sehr feucht, und als das Flugzeug aus den kalten oberen Luftschichten in Lima niederging, ließ das eiskalte Gerät die Feuchtigkeit zu Wasser kondensieren. Dadurch sammelte sich Wasser in den kleinen empfindlichen Wellenleitern an, die die Hörner des differentiellen Mikrowellen-Radiometers mit dem Empfänger verbinden. Wir mußten den Empfänger zum Trocknen auseinandernehmen. Während wir auf dem Flughafen damit beschäftigt waren, gingen durch einen Stromausfall die Lichter aus. Furchtbar verschwitzt, standen wir, empfindliche Teile in den Händen haltend, auf Leitern und konnten nicht mehr weitermachen. Es wurde eine Taschenlampe aufgetrieben, bei deren spärlichem Schein wir weiterbastelten. Wir breiteten die Teile zum Trocknen aus und gingen anschließend ins Hotel, um uns ein wenig auszuruhen.

Spät in der Nacht fuhren Phil und ich mit einem gemieteten VW-Käfer zum Flughafen zurück, um nachzuschauen, ob die Geräteteile trocken waren. Um dorthin zu gelangen, mußten wir ein Tor passieren, das von Wachtposten der peruanischen Marine bewacht wurde. Ich zeigte dem Posten unseren Passierschein und fuhr dann zu dem Hangar, in dem die U 2 und unser Gerät untergebracht waren. Plötzlich ertönte aus der Dunkelheit ein Anruf: »Alto!«, dann ein angsteinflößendes *Rat-tat-tat-tat!* Im Scheinwerferlicht stand ein siebzehnjähriger Marinesoldat, dessen Maschinenpistole direkt auf uns gerichtet war. Ich trat auf die Bremse. Niemand hatte ihm Bescheid gegeben, daß wir kommen würden. (In einem Land, wo der Staatsstreich eine regelmäßige Erscheinung des politischen Lebens ist, neigen Soldaten zu nervösen Reaktionen.) Wir zeigten ihm unseren Passierschein und erklärten ihm, daß wir zum U-2-Team gehörten. Schließlich winkte er uns durch. Wir fuhren zum Hangar. Die Teile waren getrocknet, und so setzten wir das Gerät wieder zusammen und probierten es aus – es funktionierte. Wenn alles gutging, würden die U-2-Flüge in Kürze die Daten zusammentragen, die entweder die Gültigkeit unserer bisherigen Resultate bestätigen oder zeigen würden, daß wir, was die Anisotropie der kosmischen Hintergrundstrahlung anging, einem Effekt aufgesessen waren, der auf dem Unterschied zwischen der Nord- und der Südhalbkugel beruhte.

Nach dem Abschluß der U-2-Flüge unternahmen Constantina und ich eine kleine Reise, die uns bewußtmachte, daß die Menschheit seit jeher vom Kosmos fasziniert ist. Wir wollten unbedingt die einzigartige Landschaft und die archäologischen Stätten Perus besichtigen. Wir fuhren daher nach Cuzco, der Hauptstadt der Inkas in vorkolumbianischer Zeit, und anschließend zu so entlegenen Orten wie der Festung Sacsayhuaman. Die technischen Leistungen der Inkas sind wirklich beeindruckend; sie brachen gewaltige Steinblöcke aus dem Fels und fügten sie so exakt zusammen, daß man keine Messerklinge dazwischenschieben kann. Ein Fremdenführer machte sich über Spekulationen lustig, denen zufolge dieses architetonische Meisterwerk von »frühen Astronauten« bewerkstelligt worden sei. Besonders faszinierend war eine Fahrt mit der Bergbahn von Cuzco nach Machu Picchu. Dort fanden wir Belege dafür, daß die Kosmologie in der Mythologie der Inkas – ebenso wie in den Mythologien aller frühen Hochzivilisationen – eine wichtige Rolle spielte.

Der Inkaherrscher Pachacuti teilte Cuzco beim Wiederaufbau in der Mitte des fünfzehnten Jahrhunderts in eine südliche und eine nördliche Hälfte auf. Die Altstadt war weiter unterteilt in Viertel, zur Versinnbildlichung der vier Richtungen des Reiches und der vier Himmelsrichtungen des Kosmos. Im Zentrum der Stadt erhob sich der Coricancha, der Sonnentempel, in dessen Allerheiligstem mehrere herrliche goldene Nachbildungen der Sonne aufbewahrt wurden. Als ein wichtiger Bestandteil des Inkarituals wurden die Sommer- und die Wintersonnenwende gefeiert.

Von Machu Picchu aus fuhren wir mit der Bahn über den *altiplano* zum Titicacasee, wo wir die auf schwimmenden Inseln aus Schilf lebenden Uros-Indianer besuchten. Anschließend nahmen wir ein Flugzeug und kehrten über Arequipa nach Lima zurück. Auf dem Flughafen prüfte ich unser Polarimeter, richtete es auf einen anderen Teil des Himmels aus und wechselte die beinahe vollgespielten Magnetbänder aus.

Einige Wochen später schlossen wir die U-2-Operation und das Polarimeter-Experiment ab und kehrten mit einem Haufen Daten in die Vereinigten Staaten zurück. Die anschließende Analyse zeigte bald, daß der Dipol tatsächlich kosmischer Herkunft und kein lokales Phänomen war und daß er sich exakt mit dem deckte, was wir auf der Nordhalbkugel gemessen hatten. Schlußfolgerung: Wir leben in einem ganz anderen Universum, als man es sich gemeinhin vorstellt.

In der Kosmologie hatte sich eine Revolution vollzogen, und ich war stolz, daß wir daran mitgewirkt hatten. Wir hatten die bisherige Vorstellung, nach der die Galaxien ziemlich gleichmäßig über das Universum verteilt sind, über den Haufen geworfen und sie durch ein ganz anderes Bild ersetzt. Einige Regionen des Universums sind praktisch frei von Galaxien, stellen ungeheure Weiten dar, in denen nichts existiert. In anderen Regionen sind Milliarden und Abermilliarden Galaxien zu immensen galaktischen Superhaufen konzentriert, die auf viele hundert Millionen Lichtjahre entfernte Galaxien eine enorme Gravitationswirkung ausüben. Unsere Milchstraße ist, wie wir entdeckten, ein solches galaktisches Opfer, das mit einer Geschwindigkeit von sechshundert Kilometern in der Sekunde von einem großen, unbeobachteten und zuvor unvermuteten Superhaufen angezogen wird.

Dieses Bild des Universums, in dem gewaltige galaktische Konzentrationen sich mit einer unvorstellbaren Leere abwechseln, weicht sehr stark von dem Bild ab, das zu Beginn der siebziger Jahre bei den Astronomen anerkannt war. Dieses neue Bild ließ es um so dringlicher erscheinen, den Mechanismus zu verstehen, durch den nach dem Urknall kosmische Strukturen entstanden waren. Die massiven Galaxienhaufen des heutigen Universums müssen aus kosmischen Keimen hervorgegangen sein, die schon in den Anfängen des Universums vorhanden waren. Diese Keime müßten sich als Fluktuationen in der kosmischen Hintergrundstrahlung zeigen, Fluktuationen, die ein Anzeichen von ursprünglichen Regionen einer geringfügig höheren Dichte sind. Diese Falten in der Raum-Zeit lösten vermutlich unter dem Einfluß der Schwerkraft die lokale Materiekondensation aus, aus der die Embryonen von Galaxien und Superhaufen hervorgingen. Bisher waren solche Keime aber nicht beobachtet worden. Soweit wir und andere hatten feststellen können, war die kosmische Hintergrundstrahlung in allen Richtungen vollkommen homogen. Das ließ nur eine von zwei Möglichkeiten offen: Entweder waren die Kosmologen mit ihren Theorien völlig auf dem Holzweg, oder man hatte nicht fleißig genug nach den Keimen Ausschau gehalten.

Ich war damals überzeugt, daß die Urknalltheorie stimmte und daß Galaxien und galaktische Strukturen durch gravitative Zusammenziehung um kosmische Keime entstanden waren. Ich entschloß mich daher, intensiver zu suchen und dafür die technischen Möglichkeiten – und die menschlichen Fähigkeiten – auszuschöpfen.

Das Herz der Dunkelheit

Vera Rubin hatte die Astronomen vergeblich davon zu überzeugen versucht, daß zahlreiche Galaxien eine ungewöhnliche Bewegung beziehungsweise eine sich der allgemeinen Hubbleschen Expansion des Universums überlagernde Eigengeschwindigkeit zeigten. Als die dreiundzwanzigjährige Rubin im Dezember 1951 einer Konferenz der American Astronomical Society im Haverford College in Pennsylvania ihre Daten vortrug, war kaum einer bereit, ihr Gehör zu schenken. Was sie zu sagen hatte, lief der herrschenden Lehre so sehr zuwider, daß die Versammlung praktisch taub war für ihre Daten und ihre Argumente. Rubin befaßte sich danach nicht weiter mit Eigengeschwindigkeiten; sie widmete sich in den fünfziger und sechziger Jahren ihren Kindern, promovierte an der Georgetown-Universität und arbeitete mit Geoffrey und Margaret Burbidge an der Universität von Kalifornien in San Diego. Hatte sie sich zuvor auf die von anderen Astronomen gemessenen galaktischen Rotverschiebungen verlassen, so lernte sie nun bei den Burbidges, mit Hilfe eines großen Teleskops selbst Rotverschiebungen zu messen.

Rubin arbeitete mit Kent Ford am Kitt Peak National Observatory in Arizona, nicht weit von dem Ort entfernt, an dem Slipher seine berühmten Messungen der Rotverschiebungen von Galaxien durchführte; dort begann sie mit einer Reihe von Beobachtungen, die die herkömmlichen Ansichten über das Universum erschüttern sollten. Diesmal machte man sich die bemerkenswerte Entdeckung Rubins allerdings rasch zu eigen, eine Entdeckung, die eines der faszinierendsten Rätsel der Kosmologie berührt.

Im November 1977 begannen Rubin und Ford mit der Erprobung eines neuen Verfahrens zur Erforschung der Bewegung von

Sternen in Spiralnebeln, zu denen auch unsere Milchstraße gehört. Spiralnebel erscheinen als flache Scheiben, in denen sich die meisten Sterne in einem extrem hellen Zentrum zusammenballen, während sie zu der schwach leuchtenden Peripherie hin dünner gesät sind. Die Sterne in den der Bewegung nachfolgenden Spiralarmen umkreisen das massereiche Zentrum alle in derselben Richtung und bilden zusammen eine rotierende Galaxie. Analog verhält es sich beim Sonnensystem, dessen Planeten unsere massereiche Sonne unter ihrer Schwerkraftwirkung im gleichen Sinne umkreisen.

Ford hatte einen Bildverstärker entwickelt, mit dem er und Rubin die Spektren einer ganzen Galaxie – von den hellsten Sternen in der Nähe des Zentrums der Galaxie bis zu den schwächsten an den Enden der Spiralarme – auf fotografischen Platten festhielten. Es gelang den beiden, die Geschwindigkeiten von Sternen in allen Entfernungen vom galaktischen Zentrum zu bestimmen. Das war eine astronomische Glanzleistung.

Newtons Gravitationsgesetz macht eine einfache, aber eindeutige Aussage hinsichtlich der Geschwindigkeiten der einzelnen Sterne, in Abhängigkeit von den Abständen vom Zentrum der Galaxie. Es war einer der größten Triumphe der Kosmologie, als Newton das Gesetz der irdischen Bewegung und Schwerkraft (der fallende Apfel) auf den Mond und die Planeten übertrug. Newton zufolge laufen Planeten am Rand des Sonnensystems (wie Pluto) sehr viel langsamer als Planeten in der Nähe der massereichen zentralen Sonne (wie Merkur). Diese Vorhersage wurde durch die Beobachtungen bestätigt – die Umlaufgeschwindigkeit von Pluto beträgt siebzehntausend Kilometer pro Stunde, die von Merkur ist zehnmal so hoch. Für Spiralnebel müßte Entsprechendes gelten: Je weiter ein Stern vom Zentrum entfernt ist, desto geringer ist seine Umlaufgeschwindigkeit.

In der ersten Nacht, in der die beiden ihr neues Verfahren ausprobierten, ließ Rubin Ford seinen Verstärker und das Teleskop bedienen, während sie selbst aufgeregt in die Dunkelkammer hinuntereilte, um das erste Foto zu entwickeln. Sie traute ihren Augen nicht, als sie sah, daß die vorhergesagte Beziehung zwischen der Geschwindigkeit eines Sterns und seinem Abstand vom Zentrum der Galaxie sich nicht bewahrheitet hatte. Auch Sterne am äußersten Rand der Galaxie kreisten mit annähernd derselben Geschwindigkeit wie diejenigen näher am Zentrum. Dafür gab es nur zwei mögliche Erklärungen: Entweder versagt Newtons Gravitationsgesetz in galaktischen Entfernungen, was die Physik bis in ihre Fundamente erschüttert hätte, oder Galaxien sind nicht das, als was sie erscheinen.

Für unser Auge erscheint die galaktische Masse zum Zentrum hin konzentriert, während sie zum Rand hin abnimmt. Und doch bewegen sich die Sterne an der Peripherie so, als seien sie in eine weit größere Masse eingebettet, und zwar so sehr, daß diese unsichtbare Masse weit über die Peripherie hinausreichen muß. Wenn diese Schlußfolgerung zutrifft, dann sind Galaxien wirklich

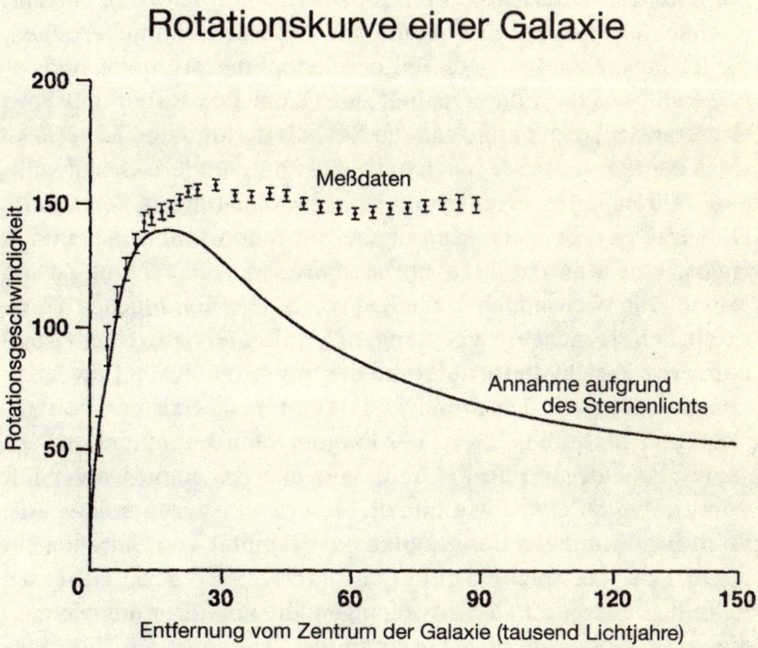

Die Striche zeigen die gemessenen Geschwindigkeiten von Sternen in einem Spiralnebel. Die Kurve gibt die Geschwindigkeiten von Sternen der Galaxie wieder, die unter der Annahme zu erwarten sind, daß das Sternenlicht die gesamte Materie der Galaxie verrät. Die Diskrepanz läßt den Schluß zu, daß das Universum dunkle Materie enthält, und zwar sehr viel mehr als leuchtende Materie. [Christopher Slye]

nicht das, als was sie erscheinen; die sichtbare Masse – die Sterne, die wir sehen – muß übertroffen werden von einer ungeheuer großen unsichtbaren Masse. Rubin und Ford beeilten sich, weitere Messungen durchzuführen, und immer ergab sich dasselbe Bild: Sterne an der Peripherie von Spiralnebeln bewegen sich zu schnell, *sofern* man annimmt, daß der leuchtende Teil dieser Galaxien ihre gesamte Masse darstellt. Nachdem sie Daten über zehn solcher Galaxien zusammengetragen hatten, konnten Rubin und Ford ihre Entdeckung 1978 veröffentlichen. Die unsichtbare Materie, die logischerweise einen erheblichen Teil der Galaxien ausmachen muß, wurde schließlich als »dunkle Materie« bezeichnet. Astronomen mußten sich mit der Tatsache anfreunden, daß das, was sie seit Generationen durch ihre Teleskope gesehen hatten, nur einen Bruchteil des Stoffes, aus dem das Universum besteht, ausmachte – daß die Sterne, die unseren Nachthimmel erhellen, vielleicht nur ein winziger Teil der Schöpfungsprodukte sind.

Gewiß war die hohe Qualität der Daten von Rubin und Ford mitverantwortlich dafür, daß die Realität der dunklen Materie so rasch anerkannt wurde, doch es spielten noch andere Gründe mit. Seit Jahren hatte es aufgrund von Beobachtungen vereinzelte Hinweise gegeben, daß Spiralnebel umgeben sind von dunklen Halos, von Mänteln aus nichtsichtbarer Materie.[31] Eine solche Vorstellung wich jedoch dermaßen von der herkömmlichen Theorie ab, daß sie nicht ernst genommen wurde. Der Schweizer Astronom Fritz Zwicky hatte aufgrund der ungewöhnlichen Bewegung von Galaxien seit den dreißiger Jahren für die Existenz von unsichtbarer Materie plädiert. 1974 sagten dann Jeremiah Ostriker, James Peebles und Amos Yahi von der Princeton-Universität voraus, daß so etwas wie dunkle Materie existieren müsse. Aus ihren Berechnungen der gravitativen Stabilität von Spiralnebeln ergab sich, daß solche Strukturen durch die Rotation zerreißen müßten, bedingt durch Schwingungen, die von ihrer ungleichmäßigen Zusammensetzung hervorgerufen werden. War die sichtbare Scheibe jedoch eingebettet in eine weit größere und ausgedehntere (unsichtbare) Masse, dann würden solche Schwingungen gedämpft, und der Spiralnebel bliebe stabil. Schon aus der bloßen Existenz unserer Milchstraße folgte, wie sie vermuteten, die Realität von unsichtbarer Materie.

In der Wissenschaft kommt es manchmal vor, daß unterschiedliche Beobachtungen sich zu einem überzeugenden Argument für ein Phänomen vereinen. So war es auch im Falle der dunklen Materie. Einige Jahre nach der Veröffentlichung des Artikels von Rubin und Ford war die dunkle Materie zu einer Obsession der Kosmologen geworden. Die nächstliegenden Fragen lauteten: Wieviel dunkle Materie gibt es? Und woraus besteht sie? Es gibt auch tiefergehende Fragen, die für unser Verständnis des Universums fundamental sind: Welche Rolle spielte die dunkle Materie bei der Bildung von Galaxien? Was bedeutet die dunkle Materie für die Entstehung des Universums? Und was folgt aus ihr für das Schicksal des Universums? Diese letztgenannten Fragen sind unausweichlich mit den Hauptfragen dieses Buches verknüpft, besonders mit der Suche nach den ursprünglichen Keimen, aus denen sich unser heutiges Universum entwickelt hat.

Das Schicksal des Universums wird von seinem Inhalt bestimmt, wie es Mach und Aristoteles gefordert haben. Wenn das Universum genügend Masse enthält, werden die Gravitationskräfte stark genug sein, um die auf den Urknall folgende Expansion eines Tages zum Stehen zu bringen und sogar umzukehren, so daß es schließlich zu einem kataklysmischen »Endknall« kommen wird. Wenn die Masse dafür jedoch nicht ausreicht, wird sich die Expansion endlos fortsetzen, und die Temperatur des Universums wird stetig sinken, bis zum fernen »Kältetod«. Gleichgültig, welches Schicksal uns bevorsteht – und wie es aussehen wird, steht noch nicht fest –, es liegt in beruhigender Ferne und wird noch mindestens fünfzig Milliarden Jahre auf sich warten lassen. Es gibt freilich einen Ausweg aus diesen ungemütlichen Aussichten. Wenn die Massendichte des Universums genau auf der Grenze zwischen den divergierenden Entwicklungswegen zum letztendlichen Kollaps oder zur unendlichen Expansion liegt, könnte die Hubble-Expansion sich verlangsamen und möglicherweise einem Stillstand entgegensteuern, ohne sich jedoch umzukehren. Diesen hoffnungsfrohen Zustand der Materie bezeichnet man als die kritische Dichte.

Man hat die kritische Dichte auf etwa fünf Millionstel eines Billionstels eines Billionstels (5×10^{-30}) eines Gramms Materie pro

Kubikzentimeter des Alls berechnet, was rund einem Wasserstoffatom in jedem Kubikmeter oder einigen wenigen in einem durchschnittlichen Zimmer entspricht.[32] Das klingt nach verschwindend wenig, und das ist es auch. Es ist ein Mittelwert, der keinen Eindruck von den gewaltigen Extremen unseres Universums vermittelt, die von unglaublich hohen Dichten in bestimmten Regionen bis zur völligen Leere in anderen reicht. Wenn wir die kritische Dichte kennen, können wir theoretisch beginnen, uns unser Schicksal auszurechnen. Wir brauchen nur alle Massen im Universum zusammenzuzählen und sie mit der kritischen Dichte zu vergleichen. Das Verhältnis der tatsächlichen Massendichte des Universums zur kritischen Dichte bezeichnet man sinnigerweise mit dem letzten Buchstaben des griechischen Alphabets, Omega, Ω. Ist Omega kleiner als 1, so steht uns ein offenes Universum (der Kältetod) bevor, ist es größer als 1, ein geschlossenes Universum (der Endknall). Ist Omega genau gleich 1, so haben wir ein flaches Universum.

Die Ausdrücke »flach«, »offen« und »geschlossen« beziehen sich auf die Krümmung des Raumes. 1915 veröffentlichte Einstein seine allgemeine Relativitätstheorie, der zufolge die Gravitation durch die Krümmung der Raum-Zeit verursacht wird. Einstein hielt das Universum für so massereich, daß es den Raum durch Gravitation auf sich selbst zurückkrümmt wie eine Kugel. Daraus ergibt sich nach Einstein ein Universum, das unbegrenzt ist (keinen Anfang und kein Ende hat), aber zugleich endlich: Würde man mit einem Raumschiff Milliarden Jahre lang geradeaus fliegen, käme man nie an ein Ende des Kosmos, sondern würde schließlich an seinen Ausgangspunkt zurückkehren. Das liegt daran, daß der Raum in sich zurückgekrümmt ist; man würde den Kosmos »umschifft« haben, so wie die ersten Forschungsreisenden den Erdball umschifften.

Wenn es Ihnen schwerfällt, das zu glauben, dann stellen Sie sich bitte vor, wie Magellans Matrosen, die glaubten, der Planet sei flach, über die Umschiffung der Erde gestaunt haben müssen. Drei Jahre lang hatten sie sich scheinbar von Europa entfernt und waren über den Ozean gefahren – eine flache Oberfläche. Dennoch trafen sie am Ende der Reise wieder in Europa ein. Das liegt natürlich daran, daß die Erde nicht flach, sondern rund ist und daß

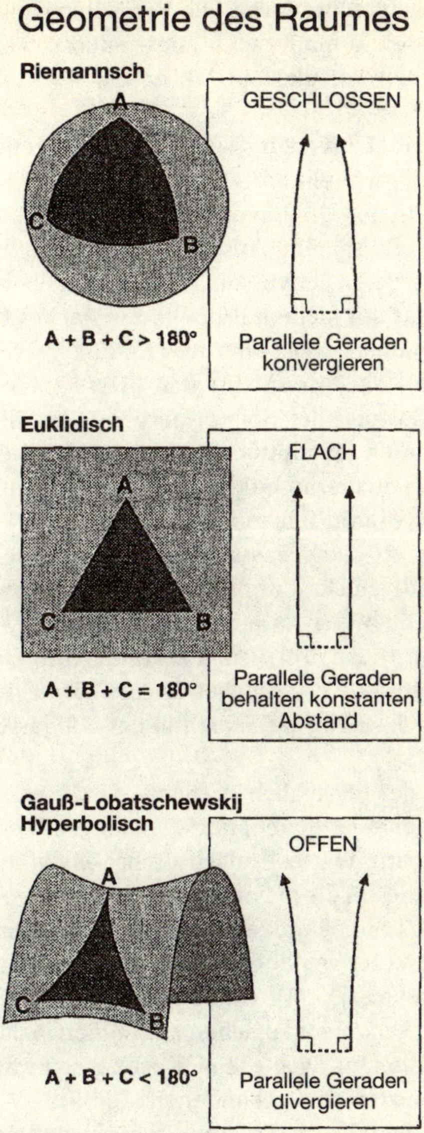

Welche Form hat der Raum? Das hängt davon ab, wieviel Materie vorhanden ist. Der Raum ist Riemannsch, euklidisch oder hyperbolisch bzw. geschlossen, flach oder offen, je nachdem, ob die Dichte größer, gleich oder kleiner ist als die kritische Dichte. [Christopher Slye]

ihr Schiff im Kreis gefahren war. Die Vorstellung, daß das Universum gekrümmt sei, kommt vielen heute ebenso merkwürdig vor wie den Menschen vor tausend Jahren die Vorstellung, daß die Erde rund sei.

Auch ein offenes Universum ist gekrümmt, aber mit einer negativen Krümmung, wie ein Sattel, so daß es nicht in sich zurückläuft. In einem offenen Universum würde ein geradeaus fliegendes Raumschiff nie zu seinem Ausgangspunkt zurückkehren. Der Raum in einem flachen Universum ist ebenso flach wie im euklidischen Raum, aber mit kleinen Rippeln. Ein flaches Universum ist im wesentlichen eben, weist aber hier und da Verwerfungen auf, die auf lokalen Konzentrationen von Masse (zum Beispiel der Erde, des Mondes und der Sonne) beruhen, wie die Oberfläche eines aufgespannten Gummituchs, auf dem Murmeln liegen. Ein solches flaches, annähernd euklidisches Universum ist das 1932 formulierte Modell von Einstein und de Sitter.

Entscheidend ist – und das sollte man sich einprägen –, daß Form, Masse und Schicksal des Kosmos unauflöslich miteinander verknüpft sind; sie bilden zusammen einen einzigen Gegenstand, nicht deren drei. Diese drei Aspekte kommen in Omega zusammen, dem Verhältnis der wirklichen Dichte zur kritischen Dichte, dem Verhältnis, das über das Schicksal des Universums entscheidet.

Die Messung der tatsächlichen Dichte des Universums ist eine ungemein schwierige Aufgabe, und die meisten Messungen ergeben nur angenäherte Werte. Zunächst schätzen wir die Menge der sichtbaren Materie ab, die in Form von Galaxien beobachtet wird, und fügen Werte für die dunkle Materie hinzu, die sich aus Rubins und Fords Beobachtungen über die Geschwindigkeit von Sternen in Galaxien ergeben. Die Masse von Sternen und sonstige sichtbare Materie im Universum machen zusammen nicht mehr als ein Prozent der kritischen Dichte aus. Rechnet man die geschätzte Menge der in Galaxien vorhandenen dunklen Materie hinzu, kommt man auf zehn Prozent oder weniger, so daß sich ein Omega von weniger als 0,1 (ein Zehntel) und damit ein eisiges Schicksal des Universums ergibt. Man muß jedoch annehmen, daß es noch weitere Gebiete mit dunkler Materie gibt. Bei der Messung der relativen Geschwindigkeiten von Galaxienpaaren, von denen man glaubte, daß sie umeinander kreisen, fanden Astronomen, daß die dunklen Halos von Galaxien sich fast bis zum nahen umlaufenden Begleiter erstrecken müssen, was zusätzliche dunkle Materie bedeutet. Als man diese Vermutung auf Galaxienhaufen und Superhaufen übertrug, zeigte sich in jedem Fall, daß diese himmlischen Strukturen sich so bewegen, als seien sie in immer größere Schwaden von dunkler Materie eingebettet. Außerdem setzen die Eigengeschwindigkeiten von Galaxien in der Tiefe des Alls, die von mehreren Forschergruppen in den Vereinigten Staaten, Kanada, Großbritannien und Australien gemessen wurden, die Existenz von noch mehr dunkler Materie voraus. Die Galaxien werden mit riesigen Geschwindigkeiten von unsichtbaren Massen angezogen.

Was kommt nun am Ende heraus? Wenn wir alle potentiellen Vorkommen von dunkler Materie zusammenrechnen und die unbedeutende Menge an sichtbarer Materie hinzufügen, gelangen wir zu einer mittleren Dichte des Universums, die nahe an die kritische Dichte heranreicht: Omega ist annähernd gleich 1. (Diese Resultate sind allerdings noch ungesichert und umstritten.) Es hat auf jeden Fall den Anschein, als könne die dunkle Materie bis zu 99 Prozent vom Stoff des Universums ausmachen – ein wahrhaft ernüchternder Gedanke.

Robert Dicke und Jim Peebles reisten in den siebziger Jahren herum und hielten Vorträge, in denen sie erkärten, warum Omega annähernd gleich 1 sein *muß*. Der Titel des Vortrags lautete oft »Das Flachheitsproblem«. Ihre Überlegung ging folgendermaßen: Aus der Masse der Sterne allein können wir folgern, daß Omega größer als 0,01 ist, und aus der Tatsache, daß das Universum nicht kollabiert, daß Omega kleiner als 2 ist. Da die Dichte gegenwärtig nahe bei der kritischen Dichte liegt, muß sie in der Vergangenheit noch näher bei ihr gelegen haben. Je weiter man zum Urknall zurückgeht, desto näher kommt sie an 1 heran. Zu dem Zeitpunkt, der rund drei Minuten nach dem Urknall liegt, jenem Zeitpunkt, an dem laut Gamow und Weinberg Helium und die leichten Elemente gerade fertiggekocht waren, hatte das Universum ungefähr eine Dichte von Wasser, und Omega muß höchstens ein Hundertbillionstel (10^{-14}) von 1 abgewichen sein. Eine Sekunde nach dem

Urknall muß Omega höchstens ein Zehnbilliardstel (10^{-16}) von 1 abgewichen sein. Und nach der denkbar kürzesten Zeitspanne, der Planck-Zeit (10^{-43} Sekunden), direkt nach der Geburt des Universums, dürfte es allenfalls 10^{-60} von 1 abgewichen sein. Das ist so nahe bei 1, daß vernünftige Leute meinen, dies sei kein bloßer Zufall – irgend etwas fordert, daß Omega bis auf alle diese Dezimalstellen genau gleich 1 sei.

Ein weiterer theoretischer Grund, warum Omega annähernd gleich 1 sein muß, ist der, daß es dann leichter ist, Strukturen – also Galaxien, Haufen und Superhaufen – zu erzeugen und die leeren Räume zu kompensieren. Sorgfältige astronomische Beobachtungen zeigten in den achtziger Jahren, daß das Universum sehr viel stärker strukturiert ist, als man sich bis dahin vorgestellt hatte. Mein Kollege Marc Davis begann zum Beispiel mit einer systematischen Durchmusterung des Himmels und erhielt die Rotverschiebungen und Entfernungen von Tausenden von Galaxien. Inzwischen ist klar, daß Galaxien nicht mehr oder weniger zufällig über den Raum verstreut sind, sondern zu Haufen und Superhaufen zusammengefaßt sind wie ein kosmischer Seifenschaum, bei dem die Wände der Blasen Konzentrationen von Galaxien sind, während das Innere der Blasen wie bei einem Schwamm aus riesigen Regionen von leerem Raum besteht. Und eine Gruppe von Astronomen, die sich selbst »die sieben Samurai«[33] nennen, hat aus den Eigengeschwindigkeiten unserer eigenen und der benachbarten Galaxien auf die Existenz eines kosmischen Riesen geschlossen, des im siebten Kapitel erwähnten Großen Attraktors, der in Richtung des Hydra-Centaur-Superhaufens rund hundertfünfzig Millionen Lichtjahre entfernt ist und auch annähernd diesen Umfang hat. Eine solche Masse, von Zehntausenden von Galaxien bevölkert, würde eine wahrlich unvorstellbar gigantische Konzentration von Materie darstellen.

1986 erschien ein epochemachender Artikel von Valerie de Lapparent, Margaret Geller und John Huchra. Außer dieser schaumartigen Anordnung von Galaxien im Raum fanden sie Beweise für noch größere Strukturen, die sich über Hunderte Millionen von Lichtjahren erstrecken (zum Vergleich: die Milchstraße hat einen Durchmesser von nur sechzigtausend Lichtjahren). Eine dieser Galaxienmassen, genannt die Große Mauer, ist

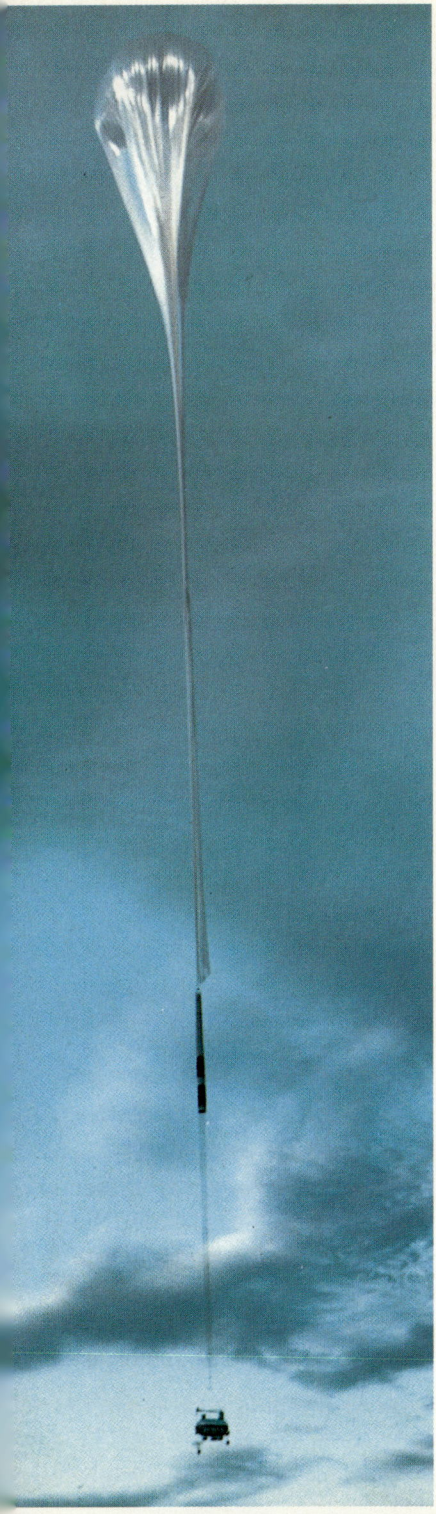

Die U 2 von NASA-Ames überfliegt die Golden Gate Bridge; im Hintergrund San Francisco. Berühmt waren die U 2-Höhenjets für Aufklärungsflüge während des Kalten Krieges. Jetzt dienen sie der wissenschaftlichen Forschung.

Ein Antimaterie-Experiment kurz nach dem Start. Die Nutzlast hat etwa die Größe und das Gewicht eines schweren Personenautos. Der Fallschirm ist ungefähr dreißig Meter lang. Wenn der Ballon eine große Höhe erreicht, dehnt sich das darin befindliche Helium aus; er wird dann in etwa so groß wie ein Fußballstadion.

Der aktive Vulkan Mount Erebus in der Antarktis, aufgenommen aus dem Schneekufen-Flugzeug auf dem Flug von der Küste zu unserer Versuchsstation am Südpol.

So stellt sich der Graphiker den COBE-Satelliten in der Umlaufbahn vor.

Der Start des COBE-Satelliten auf einer Delta-Rakete.

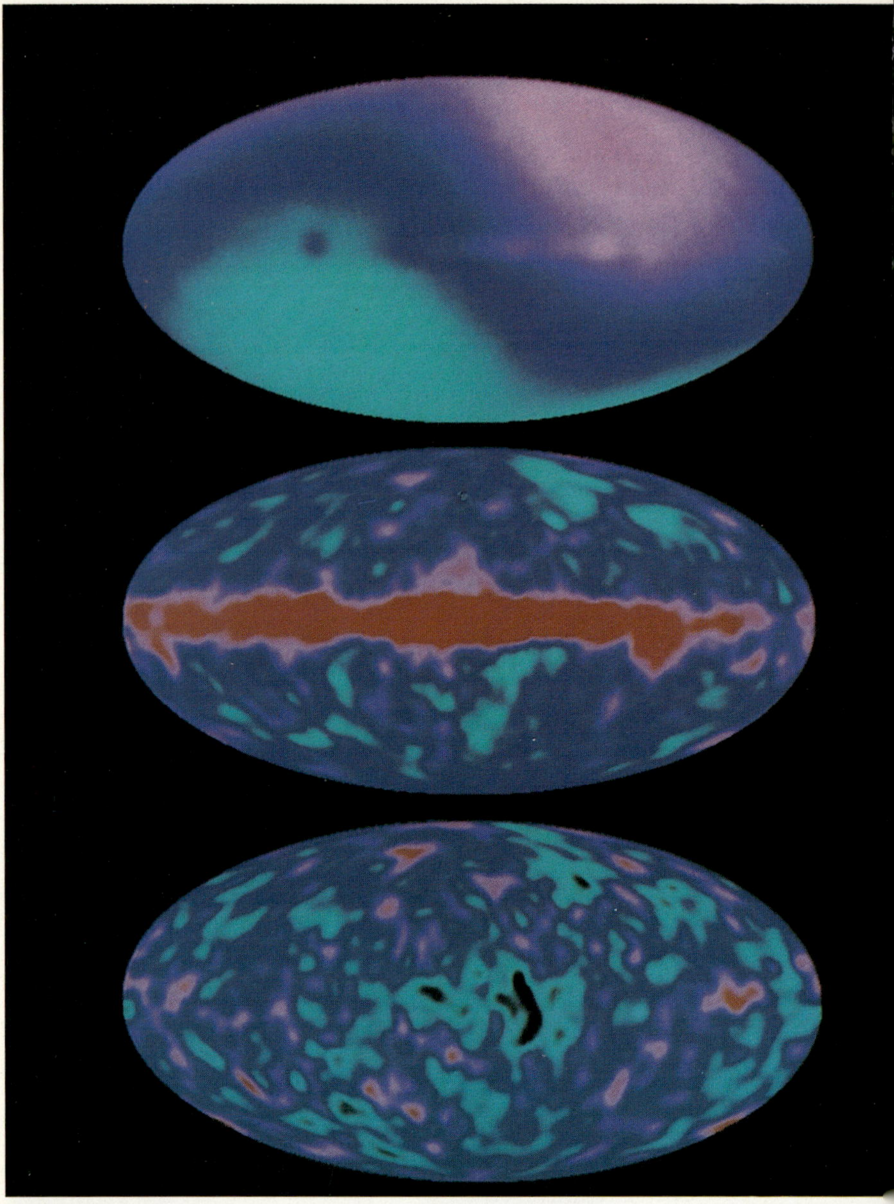

Drei Karten vom gesamten Himmel, aufgenommen vom DMR-Instrument des COBE-Satelliten, zeigen:
Oben: *die Dipol-Anisotropie, hervorgerufen durch die Bewegung der Erde relativ zur kosmischen Hintergrundstrahlung (heißer in der Richtung, in die wir wandern, kühler in der Richtung, die wir verlassen);*
in der Mitte: *vom Dipol bereinigt, die Emission aus der Ebene der Galaxis – das horizontale rote Band – und die groben Falten in der Raum-Zeit.*
Unten: *eine Karte der Falten in der Zeit.*

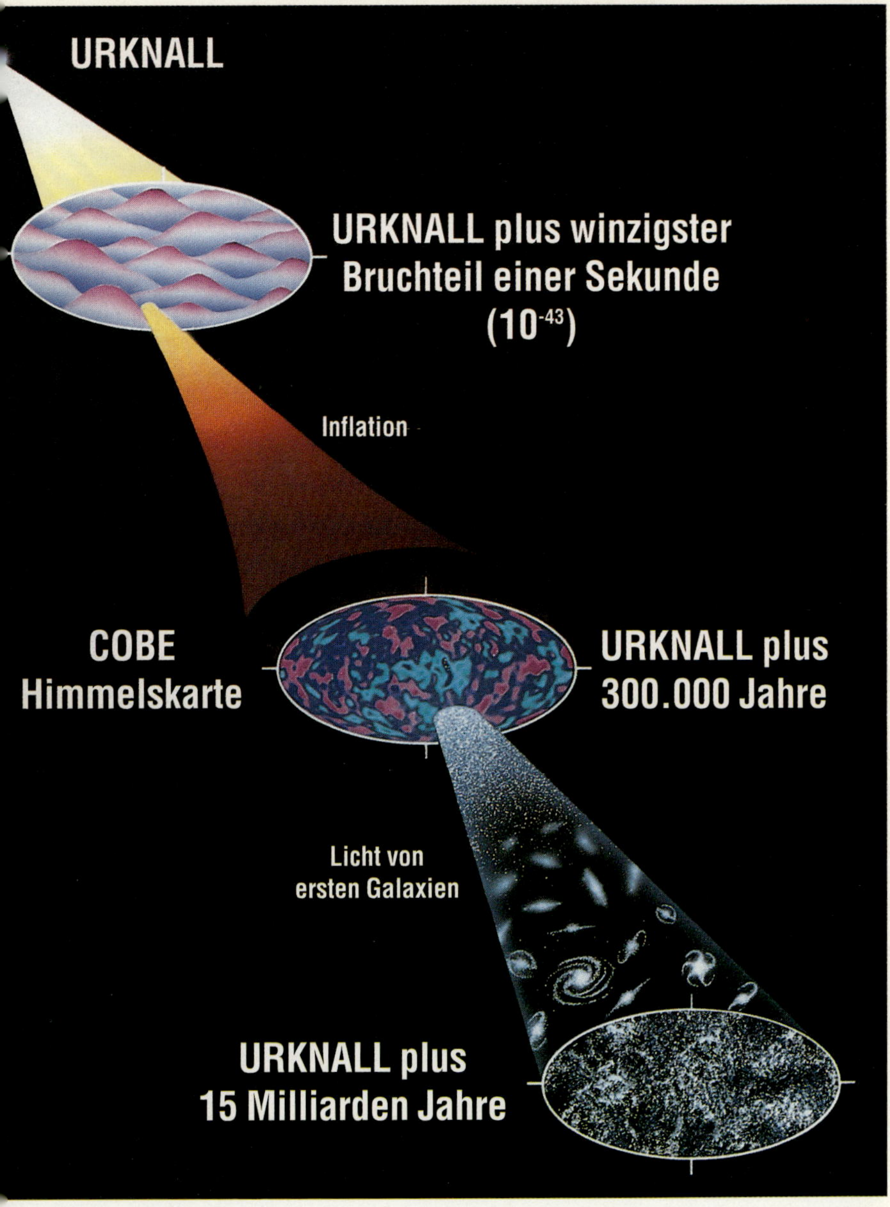

Dem Urknall folgt die Inflation; sie erzeugt den Raum und die Rippel in der Raum-Zeit, die von COBE beobachtet wurden und aus denen sich schließlich Galaxien, Galaxienhaufen und größere Strukturen entwickelten.

1. Der Ursprung des Universums – eine Prägeometrie schaumartiger Raum-Zeit, deren physikalische Gesetze unbekannt sind.

2. Bei 10^{-43} Sekunden, Temperatur 10^{32} Kelvin: Starke, schwache und elektromagnetische Kraft sind in einer ununterscheidbaren Kraft vereint. Diese Phase bezeichnet man häufig als Epoche der Großen Vereinheitlichung bzw. als GUT-Epoche. Möglicherweise hat es während dieser Epoche eine sehr schnelle, sich beschleunigende Expansion des Universums gegeben, kosmische Inflation genannt. Diese Inflation ließ unser Universum sehr groß und flach werden, erzeugte aber auch Rippel in der von ihr geschaffenen Raum-Zeit.

3. Bei 10^{-34} Sekunden, Temperatur 10^{27} Kelvin: Die starke Kraft trennt sich von der elektroschwachen Kraft. Das Universum ist ein Plasma aus Quarks, Elektronen und anderen Teilchen. Die Inflation endet, und das expandierende Universum dehnt sich weiter aus, doch wird seine Expansion durch die Gravitation verlangsamt.

4. Bei 10^{-10} Sekunden, Temperatur 10^{15} Kelvin: Die elektromagnetische und die schwache Kraft trennen sich. Ein Überschuß von einem Milliardstel an Materie gegenüber Antimaterie ist entstanden. Quarks können zu Protonen und Neutronen verschmelzen. Teilchen haben Substanz gewonnen. Zu diesem Energieniveau würden die amerikanischen SSC-Beschleuniger und der CERN-Hadronenbeschleuniger (LHC) vordringen.

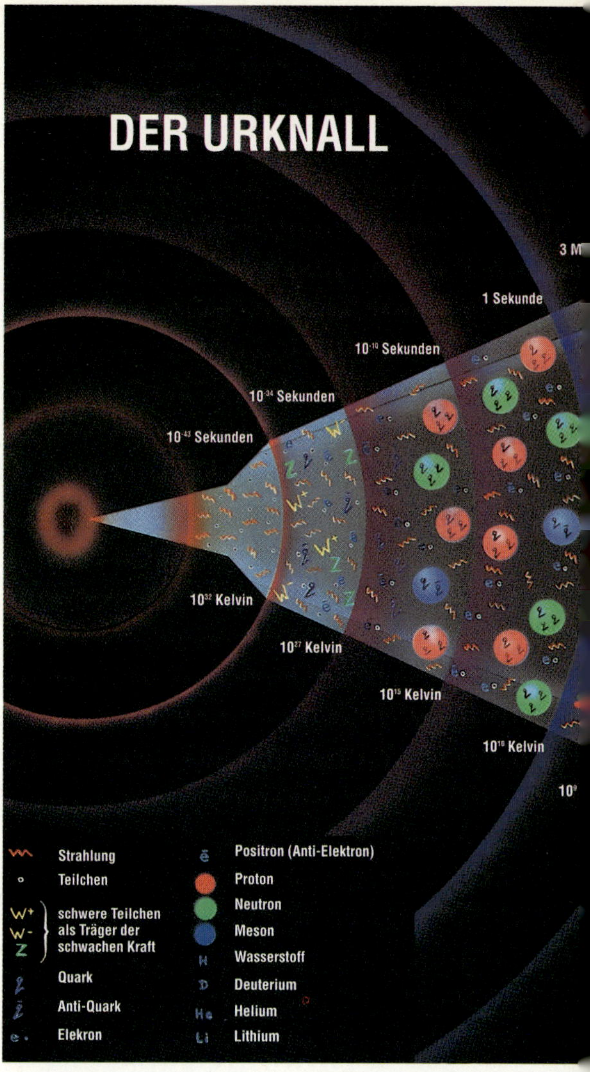

5. Bei 1 Sekunde, Temperatur 10^{10} Kelvin: Neutrinos entkoppeln, daraufhin vernichten sich die Elektronen und Positronen, wobei aber ein Rest von Elektronen übrigbleibt, doch bestimmen Neutrinos die kosmische Hintergrundstrahlung als den wichtigsten aktiven Bestandteil des Universums.

6. Bei 3 Minuten, Temperatur 10^9 Kelvin: Protonen und Neutronen können sich zu Kernen verbinden, da ihre

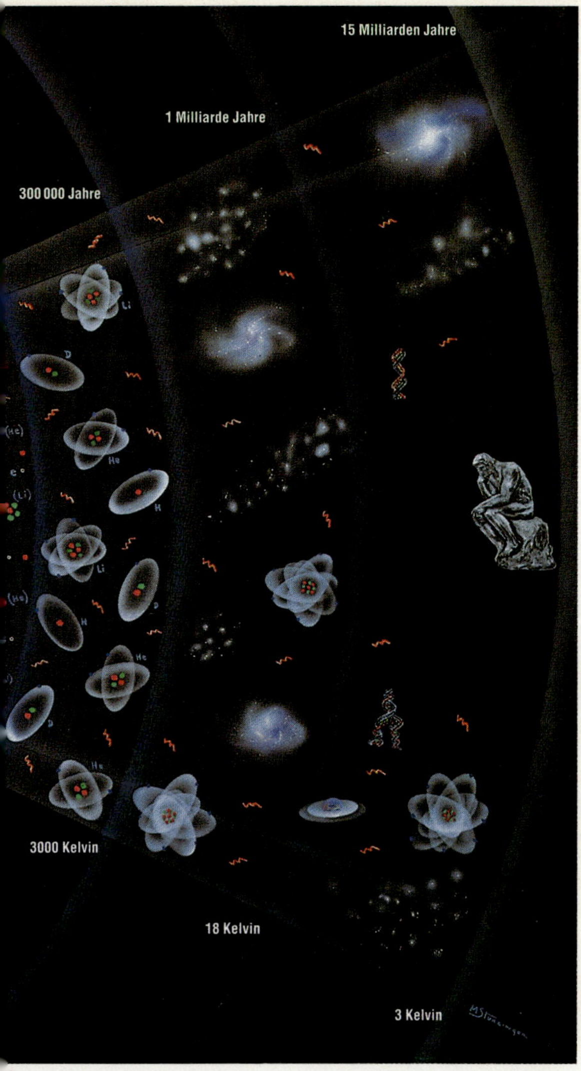

Bindungsenergie größer ist als die Energie der kosmischen Hintergrundstrahlung. Es kommt zu einer raschen Synthese leichter Kerne: zuerst von Deuterium (schwerer Wasserstoff: ein Proton und ein Neutron), dann von schwereren Elementen, hauptsächlich Helium, aber auch anderen bis hin zu Lithium (drei Protonen und vier Neutronen). Rund 75 Prozent der Kerne sind Wasserstoff (ein Proton) und 25 Prozent Helium (zwei Protonen und zwei Neutronen); die übrigen Elemente machen nur einen winzigen Bruchteil aus. Die schwereren Elemente bilden sich später durch Kernfusion in Sternen.

7. Bei 300 000 Jahren, Temperatur 3000 Kelvin: Materie und kosmische Hintergrundstrahlung entkoppeln, als Elektronen sich mit Protonen zu neutralen Atomen verbinden. Das Universum wird transparent für die kosmische Hintergrundstrahlung, so daß COBE diese ausgehende Epoche der vereinzelten Teilchen erfassen kann.

8. Bei 1 Milliarde Jahre, Temperatur 18 Kelvin: Aus den ursprünglichen Rippeln sind Materieansammlungen entstanden, die zu Quasaren, Sternen und Protogalaxien werden. Im Inneren der Sterne entstehen durch die Verbrennung der ursprünglichen Wasserstoff- und Heliumkerne schwerere Kerne wie Kohlenstoff, Stickstoff, Sauerstoff und Eisen. Diese werden durch stellare Winde und Supernova-Explosionen zerstreut, wodurch neue Sterne, Planeten und das Leben entstehen können.

9. Bei 15 Milliarden Jahren, Temperatur 3 Kelvin: Wir sind in der Gegenwart angekommen. Fünf Milliarden Jahre zuvor verdichtete sich unser Sonnensystem aus Überresten älterer Sterne. Durch chemische Prozesse sind Atome zu Molekülen und schließlich zu komplizierten Festkörpern und Flüssigkeiten zusammengetreten. Aus dem Staub von Sternen ist der Mensch entstanden, der das ihn umgebende Universum betrachtet.

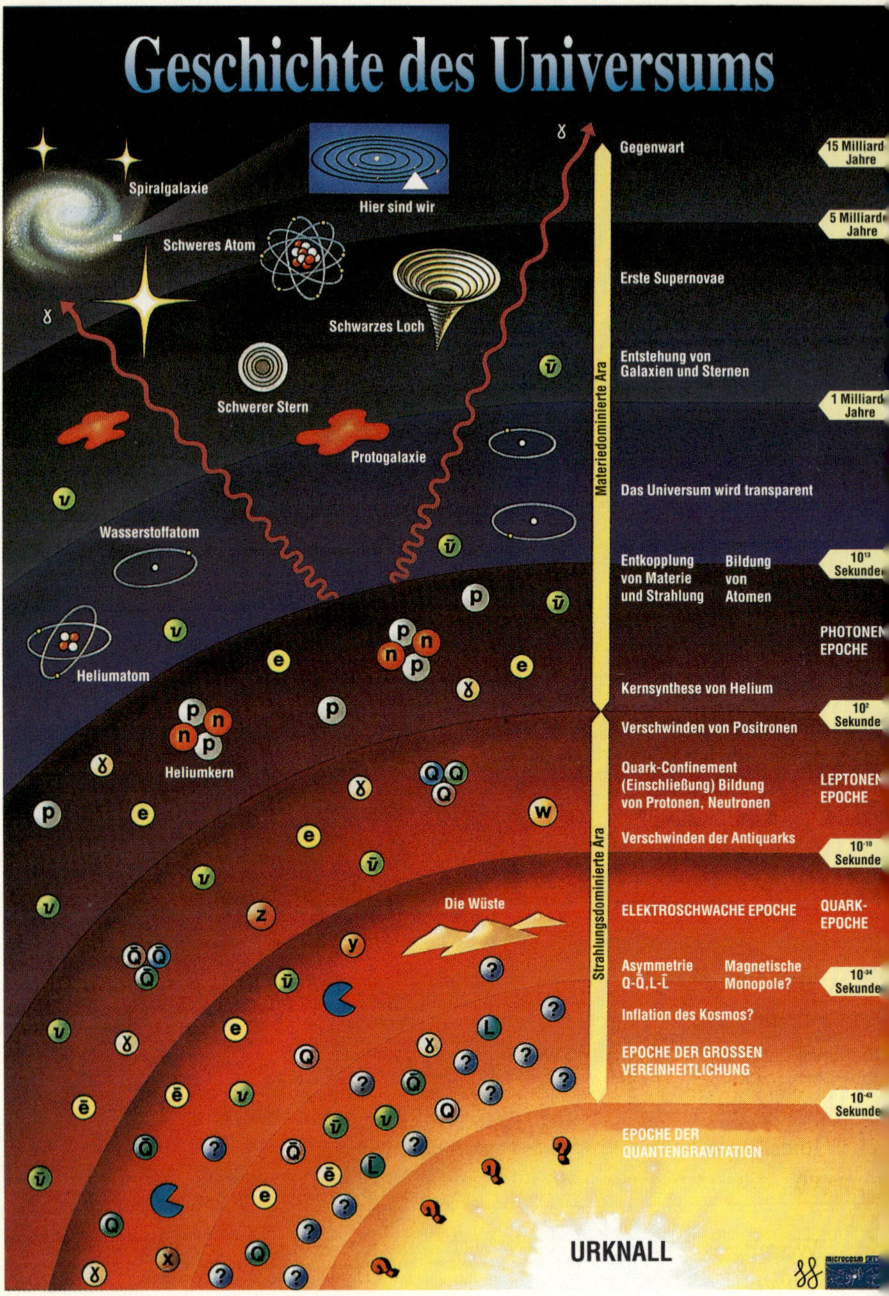

Zeitskala und wichtige Bestandteile in der Geschichte des Universums.

eine Anhäufung aus Tausenden von Galaxien. Als Ausgleich zu diesen gewaltigen Konzentrationen existieren auch unermeßliche leere Räume. Ein berühmtes Beispiel ist die Große Leere im Sternbild Bootes mit einem Durchmesser von rund hundert Millionen Lichtjahren.

Aus diesen Beobachtungen und theoretischen Überlegungen ergibt sich klar, daß das gegenwärtige Universum sehr viel klumpiger ist, als wir noch vor einiger Zeit dachten. Die großen Massekonzentrationen, die wir in den Haufen, Superhaufen und Strukturen noch höherer Ordnung sehen, werden jedoch um ein Mehrfaches von begleitender dunkler Materie übertroffen. Wie klumpig das Universum ist, das hängt davon ab, wieviel dunkle Materie sich in diesen Strukturen befindet – statt zwischen ihnen verstreut zu sein.

Von unseren U-2-Beobachtungen der kosmischen Hintergrundstrahlung und anderen Messungen wußten wir bereits, daß die ursprünglichen Variationen im frühen Universum – die Falten – klein waren. Die Falten waren »Keime«, an denen sich durch die Gravitation Materie anlagerte, bis die heutigen Strukturen entstanden. Da die Falten so klein waren, gibt es für die Materiemenge im Universum Grenzen, falls die Strukturen, die wir heute sehen, in den fünfzehn Milliarden Jahren seit dem Urknall entstanden sind. Wenn das Universum eine *mittlere* Dichte in der Nähe der kritischen Dichte hat, muß Omega in bestimmten Regionen größer und in anderen kleiner als 1 gewesen sein. Die Regionen mit einem Omega größer als 1 kollabierten schließlich und bildeten Strukturen aus, während weniger dichte Regionen zu Leerräumen wurden, was zu der schaumartigen Struktur des heutigen Universums führte. Hätte Omega weit unter 1 gelegen, wären sehr wenige Regionen kollabiert. Hätte es weit über 1 gelegen, wäre alles kollabiert. Je näher Omega an 1 war, desto leichter konnte sich die Struktur des Universums ausbilden, welche die Astronomen heute beobachten.

Woraus ist die dunkle Materie, aus der ein so großer Teil des Universums zu bestehen scheint? Die Materie, mit der wir am besten vertraut sind, setzt sich zusammen aus Protonen und Neutronen, zusammenfassend als Baryonen bezeichnet, und den sie begleitenden Elektronen. Ist die dunkle Materie also baryonischer Natur, nur daß sie nicht leuchtet und deshalb unsichtbar ist? Es gibt keinen theoretischen Grund, das auszuschließen. Berechnungen der ursprünglichen Kernsynthese (der Bildung von Kernen aus den Protonen und Neutronen im frühen Universum) während des Urknalls und der anschließenden Vorgänge erlauben uns eine Abschätzung der Dichte der baryonischen Materie, der sichtbaren wie der dunklen. Eine baryonische Materiedichte, die zu hundert Prozent mit der kritischen Dichte übereinstimmt, würde uns die einfache Annahme ermöglichen, daß sämtliche Materie aus den fundamentalen Teilchen besteht, aus denen wir und alle Dinge, die wir sehen, zusammengesetzt sind. Bei einer Zahl unterhalb von hundert Prozent müßten wir anerkennen, daß das Universum aus dreierlei Materie besteht: der baryonischen sichtbaren Materie, die wir seit langem kennen, der baryonischen dunklen Materie, die zwar neu für uns ist, aber aus den gleichen fundamentalen Teilchen besteht, und einer dritten, völlig unbekannten Klasse.

Dave Schramm von der Universität von Chicago und Mitarbeiter haben Berechnungen hinsichtlich der Kernsynthese im Urknall angestellt, nach denen die baryonische Materie höchstens zehn Prozent der kritischen Dichte ausmacht. Wir müssen daher die Tatsache ins Auge fassen, daß bis zu neunzig Prozent der Materie im Universum sowohl unsichtbar als auch gänzlich unbekannt und möglicherweise unerkennbar für uns sind. Ein gewaltiges Rätsel enthüllte sich allmählich, und ein wesentlicher Teil dieses Rätsels besteht in der Existenz von – baryonischer und nichtbaryonischer – dunkler Materie.

Was unser weniger exotisches Suchobjekt angeht, die baryonische dunkle Materie, so besteht an Kandidaten kein Mangel. Sie kann in vielerlei Formen existieren – als Gas- oder Staubwolken, als große planetenartige Objekte, als Endstufe von Sternen der einen oder anderen Form und als Schwarze Löcher. Gewiß gehören einige davon zu den rätselhafteren Körpern im Universum, aber zumindest weiß man, daß sie existieren – und sie könnten in so großer Menge vorkommen, daß sie für die Gesamtmenge der baryonischen dunklen Materie verantwortlich sind.

Es ist nicht damit zu rechnen, daß Staub oder Wasserstoff- und

Heliumgas – sei es dünn verteilt oder als Wolken – einen wesentlichen Anteil an der baryonischen dunklen Materie haben, denn sie wären leicht zu entdecken, vor allem daran, daß sie die Sichtbarkeit von hinter ihnen liegenden Galaxien beeinflussen. Falls Gas oder Staub aber zu dichten Objekten wie kleinen braunen Zwergsternen oder planetenartigen Objekten kondensierten, könnten große Mengen dunkler Materie tatsächlich der unmittelbaren Entdeckung entzogen sein. Meine Kollegen Kim Greist, ein Theoretiker, und Bernard Sadoulet, ein französischer Physiker, der unser Center for Particle Astrophysics in Berkeley leitet, bezeichnen Körper dieser Art als »massereiche kompakte Halo-Objekte«, *m*assive *c*ompact *h*alo *o*bjects, kurz MACHOs. Mein Kollege in Berkeley, Joseph Silk, vermutet, daß außer braunen Zwergen und planetenartigen Objekten möglicherweise auch Schwarze Löcher und ausgebrannte Sterne wie etwa weiße Zwerge oder Neutronensterne zu den MACHOs gehören.

Am faszinierendsten dürften die Schwarzen Löcher sein, und sie sind auch am schwierigsten zu entdecken und zu quantifizieren. Schon im achtzehnten Jahrhundert spekulierten Wissenschaftler über Welten, die so massereich sind, daß der Macht ihrer Gravitation nichts entgeht, nicht einmal Licht. Im frühen zwanzigsten Jahrhundert erklärte J. Robert Oppenheimer unter Berufung auf Einsteins allgemeine Relativitätstheorie, wie ein Schwarzes Loch entstehen könnte: Das Schwarze Loch würde den umgebenden Raum so stark verzerren, daß die Entweichgeschwindigkeit größer wäre als die Lichtgeschwindigkeit, die von nichts übertroffen werden kann; folglich könnte nichts, auch das Licht nicht, einem Schwarzen Loch entkommen. Schwarze Löcher können sich in den Zentren von Galaxien befinden, auch der unseren. Das Zentrum der Milchstraße emittiert eine intensive Gammastrahlung – vielleicht den »Todesschrei« von Sternen, die in ein Schwarzes Loch fallen. Schwarze Löcher können auch in galaktischen Halos verteilt sein und dort einen erheblichen Anteil der baryonischen dunklen Materie ausmachen.

Die Entdeckung baryonischer dunkler Materie ist grundsätzlich möglich, da sie aus denselben fundamentalen Teilchen besteht, mit denen wir vertraut sind. Allerdings bedarf es dazu einer gewissen Findigkeit. Falls der Großteil der baryonischen dunklen Materie aus MACHOs in der einen oder anderen Form besteht, dann ist sie hochkonzentriert und kann nicht direkt, sondern nur anhand ihrer Auswirkung auf andere, sichtbare Objekte festgestellt werden. Bogdan Paczynski, ein Astronom aus Princeton, schlug vor rund zehn Jahren ein entsprechendes Verfahren vor. Wenn ein MACHO vor einem fernen Stern vorbeizieht, wird seine Gravitation das Sternlicht geringfügig ablenken und bündeln, so daß es kurzfristig heller erscheint. Danach forschen unser Center for Particle Astrophysics in Berkeley unter Leitung von Charles Alcock und eine australische Gruppe. Die Suche konzentriert sich auf die Große Magellansche Wolke, eine kleine, rund 160 000 Lichtjahre von der Milchstraße entfernte Galaxie. Wenn die MACHO-Idee nur die geringste Gültigkeit hat, dann müßte der Halo der Milchstraße Millionen solcher Körper enthalten, von denen jeder einen Stern kurzfristig heller erscheinen lassen kann. Die Große Magellansche Wolke enthält natürlich mehr als eine Million Sterne, und so wird man für die Sternbeobachtung Beharrlichkeit und Geduld aufbringen müssen.

Das Objekt, dem dieses und andere Forschungsprogramme gelten, beträgt wohlgemerkt bloße zehn Prozent der im Universum vermuteten dunklen Materie. Die übrigen neunzig Prozent sind nichtbaryonischer Natur, bestehen also aus anderen Teilchen als Protonen, Neutronen und den damit verbundenen Elektronen. Ist schon die Suche nach baryonischer dunkler Materie eine Herausforderung, dann um so mehr die Jagd nach der nichtbaryonischen Variante. Erinnern wir uns, daß die Bedingungen in den ersten Momenten des Urknalls wahrhaft außergewöhnlich waren, so daß alle erdenklichen Arten von Materie erzeugt worden sein können. Einige dieser exotischen Materiearten waren möglicherweise so stabil, so häufig und so massereich, daß sie zur dominierenden, aber unsichtbaren Komponente des heutigen Universums geworden sind. Diese exotische Art von Materie wird dann zwar eine Gravitationswirkung auf sichtbare Materie ausüben – daher die beobachteten Eigengeschwindigkeiten von Galaxien –, aber nicht in elektromagnetische Wechselwirkung mit ihr treten und deshalb unsichtbar sein. Woraus setzt sie sich zusammen?

Für die aus nichtbaryonischen Teilchen bestehende dunkle Materie haben Astrophysiker zwei Hauptformen in Erwägung gezogen, eine heiße und eine kalte, und beide galten eine Zeitlang als aussichtsreichster Kandidat. Die Adjektive »heiß« und »kalt« beziehen sich auf die vermuteten Geschwindigkeiten der Teilchen: Heiße Teilchen sind schnell und streuen leicht, während kalte langsam sind und zusammenhalten. (Die baryonische dunkle Materie kann man sich als eine Form von kalter dunkler Materie denken, weil sie ebenfalls langsam ist.)

Einer der aussichtsreichsten Kandiaten für heiße dunkle Materie ist das Neutrino, das es in drei Ausprägungen gibt, als Elektron-Neutrino, Myon-Neutrino und Tau-Neutrino. Diese subatomaren Teilchen sind allgegenwärtig; sie sausen, während Sie diesen Satz lesen, zu Milliarden durch Ihren Körper. Bis in die späten siebziger Jahre hielt man Neutrinos für masselos (wie die Photonen). Dann fanden amerikanische und sowjetische Wissenschaftler unabhängig voneinander Beweise dafür, daß Neutrinos eine geringfügige Masse von rund dreißig Elektronvolt[34] haben könnten, was ungefähr 0,000003 Prozent der Masse eines Wasserstoffatoms entspricht. Wenn das stimmt, dann könnte die Gesamtmasse der Neutrinos im Kosmos für die vermutete Menge nichtbaryonischer dunkler Materie mitverantwortlich sein und möglicherweise sogar ausreichen, um das Universum zu beenden (also den schließlichen Kollaps herbeizuführen). Durch Experimente und Beobachtungen von Neutrinos von der Supernova 1987A wurde später gezeigt, daß die Masse des Elektron-Neutrinos erheblich kleiner ist als dreißig Elektronvolt. Einige Teilchentheoretiker meinen jedoch, daß das Tau-Neutrino eine Masse von dieser Größe haben könnte.

Es gibt einen allgemeinen Einwand gegen jegliche Form von heißer dunkler Materie. Er bezieht sich auf die Geschwindigkeit der Teilchen und die Bedingungen beim Beginn der Verdichtung von Galaxien aus gewöhnlicher Materie. Wir wissen, daß Galaxien sich relativ früh in der Geschichte des Universums gebildet haben, vielleicht schon eine halbe Milliarde Jahre nach dem Urknall. Die Verdichtung von ursprünglicher Materie muß schon bald nach der Trennung von Materie und Strahlung begonnen haben, etwa zehn- bis hunderttausend Jahre nach dem Urknall. Dies stellt ein Problem für die Existenz heißer dunkler Materie dar, denn aus ihr können sich Galaxien erst sehr viel später gebildet haben, als sie es unseres Wissens tatsächlich getan haben.

Teilchen heißer dunkler Materie müssen sich kurz nach dem Urknall mit annähernder Lichtgeschwindigkeit bewegt haben. Zu dem Zeitpunkt, zu dem die Kondensation eingesetzt haben könnte, würden sich etwa vorhandene ursprüngliche Anhäufungen von Materie verschmiert haben, da die Teilchen in gewaltige Fernen hinausschossen. Die kleinsten Strukturen, die sich aus heißer dunkler Materie gebildet haben könnten, müßten einen Umfang von rund zehn Millionen Lichtjahren haben. Das ist die Größenordnung von galaktischen Superhaufen, nicht von einzelnen Galaxien. Aus solchen Superhaufen müßten sich dann später einzelne Galaxien verdichtet haben. Bei diesem Verlauf, den man als *top-down*-Dynamik bezeichnet, würden sich Galaxien sehr viel später in der Geschichte des Universums gebildet haben, als es, wie wir wissen, tatsächlich der Fall war. Heiße dunkle Materie scheidet daher als Kandidat für nichtbaryonische dunkle Materie aus, weil sie nicht früh genug Galaxien gebildet haben kann. Es sei denn, daß etwas anders für stabile Strukturen von Galaxiengröße gesorgt hätte, mit dem die heiße dunkle Materie in Wechselwirkung trat. Als eine entsprechende Möglichkeit sind kosmische Strings vorgeschlagen worden.

Es klingt nach einem Science-fiction-Film: Ein unermeßlich langes, fadenförmiges Objekt mit ungeheurer Anziehungskraft saust durch das Sonnensystem. Wie ein kosmischer Ochsenziemer rast es durch die Erde und zerreißt sie, um anschließend mit annähernder Lichtgeschwindigkeit zu verschwinden und eine leblose Welt zu hinterlassen. Man hat sich, so merkwürdig es auch klingt, dafür ausgesprochen, daß derartige Objekte existieren. Daß man überhaupt auf solche Ideen kommt, zeigt, wie verzweifelt die Kosmologen nach einer Erklärung für die Bildung von Strukturen, besonders von großräumigen Strukturen, im frühen Universum gesucht haben.

Kosmische Strings sind ein Beispiel für einen topologischen Defekt, eine räumliche Störung, im Kosmos, und sicher das berühmteste. Mit den topologischen Defekten ist die Symmetrie angesprochen, die bisweilen gebrochen wird. Ein passendes Beispiel liefert das Wasser: Wenn man eintaucht, sieht das Wasser nach allen Richtungen gleich aus; es hat keine Struktur. Wenn es zu Eis gefriert, hat es eine andere Symmetrie. Eis besteht aus langen atomaren Kristallgittern, die in bestimmte Richtungen weisen. Der Grad der Symmetrie des Wassers hängt von seiner Temperatur ab; bei bestimmten Temperaturen macht Wasser einen »Phasenübergang« durch, beispielsweise, wenn es aus dem flüssigen in den eisförmigen Zustand übergeht.

Etwas Ähnliches vollzog sich nach dem Urknall. Bei der Geburt unseres Kosmos war das Universum extrem heiß und dicht. Die Kräfte waren vereinigt in einer einzigen, symmetrischen Kraft – einer Urkraft. Der Kosmos expandierte und kühlte sich ab. Als die Temperatur sank, wurde die ursprüngliche Symmetrie gebrochen, und die Urkraft zerfiel in Teilkräfte, die sich jeweils auf eine andere Weise manifestierten. Heute sind dies neben der Gravitationskraft die elektromagnetische Kraft sowie die starke und die schwache Kernkraft. Der symmetriebrechende Prozeß, der Wasser in Eis verwandelt, ist also verwandt mit dem Prozeß, der das uns umgebende Universum hervorbrachte. Die entscheidende Größe ist die Temperatur.

Das Urknall-Universum dehnte sich gewaltig aus und kühlte dabei ab. An einem bestimmten Punkt hatte es sich soweit abgekühlt, daß die Symmetriebrechung eintrat und die Kräfte sich differenzierten – daß es an unzähligen Stellen des Raumes »gefror«. An jeder dieser Stellen beginnend, breitete sich die Symmetriebrechung mit Lichtgeschwindigkeit über das Universum aus. Diese stetig expandierenden Regionen mit gebrochener Symmetrie prallten zwangsläufig zusammen. Dabei bestand zwischen der gebrochenen Symmetrie der einzelnen Regionen keine vollkommene Übereinstimmung. Das hatte dramatische Folgen.

Am besten kann man sich das am Beispiel eines Teiches an einem kalten Tag klarmachen. Der Teich beginnt an verschiedenen Stellen zu kristallisieren, und während sich das Eis in dem Teich ausbreitet, stoßen gefrorene Bereiche aufeinander. Die Kristalle des einen Bereichs fügen sich nur selten nahtlos mit den Kristallen eines anderen Bereichs zusammen. Deshalb ist das Eis in einem Teich oder auch in einem Eiswürfel kreuz und quer von dünnen weißen Linien durchzogen, die in Wirklichkeit Bruchstellen sind, an denen die Kristalle nicht einheitlich ausgerichtet sind.[35]

Es könnte sein, daß die Symmetriebrechung im sich abkühlenden Universum bewirkte, daß verschiedene Regionen sich nicht einheitlich ausrichteten. Dadurch bildeten sich Sprünge im Raum. In diesen Sprüngen blieb der ursprüngliche symmetrische, superheiße und supermassive Zustand des Urknalls bewahrt. Die Sprünge können sich auf unterschiedliche Weise ausgewirkt haben, so in magnetischen Monopolen, Materiewänden, Texturen oder in kosmischen Strings. Magnetische Monopole wären »dimensionslose« Defekte – ohne Breite, Höhe und Tiefe. Materiewände wären zweidimensional, wie unermeßliche Flächen, die sich durch den Raum erstrecken. Texturen wären dreidimensional. Und kosmische Strings wären eindimensionale Objekte, die zwar eine Länge, aber keine Breite oder Tiefe besitzen. Strotzend von Urenergie, wären Strings in der Tat furchteinflößend.

Die ersten, die über kosmische Strings spekulierten, waren Alexander Vilenkin von der Tufts-Universität, Thomas W. B. Kibble vom Imperial College in England und der russische Theoretiker Jakow Seldowitsch. Am vernehmlichsten hat sich jedoch Neil Turok über sie geäußert, ein langer, hagerer junger Engländer, der eine dunkle Clark-Kent-Brille trägt und Kritikern mit spöttischer Selbstsicherheit begegnet. Als Gelehrter führte er ein Vagabundenleben; er war in Princeton und an anderen Universitäten tätig. Er und seine Kollegen simulierten die Entwicklung von Strings nach dem Urknall im Computer. Von der Masse einer Galaxie und dennoch so dünn wie ein Faden (und vielleicht so lang, wie der Kosmos breit ist), könnten Strings durch das Universum gesaust sein, und gelegentlich könnten sich Schleifen abgeteilt haben, wenn ein String sich selbst in die Quere kam. Diese kosmischen Strings könnten der Katalysator gewesen sein, der der heißen dunklen Materie zur ersten Galaxienbildung verholfen hat.

Es war eine aufregende Idee, und sie wurde von den Medien gehätschelt; doch irgendwann war sie nicht mehr gefragt. Einer der Gründe dafür war, daß sich bei Computersimulationen zeigte, daß Strings zu instabil und zu schwach gewesen wären, um galaktische Strukturen zu bilden. »Je besser die Computersimulationen wurden, desto mehr verflüchtigten sich die Vorzüge der kosmischen Strings«, verkündete Turok, die weiße Fahne der Kapitulation schwenkend. »Wer meine Stringcodes haben möchte, kann sie haben.« Ende der achtziger Jahre hatten die meisten Kosmologen ihr Interesse bezüglich der nichtbaryonischen dunklen Materie von der heißen auf die kalte verlagert. Um der Ehre ihrer Kollegen willen halten einige noch an der Vorstellung räumlicher Defekte fest, darunter neben Turok David Spergel aus Princeton und David Bennett von Livermore. In den frühen neunziger Jahren verkündeten sie eine Möglichkeit anderer Defekte – die Texturen – als aussichtsreiche Alternative zu den Strings, konnten ihre Kollegen aber kaum dazu bewegen, den Defekten ihre Gunst zu schenken.

Man könnte den Eindruck haben, als sei nichtbaryonische kalte dunkle Materie die langweilige Cousine der heißen Variante, denn sie treibt nur mit einem Bruchteil der Lichtgeschwindigkeit durch den Kosmos, doch erfüllt sie viele der Bedingungen für die frühe Bildung von Galaxien. Angesichts ihrer geringen Geschwindigkeit und der schwachen Wechselwirkung mit Licht ist es denkbar, daß Teilchen der kalten dunklen Materie sich unter dem Einfluß der ursprünglichen Rippel anzusammeln begannen; sie könnten dann rasch Keime von Galaxiengröße gebildet haben, die sich nicht verschmierten. An diesen Keimen hätte sich dann baryonische Materie angelagert und innerhalb von einer Milliarde Jahren nach dem Urknall Galaxien gebildet. Später wären dann Galaxienhaufen und Superhaufen entstanden, so daß die Herausbildung der Gesamtstruktur des Universums von unten nach oben verlaufen wäre. Wir wären, falls das stimmt, Bewohner eines baryonischen Sonnensystems, das aus nichtbaryonischen Keimen hervorgegangen ist. Die Erforschung der nichtbaryonischen dunklen Materie könnte die Astronomie revolutionieren, hat der Astrophysiker Scott Tremaine geschrieben. Nach seiner Meinung erleben wir »die erste Phase einer Revolution gegen die ›baryozentrische‹ Kosmologie, einer Revolution, die direkt auf die Revolution zurückgeht, mit der sich Kopernikus gegen die geozentrische Kosmologie wandte.«

Computersimulationen haben dem Anspruch der kalten dunklen Materie, der überwiegende Stoff des Universums zu sein, erheblichen Auftrieb gegeben. Joel Primack und George Blumenthal von der Universität von Kalifornien in Santa Cruz haben, ausgehend von den Eigenschaften von baryonischer Materie und nichtbaryonischer dunkler Materie, Modelle der Galaxienbildung durchgespielt, die dem realen Prozeß, soweit wir ihn heute verstehen, sehr nahekommen. Und Marc Davis, mein Kollege in Berkeley, hat gezeigt, daß die Ausbildung der großräumigen Struktur des Universums eher mit Computermodellen erreicht wird, die von kalter dunkler Materie ausgehen, als mit solchen, die auf heißer Materie basieren. Die Theorie wurde von dem kanadischen Theoretiker Dick Bond und von seinem englischen Kollegen George Efstahiou vorangetrieben.

Wohl schienen die Eigenschaften kalter dunkler Materie mit der Geschichte des Universums, wie wir sie verstehen, vereinbar zu sein, doch die Frage ihrer Identität war ungekärt. Kosmologen haben deshalb eine Familie hypothetischer Teilchen vorgeschlagen, die zusammenfassend als »schwach wechselwirkende massereiche Teilchen«, *w*eakly *i*nteracting *m*assive *p*articles bezeichnet werden, kurz WIMPs, eine Bezeichnung, die Michael Turner von der Universität von Chicago prägte. WIMPs, gleichzeitig auf große vereinheitlichte und supersymmetrische Theorien zurückgehend, müssen langlebig und stabil sein, müssen alle dieselbe Masse haben und dürfen nur schwach mit baryonischer Materie wechselwirken. Nach der Theorie der Supersymmetrie gibt es, genau wie in Diracs Konzept der Antimaterie in den zwanziger Jahren, zu jedem gewöhnlichen Teilchen ein spiegelbildliches, supersymmetrisches Teilchen. Jedes Fermion (Teilchen wie Quarks und Leptonen) hat beispielsweise ein Gegenstück in Gestalt eines Bosons (Teilchen wie Photonen und Gluonen). Keines dieser spiegelbildlichen Teilchen ist bislang entdeckt worden, aber das hat die Physiker nicht davon abgehalten, ihnen verrückte Namen beizulegen. Zum Photon gibt es in der Theorie ein supersymmetrisches Teilchen, das »Photino«, zum Quark ein »Squark«, zum Neutrino ein »Sneutrino« und so weiter.

Es gibt außer den WIMPs noch andere Kandidaten für nichtbaryonische dunkle Materie, zum Beispiel ein schweres Neutrino oder ein leichtgewichtiges Teilchen namens Axion. Das schwere Neutrino, das die zweifache Masse eines Protons auf die Waage bringt, wäre gar kein richtiges Neutrino, und auf jeden Fall müßte, damit es überhaupt existieren kann, das Standardmodell der Teilchenphysik revidiert werden. Aufbauend auf Arbeiten von Robert Pecci und Helen Quinn, sagten Steven Weinberg und Frank Wilczek die Existenz eines Teilchens voraus, das Wilczek auf den Namen Axion taufte. Das Axion könnte ein Kandidat für dunkle Materie sein, wenn es die verschwindend geringe Masse von weniger als einem Milliardstel der Elektronenmasse hätte und von praktisch unendlicher Lebensdauer wäre. Der Theorie zufolge könnten diese hypothetischen Teilchen in ungeheuren Mengen entstanden sein, als sich aus der Verbindung von Quarks die Protonen und Neutronen bildeten, und sie könnten sogar die damals vorherrschende Form von Materie gewesen sein.

Die Liste der nichtbaryonischen dunklen Materie geht noch weiter, und sie wird immer seltsamer. Man spricht beispielsweise von Quarkbruchstücken und kleinen Schwarzen Löchern, die beide ziemlich ungewöhnliche Anfangsbedingungen erfordern. Sind solche mutmaßlichen Formen von Materie Phantasieprodukte von verzweifelten Männern und Frauen, die hektisch nach Lösungen für kaum zu fassende Probleme suchen? Oder sind sie ein begründetes Anzeichen dafür, daß die Kosmologie sich bei der Suche nach dunkler Materie in einer Terra incognita befindet, die sich unserem unmittelbaren Verständnis entzieht?

Wie dem auch sei – mehrere Forschergruppen haben jüngst mit Experimenten begonnen, die WIMPs und andere Teilchen nichtbaryonischer dunkler Materie nachweisen sollen, Experimente, die angesichts der spärlichen Kenntnisse über diese Schattenwelt eine erhebliche technische Herausforderung darstellen. Am Livermore National Laboratory versuchen Physiker Axionen mit Hilfe eines Kupferzylinders nachzuweisen, der von einem supraleitenden Magneten umgeben ist; beim Durchlaufen des Magnetfelds würden Axionen den Zylinder in schwache Schwingungen versetzen und Mikrowellen aussenden. Andere Gruppen versuchen, WIMPs in der kosmischen Strahlung zu entdecken. Bernard Sadoulet und seine Kollegen hoffen beispielsweise, die Schwingungen und die Ionisation messen zu können, die von WIMPs beim Durchlaufen eines supergekühlten Detektors erzeugt werden. Ihr Gerät wird in Stanford in zwanzig Meter Tiefe unter der Erdoberfläche getestet werden, abgeschirmt gegen kosmische Strahlen und sonstige Störquellen.

Ebenfalls in Stanford entwickelt der Physiker Blas Cabrera einen Detektor, der Supraleiter enthält; diese würden ihre Supraleitfähigkeit verlieren, wenn sie von einem durchlaufenden WIMP geringfügig erwärmt würden. In England plant Peter Smith vom Rutherford-Appleton Laboratory, WIMP-Detektoren in einem Bergwerk an der englischen Nordostküste in über tausend Meter Tiefe aufzustellen. Einer seiner Detektoren enthält einen Natriumjodidkristall, der einen Lichtblitz aussenden wird, falls seine Kerne oder Elektronen von einem WIMP angestoßen werden. In Italien will Ettore Fiorini von der Universität Mailand WIMP-Detektoren im Apennin im Gran-Sasso-Tunnel aufstellen.

Während wir auf die erste Meldung warten, daß eines dieser exotischen Teilchen gesichtet wurde, bleibt eine Sorge bestehen. Es könnte sich herausstellen, daß die theoretische Stärke der nichtbaryonischen kalten dunklen Materie – die Leichtigkeit, mit der sie sich während der frühen Bildung von Galaxien zusammenballt – zugleich ihre Schwäche ist. Wenn sie sich tatsächlich im galaktischen Maßstab zusammengeballt haben sollte, hätte in höheren Größenordnungen, also außerhalb der Galaxien und ihrer dunklen Halos, weniger dunkle Materie zur Verfügung gestanden. Die Gesamtmenge, die sich in höheren Ordnungen – Haufen von Haufen von Galaxien – zusammengeballt hat, wäre dann mit kalter dunkler Materie allein nicht zu erklären. Für die fehlende Menge müßte man dann auf etwas anders zurückgreifen, und zwar auf heiße dunkle Materie. Und das geschieht auch.

Als Vera Rubin und Kent Ford 1977 die Entdeckung machten, durch welche die dunkle Materie zu einer legitimen Frage der Kosmologie wurde, dachte Rubin, daß das Problem in etwa zehn Jahren gelöst sein würde. Diese zehn Jahre sind längst verstrichen, und wir sind der Lösung nicht einen Schritt näher gekommen. »Ich habe wirklich gedacht«, sagt Rubin, »wir wüßten heute mehr. Es ist wirklich enttäuschend, wenn man einsehen muß, daß wir von der Antwort noch immer genausoweit entfernt sind wie je zuvor.«

Allerdings hat die Suche unsere Wahrnehmung des Universums und seiner Ursprünge beträchtlich geschärft. Wir standen vor einem großen Paradoxon: Mit seiner schaumigen Struktur aus Galaxien, Galaxienhaufen, Superhaufen und anderen massereichen Strukturen ist das gegenwärtige Universum offensichtlich von einer extrem klumpigen Beschaffenheit, und andererseits wissen wir aus unseren Messungen der kosmischen Hintergrundstrahlung, daß die Materie im frühen Universum praktisch gleichförmig verteilt war. Die schwierige Aufgabe bestand nun darin, die anfängliche durchgängige Homogenität zu erklären, die sich auf irgendeine Weise – mit dunkler Materie in welcher Form auch immer – zu der überwältigenden Heterogenität von heute entwikkelt hat.

Die potentielle Antwort ließ nicht lange auf sich warten: Inflation.

Das inflationäre Universum

Am 14. Februar 1982 erhielt Blas Cabrera, Physiker an der Universität Stanford, ein ungewöhnliches Geschenk zum Valentinstag: ein Signal seines Detektors im Kellerlabor. Das Gerät sollte Teilchen registrieren, die man als magnetische Monopole (isolierte magnetische Nord- oder Südpole) bezeichnet und von denen man vermutet, daß sie Überbleibsel vom Urknall sind. Kurz zuvor hatte Cabrera seinen wunderbaren neuen supraleitenden Detektor zum ersten Mal angeschaltet. War es möglich, daß er so rasch eines dieser schwer faßbaren Teilchen entdeckt hatte? Die Medien bekamen Wind von dem Ereignis. Die *New York Times* brachte einen Bericht auf der ersten Seite. Dem Fernsehen verwehrte Cabrera den Zutritt, aus Furcht, daß es »das Labor in einen Zoo verwandelt hätte«. Er scheute sich, das Signal als einen echten Monopol zu identifizieren, und wartete darauf, daß das nächste kam. Es vergingen Tage, Wochen und Monate. Der Harvard-Physiker Sheldon Glashow schickte Cabrera einen Limerick:

> Roses are red, violets are blue,
> Now's the time for monopole two.

Aber Monopol zwei zeigte sich nicht. Nach zehnjährigem Warten hat Cabrera die Hoffnung fast aufgegeben. Die meisten Physiker vermuten, daß hinter dem »Monopol« von 1982 ein technischer Defekt steckte, vielleicht auch ein Studentenulk. Dutzende von Wissenschaftlerteams in aller Welt versuchten in den achtziger Jahren, Monopole zu entdecken, immer ohne Erfolg. Die Medien, zuerst von den Monopolen fasziniert, schlugen einen zynischen Ton an. Das *Wall Street Journal* bezeichnete die Suche nach

Monpolen 1985 als »einen der tollsten Schildbürgerstreiche in der Geschichte der Forschung«.

Doch es stand viel auf dem Spiel, und das ist der Grund, warum die Suche nach Monopolen bis heute fortgesetzt wird. Es gibt Hypothesen, die alle bekannten Naturkräfte in einer einzigen Gleichung auszudrücken versuchen, einer Gleichung, »die man auf einem T-Shirt tragen kann«, wie Leon Lederman witzelt. Diese Hypothesen bezeichnet man als große vereinheitlichte Theorien (grand unified theories, kurz GUTs), und sie sagen voraus, daß Monopole existieren sollten. Wo stecken also diese flüchtigen Teilchen?

Ironischerweise könnte die Antwort bereits drei Jahre vor Cabreras irrtümlicher Entdeckung gefunden worden sein, auf demselben nordkalifornischen Campus. Dort schlug Alan Guth im Dezember 1979 eine Hypothese vor, welche die Urknall-Kosmologie dramatisch erweiterte. Guths Hypothese, die sogenannte Inflationstheorie, beschrieb einen ultraschnellen, ultrakurzen Urknall innerhalb des Urknalls, der sich im ersten Moment der Schöpfung ereignete und im wesentlichen die Bedingungen für die weitere Entwicklung des Kosmos festlegte. Guth war nicht der einzige, der auf diese radikale Lösung verfiel. Auf ähnliche Ideen waren auch Katsuhiko Sato in Japan und Alexej Starobinsky in der ehemaligen Sowjetunion (und in seinem Gefolge André Linde) gekommen. Im Unterschied zu ihnen veröffentlichte Guth seine Einsichten, die die Welt der Kosmologie erschütterten.

Die Inflationstheorie schien auf Anhieb eine Reihe von Problemen zu lösen, mit denen sich die Kosmologen seit langem herumgeschlagen hatten, und man übertreibt nicht, wenn man sie als die dritte große geistige Revolution in der Kosmologie bezeichnet. Ihre Vorläufer gingen auf die Erkenntnisse Galileis und Newtons zurück, die die Identität von irdischer und himmlischer Physik nachwiesen, und auf Einsteins allgemeine Relativitätstheorie, die die Expansion des Universums beschrieb. Die Bedeutung der Inflationstheorie beruht darauf, daß sie zwei Fächer miteinander verknüpft, die scheinbar nichts miteinander zu tun haben: die Astrophysik (die Wissenschaft vom unvorstellbar Großen) und die Quanten-(Teilchen)physik (die Wissenschaft vom unvorstellbar Kleinen).

Die Inflation ist ein sehr leistungsfähiges Konzept, das drei wesentliche Fragen der Kosmologie erklärt. Sie erklärt erstens das Paradoxon eines überaus gleichförmigen frühen Universums, wie es sich in der Homogenität der kosmischen Hintergrundstrahlung zeigt, aus dem sich irgendwie die offenkundige Klumpigkeit des gegenwärtigen Universums entwickelt hat. Sie erklärt zweitens die Abwesenheit von magnetischen Monopolen und anderen mutmaßlichen Relikten des frühen Universums (wie den kosmischen Strings), das Nichtvorhandensein einer Rotation des Universums, die Flachheit des Raumes, die Homogenität des Raumes und außerdem noch, warum Einsteins kosmologische Konstante nicht völliger Unsinn war. Sie erklärt drittens, warum das Universum expandiert. Obendrein geht aus der Inflationstheorie hervor, daß das Universum sehr viel größer ist, als man bislang vermutet hatte; unser winziger Winkel des Kosmos ist also noch winziger, als wir gedacht hatten.

Das ist eine ansehnliche Erfolgsliste für eine einzige Theorie – falls sie stimmt.

Als ich am MIT studierte, war die Teilchenphysik mein Forschungsgegenstand. Mein Promotionsberater und Forschungsleiter war David H. Frisch, ein sehr aktiver, begeisterungsfähiger und freundlicher Mann. Als 1968 das Examen näherrückte, bat ich Dave und seine Kollegen David Bennett von Livermore und Lou Osborne um Übungsfragen für die mündliche Prüfung. In dem Gruppenraum, in dem wir oft einen Imbiß zu uns nahmen, befanden sich Tisch und Stühle, eine große Wandtafel, an der ich die Antworten auf ihre Fragen entwickelte, und ein Bücherschrank mit allen Ausgaben der wichtigen Zeitschrift *Physical Review*. Nach einigen Sitzungen kamen meine Antworten flüssiger und sicherer, und ihnen schienen die Fragen auszugehen. Scheinbar um eine Frage verlegen, deutete Dave auf den Bücherschrank und sagte: »Sehen Sie die Sammlung der *Physical Review* dort? Gehen Sie hin.« Ich dachte, er würde mich auffordern, eine Nummer herauszuholen und einen Artikel oder ein Meßergebnis zu erläutern. Er sagte jedoch: »Sie sehen, daß der Umfang der *Physical Review* von Jahr zu Jahr wächst. Der Abstand zwischen der Titelseite der ersten Januarausgabe und der Rückenseite der letzten Dezemberausgabe nimmt rasch zu. Wie lange wird es dauern, bis die Einbanddeckel einer Jahresausgabe sich schneller als das Licht voneinander entfernen?«

Er war sich bewußt, daß das eine schockierende, provozierende Frage war. Wie konnten die Außenseiten sich schneller als mit Lichtgeschwindigkeit voneinander entfernen? Theoretisch, so überlegte ich, war es vielleicht möglich, aber wie sah das praktisch aus? Schließlich mußte ich mir doch eine Antwort überlegen, denn ich wollte ja lernen, wie man eine mündliche Prüfung besteht. Das hieß, die Frage zur Zufriedenheit der Prüfer zu beantworten. Mir wurde klar, daß die Frage, abgesehen davon, daß sie provozierend war, der von Vicki Weisskopf begründeten MIT-Tradition folgte, den Studenten das Schätzen beizubringen.

Bei physikalischen Problemen können viele Faktoren von Bedeutung sein, doch im allgemeinen stehen nur einer oder zwei im Vordergrund. Wenn der Physiker die Dinge rasch und zuverlässig einzuschätzen vermag, weiß er, was er vernachlässigen kann und was eingehender untersucht werden muß. Zwischendurch zum Bücherschrank spähend, entwarf ich an der Tafel eine ungefähre graphische Darstellung des Umfangs der Jahrgänge, bezogen auf das Jahr. Die Kurve stieg mit fortschreitenden Jahren steil an. Sie zeigte exponentielles Wachstum, wie die Zinseszins- oder Inflationskurve. Jeder Jahrgang war um einen bestimmten Faktor dikker als der vorige. Im Schnitt verdoppelte er sich etwa alle sechs Jahre. Es war daher leicht abzuschätzen, wann ein Jahrgang der *Physical Review* über ein Lichtjahr lang sein würde.[36]

Frisch und Osborne wollten weiter von mir wissen, wie es möglich sei, daß die Einbanddeckel sich schneller voneinander entfernen könnten als mit Lichtgeschwindigkeit. Gab es hier einen Konflikt mit der speziellen Relativitätstheorie? Würde irgend etwas die Deckel daran hindern, sich schneller als das Licht voneinander zu entfernen? Diese Fragen waren leichter zu beantworten.

Diese Aufgabe hatte eine Parallele zu der kosmologischen Frage, ob Galaxien sich in einem expandierenden Universum schneller als das Licht voneinander entfernen können. Ich konnte mir vorstellen, daß für viele Jahre im voraus für jede Ausgabe der Zeitschrift Platzhalter aufgestellt würden und jeder neue Jahrgang eine Reihe hinter dem vorhergegangenen einnahm. Wenn ich genügend Forscher hatte, die jeweils an der richtigen Stelle saßen und jeweils einen Artikel schrieben, dann konnten sie gemächlich einen Kurzartikel schreiben und ihn an der entsprechenden Stelle in eine Ausgabe einschieben. In dem Jahr, in dem die Jahrgangsdeckel ein Lichtjahr oder mehr auseinander sein würden, würde es den Anschein haben, als entfernten sich die Jahrgangsdeckel mit mehr als Lichtgeschwindigkeit voneinander, obwohl sich kein einzelner Teil nennenswert bewegt haben würde. Nach einer Verdoppelung der Zeit würde es den Anschein haben, als entfernten sich die Jahrgangsdeckel mit mehr als der doppelten Lichtgeschwindigkeit voneinander. Von Jahr zu Jahr würde es scheinen, als entfernten sich die Deckel einer Ausgabe mit einer Geschwindigkeit voneinander, die der Nummer der Ausgabe (oder dem Erscheinungsdatum) proportional wäre. Dies ist die Hubblesche Beziehung für den *Physical Review*. Für den Kosmos gilt Vergleichbares: Anstelle der Physiker, die Artikel schreiben und sie in die Ausgaben hineinschieben, generiert das Universum Raum und schiebt ihn zwischen die Galaxien. Keine Galaxie braucht sich zu bewegen; der Raum zwischen ihnen erweitert sich nur.

»Okay, okay«, meinten Frisch und Osborne übereinstimmend. »Das ist möglich. Könnten Sie es so einrichten, daß nicht alles für so viele Jahre im voraus festgelegt ist, so daß die Information diese vielen Lichtjahre überbrücken muß?« Nein, ohne Platzhalter würden die Wissenschaftler nicht wissen, wo sie ihre Beiträge einzureihen hätten, und würden sie neben die ihrer Nachbarn stellen. Die *Physical-Review*-Ausgaben würden daher über die ganze Karte wandern, mit dem Torkelgang eines Betrunkenen, der sein Koordinationsvermögen und seinen Orientierungssinn eingebüßt hat.

Genau das gleiche Problem würde man bei der Errichtung des Universums haben. Teile des Universums können sich leicht mit mehr als Lichtgeschwindigkeit voneinander entfernen (ohne gegen die spezielle Relativitätstheorie zu verstoßen), wenn der Raum expandiert. Wenn der Raum expandiert, müssen zwei Raumgebiete, zwischen denen ein Abstand besteht, der größer ist als die Lichtgeschwindigkeit, geteilt durch die Expansionsrate (= Expansionsgeschwindigkeit/Zeit), sich mit mehr als Lichtgeschwindigkeit voneinander entfernen, obwohl keines der beiden

Gebiete sich bewegt oder sich relativ zu seinen lokalen Nachbarn oder zur Raum-Zeit sehr schnell bewegt. Unmöglich ist es allerdings, Vorgänge dabei weiterhin zu synchronisieren und aufeinander abzustimmen. Genau dieses Synchronisationsproblem führt dann zu Defekten oder zu einem klumpigen Universum. Dem gleicht das ganz frühe Universum durchaus nicht.

Das zentrale Problem ist die erstaunliche Gleichförmigkeit des frühen Universums, die sich in der kosmischen Hintergrundstrahlung zeigt. Wie unsere Beobachtungen und die anderer Forschungsteams ergeben haben, ist die Intensität der kosmischen Hintergrundstrahlung aus allen Richtungen des Kosmos (bis auf mindestens ein Zehntausendstel) identisch. Wir empfangen Strahlung aus Tausenden verschiedener Regionen des Universums, Regionen, die seit einem winzigen Moment nach dem Urknall keinen Kontakt mehr miteinander hatten. Dennoch weisen alle eine annähernd identische Temperatur auf. Wie ist eine solche Gleichförmigkeit ohne eine direkte Wechselwirkung zwischen diesen verschiedenen Regionen möglich? Wie konnte sie hergestellt und aufrechterhalten werden?

Traditionell sind Urknall-Kosmologen von der willkürlichen Annahme ausgegangen, daß das Universum homogen sei, weil es anfangs homogen war. Eine solche Annahme ist unbefriedigend, nicht nur, weil man damit Gott spielt – »So sei es!« –, sondern auch, weil sie nichts erklärt und der Frage ausweicht, warum es anfangs homogen war. Astrophysiker haben wie die meisten Wissenschaftler ein besseres Gefühl, wenn sie einen Mechanismus erkennen können, der bewirkt, daß die Dinge so sind, wie sie sind, ohne zu willkürlichen Annahmen greifen zu müssen. Einen solchen Mechanismus bot den Kosmologen die Inflationstheorie. Ironischerweise wurde sie ursprünglich nicht entwickelt, um die Gleichförmigkeit der kosmischen Hintergrundstrahlung zu erklären, sondern unter anderem, um die Abwesenheit eines mysteriösen Teilchens zu erklären.

1978 war der einunddreißigjährige Alan Guth Forschungsstipendiat an der Cornell-Universität. Sein Freund Henry Tye besuchte ihn und schlug vor, gemeinsam herauszufinden, wie viele magnetische Monopole vom Urknall erzeugt wurden. »Mir kam das damals wie eine geradezu verrückte Idee vor«, sagte

Guth später. »Ich hatte nie über Kosmologie gearbeitet.« Jahrzehnte zuvor hatte Paul Dirac, berühmt für die Antimaterie, die Existenz von magnetischen Monopolen vorhergesagt; er sagte, es würden massereiche Teilchen mit einer einzigen magnetischen Ladung (Nord- oder Südpol) sein.[37]

Guth vergaß Tyes Vorschlag bis zum nächsten Frühjahr, als er einen Vortrag von Steven Weinberg in der Cornell-Universität hörte. Von Weinberg, einem bekannten Theoretiker der Teilchenphysik, war gerade das Buch *Die ersten drei Minuten* über den Urknall und den Ursprung der Materie erschienen. Weinberg sprach davon, daß die kosmische Häufigkeit von Baryonen, also von gewöhnlicher Materie wie Protonen und Neutronen, sich mit Berechnungen auf der Grundlage einer großen vereinheitlichten Theorie erklären lasse. Guth war beeindruckt; vielleicht waren kosmologische Probleme doch nicht so schwierig, wie er gedacht hatte. Er begann also, sich zusammen mit Tye Gedanken über die Monopole und speziell über ihre theoretische Häufigkeit zu machen.

Tye und Guth kamen zu dem Schluß, daß durch Symmetriebrechnung erzeugte Monopole am Ende der GUT-Phase des Urknalls (etwa 10^{-34} Sekunden) ungefähr so häufig sein müßten wie Goldatome.[38] Gold ist selten und kostbar, aber man kann es bei jedem Juwelier kaufen. Wo waren also die Monopole? Jahrelang hatten Forscher an den merkwürdigsten Stellen – im Mondgestein, im antarktischen Eis, sogar in ungeklärtem Abwasser – vergeblich nach diesen extrem schweren Teilchen (von denen ein einziges soviel wiegen könnte wie ein Bakterium) gesucht. Möglicherweise, so überlegte Guth, sind Monopole deshalb so schwer zu fassen, weil sie nicht mit der Häufigkeit vorkommen, die das Standardmodell des Urknalls vorhergesagt hat. Brauchte man vielleicht etwas anderes?

Der magnetische Monopol war das eine Rätsel, das Guth zur Inflationstheorie hinlenkte. Das andere war die »Flachheit« des Raumes. Ende 1978 hörte Guth einen Vortrag des Princeton-Physikers Robert Dicke, eines Pioniers der Urknallforschung, über die Frage »Warum ist das Universum so flach?« Dicke erklärte, der Raum unseres beobachtbaren Universums sei sehr flach.

Alan Guth, ein führender Inflationstheoretiker. [Donna Coveney, MIT]

Bei der Betrachtung der Flüchtigkeit der Monopole und der erstaunlichen Flachheit des Universums verfiel Guth auf die einfache, aber profunde Idee der Inflation. Wenn das Universum im ersten Moment nach dem Urknall, bevor es 10^{-12} Sekunden alt war, eine ungeheuer rasche und sich beschleunigende Expansion erfahren hätte, wären diese Probleme gelöst. Gelöst wäre auch das Rätsel eines praktisch gleichförmigen frühen Universums – und manches andere ebenfalls. Wir wollen diese Phänomene, obwohl sie vielfach miteinander verknüpft sind, der Reihe nach abhandeln.

Wenden wir uns zunächst der Gleichförmigkeit des frühen Universums zu, wie sie sich in der Homogenität der kosmischen Hintergrundstrahlung zeigt. Wie konnte eine solche Gleichförmigkeit hergestellt und in den ersten Lebensphasen des Kosmos aufrechterhalten werden? Das Phänomen der kosmischen Inflation leistet das mit einer Leichtigkeit, die einen fast in Verlegenheit bringt.

Die Antwort finden wir, wenn wir uns in den Anfangszeitpunkt der Inflation zurückversetzen. Einen Augenblick (etwa 10^{-35} Sekunden) nach dem ersten Moment der Schöpfung war die gesamte potentielle Masse und Strahlung unseres Teils des Universums in einer Energiesuppe zusammengefaßt, eingeschlossen in eine winzige Region, die ein Billionstel des Umfangs eines Protons (etwa 10^{-25} Zentimeter) maß. Praktisch hing alles mit allem zusammen und war gleichbedeutend mit ihm – eine ursprüngliche Homogenität. Dann erfuhr unser Teil des Universums eine explosive, unvorstellbar rasche räumliche Ausdehnung, so daß er sich bis zur Zeit von 10^{-32} Sekunden bis zu einem Durchmesser von mindestens zehn Metern aufgebläht hatte. Danach endete diese Inflation, und die nunmehr zehn Meter große Region expandierte anschließend mit dem gemächlicheren Tempo, das wir vom klassischen Urknall kennen, bis zu ihrem gegenwärtigen Umfang von über einer Milliarde Lichtjahre. Unser Raum expandierte in diesem winzigen Bruchteil einer Sekunde über hundertmal schneller als in den nachfolgenden fünfzehn Milliarden Jahren.

Die Homogenität, die in jenem frühen Moment in dieser winzigen Region existierte, breitete sich über eine Region des Universums aus, die sehr viel größer ist als das, was wir heute beobachten können. Die Inflationstheorie postuliert keine willkürlichen Annahmen hinsichtlich der Anfangsbedingungen und keinen Kontakt zwischen grundverschiedenen Regionen des Universums. Sie schlägt lediglich vor, daß die anfängliche, unvermeidliche Homogenität der Materie durch kurzes, explosives Wachstum zur universalen Bedingung wurde. Wäre dies alles, was sich aus der Inflationstheorie ergibt, so könnte man die Lösung, mag sie auch noch so elegant sein, für schwach halten. Sie berührt jedoch viele kosmologische Probleme. Sehr gute Theorien sind dadurch gekennzeichnet, daß sie viele Phänomene erklären.

So steht Guths Überlegung, daß Monopole der Entdeckung entgangen sind, weil es nur wenige gibt, im Einklang mit der Inflationstheorie. Ausgehend von der gängigen Urknalltheorie, waren Tye und Guth zu dem Ergebnis gekommen, daß Monopole so häufig sind wie Gold. Unter Verwendung bestimmter Modelle

Der inflationäre Urknall

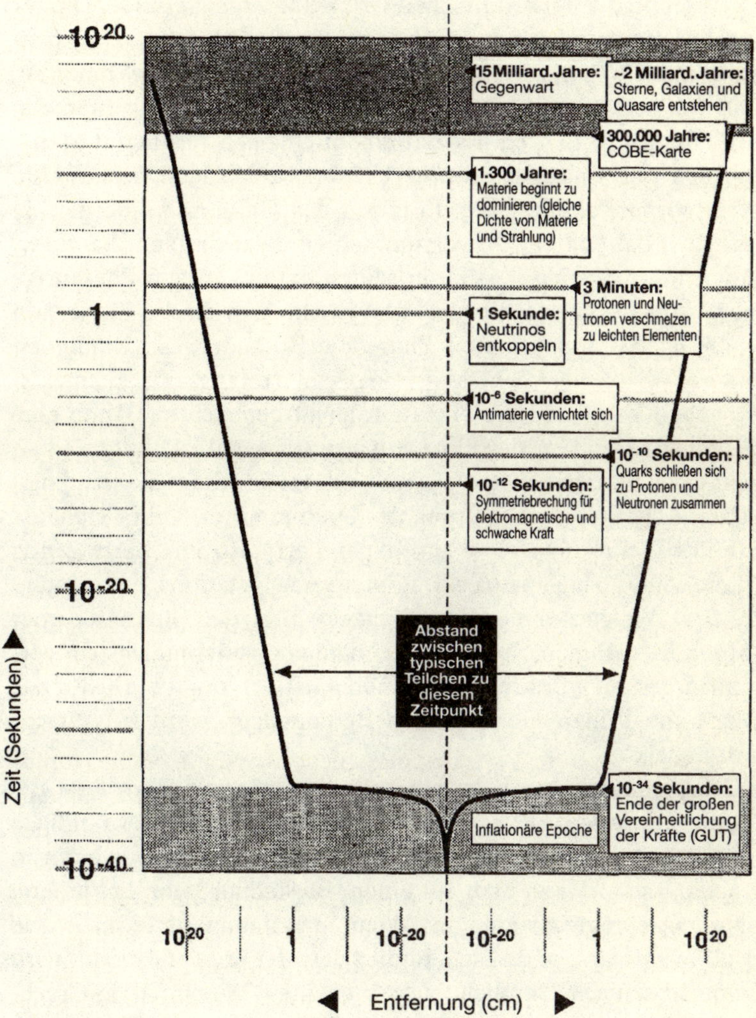

der großen Vereinheitlichung waren andere Theoretiker sogar zu dem Schluß gelangt, daß es ebenso viele Monopole wie Baryonen (Protonen und Neutronen) im Universum geben müsse. All diesen Berechnungen liegt jedoch das relativ gemächliche Expansionstempo der herkömmlichen Urknalltheorie zugrunde. Die für die inflationäre Periode zugrunde gelegte ultraschnelle Expansion läßt die Anzahl der Monopole jedoch so sehr schrumpfen, daß wir in unserer ganzen beobachtbaren Region von fünfzehn Milliarden Lichtjahren nur mit einem einzigen rechnen dürfen.

Auch das während unserer U-2-Beobachtungen festgestellte Nichtvorhandensein einer Rotation des Universums verliert in einem inflationären Universum seinen rätselhaften Charakter. Auch wenn das Universum in seinen extrem frühen Phasen rotiert haben sollte, hätte die sehr rasche und starke Expansion während der inflationären Phase die Rotationsgeschwindigkeit bis auf ein zu vernachlässigendes Maß verlangsamt. Beim Eiskunstlauf kann man diesen Effekt leicht beobachten. Wenn eine Eiskunstläuferin bei der Pirouette ihre Arme anlegt, dreht sie sich schneller, und wenn sie die Arme ausstreckt, dreht sie sich langsamer. (Dies ist die Erhaltung des Drehimpulses – ein Trägheitseffekt.) Wenn das Universum expandiert, also im übertragenen Sinne seine Arme ausstreckt, nimmt seine Rotationsgeschwindigkeit ab. Wir sind an die Vorstellung gewöhnt, daß Himmelskörper – Monde, Planeten, Sterne und Galaxien – rotieren. Das Universum insgesamt würde aber nicht nennenswert rotieren. Die für das Machsche Prinzip notwendigen Bedingungen werden teilweise erfüllt sein.

Die bedeutsamste Folgerung aus der Inflationstheorie ist die Vorherage, daß das Universum flach ist. Die außergewöhnliche Expansion während der Inflationsphase verflacht den Raum in hohem Maße. Wenn man auf einem Basketball steht, hat er eine sehr ausgeprägte Krümmung. Wenn man ihn um den Faktor eine Million aufbläht, so daß sein Radius dem der Erde entspricht, wird seine Oberfläche ziemlich flach erscheinen. Wenn man ihn nochmals um den Faktor eine Million aufbläht, wird seine Oberfläche in hohem Maße flach erscheinen. Die Inflation des Universums führt aber zu einer mehr als milliardenfachen Expansion. Ein flacher Raum entspricht der Vorhersage, daß Omega – das Ver-

Wie der Raum durch Inflation flach wird

Wenn der Ballon um Größenordnungen aufgebläht wird, wird die Oberflächenkrümmung in einer beliebigen Region, zum Beispiel der Region um den Käfer, bald nicht mehr zu erkennen sein (bleibt aber vorhanden). [Christopher Slye]

hältnis der tatsächlichen Dichte des Universums zu seiner kritischen Dichte – gleich 1 sein muß.

Wie wir im vorigen Kapitel gesehen haben, kann der Wert von Omega gemessen werden, und er ist gemessen worden, womit die Gültigkeit der Inflationstheorie einer Nachprüfung unterzogen wurde. Eine vertretbare ungefähre Schätzung für Omega reicht derzeit von 0,3 bis 2, wobei zahlreiche astronomische Messungen auf einen Wert in der Nähe von 1 hindeuten. Dies mag als unbefriedigende Näherung erscheinen, doch angesichts der Einschränkungen, denen kosmologische Messungen unterliegen, ist es eine sehr ermutigende Übereinstimmung. Wären unsere Schätzungen um eine oder zwei Größenordnungen davon abgewichen, so hätte die Inflationstheorie bei dieser Nachprüfung schlecht dagestanden, und vielleicht hätte man sie für gescheitert erklärt. Wir können daher sagen, daß die Omega-gleich-1-Vorhersage eine beträchtliche Chance hat, bestätigt zu werden. Mit dieser Vorhersage hängt natürlich die weitere zusammen, daß ein Großteil der Materie im Universum aus der rätselhaften dunklen Materie bestehen muß. Die sichtbare Materie in Galaxien ist für einen Anteil von einem Prozent der kritischen Masse verantwortlich; folglich muß, wenn die kritische Masse 1 sein soll, der größte Teil der Materie dunkel sein. Damit die Inflationstheorie ihre Gültigkeit behält, müssen die Astronomen die dunkle Materie finden oder wenigstens sehr starke Beweise für ihre Existenz.

Das Inflationskonzept erscheint äußerst erfolgreich als Lösung für eine Reihe kosmologischer Probleme. Es hätte aber nicht soviel Beachtung gefunden ohne einen Mechanismus, der es in Gang setzt. Der Mechanismus wurde gefunden und damit der Durchbruch erreicht, indem Ideen aus unterschiedlichen Bereichen zusammengeführt wurden.

In der letzten Juniwoche des Jahres 1979 nahm ich an einem Symposium über »Das Universum bei großen Rotverschiebungen« im Kopenhagener Niels-Bohr-Institut teil. Eines Morgens gingen Dennis Sciama und ich von unserem Hotel zum Institut, und auf dem Weg durch die Stadt sprachen wir über den kosmischen Mikrowellenhintergrund und das Machsche Prinzip – wie sie miteinander zusammenhingen und was ihren Zusammenhang hergestellt haben könnte. Es war ein so angenehmes Gespräch, und wir hatten das Gefühl, dem Zusammenhang so dicht auf den Fersen zu sein, daß wir vereinbarten, zusammen zu Mittag zu essen und das Gespräch fortzusetzen. Es war herrliches Wetter, und so nahmen wir, begleitet von Steven Weinberg, unser Smörrebröd, unsere Sardinen und unser Carlsberg-Bier[39] mit ins Freie und setzten uns unter die Bäume. Irgendwann richtete Weinberg an uns die Frage: »Was wissen Sie über Phasenübergänge?« Ich antwortete: »Ich weiß nur, was ich im Thermodynamik-Kurs bei Philip Morse und im physikalischen Praktikum für Anfänger gelernt habe. An das Experiment zum Phasenübergang kann ich mich lebhaft erinnern. Als die Flüssigkeit den kritischen Punkt überschritt, wurde sie erst trüb und ungeordnet, und nach einer kurzen Spanne der Ruhe gefror sie schlagartig.«

Stephen Hawking (links) *und George Smoot auf einer Konferenz in Berkeley, Dezember 1992.* [Lawrence Berkeley Laboratory]

»Ich arbeite nämlich an Phasenübergängen im frühen Universum«, sagte Weinberg, »und ich muß herausbekommen, ob der GUT-Phasenübergang ein solcher erster Ordnung [also unstetig, wie der von Wasser zu Eis] oder zweiter Ordnung [vollkommen stetig] ist. Phasenübergänge sind wichtig.«

Unser Gespräch wandte sich wieder der kosmischen Hintergrundstrahlung zu. Sciama meinte, es sei sehr passend, daß wir uns in Bohrs Haus befänden, denn Bohr sei einer der Begründer der Quantenmechanik gewesen. Und die Quantenmechanik, so Sciama, würde nicht nur die Erklärung für die Entstehung und die Isotropie der kosmischen Hintergrundstrahlung bieten, sondern auch eine Möglichkeit, die anfängliche Singularität zu umgehen, das Schwarze Loch am Beginn des Universums.

Nach den Singularitätstheoremen von Roger Penrose und Stephen Hawking müßte unsere Raum-Zeit, wenn man zeitlich rückwärts extrapoliert, irgendwann an einen geometrischen Punkt kommen – eine Katastrophe für uns und für die Theorie. Doch je weiter wir zurückblicken, desto kleiner wird das Volumen, in das sich die Materie und die Raum-Zeit des Universums hineinzwängen, und dabei gewinnen quantenmechanische Effekte zunehmend an Bedeutung. Aus der quantenmechanischen (Heisenbergschen) Unschärferelation wissen wir, daß Energie-Materie und Raum-Zeit fluktuieren müssen. Die Energie-Materie-Fluktuationen machen die Dinge nur schlimmer, wie das Zappeln im Treibsand, indem sie die Wirkung der Schwerkraft verstärken. Umgekehrt, so Sciama, verhält es sich mit den Krümmungsfluktuationen der Raum-Zeit, die den Gravitationseffekt abschwächen. Eine schwächere Gravitation könnte die Bedingungen verletzen, die für die Geltung des Singularitätstheorems erfüllt sein müssen, und einen Ausweg aus der anfänglichen Singularität bieten. Hawking hatte errechnet, daß dies in der Nähe eines sehr kleinen Schwarzen Lochs der Fall ist, das gelegentlich die Emission von Teilchen erlaubt. Diese Emission Schwarzer Löcher nennt man Hawking-Strahlung. Sciama hielt es für möglich, daß Quanteneffekte – durch die Hawking-Emission von Energie und Teilchen während der Quantenphase des Kosmos – die Ursache der kosmischen Hintergrundstrahlung sind und zugleich die Singularität vermeiden helfen. Damit hätte man zwei Fliegen mit einer Klappe geschlagen. Dieses Gespräch während der Mittagspause ging auf alle Aspekte der Inflation ein, eine Theorie, deren Zeit offenbar gekommen war.

Nebenan arbeitete der Japaner Katsuhiko Sato, der sich zu einem Forschungsurlaub in Kopenhagen aufhielt. Er sollte – genau wie Guth, der einen Kontinent entfernt war – bald zu der Erkenntnis gelangen, daß die große Vereinheitlichung der Teilchenphysik zu einem inflationären Universum führen könnte. Er erkannte noch etwas, was Guth zunächst nicht sah: daß die Inflation, die für die Homogenität des frühen Universums sorgte, außerdem kleine Fluktuationen hervorrief, die zur Galaxienbildung führen konnten. Satos Artikel wurde jedoch mit großer Verzögerung gedruckt; die Zeitschrift, der er ihn Anfang 1980 zusandte, brachte ihn erst gegen Ende 1981. Durch einen dieser merkwürdigen Zufälle kam es dazu, daß die astronomische Gemeinschaft überraschend von dieser Erkenntnis erfuhr.

Stephen Hawking veranstaltete im Sommer 1982 am Nuffield College in Oxford eine Konferenz über das frühe Universum, an der unter anderem Alexej Starobinsky, Alan Guth, So Young Pi, James Bardeen, Paul Steinhardt und Michael Turner teilnahmen. Rasch einigte man sich auf die These, daß Quantenfluktuationen Störungen in der Gleichförmigkeit der Inflationsblase auslösen könnten.

Eine quantenmechanische Fluktuation, eine winzige, im frühen Verlauf der Inflation erzeugte Falte in der Raum-Zeit würde durch dieselbe Expansion, die den Raum so gleichförmig und groß werden ließ, zu enormer Länge gedehnt. Eine nur etwas später erzeugte Falte würde nicht so stark gedehnt werden, und so weiter. Falls die Expansionsgeschwindigkeit des Universums konstant war, würden die quantenmechanischen Fluktuationen alle die gleiche charakteristische Faltenhöhe haben, aber in der Länge große Unterschiede aufweisen, je nach dem Zeitpunkt ihrer Entstehung. Die quantenmechanischen Fluktuationen werden durch die Inflation nicht beseitigt, sondern zu makroskopischen Rippeln von kosmologischer Größenordnung verfestigt, die sich über die Raum-Zeit ausbreiten. Einige werden genau die richtige Größe haben, um Strukturen hervorzubringen, die wir heute beobachten. An diesen Falten lagert sich aufgrund der Gravitation sichtbare und dunkle Materie an, es entstehen Strukturen, von Galaxien bis zu Superhaufen und darüber hinaus.

Wie müssen die ursprünglichen Falten verteilt gewesen sein, um die heutigen kosmischen Strukturen zu erklären? Mit dieser Frage hatten sich Anfang der siebziger Jahre Edward R. Harrison von der Universität von Massachusetts und Jakow Seldowitsch in Moskau unabhängig voneinander befaßt. Sie kamen zu dem Schluß, daß die von uns beobachtete Verteilung von Himmelsobjekten – Galaxien, Haufen, Superhaufen und anderen riesigen Strukturen (wie dem Großen Attraktor) – nur unter der Bedingung entstanden sein kann, daß die Verteilung der Fluktuationen nicht von der Größe der Fluktuationen abhing. Hätte es sehr viel mehr kleine als große Fluktuationen gegeben, würde das Universum von Schwarzen Löchern wimmeln, und es gäbe nur wenige Strukturen von der Größe eines Superhaufens. Hätten umgekehrt die großen Fluktuationen überwogen, wäre ein von Megastrukturen dominiertes Universum entstanden. In diesem Fall würde die Gravitationswirkung der entsprechenden himmlischen Riesen unsere Milchstraße (und andere Galaxien) mit Geschwindigkeiten durch den Raum hetzen, die unsere gegenwärtige Eigengeschwindigkeit von sechshundert Kilometern in der Sekunde wie einen Nachmittagsspaziergang erscheinen ließen. Wie hätten die Astronomen mit ihrem Vorurteil gegen jede Eigenbewegung von Galaxien erst darauf reagiert!

Es dürfte mittlerweile deutlich geworden sein, daß die Inflation das einflußreichste Konzept der modernen Kosmologie ist. Sie beantwortet zwar nicht alle Fragen nach dem Ursprung des Universums, aber sie bietet doch für viele überzeugende Lösungen an. Die Frage ist nun, wie dieser Urknall innerhalb des Urknalls abgelaufen ist. Wie konnte es in der Frühphase des Universums zu einer kurzen, explosionsartigen Expansion kommen, die sich von der normalen Expansion des Urknalls so stark unterschied? Zu diesem Punkt wies Guth auf die harmonische Ergänzung von Astrophysik und Teilchenphysik hin, die so gut zusammenpassen, daß es einfach stimmen muß.

Das frühe Universum war extrem heiß und extrem dicht und besaß somit eine hohe Energiedichte. Wenn wir von der Annahme ausgehen, daß es mit enormem Tempo expandierte, dann muß die Expansionsgeschwindigkeit aufgrund der gravitativen Anziehung nachgelassen haben. Es sei denn, der neugeschaffene Raum konnte mit einer eigenen Energiedichte aufwarten, die die Energie-Materie-Dichte überwog und so dafür sorgte, daß der Expansionsprozeß weiterhin mit zunehmendem Tempo ablief. Wie kommt es dazu?

Guth ließ sich hier von den großen vereinheitlichten Theorien inspirieren. Wenn bei 10^{-34} Sekunden die Ära der GUTs endet, bricht die Symmetrie, so daß die starke und die elektroschwache Kraft sich voneinander unterscheiden. Bevor diese Symmetrie brach, waren die Kräfte und die Materie vereinheitlicht und haben das ursprüngliche Vakuum möglicherweise mit einer ungeheuren Energiedichte erfüllt. Als das Universum zu diesem frühen Zeitpunkt expandierte, wurde mehr Raum geschaffen, der ebenfalls mit Energiedichte versehen war. Die Expansion konnte daher mit konstanter Rate weitergehen, und die Ausdehnung des Universums könnte sich alle 10^{-38} Sekunden verdoppelt haben. Bei dieser Geschwindigkeit verdoppelt sich die Ausdehnung des Universums in 10^{-35} Sekunden tausendmal. Eine tausendfache Verdopplung beweist, so harmlos sie auch klingen mag, wie mächtig die Inflation war, und sie sorgte dafür, daß das Universum 10^{300} mal größer wurde, als es noch kaum einen Augenblick vorher gewesen war.

Wenn die Inflation auf diese Weise in Gang kam, wie kam sie dann zum Stillstand? Wie erfolgt der Übergang von einer Periode der sich beschleunigenden Expansion zu einer Periode der fortgesetzten, aber sich verlangsamenden Expansion? Paul Steinhardt und Andreas Albrecht von der Universität von Pennsylvania und André Linde in Rußland trugen dazu 1982 eine Idee vor. Dieser Übergang ist wichtig, weil der Raum durch die ungeheure Expansion während der Inflationsphase extrem kalt und leer geworden ist. Wenn die Energiedichte des Vakuums sinkt, verwandelt sie sich in Teilchen und Energie. Jetzt setzt die Anziehungswirkung der Gravitation ein, die die Expansion allmählich abbremst. Dadurch kommt die sich beschleunigende inflationäre Phase zum Stillstand. Jetzt können wir erkennen, warum unser heutiges Universum mit der beobachteten Geschwindigkeit expandiert: Wir zehren von der Beschleunigungsphase der Expansion.

Aus einer eingehenden Betrachtung des Inflationsszenarios ergibt sich eine weitere bemerkenswerte Einsicht. Die Voraussetzung dafür, daß die Inflation eintritt, lautet, daß die Gesamtenergie – das heißt die Energie des Raumes selbst, abzüglich der gravitativen Anziehung der übrigen Teile des Raums – praktisch gleich Null ist. Trotz Energieerhaltung kann somit alles im Universum praktisch aus nichts hervorgehen. Die Inflation erfordert lediglich eine kleine Region in der richtigen Konfiguration, und sie wird loslegen und eine Blase im Raum erzeugen, die ungeheuer viel größer ist als alles, was wir heute beobachten können. Die Inflation gibt, wie Sie erkennen werden, der philosophischen Frage nach dem »Nichts« und dem »Sein« einen neuen Sinn.

Wie aber kam es dazu, daß in dieser kleinen Region die richtigen Bedingungen herrschten? Das ist ein ungelöstes Rätsel. Es gibt natürlich Theorien darüber. Manche sagen – unter ihnen André Linde –, das Universum sei chaotisch, und die natürliche Skala sei die vollständig vereinheitlichte Skala, weshalb es möglicherweise sehr viele Inflationsblasen und einen chaotischen Raum gibt. Andere – zum Beispiel Stephen Hawking – unterstellen einen eindeutigen, wohldefinierten Anfang. Der Frage nach »dem Anfang« können Kosmologen ebensowenig entgehen wie Theologen.

Erfreuen wir uns unterdessen an der Überzeugungskraft eines so eleganten Konzepts, wie es die Inflation darstellt, das so viele kosmologische Rätsel zu lösen verspricht und uns so klar erkennen läßt, von was für prekären Bedingungen unsere Existenz abhängt. Wir brauchen uns nur klarzumachen, welche Folgen es hätte, wenn Omega nicht genau gleich 1 wäre, um einzusehen, wie leicht es hätte geschehen können, daß unser Universum nie entstanden wäre. Wäre der Wert von Omega auch nur ganz geringfügig zur einen oder anderen Seite von 1 abgewichen, wäre unser potentielles Universum zur Nichtexistenz verurteilt gewesen. Wir brauchen uns nur vor Augen zu halten, daß bei einer nennenswerten Verschiebung des Spektrums der Quantenfluktuationen aus den ursprünglichen Rippeln ein gewaltiger Schwarm Schwarzer Löcher oder ein Kosmos voller schwerfälliger Riesen hätte entstehen können, um erneut zu begreifen, wie leicht alles ganz anders hätte ausgehen können. Es sei denn, daß – wie es die Inflationstheorie behauptet – die Anfangsbedingungen und die frühen Prozesse so beschaffen sein *mußten*, wie sie beschaffen waren.

Manchen Theoretikern kommen diese Aussagen, insbesondere die Forderung, daß Omega genau gleich 1 sein soll, so unglaublich vor, daß sie sich in ihrer Verzweiflung dem anthropischen Prinzip verschrieben haben. Dieser Begriff wurde 1974 von Brandon Carter, einem Kosmologen von der Universität Cambridge, geprägt, und die damit bezeichnete Idee kennt mehrere Varianten. Eine zentrale Rolle spielen in jeder Variante wir Menschen als Beobachter und die Bedingungen, die für ein Universum erfüllt sein müssen, in dem wir existieren können. Lang ist die Liste der physikalischen Gesetze und Bedingungen, die, geringfügig abgewandelt, zu einem ganz anderen oder zu gar keinem Universum geführt hätten. Dazu zählt auch die Bedingung, daß Omega gleich 1 sein muß. Vielleicht sind zahlreiche Universen entstanden, in denen Omega nicht gleich 1 ist, aber sie sind unbelebt. Folglich – so das anthropische Prinzip – ist unser Omega deshalb gleich 1, weil, wenn es anders wäre, wir nicht existieren würden, um diese Tatsache zu bemerken. Guth und andere Skeptiker, zu denen auch ich mich rechne, finden das anthropische Prinzip unbefriedigend. »Das anthropische Prinzip gehört zu den Dingen, auf die Leute kommen, wenn ihnen nichts Besseres einfällt«, meinte Guth einmal scherzhaft. Die Gefahren dieser Auffassung werden in der Parabel von den Fischphilosophen deutlich. Diese Bewohner der dunklen Tiefsee trafen sich regelmäßig, um sich selbst und einander mit ihren Einsichten und ihrer Biolumineszenz zu beeindrukken. Ein besonders brillanter Fischphilosoph war zu der Erkenntnis gelangt, daß der Raum – das sie umgebende Wasser – homogen und symmetrisch, warm und voller Nahrung sei und obendrein genau den richtigen Druck aufweise, der Leben ermöglicht. Wären die Dinge anders gewesen, hätten sie, die Fische, keinesfalls existieren können. Bei einem anderen Druck wären ihre Leiber entweder implodiert oder explodiert. Jeder warf ein anderes passendes Beispiel ein, bis die Liste ziemlich lang war. Einer nannte das »fischtropische Prinzip«. Die Fischphilosophen schwammen durcheinander und gratulierten sich dazu, daß ihre Bemühungen dank eines so klugen Einfalls Licht in die dunkle Tiefe brachten. Stolzgeschwellt, wie sie waren, bemerkten sie nicht, daß ein Fischernetz sie eingefangen hatte und sie unentrinnbar nach oben zog. »He, Kollegen«, rief der Meeresbiologe, der das Netz hinaufzog, den anderen Forschern zu, »diesmal haben wir eine ganze Menge von diesen armen Teufeln erwischt. Sie müssen so etwas wie ein Seminar oder einen Workshop abgehalten haben.« Seine Kollegen hörten ihn nicht. Von Ehrfrucht ergriffen starrten sie hinauf zu den strahlenden Lichtern, die sich so rasch über den Himmel bewegten. Sie bemerkten nicht einmal, wie ihr Schiff sich hob ... Die Behauptung, die Dinge müßten schon deshalb so sein, wie sie sind, weil wir existieren, kann zu einem verhängnisvoll provinziellen und narzißtischen Bild des Universums führen.

Viele Dinge, von denen Kosmologen 1974 glaubten, sie seien auf wundersame Weise genau darauf abgestimmt, das Leben und die Existenz des Menschen zu ermöglichen, lassen sich einfach und eindrucksvoll mit der Inflationstheorie erklären. In dem Buch *The Early Universe* von Rocky Kolb und Mike Turner heißt es: »Einem der Verfasser ist unbegreiflich, wieso ein so schwaches Konzept wie die ›anthropische Idee‹ je zu einem Prinzip erhoben werden konnte.« Dem stimme ich zu. Zusätzliche Beobachtungen werden zu Modellen und Theorien führen, mit denen sich schön und leicht erklären läßt, warum die Dinge gerade so sind, wie sie sind. Ich kenne diese künftigen Entdeckungen und Konzepte nicht, aber ich bin zuversichtlich, daß sie uns – genau wie die Inflationstheorie – mit ihrer eleganten Vereinfachung und Vereinheitlichung der Natur erstaunen und entzücken werden.

So weitreichend und mächtig die Inflationstheorie auch ist, kann sie uns doch nicht die fernen Echos der Schöpfung zeigen, für deren Existenz sie so überzeugende Argumente anführt. Die Theorie erklärt, warum die kosmische Hintergrundstrahlung so ungewöhnlich homogen ist, wie wir und andere es beobachtet haben. Hinweise auf die winzigen Störungen im Hintergrund zu finden, die es geben muß, wenn unsere Konzeption des Universums richtig ist, ist die Aufgabe des Experimentators.

Die Verheißung des Alls

1974 begann die Ära der kosmologischen Satelliten. Die Forscher wurden von der NASA in zwei Mitteilungen aufgefordert, astronomische Experimente für kleine und mittlere *Explorer*-Satelliten zu beantragen. Das war die Chance, auf die ich gewartet hatte. Um ehrlich zu sein, hatte ich davon geträumt, seit ich als Junge die Bücher von Arthur C. Clarke über Technik und Wissenschaft und seine Science-fiction-Romane gelesen hatte. Er erfand Dinge wie den geostationären Satelliten, der, wie er sagte, für Fernmeldetechnik und Unterhaltung genutzt werden könnte, und er schlug eine planmäßige Entwicklung des Raumfahrtprogramms vor. Clarke war ein Visionär mit einer lebhaften Phantasie, und seine Vision entfachte in mir die Begeisterung für das All als einen unerforschten Bereich. Als die Sowjets 1957 den *Sputnik* ins All schickten, war mir klar, daß die von Clarke prophezeite Zukunft Wirklichkeit werden könnte. Ich lauschte auf das *Piep-piep* und träumte von dem Tag, an dem ich im All würde arbeiten können. Natürlich war es eine schwärmerische Phantasie, aber schon als Junge wußte ich, daß bahnbrechende Forschungen eines Tages im All stattfinden würden. Jetzt, zwanzig Jahre später, war die Zukunftsaussicht mit der Mitteilung der NASA Wirklichkeit geworden. Ich konnte mein Glück kaum fassen.

Ich war damals gerade vier Jahre in der Kosmologie tätig, überzeugt, daß dort die fundamentalen Fragen gestellt würden und auch beantwortet werden könnten. Ich hatte meine ersten Erfahrungen damit gesammelt, an riesigen Ballons ungemein empfindliche wissenschaftliche Instrumente in die Stratosphäre zu befördern, Instrumente, die nur allzuoft als Schrott endeten oder für immer verschollen blieben. Und ich begann gerade mit der spannenden Umwandlung eines Spionageflugzeugs, der legendären U 2, in ein hoch fliegendes Observatorium, das in der kosmischen Hintergrundstrahlung nach Anhaltspunkten für die Dynamik des Universums suchen sollte. Was ich mir aber eigentlich wünschte, das waren Satelliten. Ich würde mich in die technische Herausforderung stürzen, ein Instrument zu bauen, das im All arbeiten konnte. Ich konnte damit rechnen, Daten zu erhalten, die qualitativ besser sein würden als Daten von Observatorien am Boden, an Ballons oder in Flugzeugen, und würde auf diese Weise neue Einblicke in kosmologische Probleme gewinnen. Und das Ganze würde ein herrliches Abenteuer sein.

Das waren jedenfalls meine Vorstellungen. Als ich, von meinem Gruppenleiter Luis Alvarez enthusiastisch ermutigt, auf die Ankündigungen der NASA von 1974 hin einen Antrag formulierte, hatte ich, ehrlich gesagt, von den bevorstehenden Schwierigkeiten und Enttäuschungen keine Ahnung. Es war wohl auch besser so.

Eine Zeitlang würde ich, das war mir klar, Ideen für satellitengestützte Projekte nur neben der unmittelbaren Aufgabe entwickeln können, das U-2-Unternehmen in Gang zu bringen. Das war mir durchaus recht, war doch ein Satellitenexperiment in meinen Augen die natürliche Fortsetzung der Forschung, die wir an Bord des Spionageflugzeugs in der Stratosphäre betreiben würden. Jedes Projekt konnte von den Fehlern und Erfolgen des anderen profitieren.

Zusammen mit meinen Kollegen in Berkeley machte ich mich sofort an die Formulierung eines Antrags (in Wirklichkeit steckten zwei darin) für kosmologische Experimente an Bord von *Explorer*-Satelliten. Beide betrafen Aspekte der kosmischen Hintergrundstrahlung. Das erste Experiment sollte eine Karte des Mikrowellenhimmels ergeben, damit nach Signalen in der kosmischen Hintergrundstrahlung geforscht werden konnte, die einen Hinweis auf die schwer faßbaren Falten geben würden. Mit dem zweiten Experiment, für das ein großes Instrument erforderlich war, wollten wir das Spektrum der Hintergrundstrahlung messen, um festzustellen, ob sie wirklich die vom Urknall zurückgebliebene Strahlung mit dem erwarteten Wärmespektrum eines schwarzen Strahlers war. Da das kleinere Experiment nach meiner Einschätzung die größeren Aussichten auf Anerkennung hatte, konzentrierten wir uns darauf. Das Instrument zur Messung des Spektrums wurde so sperrig, daß wir beschlossen, dafür einen eigenen Flug zu beantragen – in Form eines Satelliten, der mit der Raumfähre ins All befördert und dort ausgesetzt werden sollte.

Das All war für unsere Messungen von unschätzbarem Vorteil. Sie würden dort vor allem nicht durch atmosphärisches Rauschen gestört werden, und wir waren vom Wetter völlig unabhängig. Wir würden uns ohne die hinderliche Atmosphäre auf allen Wellenlängen umschauen können. Wir würden ohne Schwierigkeiten Eichungen vornehmen können, da wir uns um Kondenswasser oder gefrierende Luftfeuchtigkeit keine Gedanken zu machen brauchten. Die Umlaufbahn und die Rotation des Satelliten würden für eine automatische Abtastung des Himmels sorgen. Der Weltraum bietet eine leichter zu kontrollierende Umgebung mit einer gleichmäßigen Temperatur, als sie auf der Erde zu erreichen ist. Wenn das Experiment erst in der Umlaufbahn war, würde genug Beobachtungszeit zur Verfügung stehen, um die benötigte Empfindlichkeit und die Eichungen zu erreichen. Alles würde im All sehr viel besser sein.

Ich trat erneut mit der Ball Brothers Research Corporation in Verbindung, mit der wir am High-Energy-Astrophysical-Observatories-Satelliten gearbeitet hatten, der an unser Ballonprojekt für die Suche nach Antimaterie in der kosmischen Strahlung anknüpfte. Verbindung nahm ich auch zu Hughes Aircraft Spacesystems und zu AeroJet ElectroSystems auf, speziell zu einer Gruppe unter Herb Pascalar. Die drei Firmen sollten uns mit ihren Fachkenntnissen helfen, flugzeug- und ballongestützte Instrumente zu einer satellitentauglichen Version umzubauen. Ich kam mir bei dieser Art von Forschung mehr wie ein Technologie-Unternehmer als wie ein Wissenschaftler vor, aber dennoch war es zweifellos eine intellektuell anspruchsvolle Aufgabe. Während der Abfassung des Antrags entwickelten Tim Tyler von Ball und ich beispielsweise eine neue Methode zur Erfassung der Instrumentenleistung und besonders der Dinge, die schiefgehen konnten – der systematischen Fehler. Neben der Notwendigkeit, mich über die Wissenschaft auf dem laufenden zu halten, sollte mich in den folgenden zwanzig Jahren weitgehend die Fortführung und Verbesserung dieses Bereichs in Anspruch nehmen.

Samuel Gulkis, Mike Janssen und ihre Kollegen am Jet Propulsion Laboratory (JPL) in Pasadena arbeiteten derweil an ihrem eigenen Antrag. Auch sie waren der Meinung, daß ein kleines *Explorer*-Experiment die größten Aussichten hatte, genehmigt und finanziert zu werden. Sie wollten gleichfalls die kosmische Hintergrundstrahlung kartographisch erfassen. Sie planten kein differentielles Mikrowellen-Radiometer, sondern ein Radiometer zur Erfassung der gesamten Strahlung auf einem schnell rotierenden Satelliten in hoher Umlaufbahn. Das Konzept war gut, aber den damaligen technischen Möglichkeiten voraus.

Ohne Wissen der beiden Gruppen erwähnte Pat Thaddeus in New York gegenüber John Mather die NASA-Mitteilungen und schlug ihm vor, sich dazu etwas einfallen zu lassen. John und Pat taten sich zusammen mit Rainer Weiss und Dirk Muehlner vom MIT, David Wilkinson in Princeton sowie Mike Hauser und Bob Silverberg vom Goddard-Raumfahrtzentrum in Maryland. Sie schlugen einen tiefgekühlten kosmologischen Satelliten vor, der damals, wie John einräumt, als »eine völlig verrückte Idee« erschien. »Das Verrückte daran war, daß wir zu wissen glaubten, was wir tun«, erläutert er. Ihr Antrag umfaßte ein Experiment zur Kartierung des kosmischen Hintergrunds (wie das unsrige), das von Dave Wilkinson und Ray Weiss befürwortet wurde, ein Experiment zur Messung des Spektrums der kosmischen Hintergrundstrahlung, das auf dem Instrument aufbaute, mit dem John Mather die Daten für seine Doktorarbeit gewonnen hatte, und ein kleines Teleskop zur Messung der kosmischen Infrarotstrahlung, die von den frühesten leuchtenden Objekten (vermutlich Sterne und Galaxien) stammt.

Bei der NASA gingen über hundertzwanzig Anträge aus dem ganzen Land ein. Kosmologische Neigungen bestanden lediglich bei einem kleinen Teil: Nur drei Gruppen – meine sowie die von Sam Gulkis und John Mather – wollten mit Hilfe von Satelliten die kosmische Hintergrundstrahlung untersuchen. Das Vorhaben meiner Gruppe, in der kosmischen Hintergrundstrahlung nach Falten zu suchen, machte es erforderlich, ein kleines Instrument mit einer kleinen, billigen Rakete namens *Scout* hinaufzuschießen. Gleiches galt für das Projekt von Gulkis' Team. Das Vorhaben von John erforderte einen Luxussatelliten.

Mein shuttlegestützter Spektrumplan wurde als zu groß und zu riskant abgelehnt. Johns Team, das ein kleineres Spektrumexperiment und ein Experiment zum diffusen Infrarothintergrund vorhatte, wurde empfohlen, sich mit einer Gruppe zusammenzutun, die den Infrarot-Astronomie-Satelliten (IRAS) plante. Es sah ganz danach aus, als würde es über die Anerkennung der Anträge zu einer Entscheidung zwischen JPL und Berkeley kommen; es konnte aber auch sein, daß man unsere beiden Gruppen in einer Mußheirat zusammenbrachte, was die NASA-Führung damals häufig praktizierte. Vor dem Finale wurde Johns Gruppe wegen Platzmangels bei IRAS umstandlos aus der IRAS-Gruppe hinausgeworfen, und so mußte er sich erneut um einen Weg ins All bemühen. Die NASA-Führung entschied, daß die drei Gruppen – die von Gulkis, von Mather und mir – zusammenarbeiten sollten. 1976 berief die NASA sechs von uns (Sam Gulkis, Mike Hauser, John Mather, Rainer Weiss, Dave Wilkinson und mich) zu Leitern einer Studiengruppe, die unsere Ideen bewerten und weiterentwickeln sollte. Hinzu kamen andere Mitglieder aus unseren Antragsteams sowie Ingenieure und Manager. Mike Hauser überredete John Mather, von New York ans Goddard-Raumfahrtzentrum in Greenbelt (Maryland) zu gehen, und mit vereinten Kräften konnten sie das Zentrum dazu bewegen, die Verantwortung für die Studie und den Flug zu übernehmen.

Wir beantragten einen Flug unter der Bezeichnung Cosmic Background Explorer [Erforscher der kosmischen Hintergrundstrahlung], kurz COBE, mit drei Instrumenten. Mit differentiellen Mikrowellen-Radiometern (DMRs) – ähnlich dem, das an Bord der U 2 eingesetzt war, aber von größerer Empfindlichkeit – sollte das Universum, wie es sich rund dreihunderttausend Jahre nach dem Urknall darstellte, erfaßt und nach ursprünglichen kosmischen Keimen abgesucht werden. Diese Untersuchung sollte ich leiten. John Mather sollte das Projekt »Absolut-Spektrophotometer für das ferne Infrarot« (far infrared absolute spectophotometer, FIRAS) leiten, das die Spektralkurve der kosmischen Hintergrundstrahlung messen würde. Die Spektralkurve zeigt die Intensität der Strahlung auf allen Wellenlängen, und aus ihrer Form würden wir entnehmen können, ob die Strahlung vom Urknall oder von etwas anderem erzeugt worden war. Mike Hauser würde das Experiment zur Messung des diffusen Infrarot-Hintergrunds (diffuse infrared background experiment, DIRBE) leiten, das nach dem kosmischen Infrarot-Hintergrund suchen sollte, dem Nachglühen der frühesten leuchtenden Objekte wie frühzeitlicher Sterne und Galaxien. Diese konnten eventuell aus den ersten zehn bis hundert Millionen Jahren nach dem Urknall stammen.

Falls COBE genehmigt werden sollte, hatte es zum Ziel, praktisch eine Reihe von »Babybildern« des neugeborenen Kosmos von unterschiedlichen Zeitpunkten zusammenzustellen, um verschiedene Stufen seiner Entwicklung aufzuzeigen. Es würde für die Kosmologie ein großes Abenteuer sein und die Wissenschaft zu neuen technischen Höchstleistungen anspornen. Wir hatten eine klare Vorstellung von den geplanten Untersuchungen und von den damit verbundenen technischen Herausforderungen. Was die NASA-Vertreter anging, so hatten sie es oft genug mit Wissenschaftlern zu tun, deren Vorstellungen den strengen Anforderungen vorauseilten, die ein reibungsloses Funktionieren von Instrumenten stellte, auf die man in der kalten Leere des Alls keinen direkten Zugriff mehr hatte. Sie würden sich erst binden, wenn wir sie davon überzeugt hatten, daß wir wußten, was wir wollten und wie wir die Instrumente zum Laufen bringen würden. Es war ein langwieriger Prozeß.

Sechs Jahre sollten darüber vergehen.

In Berkeley setzten wir unsere Forschung fort. Wir führten Antimaterie-Experimente durch, wir beobachteten die kosmische Hintergrundstrahlung vom Gipfel des White Mountain aus, wir betrieben die U-2-Experimente von Kalifornien und von Peru aus, und zugleich arbeiteten wir stetig am COBE-Konzept. Ich begann zwischen Berkeley und dem Goddard-Raumfahrtzentrum der NASA hin- und herzupendeln, und ich stellte ein Stammteam für das DMR-Instrument zusammen. Es war der Anfang einer langen Reise. Die Zeit am Goddard-Raumfahrtzentrum verbrachte ich teils in Gebäude 2, wo ich zusammen mit den anderen COBE-Wissenschaftlern an den Flugkonzepten arbeitete, und teils in Gebäude 19, wo ich mich nach ein paar tüchtigen Ingenieuren umschaute. Vom Fleck weg engagierte ich Roger Ratcliff und John

Maruschak; dieses Duo bildete den Technikerstamm des DMR-Teams am Goddard-Raumfahrtzentrum. Ich unterrichtete sie über die wissenschaftliche Begründung der Experimente und die Anforderungen, die sich für das DMR-Instrument ergaben. Sie unterrichteten mich über die technischen Anforderungen für Raumflüge.

Nach den Erfahrungen an Bord der U 2 und am Boden war mir klar, daß es schwierig sein würde, die neuen DMRs zu testen und zu eichen. Wir konnten nicht das Risiko eingehen, daß die DMRs auf die Umlaufbahn gebracht wurden und dann nicht ordnungsgemäß funktionierten. Die NASA würde es uns völlig zu Recht nicht erlauben, dieses Risiko einzugehen. Sie forderte von uns den Nachweis, daß das Instrument unter Weltraumbedingungen funktionieren würde.

Die NASA mußte einen Pakt mit dem Teufel geschlossen haben. Während wir darum rangen, wie wir das DMR am besten testen könnten, überraschte uns eine Mitteilung, die uns antrieb, das DMR so schnell wie möglich und mit allen Mitteln in die Umlaufbahn zu bringen.

1980 wurde die Welt der Kosmologen von der Nachricht aufgeschreckt, daß zwei Forschergruppen, eine italienische und eine amerikanische, eine bedeutende Entdeckung gemacht hätten. Gerüchtweise hieß es, sie hätten erste Beweise für eine kosmische Anisotropie gefunden, die nicht mit der Bewegung der Erde oder unserer Galaxis zusammenhing, sondern der kosmischen Hintergrundstrahlung selbst anhaftete. Die Italiener arbeiteten unter der Leitung von Francesco Melchorri, damals an der Universität Florenz, die Amerikaner unter David Wilkinson, einem führenden Erforscher der kosmischen Hintergrundstrahlung in Princeton. Beide Teams hatten ihre Instrumente mit Höhenballons gestartet, und beide hatten mögliche Anhaltspunkte für einen kosmischen Quadrupol gefunden. Das war eine schockierende Nachricht.

Ein Dipol besitzt zwei Pole, den wärmsten und den kältesten Teil des Himmels, und er resultiert aus unserer Bewegung relativ zur kosmischen Hintergrundstrahlung. Dies ist der Dipol, den die U 2 registriert hatte. Ein Quadrupol ist eine Temperaturverteilung am Himmel, die vier Pole aufweist, zwei warme und zwei kalte, und zwar in einer symmetrischen Anordnung. Ein Quadrupol konnte vielerlei Ursachen haben, die vermutlich alle wichtig waren. Er konnte beispielsweise auf eine Rotation des Kosmos hindeuten oder auch darauf, daß das Universum in eine Richtung schneller expandierte als in eine andere. Eine quadrupolförmige Temperaturverzerrung würde man auch erhalten, wenn durch diese Region des Raums eine Gravitationswelle von sehr großer Wellenlänge lief. Ein Quadrupol und viele weitere Fluktuationen höherer Polarität konnten aber auch – und das war die faszinierendste Möglichkeit – auf den Auswirkungen der langgesuchten Falten beruhen. Er konnte, anders gesagt, in Anisotropien der kosmischen Hintergrundstrahlung bestehen, die auf ursprüngliche Dichtefluktuationen hindeuteten: die Keime künftiger Galaxienhaufen. Unsere U-2-Messungen hatten einen solchen Quadrupol nicht registriert, aber vielleicht war das verräterische Signal nur zu schwach, um von unserem Instrument erfaßt zu werden.

Hatten die Teams von Wilkinson und Melchorri den heiligen Gral der Kosmologie gefunden, bevor wir auch nur mit der Suche begonnen hatten?

Unsere Reaktion auf die Berichte war zurückhaltend, fast schon ambivalent. Einerseits stellten wir fest, daß beide Teams Daten auf solchen Wellenlängen gesammelt hatten, auf denen die Emission aus unserer Galaxis ein erheblicher Störfaktor ist. Der Quadrupol konnte demnach eine Täuschung sein, hervorgerufen durch die Mikrowellenstrahlung der Milchstraße. Andererseits schrieben wir in einem Artikel für *Physical Review Letters*: »Nach den derzeitigen Theorien liegt es nahe, diese Art von Anisotropie auf Dichtefluktuationen zurückzuführen« – also auf die seit langem gesuchten kosmischen Keime, aus denen Galaxien, Haufen, Superhaufen und Haufen von Haufen entstehen würden.

Ich hätte mich gefreut, wenn Wilkinson oder Melchorri die Keime gefunden hätten. Schließlich hatten sich Anfang der achtziger Jahre ernste Bedenken bei den Kosmologen eingestellt, weil es nicht gelungen war, Rippel zu entdecken. Trotz verbesserter Empfindlichkeit waren die Detektoren noch immer nicht in der Lage, Temperaturvariationen in der Größenordnung von eins zu hundert zu registrieren. Unser U-2-Experiment verbesserte dann die Genauigkeit auf eins zu tausend und fand die Dipol-Anisotropie, die allein auf unserer Eigenbewegung beruht. Jetzt wurde die Empfindlichkeit auf eins zu zehntausend gesteigert, und es gab noch immer nichts. Die Galaxienbildung aufgrund gravitativer Anziehung setzte die Existenz von ursprünglichen Keimen und damit Fluktuationen im kosmischen Hintergrund voraus. Die kosmologische Theorie forderte die Existenz von Fluktuationen, und die Inflationstheorie beschrieb einen Weg, wie sie entstanden sein konnten. Es würde ein großes Ereignis in der Geschichte der Kosmologie sein, wenn man sie am Ende finden würde, und so sehr ich wünschte, sie selbst zu entdecken, war ich doch bereit, auch anderen Beifall zu spenden, wenn sie sie entdeckten.

Doch bevor wir applaudierten, mußten wir sicher sein, daß der neu entdeckte Quadrupol real war. Ich hatte vorgehabt, das U-2-Experiment mit einem neuen, besseren Empfänger fortzusetzen. Im Labor hatten wir – das LBL und das Space Sciences Laboratory – einen neuen, mit flüssigem Stickstoff gekühlten Empfänger gebaut, der in unser U-2-Instrument eingebaut werden sollte. Die Technik der rauscharmen Radioempfänger hatte Fortschritte gemacht; durch Kühlung der Empfänger wurde das Eigenrauschen gesenkt. Es lag nahe, sie für verbesserte Messungen zu nutzen. Schon vor der Mitteilung über die Entdeckung des Quadrupols hatte ich bei der NASA einen Antrag eingereicht, diese gekühlten Empfänger in der U 2 einsetzen zu können. Jetzt drängte ich auf die Genehmigung, damit wir den Quadrupol verifizieren konnten. Doch es gab weitere Verzögerungen. Ich war frustriert.

Beunruhigte Theoretiker überprüften derweil ihre Theorien, um eine Erklärung dafür zu finden, warum man die Rippel nicht entdecken konnte. Freilich lassen sich Theorien nur bis zu einem gewissen Grad umformen, ohne daß man fundamentale Grenzen überschreitet. Wenn die Strukturen durch gravitative Anziehung aus ursprünglichen Fluktuationen der Baryonendichte hervorgegangen waren, dann mußten bei einer Auflösung von einem Zehntausendstel Fluktuationen zu beobachten sein. Wenn bei der kritischen Dichte kalte dunkle Materie existierte, dann war es möglich, mit der Auflösung bis zu einem Hunderttausendstel zu gehen. Sehr viel weiter konnte man nicht gehen, wenn die Strukturen, die wir beobachten, von den Galaxien bis zu den Superhaufen, tatsächlich durch Gravitation entstanden waren. Wenn wir bei einer

Auflösung von rund einem Millionstel keine Fluktuationen finden würden, würden wir uns geschlagen geben müssen. Dann mußte eine andere Kraft im Spiel sein, und das Geschehen im frühen Universum wäre für uns unerklärlich; es würde dann ein anderes Spiel sein, von dessen Regeln wir keine Ahnung hatten.

Obwohl unser Antrag jetzt zusätzliche Dringlichkeit bekommen hatte, ließ man uns weiter hängen. Die Planung für COBE verzögerte sich, hauptsächlich weil der IRAS-Satellit sich verzögerte, was die Warteschlange, in der COBE stand, aufhielt. Schlimmer noch, es bestand keine Aussicht, unser neues gekühltes differentielles Mikrowellen-Radiometer bald mit einer U 2 hinaufzuschicken. Wie sollten wir das Instrument testen, um die NASA zufriedenzustellen?

Es gab nur eine Möglichkeit: Ballons.

Nach meiner früheren Erfahrung mit Ballons – und der abgeklungenen Begeisterung für sie – hätte ich jede praktikable Alternative vorgezogen. Dennoch stellte ich mich, wenn auch murrend, auf das ein, was jetzt zu tun war. Wir würden nach dem mutmaßlichen Quadrupol auf einer anderen Wellenlänge suchen, bei drei Millimetern, wo die galaktischen Störungen bedeutend geringer sind. Wenn wir durch dieses klarere galaktische Fenster den gemeldeten Quadrupol sehen würden, spräche sehr viel mehr dafür, daß die Kosmologie vor einer entscheidenden Entdeckung stand – und auch wenn es nicht die Rippel waren, würde es etwas Wichtiges sein. Wir hatten vor, vier Ballonflüge durchzuführen, zwei von der nördlichen und zwei von der südlichen Hemisphäre aus. Wenn zwischen den zwei Flügen in beiden Hemisphären einige Monate lagen, würden wir fast den ganzen Himmel abtasten können.

Ich erörtete das Projekt mit John Gibson, unserem Elektronik-Ingenieur, und Hal Dougherty, unserem Mechanik-Zauberer, die beide an dem Antimaterie- und dem U-2-Experiment mitgewirkt hatten. Sie machten sich an die grundlegende Arbeit für die Gondel und die Elektronik. Jetzt brauchte ich einen tüchtigen graduierten Studenten. Mein U-2-Kollege Marc Gorenstein hatte inzwischen seinen Doktor gemacht und war ans MIT gegangen, um Quasare zu studieren. Ich schaute mich also um und machte bald einen hervorragenden Studenten ausfindig: Gerald (Jerry) Epstein. Er hatte am MIT ein Diplom in Physik und Elektrotechnik erworben und war nach Berkeley gekommen, um in Physik zu promovieren. Er wollte sich zunächst nicht auf das Ballonexperiment einlassen, was ich gut verstehen kann. Sein Ziel war, als forschungspolitischer Analytiker für die Bundesregierung zu arbeiten (was ihm schließlich im Amt für Technikfolgenabschätzung des Kongresses gelang). Ich konnte ihn jedoch davon überzeugen, daß er die nationale Forschungspolitik besser würde beurteilen können, wenn er selbst in vorderster Linie geforscht hätte. Es würde seine Erfahrung erweitern, wenn er sich in der Praxis mit dem Wetter, mit sonderbaren Leuten, mit eigenwilligem Gerät, mit der Analyse der Daten und dergleichen auseinandersetzte. Jerry erklärte sich bereit, bei dem Experiment mitzumachen, und ich denke, daß er davon profitiert hat.

Damals rief mich Philip Lubin an, der sich als Student an den U-2-Flügen in Peru beteiligt hatte. Phil wollte einen Empfänger für die Wellenlänge drei Millimeter entwickeln, der mit flüssigem Helium auf vier Grad über dem absoluten Nullpunkt (4 K) gekühlt werden sollte. Das Instrument würde mit diesem Empfänger zwei- bis dreimal empfindlicher sein als der mit flüssigem Stickstoff gekühlte Detektor, den ich in Berkeley entwickelt hatte. Phil und ich wurden uns einig, beim Ballonprojekt zusammenarbeiten.

Wir arbeiteten hart und schnell. Ich entwickelte die Spezifikationen und Verbindungen für einen Dewarbehälter (einen Spezialbehälter für Flüssiggas) für flüssiges Helium und bestellte einen bei der Firma InfraredLabs. Hal konstruierte und baute eine Tülle für den Dewarbehälter und ein Fenster, durch das eine unserer speziellen Hornantennen den Himmel beobachten würde. Die Antenne mußte durch ein Fenster schauen, weil sie außen mit flüssigem Stickstoff auf rund achtzig Kelvin gekühlt wurde, während die Innenseite etwa vier Kelvin kalt war. Bei diesen Temperaturen würde Luft auf der Antenne gefrieren. Jerry entwickelte zusammen mit Hal den systematischen Aufbau und mit John die neue Elektronik für den Detektor. Phil arbeitete an dem Drei-Millimeter-Empfänger. Bei der Vorbereitung des Experiments stellten wir sicher, daß wir alle erdenklichen Quellen von Radiorauschen berücksichtigt hatten, wie zum Beispiel die Atmosphäre, den Mond, Störsignale von der Erde – eine ziemlich lange Liste, die ich für die DMRs der U 2 und von COBE entwickelt hatte.

Ein großes Problem warf das »Umschalten« des Signals auf. Ein differentielles Mikrowellen-Radiometer mißt die Temperaturdifferenz zwischen zwei Himmelsgegenden. Bisher wurden unsere DMRs, die bei Zimmertemperatur beziehungsweise mit Flüssigstickstoff-Kühlung arbeiteten, mit sicheren und verläßlichen elektromagnetischen Schaltern von einer Himmelsgegend zur anderen umgeschaltet. Wie man einen Detektor bei der sehr viel tieferen Temperatur von flüssigem Helium umschaltet, wußte niemand. Wir dachten uns viele Entwürfe für einen Schalter aus, aber keiner war besonders tauglich. Dabei brauchten wir rasch etwas.

So kamen wir auf den »Salamihobel«. Bei der Messung des Spektrums der kosmischen Hintergrundstrahlung hatten wir bewegliche Aluminiumspiegel benutzt, die den Strahl aus verschiedenen Himmelsrichtungen reflektierten. Dadurch hatten wir sichergestellt, daß die DMRs an Bord der U 2 für die Differenz von identischen Signalen den erwarteten Wert Null ausgaben. Ich kam schließlich auf die Idee, die schnelle Umschaltung zwischen Himmelsgegenden, die wir bei unserem neuen Instrument brauchten, auf ähnliche Weise zu bewerkstelligen. Wir würden unseren Detektor so neigen, daß er den Himmel unter dem Winkel von fünfundvierzig Grad, vom Zenit aus gemessen, beobachten würde. Wenn es uns gelänge, vor dem Detektor einen vertikal angebrachten Aluminiumspiegel rotieren zu lassen, aus dem große Teile herausgestanzt waren, so daß er einem Propeller ähnelte, würde der Strahl zwischen zwei Himmelsgegenden mit einem Winkelabstand von neunzig Grad hin und her wechseln. Ließen wir die propellerähnlichen Blätter des Spiegels rotieren, würde der Detektor durch eine Lücke im Spiegel erst den »wirklichen« Himmel sehen, dann den reflektierten Himmel, dann wieder den wirklichen Himmel usw. Man nennt diesen Vorgang Zerhacken [chopping]. Durch entsprechend schnelle Rotation des Spiegels würden wir den Strahl mit der erforderlichen Schnelligkeit zerhacken können, um die notwendige hohe Empfindlichkeit der Messung zu erreichen. Außerdem konnten wir durch den Abstand von neunzig Grad die maximale Empfindlichkeit für eine

Quadrupol-Anisotropie erzielen, bei der zwischen dem warmen und dem kalten Pol ein Winkel von neunzig Grad liegt.

Ein Motor in der Aufhängung der Gondel sorgte dafür, daß diese sich langsam unter dem Ballon drehte (und zwar so, daß der Fallschirm sich, wie wir hofften, nicht verdrillte). Der Strahl würde einen Kreis am Himmel abtasten, und die Rotation der Erde während der Nacht würde dafür sorgen, daß dieser Kreis über den Himmel wanderte. Da alle Messungen unter einem Winkel von fünfundvierzig Grad zur Senkrechten erfolgten, würden etwa auftretende Differenzen in der Signalstärke, die darauf beruhten, daß der Strahl unterschiedlich dicke Schichten der Atmosphäre durchlief, sich gegenseitig aufheben. Kurz, wir würden eine Karte des Himmels aufnehmen. Alles, was wir brauchten, war ein großer, schnell kreisender Spiegel.

Wir stürzten uns in die Arbeit am Spiegel-Zerhacker-System. Hal stanzte aus hochpoliertem Aluminiumblech einen Spiegel von sechzig Zentimeter Durchmesser, um den glänzenden »Propeller« anschließend auf einen von John Gibson verdrahteten Motor zu montieren. Jerry und John entwickelten ein Verfahren, um den Signalempfang mit der Rotation des Spiegels zu synchronisieren. Wir programmierten das Gerät so, daß es regelmäßig einen kleinen Zielsender anregte, ein Signal bekannter Stärke auszusenden; wenn der Detektor jedesmal dieselbe Emissionsstärke maß, würden wir wissen, daß er richtig funktionierte. Rasch war der ganze Apparat im Labor zusammengebaut. Wir schalteten ihn ein, und der Spiegel begann zu kreisen, bis er die geplanten siebenhundert Umdrehungen pro Minute erreichte, bei denen er surrend und zischend die Luft durchschnitt. Wir hatten einen Zerhacker, und er sah aus und klang wie ein riesiger Salamihobel. Einige Male kamen wir ihm so nahe, daß er uns um ein Haar etwas abgesäbelt hätte. Wir umgaben ihn mit einer schützenden Barriere, ähnlich einem Kettenkasten am Fahrrad.

Mit der Grundausstattung des DMR waren wir rasch fertig. Phil vollendete seinen Drei-Millimeter-Empfänger, und zusammen mit Jerry baute er ihn und den von Jerry gefertigten Verstärker in den Dewarbehälter ein. Als alles fertig war, füllten wir flüssiges Helium ein und brachten das ganze Paket einschließlich Salamihobel zum Test auf das Dach von Gebäude 50 des Lawrence Berkeley

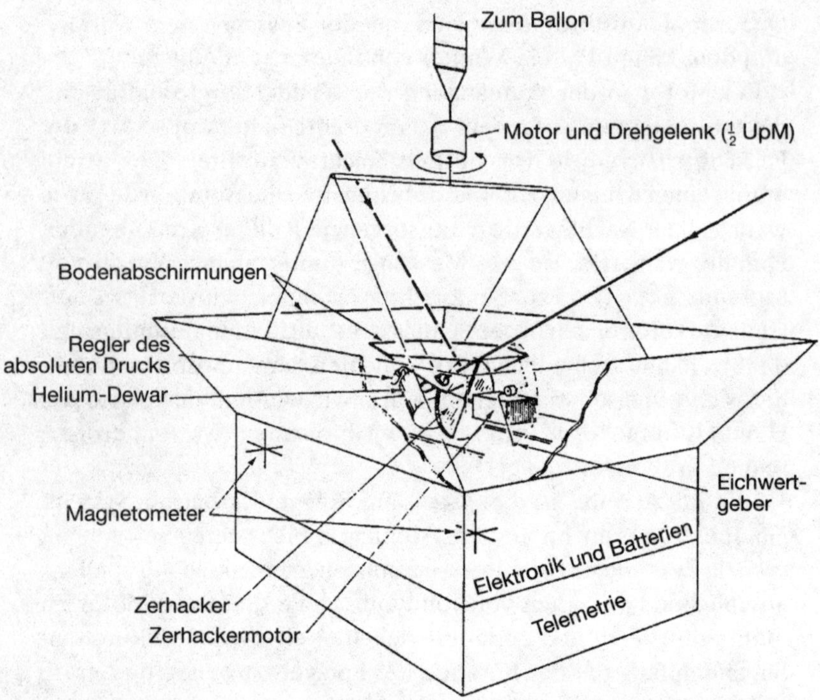

Perspektivische Ansicht der brasilianischen Ballongondel. Man beachte den Zerhacker. [Lawrence Berkeley Laboratory]

Laboratory. Das System funktionierte einwandfrei. Nun brauchten wir nur noch eine Gelegenheit, es an einem Ballon hinaufzubefördern.

Die Ortschaft Palestine (»Palestihn« ausgesprochen) hatte sich nicht sehr verändert, seit ich in den frühen siebziger Jahren wegen der Antimaterie-Experimente zum letzten Mal dort gewesen war. 1970 zählte sie 14 525 Einwohner, 1980 waren es 15 948. Sie gehört zum Anderson County, einer flachen, bewaldeten Gegend im östlichen Texas. In den vierziger Jahren des vorigen Jahrhunderts war das Land besiedelt worden. (Jerry und ich fuhren an einem Tag, als wir auf klaren Himmel warten mußten, zu dem alten Friedhof. Er hatte fünf Abteilungen, eine für jede Gründerfamilie – jede hatte eine andere Religion). Einige Jahrzehnte später erhielten die texanischen Farmer durch den Bahnanschluß Gelegenheit, ihre Rinder und sonstigen Produkte zu den Absatzmärkten zu verfrachten. Heute fällt es schwer, die jungen Leute in der Landwirtschaft zu halten. Sie gehen zum Studium nach Austin und Dallas, oder sie nehmen eine Arbeit außerhalb an, wie etwa vormals beim Bau des inzwischen aufgegebenen Teilchenbeschleunigers SSC in Waxahachie, eine Autostunde entfernt. Besuchern hat Palestine nicht viel zu bieten außer einigen Bars im Country-Western-Stil und Lucilles ausgezeichnetem Pekannußkuchen. Einen bedeutenden Wandel führten ein zweiter Erdölboom und eine neue Fernstraße herbei, die Ölbohrarbeiter und weitere Restaurants in die Stadt brachten. Freitag nachts ging es in dem Motel ziemlich rowdyhaft zu. Wir haben allerdings nur ein Auto im Swimmingpool gesehen.

Palestine ist der Sitz der U. S. National Scientific Ballooning Facility, in der Einheimische Arbeit finden – Cowboys, gute Kerle, Landeskinder, für die der Ballonflug nur eine unter anderen Erwerbsmöglichkeiten ist, wie die Rinderzucht, das Erdöl und früher der SSC. Sie einzustellen, ist ein kluger Schachzug, denn das erste Gesetz des Ballonflugs besagt, daß alles, was hochgeht, auch wieder runterkommt – hin und wieder auch auf privatem Grund. Dieser gehört manchmal einem, der fuchsteufelswild wird, wenn er auf seinem erstklassigen Ackerboden einen Haufen von verbogenem Metall und flatterndem Polyäthylen findet. Es kommt vor, daß ein geplagter Grundbesitzer den Sheriff holt. In solchen Situationen ist eine Bergungsmannschaft aus Einheimischen unbezahlbar.

Hauptsaison für die Ballonflugstation ist der Frühsommer (Mai bis Juni) und der Herbst (September). Das ist die Zeit, in der die Wissenschaftler am liebsten ihre Flüge veranstalten, weil die Jetstreams dann zwar häufig die Richtung wechseln, aber eine verhältnismäßig geringe Geschwindigkeit haben. Dadurch bleibt ein Ballon eher in der Gegend und muß nicht über Hunderte von Meilen verfolgt werden, gelegentlich bis an den Golf von Mexiko, was vorkommen kann, wenn die vorherrschenden Winde beständiger sind.

Als wir im Juli 1981 nach Palestine kamen, führte Dave Wilkinson ein ballongestütztes Anisotropie-Experiment durch, und er erklärte sich freundlicherweise bereit, unser Experiment zum Zweck eines technischen Tauglichkeitstests mitfliegen zu lassen. Vier Monate später – wir hatten aufgrund dieses ersten Ausflugs einige Veränderungen vorgenommen – durften wir wieder mitfliegen, diesmal an einem MIT-Ballon, der das Experiment beförderte, auf dem Mark Halpern, ein Student, der mit Ray Weiss arbeitete, seine Doktorarbeit aufbaute. Die Gondel wurde nach einem achtstündigen Flug in dreißig Kilometer Höhe ausgelöst und landete gegen Tagesanbruch in Mobile (Alabama). Abgesehen davon, daß man im Ort angesichts der wunderlichen, mit Klebstreifen an der Gondel befestigten Aufschriften – MIT-BERSERKELEY LOONEY LANDER und EIGENTUM DER US-LUFTWAFFE – ein wenig verwirrt war, verlief die Bergung einigermaßen glatt. Wir bekamen Daten, anhand derer wir die Behauptungen von einem Quadrupol nachprüfen konnten.

Der nächste Flug verlief ohne Zwischenfälle. Diesmal brauchten wir nicht mehr »per Anhalter« zu fliegen, sondern wir benutzten unsere eigene, neu gebaute Gondel. Unsere Nutzlast erhob sich am 26. April 1982 um 19.45 Uhr Ortszeit in die Lüfte und stieg bis zu einer Höhe von über achtundzwanzig Kilometern auf. Sie trieb nach Osten, kam nach elf Flugstunden in südliche Richtung ab und ging bei Baton Rouge nieder. Sie landete in einem Bewässerungsgraben zwischen zwei Feldern. Nachdem die Mannschaft die Gondel aus dem Graben gezogen hatte, stopfte Jerry das Datenband, das einem normalen Tonband ähnelt, in den hinteren Teil seiner Tragetasche. Auch den kleinen Motor, der die Gondel unter dem Ballon rotieren ließ, steckte er in die Tasche. Alles in allem ein erstaunlich problemloser Flug.

In der Nacht wachte Jerry plötzlich in seinem Motelzimmer auf. Halbwach in der Dunkelheit daliegend, sah er das Innere seiner Tasche vor sich, in der sich das Band und der Motor befanden. Auf einmal fiel ihm ein, daß Motoren Magnete enthalten und daß Magnete elektronische Daten zerstören. Er sprang aus dem Bett, machte Licht, durchwühlte die Tasche und holte das Band heraus. Ob die auf dem Flug gesammelten Daten noch da waren, konnte er erst herauskriegen, wenn er wieder in Berkeley war und sie in den Computer einlas. Er malte sich aus, wie wir reagieren würden, wenn er uns gestehen müßte, daß die Arbeit von Monaten durch einen einzigen gedankenlosen Handgriff verdorben war.

»Ich war ein einziges Nervenbündel«, erinnert er sich. »Als wir wieder in Berkeley waren und das Band analysierten, hielt ich den Atem an, bis wir einige Minuten von den Aufzeichnungen durchgesehen hatten. Es war alles in Ordnung.«

Schon nach kurzer Analyse der Daten wurde uns klar, daß sie keinen einzigen Anhaltspunkt für ein Quadrupol enthielten. Der Dipol war deutlich erkennbar, wie schon bei unseren U-2-Flügen, so daß wir annehmen durften, daß das Gerät einwandfrei funktioniert hatte und die Nichtexistenz eines Quadrupols keine von uns selbst erzeugte Täuschung war. Doch sicher konnten wir auch diesmal nicht sein, bevor wir nicht auch den südlichen Himmel abgesucht hatten. Im Oktober 1982 begaben wir uns also, wie geplant, in den Süden, diesmal nach Brasilien. Jerry, Phil und ich erhielten dort Verstärkung durch Thyrso Villela, einen graduierten Physiker von der Universität von São Paulo. Unsere Operationsbasis war São José dos Campos, ein High-Tech-Zentrum Brasiliens, in dem auch ein Teil des Raumfahrtzentrums untergebracht war.

Am Abend des 19. November 1982 wurde unser Ballon vom Instituto de Pesquisas Espaciais (INPE) in Cachoeira Paulista emporgelassen. Wir vier verfolgten die Funksignale des Ballons, die während des ganzen Fluges einwandfrei funktionierten. Gegen Sonnenaufgang schickte das Team sich an, durch einen entsprechenden Funkbefehl die Gondel am Fallschirm herunterzuholen. Um die Bolzen, mit denen die Gondel am Ballon befestigt ist, abzusprengen, gibt man eine Reihe von Befehlen ein, indem man Wählscheiben dreht, bis die richtige Nummer erscheint, und dann auf einen Knopf drückt. Wenn die mit einer Sprengladung versehenen Bolzen gezündet werden, schaut jemand auf dem Datenschirm nach, ob der Luftdruck sich plötzlich ändert, ein Zeichen dafür, daß die Gondel zur Erde zurücksinkt.

Um 10.56 Uhr und 26 Sekunden drückte ein Mitglied der INPE-Mannschaft auf den Knopf, um den Abwurf auszulösen. Es passierte nichts. Er drückte ein zweites und drittes Mal. Noch immer nichts. Alle stöhnten. Nach der ganzen Mühe und einem sehr erfolgreichen Flug mußte ausgerechnet so etwas passieren. Der Ballon flog einfach seelenruhig davon, unbeirrt von unseren Befehlen. Ersatzweise enthielt die Gondel gerade für diesen Fall einen Zeitgeber, der die Sprengung der Bolzen automatisch auslöste. Auch er versagte.

Die eigentliche Tragödie war der Verlust des Datenbandes an Bord der Gondel. Jerry und ich konnten zwar aufgrund der Daten, die wir per Telemetrie empfangen hatten, einen Kartenausschnitt der kosmischen Hintergrundstrahlung entwerfen, aber das Band enthielt wichtige Flugdaten, die telemetrisch nicht abrufbar waren, vor allem die hochpräzisen Eichungsdaten. Die Gondel trieb während des späten Vormittags und über die Mittagszeit unerreichbar in der Stratosphäre weiter, und wir waren verzweifelt.

Jerry hatte angesichts des sich anbahnenden Debakels gemischte Gefühle. Die Daten aus den Flügen in Palestine reichten für seine Doktorarbeit aus. Er weiß noch, daß er dachte: Wenn dieses Ding nicht zurückkommt, könnte ich mit meiner Arbeit schneller fertig sein. Und dann: Herrje, was für ein entsetzlicher Gedanke! Was mich betrifft, so schwor ich mir, daß dies mein letztes Ballonexperiment sein würde. Basta! Was konnte es Schlimmeres geben als einen über dem brasilianischen Dschungel verschollenen Ballon? Die mit dem Start des COBE-Satelliten verbundenen Ungewißheiten erschienen mir damals geringfügig, verglichen mit der körperlichen und seelischen Qual, die man mit diesen verfluchten Ballons auszustehen hatte. Nie wieder! Wir saßen bedrückt an einem Tisch und berieten, was wir tun könnten, um unsere eigenwillige Gondel wiederzubekommen – sofern man überhaupt etwas tun konnte.

Wenn es Abend wird und alles sich abkühlt, zieht ein Ballon sich gewöhnlich zusammen, verliert an Auftrieb und sinkt tiefer. Auf jeden Fall konnte unser Ballon nicht ewig oben bleiben, weil das Gas allmählich entwich. Die Brasilianer schickten ein Flugzeug, das den Ballon verfolgen sollte. Einen halben Tag lang ging das auch gut. Dann mußte die Maschine zum Auftanken landen, und der Pilot ging auf einen Drink in die Bar. Als er herauskam, war es dunkel. Da das Flugfeld nicht beleuchtet war, konnte er nicht mehr gefahrlos starten. Er war bereit, es trotzdem zu tun, aber der INPE-Flugleiter lehnte das strikt ab; bei anbrechender

Dunkelheit wollte niemand das Risiko eingehen, einen Piloten zu verlieren.

In jener Nacht des 20. November riß die Telemetrie-Verbindung zum Ballon ab. Anscheinend war er irgendwo niedergegangen. Anhand von Wetterkarten versuchten wir abzuschätzen, wo er heruntergekommen sein könnte. Aus den Windverhältnissen zu schließen, mußte das weit im Westen sein. Da sich an Bord der Instrumentengondel glücklicherweise ein Peilsender befand, mieteten wir am nächsten Morgen einen Hubschrauber und ein Flugzeug, um nach dem Ballon zu fahnden. Die Piloten flogen den ganzen Tag lang den Dschungel ab und hielten Ausschau nach einer weißlichen, über den Bäumen ausgebreiteten Plastikplane, während sie zugleich auf ein Funksignal lauschten. Sie sahen und hörten nichts. Sie flogen auch am nächsten und übernächsten Tag. Immer noch nichts. Inzwischen mußten die Batterien des Funkgeräts erschöpft sein.

Phil flog zurück in die Vereinigten Staaten. Jerry und ich warteten und suchten weiter. Noch immer kein Ballon. Wir ließen Plakate in der Art von Fahndungsaufrufen des Wilden Westens drucken, auf denen dem Finder eine Belohnung versprochen wurde, und brachten sie in der ganzen Gegend auf Schildern und an Telefonmasten an. Auf dem Flughafen von São Paulo hängten wir Plakate auf und verteilten Kopien an Piloten und Fluggäste, in der Hoffnung, daß sie Ausschau halten würden. Die Belohnung betrug 450 000 Cruzeiros, rund 2000 US-Dollar. Sollte uns jemand einen Hinweis auf den Verbleib unserer Nutzlast liefern, würden wir das Geld irgendwie auftreiben müssen. Doch es fand sich nichts, nicht der kleinste Fetzen Polyäthylen. Es sah ganz nach der Katastrophe von Aberdeen aus, nur daß wir diesmal wirklich alles verloren hatten. Jetzt verstand ich, was die Gruppe empfunden haben mußte, als HAPPE ins Meer stürzte.

Nach sechs Wochen bliesen die brasilianischen Behörden die Suche nach dem Ballon ab, und wir flogen heim. Als wir zurückkamen, war Phil völlig am Boden zerstört. Nach dem einige Jahre zurückliegenden Aberdeen-Unglück war er merkwürdigerweise ganz munter gewesen, aber damals war er jünger, ein graduierter Student, und er hatte die Spannung und das ganze Chaos als aufregend empfunden. Jetzt schrieben wir 1982, er war fast dreißig, und die Spannung und das Chaos waren nicht mehr lustig. Einen Ballon zu verlieren, war ein tolles Ereignis, etwas, das ein junger Mann als eine Erfahrung verbuchen konnte. *Zwei* Ballons zu verlieren, das war vernichtend. Es ging um seine Karriere bei diesem Experiment. Wieso hatte er er sich jemals auf dieses wahnsinnige Unternehmen eingelassen? Meine bisherigen Erfahrungen mit Ballons wurden dadurch nur bestätigt, dennoch ließ ich sie noch immer fliegen.

Im Dezember 1982 kehrten wir nach Kalifornien zurück und zogen Bilanz. Der Verlust des Ballons schmerzte zwar, aber wir hatten Grund, mit dem Projekt zufrieden zu sein. Unsere Daten, bei denen lediglich Angaben aus der südlichen Hemisphäre fehlten, zeigten doch, daß die Meldung von einem Quadrupol unbegründet war, sicherlich enttäuschend für die beiden Forscherteams, die ihn beobachtet haben wollten. Die Suche nach dem heiligen Gral war damit aber noch nicht beendet.

Mindestens genauso wichtig war jedoch, daß unsere Flüge bewiesen hatten, daß gekühlte Empfänger funktionieren. Bestimmt würde die NASA uns jetzt grünes Licht für die Fortsetzung des Projektes geben. Die gekühlte Version würde empfindlicher sein als die zunächst vorgeschlagenen DMRs, und erhöhte Empfindlichkeit war gerade das, was wir brauchten, um die ursprünglichen Keime der kosmischen Struktur zu entdecken. Seit Mitte der siebziger Jahre, als wir COBE erstmals beantragt hatten, hatte die Kosmologie Fortschritte gemacht; inzwischen waren Theoretiker zu dem Schluß gekommen, daß die Rippel erheblich schwächer ausgeprägt sein könnten als ursprünglich angenommen. Erhöhte Empfindlichkeit war deshalb von zentraler Bedeutung.

Von den Vorteilen gekühlter Empfänger mußte ich zunächst die beiden anderen Forschungsgruppenleiter innerhalb des COBE-Projekts, John Mather und Mike Hauser, sodann die gesamte COBE Science Working Group und schließlich die Ingenieure am Goddard-Raumfahrtzentrum überzeugen. Ich sammelte Material, verfaßte Memos und stellte meine Ergebnisse vor. Als ich John, Mike und das COBE-Team auf meiner Seite wußte, ging ich daran, die Ingenieure am Goddard-Raumfahrtzentrum mit Argumenten und guten Worten zu bearbeiten. Die Ingenieure waren konservativ, jeder Veränderung abhold. Das Ergebnis ihrer bisherigen Erfahrungen faßten sie in dem kernigen Ausspruch zusammen: »Das Bessere ist der Feind des Guten.« Sie hätten schon erlebt, meinten sie, daß man etwas Gutes veränderte, um es noch zu verbessern, und was dann herauskam, war schlechter als am Anfang. Dennoch beharrte ich auf meinem Vorschlag.

Schließlich schlugen sie mir eine teufliche Abmachung vor, so als wollten sie die Festigkeit meiner Überzeugung auf die Probe stellen: »Wenn wir alles auf gekühlte Empfänger umstellen sollen, können wir unmöglich bis zum Start fertig werden. Wenn Sie auf eines der vier DMRs (und damit auf eine Frequenz) verzichten, werden wir zwei andere Geräte kühlen. Eines lassen wir unverändert, um sicherzugehen, daß von den ursprünglichen vier mindestens eines gut funktioniert.« Ich hatte keine Lust, auf ein Viertel des Experiments zu verzichten, aber sie waren nicht zu erweichen, und so erklärte ich mich bereit, das DMR mit der niedrigsten Frequenz zu opfern, auf der am ehesten galaktische Signale zu erwarten waren. Dafür erklärten sie sich bereit, die beiden Kanäle mit den höchsten Frequenzen zu kühlen, die den klarsten Ausblick auf das ferne Universum versprachen. Die NASA versprach, für das Radiometer mit der niedrigsten Frequenz (19 GHz bzw. Wellenlänge 1,5 Zentimeter), das die galaktische Emission messen sollte, einen Ballonflug zu finanzieren, und übertrug die Aufgabe an die Gruppe aus Princeton: Dave Wilkinson, Dave Cottingham, Ed Cheng und Steve Boughm.

So begann die Entwicklung der gekühlten DMR-Empfänger von COBE, eine Arbeit, die eilig vorangetrieben werden mußte.

Im Januar 1984, über ein Jahr nachdem wir mit leeren Händen aus Brasilien heimgekommen waren, erhielt ich einen Anruf. Die brasilianischen Behörden hatten unseren Ballon ausfindig gemacht. Ich konnte es kaum fassen, aber ich freute mich natürlich. Ich unterrichtete Jerry und Thyrso, der für zwei Jahre nach Berkeley gekommen war, um auf der Grundlage der Daten, die wir von dem brasilianischen Ballonflug besaßen, an seiner Dissertation zu arbeiten. Der Versuch, die schlechte Qualität der telemetrisch übertragenen Daten aufzuarbeiten, hatte Jerry und mich zwei Monate gekostet, und wir steckten tief in der Analyse. Ich rief Phil an, den die Neuigkeit sehr mitzunehmen schien. Er hatte die Katastrophe verwunden und sich neuen Forschungen zugewandt, doch jetzt war die Vergangenheit zurückgekehrt und quälte ihn wieder. Die National Science Foundation stellte Mittel für einen dringlichen Flug nach Brasilien bereit.

Einige Tage später flogen Phil und Thyrso nach Südamerika. Wir hatten keine Ahnung, was sie vorfinden würden. Man konnte nicht wissen, wie stark das Gerät in den vierzehn Monaten seit dem Start gelitten hatte. Was war mit dem Datenband geschehen? Auch wenn es den Absturz überstanden hatte, mußten ihm doch die Urwaldhitze, die Feuchtigkeit, der Regen, neugierige Insekten und wuchernde Pilze zugesetzt haben.

Am 3. Februar traf das brasilianische Team aus São José dos Campos mit Phil und Thyrso zusammen. Sie fuhren zu dem abgelegenen Städtchen Tapiraí, in dessen Umgebung der Ballon gefunden worden war. Die Fundstelle war über hundertsechzig Kilometer vom vorgesehenen Landeort entfernt. Die Bewohner der dünnbesiedelten Region schlugen sich schlecht und recht durch, unter anderem mit der Erzeugung von Holzkohle. Das Städtchen bestand aus einigen Straßen, Läden und Bruchbuden. Thyrso sprach eine Gruppe von Leuten an und fragte sie, ob sie etwas über einen abgestürzten Ballon wüßten. Freilich wußten sie etwas – es war das Stadtgespräch. Die Gondel war – sie deuteten in die Richtung – in der Nähe niedergegangen, in einem Waldreservat, in dem sich nur wildlebende Tiere und Wilddiebe aufhielten.

Nach und nach brachten sie die Geschichte zusammen. Ende 1983 war eines Tages ein Wilderer in das Reservat eingedrungen. Es war ein dichter Urwald mit all seinen unheimlichen Geräuschen. Er fällte junge Palmen, um an das Mark heranzukommen, mit dem sich auf dem Schwarzmarkt ein guter Preis erzielen ließ. Er mußte sich natürlich darüber ausschweigen, denn wenn er von den Behörden erwischt worden wäre, hätte er ein saftiges Bußgeld gewärtigen können, unter Umständen sogar Gefängnis. Und plötzlich stieß er dann auf etwas, was er noch nie gesehen hatte. Es schien eine schimmernde Hülle zu sein, ganz oben in den Bäumen. Von der Hülle hing ein großer, eckiger Kasten herab, ein Dutzend Meter über dem Urwaldboden; er schien aus Metall zu sein. Eine ganze Weile starrte er ihn an, ging um ihn herum und überlegte sich, was er tun sollte. Allzu nah wagte er sich nicht heran. Kam der Kasten vielleicht aus dem Weltall? Erschreckt, verwirrt und ein wenig ängstlich ging er schließlich fort, auf dem Rücken den Sack mit dem Palmmark. Er behielt das Geheimnis für sich, denn wenn er jemandem etwas erzählte, konnten die Behörden davon Wind bekommen und herausfinden, daß er in dem Reservat gewildert hatte. Es war ratsam, die Entdeckung zu verschweigen.

Aber eines Tages suchte er eine Bar in Tapiraí auf, und nachdem er ein bißchen getrunken hatte, begann er über einen seltsamen Gegenstand im Wald zu plaudern. Zunächst lächelten die anderen Gäste, dann hörten sie genauer hin. Die Nachricht machte die Runde und kam auch dem örtlichen Polizisten zu Ohren, der sich in das Reservat begab und nach etwas Ungewöhnlichem Ausschau hielt. Schließlich fand er es: Oben in den Bäumen, vielleicht in dreißig Meter Höhe, hatte sich ein riesiger weißlicher Baldachin verfangen, von dem lange Seile und eine Gondel herabbaumelten. Er erkannte sofort, daß es ein Ballon war. Er eilte in die Stadt zurück und benachrichtigte die brasilianische Luftwaffe, die anhand ihrer Unterlagen feststellte, daß es sich um den seit November 1982 vermißten Ballon handeln mußte.

Die Einwohner von Tapiraí wußten mittlerweile, daß das Objekt nicht aus dem Weltall stammte, zogen furchtlos in das Reservat und holten die Gondel von den Bäumen herunter. Sie brachen sie auf und entnahmen Komponenten. Elektronikteile, schimmernde Gegenstände, alles, was hübsch oder interessant aussah, klaubten sich die Leute heraus und trugen es stolz nach Hause. Eine Regionalzeitung brachte eine Titelgeschichte mit Fotos über den exotischen Besucher. Irgendwie kam dem Wilderer zu Ohren, daß Phil und Thyrso auf dem Weg in die Stadt waren, um die Gondel zurückzufordern, und er kehrte mit eigenen Plänen in den Wald zurück.

In Tapiraí angekommen, suchten Thyrso und Phil die örtliche Bar auf. Dort standen der Strahlzerhacker (der Salamihobel) und der Eichmechanismus – als Sehenswürdigkeiten ausgestellt. Phil erinnert sich: »Wir spendierten für alle ein paar Runden und zogen mit unserem Zerhacker ab. Dann gingen wir auf der Suche nach anderen Teilen von Haus zu Haus. Das Stativ des Zerhackers entdeckten wir im Eisenwarenladen, wo es als Lampe diente, und ein Teil der Elektronik war inzwischen in den Funkgeräten der örtlichen Polizei verschwunden.«

Als nächstes versuchten Phil und Thyrso den Wilderer aufzutreiben, aber der war nicht da. Sie machten Freunde von ihm ausfindig, die ihnen verrieten, wo sie nach der Nutzlast suchen mußten. Ein Lastwagenbesitzer bot ihnen an, sie hinzufahren. Am Morgen des 6. Februar fuhren sie zu sieben Mann in das Reservat. Es hatte heftig geregnet, und die Straßen waren ein einziger Schlamm. Manchmal blieb der Lastwagen stecken, und die Räder drehten durch; dann mußten alle absteigen und schieben. Wenn der Laster dann, Schlamm nach allen Seiten wegschleudernd, anruckte, kletterten sie wieder hinauf, um bald darauf wieder steckenzubleiben.

Schließlich gelangten sie »buchstäblich ans Ende der Straße«. Vor ihnen lag die Hütte des Wilderers; er war nicht zu Hause. Sie ließen den schlammbedeckten Lastwagen zurück und wanderten in den Wald hinein. Es war eine gemütliche Wanderung, wenn man davon absieht, daß die Einheimischen mit größtem Vergnügen von »Riesenschlangen« erzählten, »die schon Menschen gefressen haben«. Schließlich erblickten sie in der Ferne, über mehrere Bäume gebreitet, die weiße Plastikhülle des Ballons und die orange-weiße Fallschirmkappe. Als sie herankamen, sahen sie sich nach der Gondel um, aber sie war verschwunden. An ihrer Stelle fanden sie den Wilderer vor, der gelassen auf dem Boden saß und an einem Palmzweig schnitzte.

Nun entspann sich auf portugiesisch ein mit höchster Geschwindigkeit ablaufender Wortwechsel. Phil stand daneben und »verstand nur Bahnhof«. Der Wilderer erkärte Thyrso, seine Freunde in der Stadt hätten ihn vorgewarnt, daß die Wissenschaftler kämen, um ihre fliegende Maschine zurückzufordern. Er habe aber keine Lust, sie herauszugeben – warum sollte er auch? Schließlich habe er sie ja gefunden. Und hätte er nicht, wenn man von ihm die Rückgabe persönlichen Eigentums verlangte, Anspruch auf eine Entschädigung? Phil ahnte langsam, was hier vor sich ging. Der Wilderer sagte, er habe die Gondel versteckt und wolle für die Rückgabe etwas aushandeln. Er verlangte dreierlei. Erstens dreitausend Dollar in US-Währung. Das war ein Vielfaches des jährlichen Pro-Kopf-Einkommens in Brasilien. Zweitens ein Fernsehinterview. Drittens ein Interview in einer großen brasilianischen Zeitung. Vor der Forstbehörde fürchtete er sich offenbar nicht mehr.

Phil ließ ihm von Thyrso übersetzen, daß die erste Forderung unannehmbar sei und daß sie, was die zweite und dritte anging, nichts tun könnten. Daraufhin wurde in schnellem Portugiesisch weiterverhandelt. Der Wilderer seufzte, drehte sich um und ging in Richtung seiner Hütte. Er versuchte zu bluffen. Phil war wütend.

Einer aus der Gruppe hatte unterdessen einen Pfad im Wald entdeckt und sich entschlossen, ihm zu folgen. Nach etwa anderthalb Kilometern entdeckte er die Gondel. Verärgert, aber glücklich, die Gondel wiederzuhaben, zahlte Phil dem Wilderer rund hundert Dollar und versprach ihm, seinen Namen in einer amerikanischen Zeitung zu veröffentlichen, was wir auch taten – in der Unizeitung von Berkeley. Auf jeden Fall war es sehr viel billiger als die Belohnung, die wir anfangs angeboten hatten, und so konnte Phil die Transaktion als ein gutes Geschäft betrachten.

Letztlich bekamen wir alle wichtigen Komponenten des Instruments zurück, auch wenn einige nach vierzehn Monaten im Wald ziemlich angerostet waren. Der Dewarbehälter war erstaunlicherweise unversehrt und vakuumdicht geblieben; er ist derzeit wieder in Benutzung. Das Wichtigste war die Bordkassette mit dem Band, das bedeutsame Daten enthielt, die wir aus der Telemetrie nicht rekonstruieren konnten, vor allem eine sehr präzise Eichung des Instruments, die speziell auf diesen Flug abgestimmt war. Verblüffend war auch, daß wir das Band, obwohl es von einem grünen Pilz überwuchert war, in den Computer einlesen konnten. Die Daten waren zu achtundneunzig Prozent verwendbar, und sie bestätigten, was wir in der nördlichen Hemisphäre gefunden hatten: kein Quadrupol.

Die kosmische Anisotropie – die Falten der Schöpfung – zu entdecken, war offensichtlich sehr viel schwieriger, als die meisten von uns sich vorgestellt hatten. Ende der sechziger Jahre hatten Theoretiker vermutet, daß die Anisotropie relativ leicht zu erkennen sein würde, da sie möglicherweise ein Zehntel zur kosmischen

Hintergrundstrahlung beitrage. Doch in der Mitte der achtziger Jahre, als unsere Instrumente eine Auflösung von einem Zehntausendstel erreicht hatten, war von den Keimen noch immer nichts zu sehen. Die Grenzen des innerhalb der Erdatmosphäre möglichen Auflösungsvermögens waren bald erreicht. Wenn die Keime wirklich existierten und nicht bloß ein schrecklicher theoretischer Irrtum waren, dann konnten wir nur vom All aus nach ihnen suchen, mit dem COBE-Satelliten.

Unser Antrag war bei der NASA durchgekommen, mit einer bedeutsamen Änderung. Wir hatten empfohlen, COBE mit einer Delta-Rakete ins All zu befördern. Anfang der achtziger Jahre ging das Bestreben der NASA jedoch dahin, diese nur einmal verwendbaren Trägerraketen allmählich aus dem Verkehr zu ziehen und Satelliten ausschließlich mit einem neuartigen Raumfahrzeug zu befördern: der bemannten Raumfähre. Ein bemannter Flug bedeutete zwar, daß man verstärkt auf die Sicherheit zu achten hatte, aber dennoch sah es so aus, als sei die Fähre unser Weg ins All, und wir waren froh, mit ihr fliegen zu können.

COBE: Was danach kam

Dienstag, 28. Januar 1986: Die meisten wissen noch, wo sie an jenem Tag waren. Ich auch.

Es sollte ein herausragender Tag in der Geschichte der amerikanischen Raumfahrt werden, aus zwei Gründen. Am Jet Propulsion Laboratory im kalifornischen Pasadena bereiteten sich Wissenschaftler darauf vor, daß *Voyager 2* an Uranus vorbeifliegen würde, dem fernsten Planeten, zu dem eine Sonde bis dahin vorgedrungen war. Und an der Ostküste saß Christa McAuliffe, die erste Lehrerin, die ins All fliegen würde, an Bord der Raumfähre *Challenger* auf der Startrampe 39B des Kennedy Space Center zwischen Orlando und Titusville (Florida). Zur Crew gehörten außer ihr sechs weitere Personen, darunter ein Afroamerikaner, ein Asiate und noch eine Frau – die Crew war also nach ethnischen und geschlechtlichen Gesichtspunkten ungewöhnlich bunt gemischt. Der Raumfähre stand eine glänzende Zukunft bevor. Trotz technischer Beschränkungen und mangelnder Finanzmittel hatte sie bereits ihr Versprechen erfüllt und sich als »Reparaturwerkstätte« für Satelliten im All bewährt. Es würde nur noch wenige Jahre dauern, bis man mit ihrer Hilfe die Raumstation aufbauen würde – und vielleicht sogar noch größere Bauwerke: bemannte Raumschiffe zum Mond, eventuell sogar zum Mars. Wer wußte schon, was die Zukunft noch alles bringen mochte? Man betrachtete die Raumfahrt mittlerweile fast schon als Routine, »fast so, wie wenn man morgens den Zug zur Arbeit besteigt«. Zwei Kongreßmitglieder waren schon mit der Fähre geflogen; der nächste war vielleicht Walter Cronkite. Der Satellit zur Erforschung des kosmischen Hintergrunds, COBE, war als Nutzlast in etwas mehr als zwei Jahren vorgesehen.

Ich hatte wie viele andere vor, mir den Start im Fernsehen anzuschauen. Er war für 9.00 Uhr Eastern Standard Time (EST) vorgesehen; in Berkeley an der Westküste würde es 6.00 Uhr sein. Ich stand früh auf und machte mich für den Tag fertig, wobei ich immer den Countdown im Auge behielt. Die Fähre war schon über zwanzigmal geflogen, und so sollte dieser Start eigentlich eine Routineangelegenheit sein. Das Besondere daran war nur die neuartige Zusammensetzung der Crew. An diesem Morgen war es auf dem Kennedy Space Center ungewöhnlich kalt, stellenweise trat Frost auf. Einige Ingenieure rieten vom Start ab und wiesen darauf hin, daß die Temperatur außerhalb des gefahrlosen Operationsbereichs lag. Unter dem Druck, den Fahrplan der Fähre aufrechtzuerhalten, besonders im Hinblick auf die öffentliche Aufmerksamkeit wegen der Teilnahme der Lehrerin McAuliffe, beschlossen die NASA-Verantwortlichen, trotzdem zu starten. Es gab allerdings eine Verzögerung. Ich konnte nicht länger untätig dasitzen und warten und machte mich um 8.30 Uhr (11.30 EST) auf den Weg zur Arbeit.

Um 11:37:53 Uhr EST endete der Countdown mit »... drei ... zwei ... eins ... null – Zündung!« Niemand nahm die kleine, dunkle Rauchwolke wahr – erst auf Videovergrößerungen von den startenden Triebwerken sollte man sie nachträglich sehen –, die aus einer der Festbrennstoffraketen hervorschoß. Der Rauch wuchs sich bald zu einer kleinen Flamme aus. Die Fähre spie Feuer und Rauch aus und hob langsam von der Startrampe ab. Die Zuschauer hielten vor Aufregung den Atem an. Das Raumfahrzeug stieg mit wachsender Beschleunigung zum Himmel auf, eine weiße Rauchfahne hinter sich her ziehend. Siebenundsechzig Sekunden nach dem Start wurde die Fähre, jetzt kaum noch sichtbar, kurzzeitig von einer orange-weißen Rauchwolke eingehüllt, und weiße Rauchfahnen begannen sich zur Erde zurückzubiegen. Die Zuschauer, die über den genauen Ablauf nicht im Bilde waren, applaudierten zögernd, in dem Glauben, das Ereignis sei eine planmäßige Phase des Steigfluges. Das Feststoffaggregat war abgebrochen und hatte zu trudeln begonnen; der Wasserstoffbehälter im Außentank wurde leckgeschlagen, und hunderttausend Liter flüssigen Wasserstoffs strömten heraus; das Feststoffaggregat prallte gegen den Teil des Außentanks, in dem der flüssige

Sauerstoff untergebracht war, und ließ ihn wie einen mit Wasser gefüllten Ballon platzen. Der flüssige Wasserstoff und der flüssige Sauerstoff vermischten sich; die Mischung detonierte.

Die Katastrophe: *Challenger* war explodiert.

Die Fahrt von meinem Haus oben auf dem Berg zum Labor dauert zwanzig Minuten, gerade genug Zeit für ein paar Gedanken über das Arbeitsprogramm des Tages. Eine meiner Aufgaben an diesem Tag bestand in der Überprüfung der Eichdaten des differentiellen Mikrowellen-Radiometers. Das war Teil des Programms zur Vorbereitung unseres Instruments für den COBE-Start mit der Fähre, der nach der letzten Schätzung der NASA Ende 1988 erfolgen sollte. Die Mitglieder des für das differentielle Mikrowellen-Radiometer verantwortlichen Teams, die von wissenschaftlichem Ehrgeiz und der technischen Herausforderung angetrieben wurden, begannen gerade erst zu einer Einheit zusammenzuwachsen. Einige Unebenheiten und technische Schwierigkeiten waren noch zu bewältigen. Wenn ich es erst einmal geschafft hatte, das erste der drei Radiometer zu testen, dann würde sich alles von selbst ergeben. Ich dachte an die Zuschauermenge, die an diesem Tag auf den Start der *Challenger* wartete, das letzte,was ich beim Verlassen des Hauses auf dem Fernseher gesehen hatte. Eines Tages, dachte ich mir, würden auch wir zu einer solchen Zuschauermenge gehören und erleben, wie die wissenschaftlichen Anstrengungen von fünfzehn Jahren Früchte trügen.

Als ich im Labor ankam, merkte ich, daß etwas Ungewöhnliches passiert war. In den Gängen und Arbeitsräumen scharten sich die Leute in Trauben um Radios und Fernsehgeräte. In der kurzen Zeit zwischen meinem Aufbruch zu Hause und der Ankunft im Labor waren sieben Astronauten umgekommen.

Ich war wie betäubt. Wir alle waren wie betäubt. Wir trauerten um die Astronauten. Der tragische Unfall stand an erster Stelle, doch allmählich begann uns zu dämmern, welche Folgen er wahrscheinlich für COBE haben würde. Unser Projekt basierte auf einer entscheidenden Voraussetzung: Es würde an Bord der Raumfähre fliegen. Jetzt würde die NASA die Flüge der Fähre aber vermutlich einstellen, zumindest für eine Weile. Ich muß gestehen, daß ich – auch wenn es naiv klingt – annahm, daß es nicht zu einer allzulangen Verzögerung kommen würde. Dieser Illusion wurde ich jedoch bald beraubt. Die NASA zögerte alle Shuttleflüge endlos hinaus, während Unfallforscher die Aufnahmen von der Explosion analysierten, Ingenieure über den Telemetrie-Aufzeichnungen brüteten und die Marine den Ozean nach Bruchstücken der Raumfähre absuchte.

Angesichts der Tatsache, daß ein Shuttle verloren war und drei Startverbot hatten, konnte man den Fahrplan der NASA vergessen. Es flog nichts. Wie lange der COBE-Start sich verzögern würde, war nicht abzusehen – es konnte Jahre dauern oder noch schlimmer kommen. Vor dem Unfall flog das Shuttle nicht annähernd so oft, wie anfangs geplant, und die zivile ebenso wie die militärische Kundschaft stand Schlange und schäumte wegen der Verzögerungen. Sollten die Shuttleflüge einmal wiederaufgenommen werden – und es stand in den Sternen, wann das sein würde –, dann waren viele Leute vor uns an der Reihe. Vertreter von vorrangigen militärischen Satelliten und Projekte der Megawissenschaft und des Megaprofits wie *Freedom, Galileo* und das Hubble-Weltraumteleskop würden schubsen und drängeln, um an Bord der Fähre zu kommen. Der Start von COBE konnte sich möglicherweise bis weit in die neunziger Jahre verzögern, und dann würde es vielleicht noch schwieriger sein, einen Shuttleflug zu bekommen. Die Fähre würde dann für zahlreiche, zeitlich exakt geplante Flüge benötigt werden, um Astronauten in die Umlaufbahn zu bringen, wo sie die Raumstation *Freedom* errichten würden. Die Gefahr war groß, daß COBE, ein Projekt von mittlerem Umfang, ohne besondere politische Protektion und ohne öffentliche Aufmerksamkeit, in dem Wirrwarr der immer wieder umgestoßenen Fahrpläne untergehen würde.

Während die meisten von uns von der Ungewißheit geplagt wurden, wie das Shuttleunglück sich auf COBE auswirken würde, erfaßte Dennis McCarthy, der stellvertretende COBE-Projektmanager, die Lage. Am Tag nach der Explosion der Fähre berief er eine Versammlung der am COBE-Projekt Beteiligten ein. Die gedrückte Stimmung stand allen ins Gesicht geschrieben. Er begann ohne Umschweife: »Ich glaube nicht, daß wir jemals mit einem Shuttle von der Westküste starten werden. Wir werden uns für dieses Projekt um eine andere Startmöglichkeit kümmern müssen.« Irgend etwas in Dennis' Auftreten rührte uns an, rüttelte uns aus unserer Lethargie auf und gab uns die Zuversicht, daß es doch eine Möglichkeit gab, dieser schrecklichen Situation zu entrinnen. Die Leute begannen, Ideen vorzutragen, und machten sich an die Arbeit. Wenn uns das damals auch nicht bewußt war, so war dies doch der Beginn der intensivsten und lohnendsten Phase des COBE-Projekts. Die enormen Schwierigkeiten, vor denen wir standen, weckten unseren Teamgeist. Das *Challenger*-Unglück war gewiß eine Tragödie, doch trieb es das COBE-Team zu ganz ungewöhnlicher Tatkraft an.

Wir mußten eine andere Rakete finden, und zwar rasch, denn es standen nur wenige zur Verfügung. Was blieb, waren sechs Titan 34D-, drei Atlas-Centaur-, dreizehn Atlas- und drei Delta-Raketen, und es konnte passieren, daß andere Raumfahrtinteressenten sie uns schnell wegschnappten. Wir konnten nicht jede x-beliebige Rakete nehmen; wir mußten eine wählen, die mit der Größe und dem Auftrag von COBE kompatibel war beziehungsweise eine, die einen umgebauten COBE aufnehmen konnte. Wir brauchten einen Plan für den Umbau des Raumfahrzeugs und einen Plan, wie wir das sowohl dem Management des Goddard-Raumfahrtzentrums als auch der NASA-Verwaltung schmackhaft machen konnten. Wir einigten uns auf zwei Grundsätze. Zuallererst durften die wissenschaftlichen Ziele nicht gefährdet werden. Zweitens – und nicht minder wichtig – würden wir uns bemühen, den alten Startfahrplan aufrechtzuerhalten; jede Woche, um die wir den Termin überschritten, würde zusätzliche Kosten verursachen, und das würde es erschweren, unseren Vorschlag durchzubringen. Es sollte ein Jahr der endlosen und manchmal hoffnungslosen Konferenzen werden.

Bald stellte sich heraus, daß Dennis mit Recht gefordert hatte, eine Rakete für den Start von COBE aufzutreiben. Drei Monate nach dem *Challenger*-Unglück wollten Gerüchte nicht verstummen, daß die Luftwaffe plante, den Bau ihrer Shuttlestarteinrichtung auf dem südkalifornischen Stützpunkt Vandenberg einzustellen. Für unsere wissenschaftlichen Ziele brauchten wir eine polare Umlaufbahn, und die war nur bei einem Start von Kalifornien aus zu erreichen. Falls die Luftwaffe ihren Plan umsetzte (was sie tat), würden wir einen Satelliten ohne Raumfahrzeug haben.

Doch das Fehlen einer Shuttlestarteinrichtung auf Vandenberg wurde schließlich zu einem akademischen Problem. 1986 erklärte die NASA, daß COBE auf keinen Fall einen Platz in der zivil genutzten Fähre erhalten würde, wenn diese wieder den Flugbetrieb aufnehmen würde. Weil Dennis gedrängt hatte, kümmerten wir uns bereits um Alternativen.

Bei der immer stärker werdenden Hoffnungslosigkeit konnte ich mich wenigstens auf eines freuen: eine Südamerikareise und eine Pazifik-Kreuzfahrt. Im März 1986 sollte der Halleysche Komet mit seinem regelmäßigen Rhythmus von sechsundsiebzig Jahren wieder in Erdnähe auftauchen. Ich hatte mich bereit erklärt, auf einer Erlebnisreise nach Ecuador und einer »Kometen-Kreuzfahrt« um Darwins Galápagos-Inseln Vorträge zu halten. Die Teilnehmer hatten für die Tickets Tausende von Dollar bezahlt.

Leider werden Kometen nicht immer dem Wirbel gerecht, der um sie veranstaltet wird, und Halley war bei diesem Umlauf um die Sonne äußerst matt. Daran schien sich auf der Reise niemand zu stoßen; die ganze Fahrt war so faszinierend, die Sterne so atemberaubend schön und, so hoffe ich, die Vorträge so interessant, daß die Teilnehmer trotz des enttäuschenden Auftritts von Halley eine wunderschöne Reise erlebten. Nacht für Nacht gingen alle hinaus und betrachteten den Kometen, die Magellanschen Wolken und den spektakulären südlichen Himmel. Ihre Begeisterung erfrischte und stärkte mich. Ich dachte bei mir: Schau dir diese Leute an, die so hingerissen sind, daß sie Tausende von Dollar dafür bezahlen, um etwas über das Geschehen am Himmel zu erfahren. Dabei habe ich jeden Tag damit zu tun. Ich begriff, wie privilegiert ich war, und dieses Wissen gab mir innerlichen Auftrieb, wenn ich meine Augen zusammenkniff, um Halley zu sehen, einen kaum wahrnehmbaren Schimmer über den dunklen Wogen.

Die Bezeichnung des Kometen ehrt den Astronomen Edmund Halley, der wichtige Erscheinungen der modernen Kosmologie vorwegnahm, zum Beispiel das Olberssche Paradoxon (das Olbers vierundachtzig Jahre nach Halleys Tod im Jahre 1742 entdeckte). Halley fand außerdem den ersten direkten Beweis dafür, daß die »Fixsterne« nicht am Himmel fixiert, sondern in Bewegung sind.

Diese Entdeckung war ein wichtiger Schritt auf dem Wege von der alten Vorstellung eines statischen Kosmos zum modernen Konzept eines dynamischen, sich entwickelnden Universums. Der berühmteste Beitrag Halleys bestand jedoch darin, daß er mit Hilfe von Newtons Himmelsmechanik die Bahn des Kometen bestimmte und seine Wiederkehr für das Jahr 1758 vorhersagte. Er kehrte wieder, sechzehn Jahre nachdem Halley gestorben und beerdigt worden war. Das Europa der Aufklärungszeit war überwältigt: Wieder einmal hatte die menschliche Vernunft triumphiert und das Naturgeschehen antizipiert.

Halleys Prophezeiung war die erste augenfällige Bestätigung von Newtons Gravitationstheorie, und zwar eine, die jeder gebildete Mensch verstehen konnte. Der pseudonyme »Astrophilus« prahlte damals im *Gentleman's Magazine*: »Ich kann meinen Landsleuten nur gratulieren zu einem Ereignis, das so ruhmvoll ist für die Newtonsche Lehre und für das Andenken des vorzüglichen Philosophen Dr. Halley; und möge nie in Vergessenheit geraten, daß das erste Beispiel eines solchen Ereignisses von einem Engländer vorhergesagt wurde, und obendrein noch ganz genau.« Ein anderer schrieb: »Durch das Erscheinen [des Kometen] zu dieser Zeit ist die Wahrheit der Newtonschen Theorie des Sonnensystems zur Überzeugung der ganzen Welt erwiesen, und das Ansehen der Astronomen ist vollkommen begründet und weit erhaben über den Witz und die spöttischen Bemerkungen von unwissenden Menschen.« Allerdings sollten die Kometen bis weit in unser Jahrhundert hinein etwas Mysteriöses behalten; zu Lebzeiten Edmund Halleys spekulierten einige, daß Kometen der Wohnsitz verdammter Seelen seien, und noch im Jahre 1910 befürchteten viele, daß der Schweif des Kometen die Erdatmosphäre vergiften werde. Wie dem auch sei, Halleys berühmte Vorhersage bewies scheinbar ein für allemal, daß die Gravitation die Himmelskörper regierte.

Aber regierte sie auch noch im Jahre 1986? Wenn Kosmologen auf Margaret Gellers und John Huchras jüngst veröffentlichte Rotverschiebungskarten von riesigen galaktischen Superhaufen schauten, fragten sie sich, ob die Gravitation nicht schließlich ihren Meister gefunden habe. Konnte die Formung dieser massereichen Strukturen allein das Werk der Gravitation in den fünfzehn Milliarden Jahren seit dem Urknall sein? Vielleicht brauchte man, um die Entstehung einer solchen Materiefülle zu erklären, einen anderen, unbekannten Faktor. Eine Antwort darauf würde COBE liefern können, wenn wir ihn je hochbekamen. Die Entdekkung von Temperaturvariationen in der kosmischen Hintergrundstrahlung, in denen sich das Vorhandensein kosmischer Keime dreihundert Jahre nach dem Urknall manifestiert, würde bestätigen, daß das gegenwärtige Universum von der Schwerkraft geformt wurde. Wenn es uns nicht gelang, die Keime zu entdecken, würden wir nach anderen Erklärungen suchen müssen. Am Ende der Kreuzfahrt und des diesmaligen Auftritts des Kometen war ich voller neuer Tatkraft und bereit, wieder ins Labor zu gehen.

COBE war immer noch ein Satellit ohne einen Weg ins All. Das COBE-Team bemühte sich, eine Rakete ausfindig zu machen, die ihn aufnehmen könnte. Von den verfügbaren Delta-, Atlas-Centaur- und den verschiedenen Typen der Titan-Raketen schied die Atlas-Centaur rasch aus, weil auf Vandenberg keine geeignete Startrampe vorhanden war. Mit der Delta würde es klappen, doch dafür würde man den COBE-Satelliten in Umfang und Gewicht auf die Hälfte reduzieren müssen, ein drakonisches Umbauprogramm. Vielversprechender erschien die Titan-Rakete; ihr Nutzlastbereich war so geräumig, daß er den COBE-Satelliten in seiner bisherigen Form mit nur unbedeutenden Änderungen aufnehmen konnte. Der Haken daran waren die Kosten, die sich auf immerhin zweihundertfünfzig Millionen Dollar belaufen würden.

Das Schicksal besitzt einen sonderbaren Humor, wie wir alle entdeckten, als wir am 19. April die *New York Times* aufschlugen und die Schlagzeile lasen: »Titan-Rakete explodiert über kalifornischem Luftwaffenstützpunkt«.

Auf dem Stützpunkt Vandenberg war eine Titan 34D wenige Sekunden nach dem Start in einem gewaltigen orangenen Feuerball zerplatzt. Gesundheitsschädliche Gase verbreiteten sich über eine beträchtliche Fläche. Mindestens fünfundachtzig Menschen wurden wegen Haut- und Augenreizungen behandelt; Schulkinder mußten in den Klassenräumen bleiben, bis der Rauch sich verzogen hatte. Außerdem wurde die Startrampe zerstört. Damit kam auch die Titan-Rakete für COBE nicht mehr in Frage.

Zwei Wochen später wurde eine vierzig Meter hohe Delta-Rakete, die den GOES-G-Wettersatelliten trug, auf der Startrampe in Florida in Position gebracht. Es sollte der erste Start der NASA seit dem *Challenger*-Unglück sein – ein Versuch, das Vertrauen der Öffentlichkeit zurückzugewinnen und zu zeigen, daß die NASA noch zu etwas taugte. »Wir müssen uns ins Gedächtnis rufen, daß unser Raumfahrtprogramm erfolgreich war«, sagte NASA-Chef William Graham. Die Delta strebte himmelwärts. Siebzig Sekunden nach dem Start verlor das Haupttriebwerk an Schub und geriet außer Kontrolle. Um zu verhindern, daß sie über bewohnten Gebieten oder über Schiffen auf hoher See abstürzte, drückte ein Mann von der Bodenkontrolle auf den Knopf und sprengte sie in der Luft. Auf der Titelseite der *New York Times* hieß es wieder: »Dritte US-Rakete versagt, Raumfahrtprogramm geplatzt.«

Die Raumfahrtindustrie befinde sich »in einem Chaos«, erklärte ein führender Vertreter von McDonnell-Douglas gegenüber der Presse. »Es herrscht ein heilloses Durcheinander; gegenwärtig haben wir keine Startmöglichkeit, und das wird noch mehrere Jahre der Fall sein.« Mehrere Jahre! Bei unseren Bemühungen, COBE zu retten, hatte uns das gerade noch gefehlt. Die Explosion der Delta war besonders rätselhaft, denn sie galt als eine der zuverlässigsten amerikanischen Raketen. Üble Gerüchte waren im Umlauf; dem Magazin *Science* zufolge dachte man sogar an die Möglichkeit der Sabotage »per Funkbefehl eines auswärtigen Urhebers«.

Wir hatten erwogen, die französische Ariane-Rakete zu nutzen, die Hauptstütze der Europäischen Raumfahrtbehörde. Ariane hatte sich trotz einiger sehr aufsehenerregender Unfälle den Ruf einer verläßlich Trägerrakete erworben. Sie startete von Französisch-Guayana aus, und so würde man COBE dorthin bringen müssen – ein Nachteil, der aber die Ziele des Projekts nicht beeinträchtigte. »Wir hatten zwei oder drei Gespräche mit den Franzosen«, erinnert sich ein Mitglied des COBE-Teams. »Doch als die [NASA-]Führung davon Wind bekam, befahl man uns, die Gespräche abzubrechen und künftig zu unterlassen – andernfalls wurde uns Körperverletzung angedroht.« Der amerikanische Nationalstolz stand auf dem Spiel. Nach soviel negativen Presseberichten wünschte die NASA nicht, daß ein bedeutendes Forschungsprojekt bei den Franzosen um Unterstützung bat. Man versprach uns nichts, stellte uns aber wieder eine Startmöglichkeit auf einem amerikanischen Träger in Aussicht.

Die aufregendste Möglichkeit – der Traum der COBE-Mission – bestand darin, den Satelliten in eine sehr viel größere Höhe zu befördern, als ursprünglich geplant war. In der Umgebung von Erde und Mond gibt es mehrere Punkte, die nach dem französischen Astronomen Lagrange, der sie im achtzehnten Jahrhundert entdeckte, Lagrange-Punkte genannt werden.[40] An diesen Punkten heben sich die Anziehungskräfte der Sonne, der Erde und des Mondes gegenseitig auf; ein dort kreisendes Objekt würde wie ein zwischen zwei Gebäuden an einem Seil aufgehängter Weihnachtsschmuck im All schweben. Ein Punkt, der Lagrange-Punkt 2 oder L_2, wäre für einen kosmologischen Satelliten besonders gut geeignet, weil der Satellit dort praktisch keine Strahlung oder elektromagnetische Störung von Erde und Mond erfährt; außerdem würde der Satellit bei L_2 ständig im Sonnenlicht stehen und nicht vorübergehend von Erde oder Mond abgedeckt sein, was die Leistung seiner Solarzellen kurzfristig mindern könnte.

Wenn es uns gelänge, die NASA dazu zu bringen, COBE auf einem Shuttleflug mitzunehmen, würde man sich die Mission folgendermaßen vorstellen könne: Die Fähre könnte von Florida aus den Satelliten auf eine gewöhnliche äquatoriale Umlaufbahn bringen. Dann könnte eine neue, von der Orbital Sciences Corporation entwickelte Oberstufenrakete COBE nach L_2 befördern. Wir fanden die Idee phantastisch. In den Dokumenten des COBE-Projekts kann man nachlesen, daß alle Forschungsgruppenleiter sich, als die L_2-Idee angesprochen wurde, »verhielten, als hätten sie ein religiöses Erlebnis gehabt... Es war die denkbar günstigste Position [für COBE]... Das machte wirklich alles einfach.« Die Sowjets hatten ebenfalls von der Möglichkeit gesprochen, einen kosmologischen Satelliten zum Lagrange-Punkt 2 zu schicken. Leider beliefen sich die Kosten für die Zweitstufe auf einige hundert Millionen Dollar. Damit war dieser Traum ausgeträumt.

Angesichts der begrenzten wirklich verfügbaren Optionen empfahl das COBE-Projekt der NASA Ende 1986, den Satelliten mit einer Delta-Rakete zu starten. Die Flugbilanz des Delta-Programms war trotz des Unglücks vom 3. Mai immer noch hervorragend – der 3. Mai war der erste Fehlschlag in neun Jahren. Da die Delta außerdem eine relativ billige Rakete war, würde sich die NASA-Führung freuen.

Die Delta-Raketen wurden bei McDonnell-Douglas gebaut, aber die Produktion war zugunsten des Shuttleprogramms eingestellt worden. Es waren noch genügend Bauteile übrig, um daraus einige Deltas zu bauen: man hatte sie in alten Schuppen verwahrt. Das »Star-Wars«-Programm erhob Anspruch auf sie, um sie für Raketenabwehrsysteme einzusetzen. Wir kämpften um eine Rakete – mit Erfolg. Als die Ingenieure von McDonnell-Douglas erfuhren, daß sie für uns eine Rakete konstruieren durften, standen ihnen die Tränen in den Augen. Jahrelang hatten sie die Raketen gebaut, die dann oft für militärische Zwecke genutzt wurden. Sie wollten nicht erleben, daß die letzten Delta-Raketen bei Raketenabwehrtests abgeknallt würden. Lieber sollten ihre Raktenbautalente wissenschaftlichen Forschungen von bleibendem Wert dienen – eben COBE.

Die Delta war indessen eine kleine Rakete. Sie konnte nur eine halb so große Nutzlast befördern wie die bisher für die COBE-Shuttle-Konfiguration vorgesehene. COBE mußte also sehr viel kleiner und leichter werden. Das war schwieriger, als es vielleicht klingt, denn wir konnten nicht einfach alles kleiner machen wie eine russische Puppe, in der eine kleinere Version ihrer selbst steckt. Je kleiner COBE wurde, desto mehr standen sich seine Instrumente gegenseitig im Wege, vergleichbar mit dem Umzug einer Familie aus einer Fünfzimmer- in eine Einzimmerwohnung. Die drei Instrumente waren bereits sehr empfindlich gegenüber störenden Wärmequellen, der von den Kabeln und den anderen Instrumenten erzeugten elektromagnetischen Strahlung und so weiter, und je mehr COBE schrumpfte, desto anfälliger würden sie werden.

Am 1. Oktober 1986 erhielten wir die Nachricht: Die NASA gibt grünes Licht für einen Delta-Start Anfang 1989. Das war weit früher, als wir erwartet hatten. »Seit der Bekanntgabe des Startdatums wußte jeder, daß es eine Feueralarmübung werden würde ... eine unglaublich kurzfristige Planung«, sagte Frank Kirchman, der neue für die thermischen Probleme des DMR zuständige Ingenieur. Von diesem Zeitpunkt an waren wir festgelegt. Es galt, »noch einmal von vorne anzufangen«, oder es würde nichts aus der Sache werden.

Um einen so radikalen Umbau von COBE in so kurzer Zeit zu bewerkstelligen, mußten die einzelnen Teams so eng wie möglich zusammenarbeiten. Roger Mattson, der COBE-Projektmanager, entschied, alles »unter einem Dach« zusammenzuführen. In einem Vermerk hieß es, daß es »wegen der Notwendigkeit, den Zeitplan einzuhalten, für die Überstunden und die Überstundenzuschläge keine Grenze nach oben« geben würde. Die COBE-Teams, die vor dem *Challenger*-Unglück durch Kilometer voneinander getrennt gewesen waren, würden jetzt praktisch Tür an Tür arbeiten, was die Arbeit beschleunigen und die Verantwortlichkeit der Beteiligten heben dürfte. Es ist eine Erfahrungstatsache, daß die Verantwortungsbereitschaft steigt, wenn man den Leuten in die Augen schauen kann, statt bloß auf ihren Anrufbeantworter zu sprechen. Die Uhr tickte.

Die drei COBE-Instrumente – DMR, FIRAS und DIRBE – wurden in verschiedenen Gebäuden gebaut. Für das DMR, dessen Zentrum das Gebäude 19 des Goddard-Raumfahrtzentrums war, war ich Forschungsgruppenleiter und Chuck Bennett mein Stellvertreter; John Mather und Richard Shafer erfüllten diese Funktionen für FIRAS, und für DIRBE nahmen Mike Hauser und Tom Kelsall die entsprechenden Aufgaben wahr. Die Gesamtleitung der Instrumentenentwicklung lag bei Earle Young, der in diesen Jahren eine Unmenge von Problemen zu lösen hatte.

Der DMR-Arbeitsbereich in Gebäude 19 sah wüst aus und wurde scherzhaft »Mikrowellen-Instrument- und Jalousienladen« getauft. Hier bauten die Ingenieure die Teile und testeten sie die Komponenten des DMR. Sie bauten das DMR und das Testgerät zusammen. Hauptsächlich waren sie aber mit dem notwendigen Eichen und Testen beschäftigt, um das DMR einsatzfertig zu machen. »Es ist sehr wohlwollend ausgedrückt, wenn man sagt, daß dieses *Ding* ›geplant‹ wurde«, bemerkte Roger Ratliff, ein leitender Maschinenbauingenieur, der viele Teile des DMR anfertigte. »Wir haben es so ziemlich nach der Maxime zusammengestoppelt: ›Wenn's funktioniert, ist es okay.‹«

Nachdem die NASA erkannt hatte, wie sehr sich die COBE-

Mitarbeiter einsetzten, um das Projekt zu retten, gab sie uns volle Unterstützung. Sie wollte der Öffentlichkeit durch eine gelungene Weltraummission zeigen, daß sie noch nicht am Ende war, daß sie weiterhin im Raumfahrtgeschäft eine Rolle spielte und immer noch beeindruckende wissenschaftliche Leistungen zuwege brachte. Im Goddard-Raumfahrtzentrum hieß es, COBE sei für die NASA eine »sexy« Mission, die gerettet zu werden verdiente. Dem Vernehmen nach war »COBE ein Projekt, das für die Öffentlichkeit und für den Kongreß sehr interessant war«; »es stand im Mittelpunkt der Aufmerksamkeit – Sie wissen schon, der Urknall! Die Anfänge des Universums und so weiter! Und wenn es klappte, würden Ergebnisse von großem allgemeinen Interesse dabei herauskommen«. Solche Sprüche sind für die Mannschaftsmoral nicht unwichtig. »Mir war klar, daß es sich um eine ganz heiße Sache handelte«, sagte Roger Ratliff, einer von der »alten Garde« der NASA. Der gleichen Meinung war Rob Chalmers, der für die thermischen Probleme zuständige Ingenieur: »Wenn man es irgendwie schafft, die Truppe für die Sache zu begeistern, schuften sie sich für einen fast zu Tode.«

Vor welcher Aufgabe wir standen, machte der Goddard *Engineering Newsletter* deutlich: »Der Umbau von COBE von einem Shuttleflug für einen Delta-Start ist eine der bedeutendsten technischen Herausforderungen, vor die sich das Goddard-Raumfahrtzentrum jemals gestellt sah.« Ein gutes Team wächst an einer solchen Herausforderung zu großer Form heran. Das war bei uns der Fall. Die allgemeine Stimmung stieg.

Dann plötzlich wurde die Welt der Kosmologie – wir hatten gerade ein knappes Jahr von unserem wahnwitzigen Programm hinter uns – von einem bedeutenden Erfolg in der Forschung der kosmischen Hintergundstrahlung überrascht. Nochmals wurden wir daran erinnert, wie leicht es passieren konnte, daß wir auf den zweiten Platz verwiesen würden. Als die Meldung eintraf, hielten wir alle den Atem an.

Im Februar 1987 hatte ein japanisch-amerikanisches Team eine ballistische Rakete gestartet, die einen Detektor ins All trug, den Andrew Lange, Paul Richards und Kollegen in Berkeley gebaut hatten. Das japanische Team stand unter der Leitung von Professor Matsumoto von der Universität Nagoya. Während seines kurzen Fluges im All, der vor den japanischen Kyushu-Inseln bis in eine Höhe von dreihundertzwanzig Kilometern führte, hatte das raketengestützte Instrument auf sechs Frequenzen zwischen 0,1 und 1 Millimeter die Hintergrundstrahlung analysiert. Das im August desselben Jahres veröffentlichte Ergebnis wies eine erhebliche Differenz zwischen den vorhergesagten und den gemessenen Spektralkurven der kosmischen Hintergrundstrahlung nach, mit einer Überschußtemperatur von sage und schreibe 3,18 Kevin.

Wenn das stimmte, mußten sich im frühen Kosmos außergewöhnlich energiereiche Vorgänge abgespielt haben.

Dieser Überschuß löste eine ungeheure Aufregung aus. Theoretiker sahen sich veranlaßt, mehrere mögliche Erklärungen anzubieten. Die weitestgehende stellte das Standardmodell in Frage, demzufolge das Spektrum der Hintergundstrahlung sich fast hundertprozentig mit der Strahlung eines schwarzen Körpers decken mußte, während das neue Ergebnis darauf hinzudeuten schien, daß es erheblich verzerrt sein könnte. Diese Möglichkeit nährte den wachsenden Zweifel an der Gültigkeit der Urknalltheorie. Ein Bericht über das Nagoya-Berkeley-Projekt wurde in die vielgerühmte Serie *The Astronomers* der Public Broadcasting Television aufgenommen. Erst als die Filmarbeiten fast abgeschlossen waren, sickerte durch, daß die gemeldete Verzerrung im Spektrum der kosmischen Hintergundstrahlung nicht zutraf. Es stand praktisch fest, daß die Überschußtemperatur eine Täuschung war, die auf einer fehlerhaften Konstruktion oder einer Funktionsstörung des Instruments beruhte – oder auf einem falschen Signal, das durch eine Strahlung anderer Art oder durch Rauschen hervorgerufen wurde.

Das japanisch-amerikanische Experiment dämpfte unsere Stimmung. Es rief uns die Gefahr ins Bewußtsein, daß ein anderes Team jederzeit ein anderes Resultat melden könnte, und zwar dann die wirkliche, fehlerlose Entdeckung von Rippeln. Unsere Arbeit erhielt dadurch eine zusätzliche Dringlichkeit, und auf einmal kam uns der von der NASA für Anfang 1989 vorgesehene Starttermin, den wir einmal für unrealistisch früh gehalten hatten, bedrückend spät vor. Wir steigerten unser Arbeitstempo und packten einen Haufen Probleme an: die Vibration, die systematischen Fehler, die potentiellen Effekte von Sauerstoffspuren auf

NASA-Vertreter Len Fisk (links) *inspiziert das 53-GHz-Radiometer. Ingenieur Rick Mills erläutert.*

den Spiegeln, störende Wärmequellen – sie alle mußten gelöst werden, und alle erforderten sie Zeit, Sachkenntnis und seelische Kraft.

Im ursprünglichen COBE-Bauplan standen die differentiellen Mikrowellen-Radiometer auf Sockeln rings um den Behälter mit flüssigem Helium, der das FIRAS- und das DIRBE-Instrument aufnehmen sollte. Ein Team unter Leitung von Maschinenbauingenieur Gene Gochar entwickelte eine neue Anordnung des DMR. Das Gehäuse des Radiometers wurde breiter und flacher. Das Unterteil des DMR mußte sich wegen des begrenzten Raums dem Flüssigkeitsbehälter anschmiegen. Die Verkabelung, die Temperaturisolierung und andere Faktoren wurden im Rahmen des Umbaus von COBE ebenfalls neu gestaltet.

Ein großes Problem warf die Ersetzung der alten, starren Wärmeabschirmung durch einen leichteren und flexiblen Schirm auf, der sich im All entfalten sollte. Die Aufgabe, einen flexiblen und dennoch zuverlässigen Schirm zu bauen, »wurde von allen für extrem schwierig, wenn nicht unlösbar gehalten«, schrieb Rob Chalmers im Goddard *Engineering Newsletter*. Dennoch schafften sie es. Auch die Solarzellen, mit denen wir beim alten COBE die Außenwände belegen wollten, wurden ersetzt durch Zellen auf drei Tafeln, die sich im All ziehharmonikaartig enfalten sollten. Außerdem mußte die Antenne für das Senden und Empfangen von Daten und Befehlen beim neuen COBE kleiner sein. Diese Änderungen waren schwierig und bereiteten uns viel Kopfzerbrechen. Die beiden nächsten Jahre waren zugleich interessant und mit Bangen und Sorgen erfüllt.

Nach vollendetem Umbau mußten die Radiometer getestet und geeicht werden. Das sollte unser Instrument – und unseren Sinn für Humor – auf die härteste Probe stellen. Bei der Eichung geht es darum, die Hintergrundstrahlung zu simulieren. Das ist nicht einfach. Da die Hintergrundstrahlung extrem schwach ist, mußten wir sie durch einen entsprechend schwachen Referenzstrahler (Target) simulieren, dessen Temperatur nahe beim absoluten Nullpunkt lag. Dann mußten wir die Antennen des Radiometers auf Ziele mit praktisch derselben Temperatur richten. Bei einwandfreiem Funktionieren würden die Antennen beide dieselbe Temperatur registrieren und folglich eine Temperaturdifferenz Null melden. Registrierte das Radiometer jedoch eine Temperaturdifferenz, dann war etwas nicht in Ordnung, anders gesagt, dann mußte das Radiometer eine unerwünschte Strahlungsquelle aufgespürt haben (zum Beispiel eine interne Wärmequelle, ein Magnetfeld, eine Radioquelle oder was auch immer). Zunächst eichten wir das Radiometer in einem großen Raum des Goddard-Raumfahrtzentrums, der mit dunklen, kegelförmigen Objekten ausgekleidet war, die die Mikrowellenstrahlung absorbieren. Sie absorbieren auch Schallwellen. Es schien, als werde einem jedes gesprochene Wort am Mund abgeschnitten.

Um das Vakuum des Alls zu simulieren, unterwarfen wir das differentielle Mikrowellen-Radiometer einem »Ferntest« innerhalb eines evakuierten Behälters. Der Behälter, einen Meter breit und über einen Meter hoch, stand im hinteren Teil des »Reinstraums«, einer praktisch staubfreien Spezialreinrichtung. Da für jede Frequenz das Radiometer etwa sechzig Zentimeter breit, dreißig Zentimeter tief und sechzig Zentimeter hoch war und rund fünfundvierzig Kilogramm wog, konnten wir jeweils nur ein Radiometer testen. Innerhalb des evakuierten Behälters stand ein Referenzstrahler auf Gleisen wie eine Modelleisenbahn; per Fernsteuerung ließen wir ihn vor den Hörnern des Radiometers vor- und zurückfahren. Normalerweise war das DMR auf ein rotierendes Rad gerichtet, auf dem Kegel angebracht waren, die Mikrowellen absorbierten und die von der Rückseite her über Röhren, die mit einem Behälter flüssigen Stickstoffs verbunden waren, supragekühlt wurden. Die Rotation, so hofften wir, würde etwa vorhandene warme Stellen auf dem Rad »ausgleichen« – und insofern eine genauere Nachahmung der gleichförmigen Hintergrundstrahlung ermöglichen als ein statisches Target.

Zu unserem Verdruß versagte diese raffinierte Vorrichtung sehr häufig. Bewegliche Teile klemmten, weil die extreme Kälte das Schmiermittel gefrieren oder Komponenten sich zusammenziehen ließ, so daß sie nicht mehr wie gewünscht arbeiteten. Wenn das System versagte (und das passierte natürlich immer mitten in der Nachtschicht), mußte es langsam erwärmt und wieder mit Luft beschickt werden, damit wir hineingehen konnten, um nach dem Fehler zu suchen. Die Wiedererwärmung konnte Stunden, ja, Tage dauern; wenn man zu schnell vorging, konnten empfindliche Komponenten bei dem plötzlichen Temperaturanstieg Schaden nehmen. Das Ärgerliche dabei war: Sobald die Erwärmung fast beendet war und wir die Kammer schon öffnen wollten, begann das Teil, das versagt hatte – beispielsweise das Target auf seinen Gleisen –, wieder zu funktionieren. Daher konnten wir nicht herausbekommen, weshalb es zuvor gestreikt hatte. Wenn wir es dann für eine weitere Testreihe wieder kühlten, versagte es erneut. Wir konnten nicht sehen, was drinnen passierte, wenn etwas schiefging, weil die Kammer luftdicht abgeschlossen war und keine Fenster hatte (aus gutem Grund: damit keine Streustrahlung hineingeriet). Wir erwogen, eine Fernsehkamera in der Kammer anzubringen, aber dafür reichte der Platz nicht. Monatelang wollte das Zähneknirschen im DMR-Labor kein Ende nehmen.

Dabei arbeiteten wir alle täglich viele Stunden, oft auch an den Wochenenden, und das ging über Monate so. Der gewohnte Schlaf kam zu kurz – und auch das persönliche Leben. Trotz der Belastung ließ die Begeisterung nicht nach. Wir hatten das Gefühl, für eine wirklich wichtige Sache zu arbeiten. Roger Ratliff drückte es so aus: »Wenn es nicht soviel Spaß gemacht hätte, hätte wahrscheinlich keiner die Geduld aufgebracht und die ganze Zeit

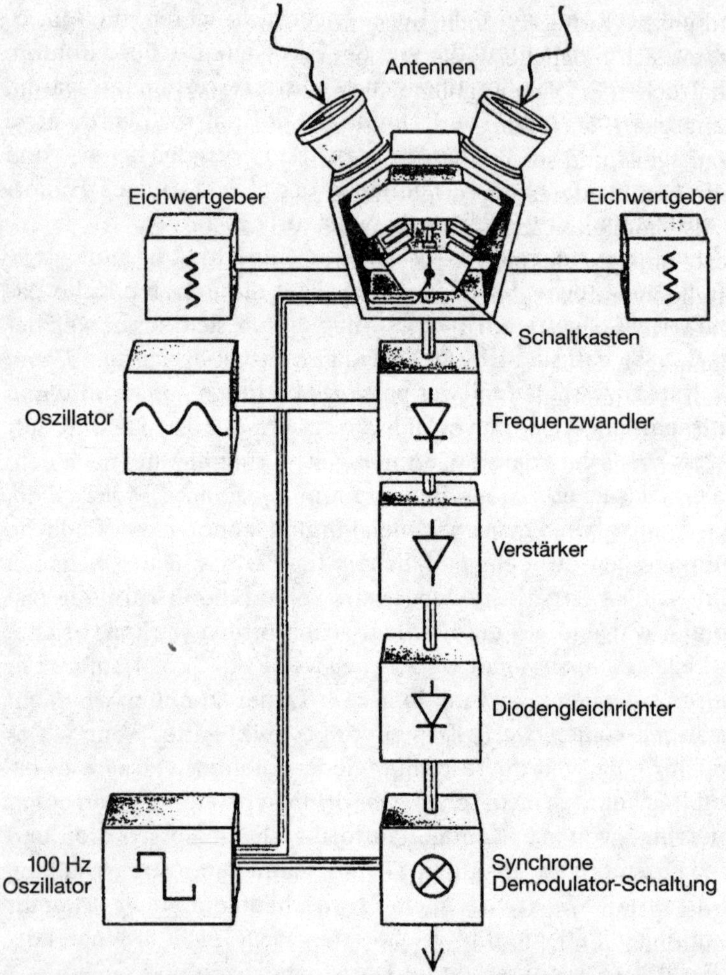

Der Aufbau des differentiellen Mikrowellen-Radiometers (DMR). Es mißt die Differenz der Mikrowellenstrahlung zwischen zwei Punkten am Himmel, die gemessen wird mittels zweier Hornantennen, die alternierend mit einem Empfänger verbunden sind. [NASA/GSSC]

durchgehalten.« Gewiß waren wir manchmal übernervös, und bestimmt ärgerten wir uns gelegentlich über unsere Instrumente und unsere Kollegen, doch uns einte das Bewußtsein, daß unsere Arbeit sich möglicherweise in einem epochemachenden wissenschaftlichen Erfolg auszahlen würde. Wir empfanden uns als eine Mannschaft, ein Team, wie ich es, gemessen an seinem Gemeinschaftsgeist und seiner Entschlossenheit, in meiner ganzen Laufbahn kein weiteres Mal erlebt habe.

Als Teamleiter hatte ich mir große Mühe gegeben, eine engagierte und geschlossene Arbeitsgruppe zu schaffen, indem ich alle Mitglieder auf das gemeinsame Ziel verpflichtete und ihnen soviel Verantwortung wie möglich übertrug (das hatte ich bei meinem ehemaligen Gruppenleiter Luie Alvarez gelernt). Jeder war für einen bestimmten Teilbereich verantwortlich und konnte ihn selbst gestalten. Das führte vielfach dazu, daß die Leute ihren Teil des Instruments fast wie ihr Eigentum behandelten.

Maria Lecha beispielsweise, die leitende Ingenieurin für das 53-GHz-Radiometer, entwickelte soche Beschützerinstinkte, daß sie das Instrument als ihr »Baby« bezeichnete. Maria, die an der Universität von Puerto Rico in Mayaguez Elektrotechnik studiert hatte, war damals Mitte Zwanzig. Sie war von dem Projekt besessen. Als es eines Tages geschneit hatte, ging sie hinaus und baute einen »Schneemann« in Gestalt des DMR. In den Monaten, in denen das Instrument getestet wurde, saß sie zu Hause in Greenbelt nächtelang vor ihrem Computer und sorgte sich per Fernüberwachung um das Abschneiden ihres Radiometers. Einige Male bemerkte sie, daß seine Temperatur stieg – das Kühlsystem ließ nach. Prompt eilte sie mitten in der Nacht zur Arbeit – der Goddard-Pförtner winkte sie durch –, um ihr Radiometer zu retten. »Millionen von Dollar waren mir anvertraut«, sagte sie rückblikkend. »Ich hatte immer Angst, daß etwas schiefgehen würde, daß es auf der Rakete beim Start explodieren würde.« Sie stand mit ihren Ängsten nicht allein. Bobby Patschke, der leitende Ingenieur für das 31-GHz-Radiometer, gestand einmal: »Ich träume von meinem Radiometer.«

Wir hofften, COBE Ende 1988 nach Kalifornien zu bringen, wo er mit der Delta-Rakete zusammengebaut werden sollte. Je weiter die Zeit voranschritt, desto stärker wurde die Anspannung. »Die Techniker und die Wissenschaftler haben sich manchmal ganz schön angebrüllt, ehrlich«, erinnert sich Tom Kelsall, der stellvertretende Forschungsleiter für DIRBE. »Es wurde emotional, aber nie persönlich. Wie sie bei der Mafia sagen: Es ist geschäftlich, nicht persönlich!« Trotz unserer Konflikte muß ich den Ingenieuren bescheinigen, daß sie letztlich mit uns an einem Strick zogen. Dennis McCarthy erklärte seinen Kollegen: »Mensch, Leute, wir bauen dieses Ding für die Wissenschaftler, nicht für uns. Wir haben dafür zu sorgen, daß sie die Daten kriegen, die sie brauchen.« Im gleichen Sinne äußerte sich ein anderer Ingenieur: »Wichtiger war wohl für viele von uns, daß wir Kerle wie Mike Hauser, John Mather und George Smoot [die Forschungsleiter von COBE] nicht im Stich lassen wollten«, sagte Mike Ryschkewitsch.

In bezug auf Hauser, Mather und mich sagte ein Mitglied des COBE-Projekts: »Wir hatten die drei Typen ständig auf dem Hals wegen irgendwelcher Dinge, die ihnen die Daten vermasseln konnten. Ich habe nie kapiert, was sie wollten, bis ich in der Sendung *The Astronomers* sah, wie den Leuten vom Berkeley-Japan-Experiment dieser Fehler unterlief. Da dachte ich: Gott sei Dank, daß uns die Jungs ständig im Nacken saßen!« Was auch immer bei dem Berkeley-Japan-Unternehmen geschehen sein mochte, wir wollten jedenfalls nicht, daß *unsere* Mission wegen irgendeines Konstruktions- oder technischen Fehlers scheiterte. Wenn es uns aus einem legitimen wissenschaftlichen Grund nicht gelang, die Rippel zu entdecken, dann war eben nichts zu machen. Ein anderer Grund wäre für uns jedoch unannehmbar gewesen. Zuviel hing von dem Projekt ab.

Schließlich hatten wir unser Ziel erreicht: Die Instrumente waren umgestaltet worden, und COBE hatte nur noch die Hälfte seines ursprünglichen Gewichts. Am Bau von COBE waren über tausend Menschen beteiligt gewesen, er hatte viele Jahre Arbeit verschlungen und rund hundertsechzig Millionen Dollar gekostet. Wir waren bereit, den Satelliten zum Luftstützpunkt Vandenberg zu schaffen, zum Zusammenfügen mit der Delta-Rakete und zu seinem geplanten Start.

Erste Anzeichen von Falten

Der Start des Satelliten zur Erforschung des kosmischen Hintergrunds (cosmic background explorer, COBE) war für den 19. November 1989 vorgesehen. Einen Tag vorher fuhr ich von Berkeley die vierhundertachtzig Kilometer nach Süden zum Luftwaffenstützpunkt Vandenberg. Die sich dahinziehenden bernsteinbraunen Hügel Kaliforniens, von der Plattentektonik, von Erdbeben und Erosion in Jahrmillionen geformt, wirkten herbstlich. In Kürze würden wir unsere Stunde der Wahrheit erleben. Ich war seit fast zwanzig Jahren in der Kosmologie tätig, und die längste Zeit hatte ich auf diesen Augenblick hingearbeitet. Die drei Instrumente an Bord von COBE würden die Frühgeschichte des Universums auf eine Weise erforschen, wie es bis dahin nicht möglich gewesen war. Viele glaubten, COBE würde ein für allemal klären, ob es den Urknall wirklich gegeben hatte. Für mich stand das außer Zweifel: Der Urknall hatte stattgefunden, und wir würden sehr viel mehr darüber herausfinden, wie das geschehen war.

Ich fühlte mich merkwürdig entspannt. Das Schicksal von COBE lag in den Händen der Raketen-Ingenieure. Ich konnte lediglich zuschauen, wie er aufstieg – oder explodierte.

Vandenberg ist ein öder und in mancherlei Hinsicht gefährlicher Ort. Oft ist die Gegend in Nebel gehüllt, und die Autofahrer werden ermahnt, vorsichtig zu fahren. Die Klippen sind nicht sicher (»Wagen Sie sich nicht bis an den Rand einer Klippe vor – sie könnte nachgeben«, werden die Besucher in einem Merkblatt der Luftwaffe gewarnt). An den Stränden, die sich über gut fünfzig Kilometer erstrecken, treten gefährliche Ripptiden auf; das Gelände ist übersät mit Blindgängern (»Wenn Sie einen verdächtigen Gegenstand sehen, versuchen Sie NICHT, ihn aufzuheben oder als

›Souvenir‹ mitzunehmen!«). Autofahrer müssen manchmal auf die Bremse treten, wenn ein Wildschwein oder ein Reh aus dem Nebel auf die Straße rennt. Die viertausend Hektar große Luftwaffenbasis, die im Zweiten Weltkrieg als Armeestützpunkt und Kriegsgefangenenlager diente, ist nach dem früheren Luftwaffen-Stabschef Hoyt S. Vandenberg benannt. Über drei Jahrzehnte lang war sie der Startplatz für fast zweitausend Raketen, darunter Interkontinentalraketen, die ins All oder auf Ziele im Pazifik abgeschossen wurden, die Tausende von Kilometern entfernt waren.

Die nahe gelegene Gemeinde Lompoc ist ein richtiges Luftwaffenstädtchen, wie man es aus den Filmen kennt: kleine Geschäfte, von Bäumen gesäumte Straßen und freundliche Tankstellenbesitzer, die einem noch anbieten, den Wagen aufzutanken. Nachdem ich das Städtchen durchquert hatte, nahm ich die in nordwestlicher Richtung durch eine dürre Landschaft führende Straße nach Vandenberg. Hinter einer Kurve sah ich plötzlicher die Delta-5920-Rakete vor mir: senkrecht auf der Rampe stehend, an dem Stahlgerüst festgezurrt, das sie bis kurz vor dem Start gegen die Elemente des Wetters schützen sollte. Rund achthundert Meter weiter, am Fuße eines sanften Abhangs, schimmerte der Pazifik. Es roch nach Meer, und man konnte noch etwas von der tosenden Brandung vernehmen. Das Meersalz greift den Montageturm, der die Rakete vor dem Start umgibt, so stark an, daß er zur Schadensverhütung regelmäßig gereinigt werden muß. Ein Vandenberg-Mitarbeiter scherzte: »Lassen Sie Ihren Wagen einmal einen Monat lang stehen – dann merken Sie, wie es wirkt.«

Dreißig Jahre zuvor hatte eine andere Delta-Rakete der Geschichte der Kosmologie eine andere Richtung gegeben. Damit hatte bei jenem ersten Mal freilich niemand gerechnet. Am 12. August 1959 brachte die erste Delta-Raktete der NASA den Satelliten *Echo 1* auf den Weg, einen riesigen kugelförmigen Ballon, mit dem das Zeitalter der Nachrichtensatelliten begann. Um die von diesem Satelliten zurückgeworfenen Signale zu »hören«, hatten die Bell Laboratories in Holmdel (New Jersey) ihre hornförmige Mikrowellen-Antenne gebaut. Es war die Antennte, mit der durch einen glücklichen Zufall Arno Penzias und Robert Wilson die kosmische Hintergrundstrahlung entdeckten, die Reststrahlung des Schöpfungsvorgangs, ein fernes Echo des Urknalls. Jetzt hofften wir, daß COBE die Revolution, die vor einem Vierteljahrhundert in Holmdel begonnen hatte, fortsetzen würde. »Wir sind so etwas wie Paläontologen des Weltalls, wir suchen nach dem Pendant von Dinosaurierknochen in der Frühgeschichte des Universums«, erklärte ich einem Reporter.

Vor dem *Challenger*-Unglück hatte es so ausgesehen, als wäre diese Raketenstartanlage dem Untergang geweiht. Es schien, als sollte die Raumfähre den Raketenbetrieb voll und ganz ablösen, und die Führung von McDonnell-Douglas erwog, den Standort aufzugeben. Der örtliche Vertreter der Firma, der inzwischen verstorbene Pat Conlan, setzte sich jedoch erfolgreich für seine Erhaltung ein. »Er hielt die Vorstellung, daß die Raumfähre alles befördern sollte, für ›glatten Blödsinn‹«, erinnerte sich ein Kollege. Wenn er nicht so entschlossen für seine Erhaltung gekämpft hätte, hätte McDonnell-Douglas den Standort wohl aufgegeben – und das wär's dann gewesen.« Und wir hätten keine Startmöglichkeite für COBE gehabt.

Die zeitweilige Verwahrlosung warf ein Problem auf. Der Startkran, ein SLC-2W, war einem Memo zufolge »unglaublich SCHMUTZIG!!!« COBE mußte aber möglichst sauber bleiben; Kontaminationen konnten die Instrumente beschädigen oder ihre Meßergebnisse verfälschen. Vor der Installation von COBE auf der Delta-Rakete wurde das Startgerüst also gründlich gereinigt. Anschließend wurde das Gerät mit »schwarzem« (ultraviolettem) Licht und mit »Bandproben« (Klebestreifen, die die auf die Oberflächen gelegt und anschließend unter dem Mikroskop geprüft wurden) sorgfältig auf Verunreinigungen hin untersucht.

Die Delta-Rakete traf mehrere Wochen vor dem Start per Lkw aus Florida ein, wo sie montiert und getestet worden war. Die Delta-Mannschaft war damals auf ein einziges Team geschrumpft, das gleichzeitig einen Start vom Kennedy-Raumfahrtzentrum vorbereitete. Einige Wochen vor dem Start trat COBE seine lange Reise an. Ich war glücklich und traurig zugleich, als der Satellit aus seinem isolierten Reinraum geholt und für die Fahrt nach Westen in einen speziellen Transportbehälter verfrachtet wurde. Er wurde vom Luftwaffenstützpunkt Andrews direkt nach Vandenberg geflogen. Dort angekommen, wurden in einem speziellen Reinraum die noch fehlenden Flugteile anmontiert. Ich fuhr nochmals eigens nach Vandenberg, um die Sonnenblende und die Erdabschirmung zu inspizieren. Wir testeten das Ganze noch ein letztes Mal.

Dann wurde COBE nach Mitternacht, als der Verkehr minimal war, mit einem Transportfahrzeug zur Starteinrichtung nach Vandenberg gebracht. Der Transport benötigte für die Strecke von siebzehn Kilometern relativ viel Zeit. Er wurde von einer Sicherheitsmannschaft mit blinkenden Warnlichtern begleitet. Ein Goddard-Ingenieur bemerkte dazu: »Wenn man etwas so Kostbares transportiert, möchte man nicht, daß einem jemand in die Quere kommt.«

Als der Start näherrückte, glaubten wir, wir hätten Vorkehrungen gegen jede Eventualität getroffen. Nur eines hatten wir nicht bedacht. Dennis McCarthy erfuhr aus dem Fernsehen, daß San Francisco, vierhundertachtzig Kilometer an der Küste Kaliforniens in nördlicher Richtung, von einem Erdbeben erschüttert worden war. Aufgeregt rief er in Vandenberg an, ob COBE nichts passiert sei. Man schaute nach – alles in Ordnung. Ich war mit akuteren Problemen beschäftigt, denn ich wohnte in der Umgebung von San Francisco. Das Beben von der Stärke 7,1 auf der Richter-Skala hatte Teile der Gegend in Trümmer gelegt und über sechzig Menschenleben gefordert. Durch einen Anruf im Labor erfuhr ich, daß alle Mitglieder meiner Gruppe wohlauf waren und das Gerät keinen Schaden erlitten hatte. Es war noch einmal gutgegangen, aber wir wurden daran erinnert, daß es im Leben oft die wirklich großen Katastrophen sind, mit denen man am wenigsten rechnet.

Am Freitag, dem 17. November, hielt die NASA in Lompoc eine Pressekonferenz ab. John Mather, ich und viele Goddard- und NASA-Mitarbeiter nahmen daran teil. Zugegen waren auch Ralph Alpher und Robert Herman, Kollegen von George Gamow, die einundvierzig Jahre zuvor die Existenz einer kosmischen Hintergrundstrahlung vorhergesagt hatten. Sie schienen froh zu sein, noch miterleben zu dürfen, daß ihre Arbeit so schöne Früchte trug. Alpher sagte über COBE: »Es ist ein wunderbares, raffiniertes Instrument, und wir hoffen, es wird uns die exaktesten Informationen [über die Anfänge des Kosmos] liefern, die wir je bekommen haben.« Auch die Delta wurde gerühmt: »Die großartigste Trägerrakete der Welt« nannte sie Don Tutwiler von der NASA. Die Reporter erfuhren, daß das »Startfenster« von 6.24 bis 6.54 Uhr am nächsten Morgen geöffnet sei; daß die fünfunddreißig Meter hohe Zweistufenrakete über eine mit Flüssigkeitstreibstoff angetriebene Erststufe verfüge, an der zusätzlich neun Feststoffraketen befestigt seien; daß die Rakete ein Startgewicht von zweihundert Tonnen besitze und daß die erste Stufe von McDonnell, die zweite von AeroJet gebaut worden sei. Um die Entweichgeschwindigkeit zu erreichen, mußte die Rakete mit einer Geschwindigkeit von über 11000 Kilometern pro Stunde fliegen. In der Umlaufbahn würde sie den Satelliten aussetzen, der die Erde mit rund 10500 Kilometern pro Stunde umkreisen würde.

Larry Caroff von der NASA sagte, der Satellit und weitere geplante Weltraumobservatorien würden »uns einen beispiellosen, unglaublichen Anblick des Universums verschaffen. Wir weden Dinge sehen, die unsere kühnsten Phantasien übersteigen. Dies wird die Welt der Wissenschaft aufrütteln.« John Mather warnte die Reporter vor: »Ich rechne nicht damit, daß das, was wir sehen werden, die Urknalltheorie umstoßen wird, denn es ist eine gute und bewährte Theorie. Dennoch könnten wir eine große Überraschung erleben.«

Samstagmorgen. Ich stand früh auf, duschte und zog mich warm an. Im morgendlichen Dunkel ruhten, nicht weit entfernt, fünfzehn Jahre Arbeit über vielen Tonnen Sprengstoff. Was würde ich tun, wenn alles platze? Fast so lange wie ich auf diesem Gebiet der Kosmologie arbeitete, war ich den kosmischen Falten auf der Spur gewesen. Würde die Jagd hier, an der Pazifikküste, mit einem Feuerball enden, aus dem Metalltrümmer herabregneten?

In der Dämmerung versammelten wir uns zu Hunderten außerhalb des Delta-Geländes. Zahlreiche Busse warteten. Tausend Gäste – eine auf der Raketenbasis nur selten erreichte Besucherzahl – hatten sich eingefunden, um ein seltenes Schauspiel zu beobachten: einen Start in der Morgendämmerung. Der Countdown würde im »Blockhaus« erfolgen, einem rund sechs Kilometer von der Startrampe entfernten abgeschirmten Komplex.

Die Busse brachten uns zum Besucherzentrum, rund anderthalb Kilometer von der Rakete entfernt. Wir stiegen aus und sahen die Delta-Rakete hellerleuchtet auf der Startrampe stehen. Die Nacht hindurch hatten die Meteorologen mit kleinen Höhenballons die Windgeschwindigkeit in der oberen Atmosphäre gemessen – sie war beunruhigend hoch, und möglicherweise würde der Start abgeblasen werden müssen. Zwanzig Minuten vor dem Starttermin wurde nochmals ein Ballon aufgelassen, dessen Sensoren eine verminderte Windgeschwindigkeit meldeten. Das klang vielversprechend.

Ich stand nicht weit von Mike Hauser, einem COBE-Forschungsleiter. Wir wechselten stumme Blicke in dem Wissen, daß unter den tausend Zuschauern wir beide und John Mather am meisten in diesen Tag investiert hatten. Bei einem früheren Besuch hatte ich die Rakete aus der Nähe gesehen, und ich war über ihren klapprigen Zustand entsetzt gewesen: Hier und da war Rost zu sehen, an etlichen Stellen war sie ausgebessert, mit Kunstharz repariert worden. Auf so einem Ding ruhte das Werk unseres ganzen beruflichen Lebens. Wir sagten kein Wort, sprachen nur stumme Gebete.

Der Himmel wirkte klar, ruhig, einladend. Im Osten zeigte sich ein orangefarbener Streifen. Gleich würde die Sonne aufgehen. Meine Armbanduhr zeigte 6.43 Uhr. Das Startfenster bestand nur aus den nächsten zwanzig Minuten, wenn der Satellit die gewünschte polare Umlaufbahn erreichen sollte, parallel zum Terminator, der Grenze zwischen dem beleuchteten und dem unbeleuchteten Teil der Erde. Der Countdown erreichte die letzten zehn Sekunden.

»Zehn, neun, acht, sieben, sechs ...«

Stirnen furchten sich, Muskeln spannten sich, alles hielt den Atem an. In solchen Momenten kommen die schlimmsten Befürchtungen hoch: Würde die Rakete mit einer blendenen Stichflamme explodieren?

»... fünf, vier, drei, zwei, eins ...«

Jemand scherzte: »Falls die Rakete platzt, haltet alle George fest, sonst bringt er sich um!« Ich schoß zurück: »Ich *mich* umbringen?«

»... Zündung.«

Über dem Gelände wurde es sonnenhell. Wir sahen die Rakete abheben, in unheimlicher Stille, die Startrampe in Flammen gehüllt. Sekunden später erreichte uns schlagartig das brüllende Geräusch und ließ meinen Brustkorb vibrieren. Die Luft bebte. Die Zuschauer hielten den Atem an, während die Rakete, Feuer und Rauch ausspeiend, donnernd ihren Aufstieg fortsetzte.

Während des Starts ergossen sich Tausende von Litern Wasser unter die Rakete, um die Schallwellen zu dämpfen, die, vom Boden zurückgeworden, die Rakete hätten beschädigen können. Aus diesem Grund wurden auch nur sechs der neun Feststoffraketen gestartet, bis die Rakete sich weit über die Berge erhoben hatte; die reflektierten Schallwellen hätten sonst die Rakete zerstören können. Während wir den Aufstieg der Rakete mit Unruhe beobachteten, wurden die übrigen Booster gezündet.

Ein halbe Minute nach dem Start hatte die Delta-Rakete Schallgeschwindigkeit erreicht und beschleunigte weiter. Wir atmeten auf. Irgendwann flog sie an der Mondscheibe vorbei. Nach 78 Sekunden hatte die Rakete eine Höhe von 19 Kilometern und eine Geschwindigkeit von 836 Metern pro Sekunde erreicht. Plötzlich schien sie breiter zu werden, dann stieß sie sechs leuchtende Punkte ab – Feststoffraketen. Nachdem ihr Treibstoff aufgebraucht war, fielen sie zur Erde zurück und landeten 30 Kilometer entfernt im Pazifik. Nach 124 Sekunden flog die Delta-Rakete mit einer Geschwindigkeit von 1892 Metern in der Sekunde und hatte eine Höhe von 43 Kilometern erreicht: sie stieß die letzten drei Booster ab, die 370 Kilometer vom Standort entfernt ins Meer fielen. Nach 240 Sekunden zündete die zweite Stufe: die Delta teilte sich und warf die erste Stufe ab.

Die Verkleidungen sprangen nach 245 Sekunden ab, 112 Kilometer über der Erde. COBE raste jetzt mit einer Geschwindigkeit von 5127 Metern in der Sekunde durch die Kälte und Leere des Alls. Das Triebwerk der Zweitstufe schaltete nach 650 Sekunden ab. Der Satellit flog jetzt antriebslos mit einer Geschwindigkeit von 8 Kilometern pro Sekunde, 168 Kilometer über der Erde. COBE war auf der Umlaufbahn. Die dritte Stufe brachte COBE auf die geplante höhere Umlaufbahn.

»Das war ein Flug, ich muß schon sagen!« ließ sich Dennis McCarthy zufrieden vernehmen. Bei einer anschließenden Besprechung sagte er, die Umlaufbahn von COBE sei »sehr stabil«, mit maximal 900,5 und minimal 899,3 Kilometern fast eine vollkommene Kreisbahn.

Ich war in Hochstimmung. Es war ein perfekter Start gewesen. Aber mit Feiern konnten wir uns nicht lange aufhalten. Wir mußten zum Flughafen und zurück ans Goddard-Raumfahrtzentrum, um von dort aus die Operationen zu überwachen und das Experiment durchzuführen. Mit Mike Jansen vom Jet Propulsion Laboratory, der an COBE mitarbeitete, fuhr ich die hundertneunzig Kilometer nach Pasadena, um sein Gepäck zu Hause abzuholen und weiter zum Flughafen von Los Angeles zu fahren. Von Mike aus riefen wir beim Satelliten-Operationszentrum an und erfuhren, daß COBE auf dem richtigen Weg war. John Wolfgang informierte uns, daß die Solarzellen über dem Südpol wegen des vom Eis zusätzlich reflektierten Sonnenlichts mehr Energie als geplant erzeugt hätten. Sie hätten Schwierigkeiten, diese Energie loszuwerden. Ob sie das differentielle Mikrowellen-Radiometer frühzeitig einschalten dürften? »Ja«, antwortete ich sofort. Das war eine Frage von der Art »Mach, was du willst, aber hilf mir aus der Patsche«. (Ich hatte mit den Planern des Fluges monatelang darum gerungen, das Instrument so früh wie möglich einzuschalten, was sie aber stets mit der Begründung abgelehnt hatten, sie müßten zunächst den Satelliten checken.) Jetzt gingen die Befehle hinauf, und herunter kam das DMR-Signal. Es wies glücklicherweise sofort eine Zacke auf – genau das Signal, das wir erwartet hatten, wenn die Antenne den Mond überstrich. Kurz darauf sandte der automatische Kalibrator an Bord einen Impuls aus. Die DMR-Crew jubelte. Die Daten der ersten dreißig Sekunden ergaben genau die gleichen Signale wie unsere Tests und Simulationen am Boden. Das DMR funktionierte. Es hatte den Start heil überstanden. Wir luden Mikes Gepäck ein, fuhren lachend und scherzend zum Flughafen, bestiegen eine Maschine nach Washington, D. C., und auf dem ganzen Weg zum Goddard-Raumfahrtzentrum wich das Lächeln nicht aus unseren Gesichtern.

Nur noch wenige Stunden, und COBE würde beginnen, uns über die Frühzeit des Universums zu informieren.

*

Hoch über der Erde war COBE mit seinen voll ausgefahrenen Solarzellenarmen 5,80 Meter lang und zweieinviertel Tonnen schwer. Er drehte sich langsam – am Ende der Woche mit einer Geschwindigkeit von achtzig Prozent einer vollen Umdrehung pro Minute –, damit jedes Instrument den Himmel abtasten konnte. Die Rotation ermöglichte außerdem die solare Beheizung des Satelliten. COBE speicherte die Meßdaten laufend auf zwei Bandgeräten an Bord und übertrug sie einmal am Tag zur Bodenstation auf Wallops Island (Virginia), von wo sie zur COBE-Flugleitung im Goddard-Raumfahrtzentrum weitergeleitet wurden. Oft hörten wir live mit und erhielten durch das TDRSS (Tracking and Data Relay System) Echtzeitdaten. Anfangs erfüllte uns das mit Begeisterung, denn nach den jahrelangen Rückschlägen und Strapazen war es doch aufregend, daß unser Instrument tatsächlich seine Aufgabe bewerkstelligte. Als sich dann mit wachsender Datenmenge allmählich ein Bild des frühen Kosmos herausschälte, verlor dieses regelmäßige Mithorchen etwas von seiner Faszination.

Als wir am frühen Abend des Starttages im Goddard-Raumfahrtzentrum eintrafen, ging ich sofort in den Instrumenten-Kontrollraum. Dort saßen Teams für die drei Instrumente (DMR, FIRAS und DIRBE) an Tischen, die zu einem großen Y zusammengestellt waren, überwachten die Arbeitsweise des Satelliten und schickten sich an, den Strom von Daten zu verarbeiten. Pete Jackson und Charlie Backus hatten Diagramme der Daten ausgedruckt, die das differentielle Mikrowellen-Radiometer in der ersten halben Stunde aufgenommen hatte. Die Diagramme zeigten das Mondsignal, die Störquelleneichung und Meßdaten. Wir alle signierten das erste Diagramm, machten Kopien davon und klebten sie an die Wände. Und als dann die Daten von einem ganzen Tag da waren, brachten wir die Analyse-Programme mit Geduld und Überredungskunst dazu, eine grobe, aber erkennbare Himmelskarte der kosmischen Hintergrundstrahlung zu erstellen. Als Sergio Torres die Karte auf den großen Bildschirm projizierte, brandte im Instrumenten-Kontrollraum lauter Beifall auf.

Die Karte zeigte nichts, was wir nicht erwartet hätten. Keine Anzeichen von den schwer faßbaren Falten, den kosmischen Keimen, nach denen wir so eifrig forschten. In dieser Phase war die

Karte kaum zu entziffern; es war, als versuchte man, in dichtem Nebel etwas zu erkennen. Wir alle wußten, daß es noch etwas dauern würde, bis der Nebel sich lichtete. Das differentielle Mikrowellen-Radiometer funktionierte wie gewünscht. In dem Beifall äußerte sich neben einem Gefühl der Erleichterung die Anerkennung unserer Leistung.

Die ersten Wochen waren beglückend, anstrengend und auch von kurzen, aber sehr akuten Angstperioden unterbrochen. Drei Tage nach dem Start erhielten wir Anzeichen dafür, daß einer der Kreisel, die zur Stabilisierung des Satelliten beitrugen, nicht funktionierte. Um halb drei morgens waren John Mather und ich heimgefahren, um uns auszuruhen. Ich war kaum im Bett, als Rick Shafer mich telefonisch vom Ausfall des Kreisels und einer Dringlichkeitssitzung informierte. John Mather erfuhr davon um vier Uhr morgens durch einen Anruf bei ihm zu Hause. Während er durch die dunkle Nacht zum Goddard-Raumfahrtzentrum fuhr, dachte er: Wenn er tot ist, ist er tot. Wenn nicht, müssen wir genau überlegen, was wir machen. Seine Sorge war, daß der Ausfall des Kreisels COBE destabilisieren könnte; er konnte kippen und sich möglicherweise direkt auf die Sonne ausrichten, mit verheerenden Folgen für alle Instrumente. Zum Glück hatten die automatischen Systeme funktioniert und den Reserve-Kreisel eingeschaltet.

Dieser Zwischenfall hatte ein heilsame Wirkung. Ich hatte immer mit Rick Shafer gestritten, in welchem Umfang das FIRAS-Instrument in den ersten Phasen der Operation bezüglich der Datenaufzeichnung getestet und geprüft werden sollte. Die Aufgabe des Instruments bestand darin, das Spektrum der kosmischen Hintergrundstrahlung zu messen, genauer, die Intensität bei verschiedenen Wellenlängen von einem Zentimeter bis zu einem Hundertstel Zentimeter. Wenn die Hintergrundstrahlung ein Produkt des Urknalls ist, mußte das Spektrum wie ein etwas schiefer Bogen aussehen: die für die Strahlung eines schwarzen Körpers charakteristische Kurve. Das Instrument sollte die Hintergrundstrahlung messen und die Werte mit der Strahlung eines eingebauten schwarzen Körpers verleichen, und das alles mußte sorgfältig geeicht werden. Hätte die Hintergrundstrahlung das charakteristi-

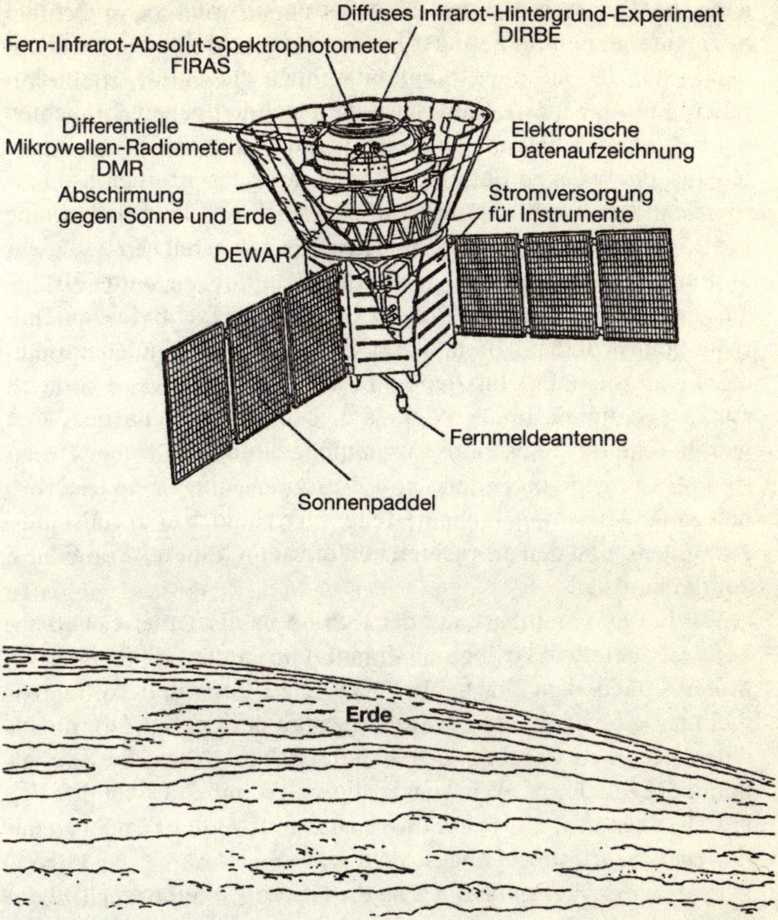

So stellt sich der Graphiker den COBE-Satelliten in der Umlaufbahn vor. Die DIRBE-, DMR- und FIRAS-Experimente sind gekennzeichnet. [NASA/GSSC]

sche Spektrum eines schwarzen Körpers, dann würde das die Urknalltheorie erheblich stärken. Bei einer anderen Kurvenform würde die Urknall-Kosmologie in große Schwierigkeiten kommen.

Rick war jetzt scharf darauf, schnell an Daten zu kommen, und John stimmte begeistert zu. Einen Tag später stieß Rick einen Freudenschrei aus und zeigte uns das erste Spektrogramm. Danach bestand zwischen dem eingebauten schwarzen Körper und dem Himmel nur ein geringer Unterschied, was uns in dem Glauben bestärkte, daß der Urknall tatsächlich die Quelle der kosmischen Hintergrundstrahlung war. Um sicherzugehen, brauchten wir mehr Daten und eine bessere Eichung. John und Rick rechneten aus, um welchen Betrag die Temperatur des internen Kalibrators geändert werden mußte, um eine bessere Übereinstimmung mit der einfallenden Hintergrundstrahlung zu erreichen und mehr Meßdaten zu bekommen. In den ersten Wochen hatte FIRAS, ausgerichtet auf den Nordpol der Galaxis, wo nicht viele galaktische Staubwolken stören, neun Beobachtungsminuten zusammenbekommen. Das Instrument besaß eine Genauigkeit von eins zu tausend, hundertmal größer als alles bisher. Im Laufe der Jahre waren Teile des Spektrums zusammengekommen, wobei die ersten Messungen von Penzias und Wilson im Jahre 1964 natürlich den Anfang machten. Einzelne Teile waren jedoch kein vollständiger Beweis, und den erbrachten nun die neun Minuten von FIRAS zum ersten Mal.

Wir hatten vereinbart, auf der Konferenz der American Astronomical Society in Arlington (Virginia) im Januar 1990, nur zwei Monate nach dem Start, über COBE zu berichten. Wenn wir rechtzeitig fertig würden, wäre das genau der richtige Ort, die bis dahin erzielten Ergebnisse bekanntzugeben. Über die Zeit bis dahin erzählt John: »Wir waren alle vollkommen erschöpft. Wir entschlossen uns, nicht eher etwas zu sagen, bis der Bericht an das *Astrophysical Journal* abgeschickt war.«

Es kam der Tag, an dem wir an die Öffentlichkeit treten sollten. John und ich fuhren zusammen zum Konferenzhotel und gingen über die Straße, um das Manuskript, adressiert an die Redaktion des *Astrophysical Journal*, in den Briefkasten zu werfen. Es war ein symbolisch und praktisch bedeutender Augenblick: Wir übergaben die ersten Resultate des COBE-Unternehmens der wissenschaftlichen Presse. Da es der letzte Konferenztag war, ein Samstag, rechneten wir mit einer geringen Zuhörerzahl. Als wir den Saal betraten, fanden wir mindestens tausend Anwesende vor. Eine spürbare Spannung erfüllte den Raum, die Vorahnung eines wichtigen Ereignisses. Dave Wilkinson, ein Mitglied des COBE-Teams, konnte seine Freude kaum verbergen. Wie wir alle zur

Verschwiegenheit verpflichtet, hatte Dave dennoch nicht der Versuchung widerstehen können, seinem Princeton-Kollegen Jim Peebles einen kleinen Fetzen Papier zu zeigen. Jim hatte einen Blick auf die dort dargestellte Kurve geworfen und freute sich mit Dave.

John ging ans Rednerpult. Nach einer knappen Einführung projizierte er eine Kurve, die die theoretische Kurve der Schwarzkörperstrahlung zeigte. So, sagte er, müßte die kosmische Hintergrundstrahlung aussehen, wenn sie wirklich vom Urknall stammte. Über der theoretischen Kurve waren die siebenundsechzig von FIRAS gemessenen Werte eingetragen; zusammen ergaben sie das tatsächliche Spektrum der Hintergrundstrahlung. Die Meßwerte deckten sich haargenau, ohne Abweichung, mit der theoretischen Kurve. In der Wissenschaft, speziell in der Astrophysik, weisen Meßwerte oft erhebliche »Schwankungen« auf, und so kommt es zu einer annähernden, aber nicht vollkommenen Übereinstimmung zwischen der theoretischen und der empirischen Kurve. Hier war die Übereinstimmung jedoch vollkommen – unsere Abweichungen waren ganz geringfügig.

Als die Projektion auf der Leinwand erschien, herrschte für einen Moment Stille im Saal. Dann erhoben sich die Anwesenden und brachen in tosenden Beifall aus.[41] Solche spontanen Begeisterungskundgebungen kommen unter Naturwissenschaftlern selten vor, denn die meisten Praktiker ziehen es vor, das, was ihnen vorgetragen wird, abzuwägen und dann ein vorsichtiges Urteil zu äußern. In diesem Fall waren die Daten so überzeugend, daß Vorsicht überflüssig war; ein Urteil konnte sofort gefällt werden. Ich glaube aber, daß noch mehr dahintersteckte. Wir schrieben jetzt das Jahr 1990, zweiundvierzig Jahre nach der Vorhersage der kosmischen Hintergrundstrahlung, sechsundzwanzig Jahre nach ihrem erstmaligen Nachweis durch Penzias und Wilson, und dennoch hielten sich die Zweifel an der Gültigkeit der Urknalltheorie noch immer. Die Ende 1987 von der Berkeley-Nagoya-Gruppe gemeldeten überraschenden Verzerrungen in der kosmischen Hintergrundstrahlung hatten, auch wenn sie anfechtbar waren, weitere Zweifel gesät. Was den Urknall betrifft, so machte sich zweifelsohne zunehmende Nervosität unter den Kosmologen breit. FIRAS hatte diese Zweifel zerstreut. Wie schon der brausende Beifall, mit dem die am ersten Tag im COBE-Instrumenten-Kontrollraum vorgeführte Himmelskarte aufgenommen worden war, drückte auch die Reaktion auf die FIRAS-Daten ebensosehr Erleichterung wie die Anerkennung einer guten wissenschaftlichen Leistung aus. Der Urknall war weiterhin im Rennen.

Nach Johns Vortrag berichtete ich über die ersten Resultate des differentiellen Mikrowellen-Radiometers. Was ich zeigen konnte, war sehr vorläufig – das Bild hatte sich gerade erst abzuzeichnen begonnen, aber es war dennoch die beste Karte, die wir hatten. Ich konnte berichten, daß wir den Dipol beobachtet hatten, der auf der Eigenbewegung der Milchstraße gegenüber der Hintergrundstrahlung beruht. Dies war wichtig, weil es bewies, daß das Instrument wunschgemäß funktionierte. Doch davon abgesehen, schien die Hintergrundstrahlung homogen zu sein, ein gleichförmiges Signal von allen Punkten im Universum. Wir hatten keinen Anhaltspunkt für Falten, kein Anzeichen von kosmischen Keimen, aus denen in der Frühzeit des Universums Galaxien erwachsen waren. Diese Enttäuschung einmal außer acht gelassen, standen unsere Daten eindeutig im Einklang mit dem einfachen Urknallmodell. Wieder Beifall, freilich nicht die stehende Ovation, mit der man die FIRAS-Ergebnisse begrüßt hatte.

Es war von kaum zu überbietender Ironie, daß Geoffry Burbidge von der Universität von Kalifornien in San Diego, einer der Hauptgegner der Urknalltheorie (nach wie vor), die Sitzung leitete. Nachdem ich meinen Vortrag beendet hatte, hörte ich ihn vernehmlich murren, wir und die Zuhörer hätten die Urknallversion »mit allem Drum und Dran« geschluckt.

Mike Hauser zeigte anschließend die schönen neuen Infrarotaufnahmen von unserer Galaxie, der Milchstraße, die DIRBE gemacht hatte. Das eindrucksvolle Bild von einem Teil der scheibenförmigen galaktischen Ebene und dem knollenförmigen Zentrum bot sich geradezu für ein Poster an.

Während die Konferenzteilnehmer von den ersten Ergebnissen von COBE begeistert waren, stellten die Medien besonders heraus, daß es uns nicht gelungen war, Anisotropien als Beweis für kosmische Keime zu registrieren. »Jede Struktur im frühen Universum wird einen Abdruck hinterlassen, den wir heute beobachten können müßten«, sagte ich. Es sei aber, so räumte ich ein, kein

Abdruck zu finden; »wir kommen also, was die Entstehung der Galaxien angeht, nicht weiter... Es ist eigentlich kaum zu verstehen, warum wir bei der Erstellung der Karte nicht so etwas wie die Anden fingen... Wenn wir nichts finden, stimmt mit unseren Theorien grundsätzlich etwas nicht.«

John teilte diese Ansicht und meinte im Scherz: »Noch haben wir unsere eigene Existenz nicht ausgeschlossen. Es ist aber vollkommen schleierhaft, wie die heutige Struktur existieren kann, ohne eine Spur in der Hintergrundstrahlung hinterlassen zu haben.«

Laurie Rokke, die sich acht Monate vor dem COBE-Start zu uns gesellt hatte, war innerhalb des DMR-Datenverarbeitungsteams im Goddard-Raumfahrtzentrum für die Auswertung der Meßdaten zuständig. Sowohl vor als auch nach dem Start stießen wir fast täglich auf Schwierigkeiten, aber es gelang uns, ein Softwarepaket zu entwickeln, das wie gewünscht funktionierte. Benötigten wir anfangs für die Verarbeitung der DMR-Daten eines ganzen Tages vier Stunden, so waren es bald nur noch achtunddreißig Minuten, je nachdem, welchen Computer wir benutzten.

In den ersten Tagen nach dem Start waren wir ständig auf unserem Posten. Laurie erinnert sich: »Wir gingen für Echtzeitdurchläufe ins DMR-Operationszentrum, das in einem Wohnwagen untergebracht war. Dann liefen wir in unsere Büros zurück, um mit der Codierung der Software weiterzumachen. Dann liefen wir wieder zu einem weiteren Echtzeitdurchlauf ins Operationszentrum. So ging es zu allen Tages- und Nachtzeiten.« In den ersten Monaten beobachteten wir die einlaufenden Daten rund um die Uhr. Als die Vorgänge routinemäßig abliefen, übernahm das COBE-Operationszentrum die Überwachung der Echtzeitdurchläufe. Wir konzentrierten uns auf die längerfristigen Trends.

Nach dem Start gab ich in meiner Wohnung in Maryland eine Party. Wir hatten dort einen Computer, Terminals und Modems, um die Echtzeitdurchläufe verfolgen zu können. Anfangs »hätten wir einen Echtzeitdurchlauf um nichts in der Welt verpassen wollen«, erinnert sich Laurie. »Wir feierten und liefen zwischendurch an den Computer, um die Echtzeitdaten zu verfolgen. Wenn alles in Ordnung war, wandten wir uns wieder den Drinks, den Chips und den Partygästen zu.«

Dreizehn Jahre waren vergangen, seit Jon Aymon und ich in Berkeley die ganze Nacht lang den Nachweis des Dipols auf unseren Computerbildschirmen verfolgt hatten, den von unserem DMR an Bord der U 2 gelieferten Beweis dafür, daß unsere Galaxis von einem fernen, massereichen Objekt durchs All gezerrt wird. Jetzt sahen wir Tag für Tag erneut den Dipol mit unserem differentiellen Mikrowellen-Radiometer an Bord von COBE. Ungeduldig warteten wir darauf, etwas Neues zu sehen: die Keime. Uns war jedoch klar, daß sie äußerst schwer zu entdecken sein würden.

Wir suchten nach winzigen Variationen in den homogenen Hintergrundtemperaturen, nach einer Abweichung, die kleiner war als eins zu hunderttausend. Die Aufgabe war vergleichbar mit dem Aufspüren eines Staubkorns auf einer großen, glatten Fläche, zum Beispiel einer Eisbahn. Dabei würden wir auf der Fläche – genau wie bei einer Eisbahn – auf viele Unregelmäßigkeiten stoßen, die mit dem, wonach wir suchten, nichts zu tun hatten. Diese Unregelmäßigkeiten ähneln den systematischen Fehlern, mit denen die Daten des differentiellen Mikrowellen-Radiometers behaftet waren: Störungen durch Wärmequellen, magnetische Strahlung, Fehler in der Auswertungs-Software und so weiter. Die Besessenheit, mit der wir versuchten, diese Fehler auszuschalten, ist schwer zu vermitteln. Ich hatte schon 1974 begonnen, eine Liste von Faktoren aufzustellen, die uns möglicherweise täuschen konnten. Diese Liste hatte ich laufend aktualisiert, neue Kandidaten hinzugenommen und ihre Auswirkungen geprüft. Ich schärfte allen ein, ständig nach Fehlern zu suchen. Die Ergebnisse sollten dann nochmals durch jemand anderen überprüft werden.

Am Schluß ließ ich alles noch einmal durch Al Kogut unter die Lupe nehmen. Er war unbefangen und unbeeinflußt von meiner jahrelangen Routine. Al ist ein herausragender, tüchtiger Wissenschaftler und sehr gründlich. Deshalb setzten wir auf ihn. Es war eine aufreibende Arbeit, in der kaum mit einer glänzenden Entdekkung zu rechnen war, aber sie war wichtig. Sie mußte getan werden, wenn wir auch nur die geringste Chance haben wollten, aus all dem ein rein kosmologisches Signal herauszufiltern, ein Signal, das nur von einem einzigen Ort kommen konnte – dem Rand von Raum und Zeit. Wir hatten zu oft erlebt, daß »Entdeckungen« sich als bloße

Täuschungen erwiesen, und wir wollten nicht wieder in diese Falle laufen. Al verglich unser Abenteuer mit dem eines britischen Kolonialforschers im Dschungel des tropischen Indien: Er ist ziemlich sicher, daß sich in diesem Dschungel ein Tiger aufhält, aber er weiß nicht genau, wo. Also knickt er ganz behutsam Zweige, bis er ein Brüllen wahrnimmt. »Auch wir knickten ganz behutsam Zweige, bis wir ein Brüllen vernahmen«, scherzte Al.

Etwa ein Jahr nach dem Start hörten wir das erste, kaum wahrnehmbare Brüllen. Uns allen war klar, daß kosmische Falten, sollten wir sie denn entdecken, nicht über Nacht vollständig ausgeformt aus der Karte hervorspringen würden. Falls es sie gäbe, würde sich ihr Bild auf der Karte ganz allmählich abzeichnen, aus zwei Gründen: Erstens würde ihr überaus schwaches Signal durch die Wiederholung immer klarer werden, so wie die Spuren eines Bleistifts, mit dem man wiederholt übers Papier fährt, immer dunkler werden; zweitens würden wir stetig bemüht sein, das Eigenrauschen des Systems, das das Signal verdecken könnte, herauszufiltern.

Die Entdeckung von Falten würde in vier Stufen verlaufen: Zuerst würden wir die kosmische Hintergrundstrahlung selbst sehen, die scheinbar gleichförmig aus allen Winkeln des Universums kommt (wie Penzias und Wilson sie wahrgenommen hatten): anschließend würden wir den Dipol beobachten, eine geringfügige Verzerrung der Hintergrundstrahlung, die auf der Eigenbewegung unserer Galaxis beruht (welche wir mit Hilfe der U 2 identifiziert hatten); drittens würden wir den Quadrupol entdekken (den die Gruppen von Francesco Melchorri und Dave Wilkinson 1981 fälschlich gefunden zu haben glaubten), der der ersten kosmischen Verzerrung entspricht; schließlich würden wir die Falten selbst registrieren, die ursprünglichen Keime. Ende 1990, ein Jahr nach dem Start, konnten wir die beiden ersten Stufen verbuchen, hatten damit aber die Grenzen für die beiden letzten nur enger gezogen. Jetzt, Anfang 1991, glaubte ich zu sehen, daß Stufe drei sich aus den Daten herausschälte – das Bild wurde klarer.

Im März 1991 teilte ich dem Wissenschaftlerteam mit, was wir aus den Daten herauslasen, fügte aber einschränkend hinzu, daß das Rauschen und unsere Grenzen hinsichtlich potentieller Fehler im System immer noch genauso groß seien wie das Signal selbst. Es könnte also auch falsch sein. Bei der nächsten Sitzung im Juni sagte ich nichts anderes. Ned Wright, der damals an den FIRAS-Daten arbeitete, warf einen Blick auf die DMR-Karten und meinte, sie zeigten ein Signal, das einem Quadrupol ähnele. Die übrigen Teammitglieder waren sehr viel zurückhaltender; sie wußten, wie unzuverlässig Instrumente sein konnten und daß aufregende Daten einen Tag später womöglich platzen; daher wollten sie vor einer eventuellen Bekanntgabe weitere Daten analysieren. Ich stimmte ihnen zu.

Wir wahrten strengste Geheimhaltung. Von dem, was wir gefunden hatten, durfte nichts durchsickern, bevor wir uns unserer Sache nicht sicher waren.

Während wir verbissen weiterarbeiteten, die Daten sorgfältig auf systematische Fehler prüften und mutmaßliche Anisotropien herausfilterten, wuchs die Spannung sowohl innerhalb als auch außerhalb des Teams. Unter uns bahnte sich ein Konflikt darüber an, wie verläßlich unsere Resultate waren und – was noch schwieriger zu handhaben war – wie rasch wir sie veröffentlichen sollten. Unsere Kollegen außerhalb des Teams fragten sich, was los sei. Seit dem Start war ein Jahr verstrichen, und wir, ausgestattet mit dem empfindlichsten Instrument zur Aufspürung kosmischer Keime, hatten noch immer nichts gemeldet, abgesehen von der Mitteilung im Januar 1991, daß wir keine Anhaltspunkte für Keime gefunden hätten und daß etwa vorkommende Variationen in der kosmischen Hintergrundstrahlung kleiner sein müßten als eins (oder etwas mehr) zu hunderttausend. Hatten wir versagt?

Oft wurde ich von Kollegen gefragt, was wir gefunden hätten, und stets sagte ich, wir seien noch dabei, es herauszubekommen. Ein Bericht des Nationalen Forschungsrates klang bedrohlich: »Falls bei diesen erhöhten Empfindlichkeiten keine Variationen gefunden werden, stürzt die theoretische extragalaktische Astronomie in eine Krise. Irgend etwas kann dann nicht stimmen – entweder mit unseren Theorien der Galaxienbildung oder mit unserem Verständnis der kosmischen Hintergrundstrahlung.«

Die Medien schlachteten die »Krise«, vor der die Urknalltheoretiker angeblich standen, weidlich aus. Während die Artikel in der Regel ausgewogen waren, wurde in den Überschriften vorzeitig ein Trauerton angeschlagen: »Der Urknall: Tot oder lebendig?« fragte eine Überschrift in *Sky and Telescope*. Ein von der Zeitung *USA Today* vertriebenes Schülermagazin brachte einen Bericht unter dem Titel »Abschied von der Urknalltheorie?« *Science News* titelte »Zustand des Universums – wenn nicht mit einem Urknall, was dann?« Im Magazin *Astronomy* hieß es »Jenseits des Urknalls – Neue Beobachtungen lassen Zweifel an herkömmlichen Theorien über die Entstehung des Universums aufkommen«. Das Magazin *Science* bemühte sich in der Überschrift um Ausgewogenheit: »Trotz Berichten über seinen Tod ist der Urknall ungefährdet«, aber im Artikel hieß es dann: »Trotzdem müssen die Kosmologen über das, was sie über das anschließende Geschehen bislang gewußt zu haben glaubten, noch einmal gründlich nachdenken.«

Erzfeinde der Urknalltheorie nutzten die Gelegenheit, ein paar literarische Handgranaten zu werfen. Es waren überwiegend altgediente Verfechter der Steady-State-Theorie wie Jayant Narlikar und Hamilton Arp. Bislang habe COBE, betonte Narlikar im März 1991, »keine Anhaltspunkte für eine Ungleichförmigkeit in der kosmischen Hintergrundstrahlung gefunden. Für Kosmologen, die am Urknall festhalten, werfen diese jüngsten Beobachtungen ein schwieriges Problem auf... Daß sie der Konfrontation mit den Beobachtungen ausweicht, ist nicht gerade Kennzeichen einer guten Theorie.«

Mit ähnlichen Kommentaren trat, wie zu erwarten war, Geoffrey Burbidge hervor. Geoffs Ansichten waren nicht leichthin abzutun, weil er ein wirklich herausragender Wissenschaftler ist, den ich auch persönlich schätze und bewundere, ungeachtet unserer Meinungsunterschiede in Sachen Kosmologie. In einem Essay, der im Februar 1992 im *Scientific American* erschien, bezeichnete er die anhaltende Kontroverse um die Größe des Werts der Hubble-Zahl als einen entscheidenden Mangel der Urknalltheorie. Dieser Wert beziffert die Geschwindigkeit, mit der sich der Kosmos ausdehnt, und ist dem Alter des Kosmos umgekehrt proportional. Unter Fachleuten ist er seit Jahren umstritten. Er muß unbedingt geklärt werden, weil ein extrem junges Universum von beispielsweise weniger als zehn Milliarden Jahren mit dem extremen Alter einiger Galaxien und Kugelhaufen, die man auf annähernd vierzehn Milliarden Jahre schätzt, nicht zu vereinbaren ist. Natürlich kann das Universum nicht jünger sein als seine Bestandteile. Und doch, so schrieb er, ergebe sich »aus der beliebtesten Version des Urknallmodells ein Universum, das sieben bis dreizehn Milliarden Jahre alt ist«.

Urknall-Kosmologen, behauptete Geoff, »verrenken sich«, um die angeblichen Diskrepanzen zu erklären, und Gegner der Urknalltheorie würden durch »eine Art von Zensur« unterdrückt. Er befürwortete eine Neo-Steady-Kosmologie, der zufolge »sich die kontinuierliche Schöpfung in Form von kleinen Urknällen vollzieht... In einem solchen Modell werden die kosmischen Mikrowellen von den Galaxien erzeugt und sind keinesfalls an sie gekoppelt.« Auch von dem bisherigen Unvermögen, eine kosmische Anisotropie festzustellen, machte Geoff viel Aufhebens: Der »kosmische Mikrowellenhintergrund scheint bis hinunter zu einem Verhältnis von mindestens eins zu hunderttausend homogen zu sein, und das entspricht annähernd dem Niveau, bei dem der Urknall aufgegeben oder erheblich modifiziert werden muß«.

Ohne daß die Außenwelt etwas davon geahnt hätte, nahm unsere Himmelskarte im Herbst 1991 immer klarere Formen an, und die Hinweise auf Falten wurden immer überzeugender, auch wenn sie noch nicht ganz schlüssig waren. Wir hatten unsere Daten mit neuen Softwareprogrammen analysiert und eine saubere Karte erhalten. Im September hielten wir nochmals eine große Besprechung über systematische Fehler ab und klärten weitere mögliche Fallen auf. Unter uns breitete sich unverkennbar Selbstvertrauen aus, und das machte mir Sorgen. Wir müssen noch wachsamer sein, forderte ich, und bot demjenigen, der den Nachweis erbrachte, daß die von uns beobachteten Falten eine Täuschung seien, eine Gratis-Flugticket zu einem beliebigen Ziel an. Ich wollte das Team motivieren, nach Problemen zu suchen, anstatt sich in Sicherheit zu wiegen, daß alles in Ordnung sei. Wenn man allzu selbstsicher wird, wird man schlampig. Wenn man in der Wissenschaft einen Effekt sehen möchte, läßt man sich allzu leicht zu dem Glauben verleiten, man habe ihn schon. Um Richard Feynman zu zitieren: »Der erste Grundsatz lautet: Du darfst dich nicht selber täuschen, und du bist derjenige, der am leichtesten zu täuschen ist.«

Ned Wright, der überzeugt war, daß wir es mit einem echten Signal zu tun hätten, drängte immer stärker darauf, unsere Resultate zu veröffentlichen und ihre Bewertung der Kosmologengemeinde zu überlassen. Am 9. Oktober 1991 stellte er seine Ansichten der Wissenschaftlichen Arbeitsgruppe in einem »vorläufigen Papier« vor. Er sprach sich dafür aus, dem *Astrophysical Journal* einen Artikel über unsere Daten zur Verfügung zu stellen. Er meinte, das Team solle die Daten publizieren, damit die Theoretiker ihre Zeit nicht mehr damit vergeudeten, in Sackgassen zu rennen. Dave Wilkinson drang auf Zurückhaltung; er hatte nicht vergessen, daß er Jahre zuvor geglaubt hatte, er hätte den Quadrupol entdeckt, um dann zu erleben, daß er sich in nichts auflöste. Ned erwiderte, die COBE-Daten seien verläßlicher als die Ballondaten, und wir sollten unseren Glauben an ihre Verläßlichkeit durch die Publikation zum Ausdruck bringen. Während ein Ballon in der relativ instabilen Atmosphäre nur einen kleinen Ausschnitt des Himmels beobachten könne, beobachte COBE von der stabilen Position einer Umlaufbahn aus den ganzen Himmel. Er meinte außerdem, daß man der Publikation »nachhelfen« solle, »denn es kann eine ganze Weile dauern, bis die Sache im *Astrophysical Journal* erscheint«.

Ned und ich hatte darüber einige ziemlich erregte Gespräche, und mehr als einmal stürmte er aus dem Zimmer, sicherlich überzeugt, daß ich mich ohne einsichtigen Grund seinem Ansinnen widersetzte.

Em Ende wurde Neds Vorschlag von der Gruppe abgelehnt; wir würden das *Astrophysical Journal* nicht unterrichten, noch nicht.[42] Als Mitglied der Wissenschaftlichen Arbeitsgruppe war Ned an deren Entscheidungen gebunden, die Dinge einstweilen geheimzuhalten. Erst wollen wir die Daten des ersten Jahres nochmals von einer leicht abgewandelten Version der neuen Software bearbeiten lassen und sie auf weitere potentielle Fehler überprüfen. In die neue Software waren mehr Kontrollen und eine verbesserte Fehlerstabilität eingebaut. Wir hielten es für unerläßlich, die Resultate sehr sorgfältig zu bewerten, bevor wir den schicksalhaften Schritt taten, sie bekanntzugeben. Selbst eine Veröffentlichung mit Vorbehalten barg alle möglichen Risiken. Es stand viel auf dem Spiel; wir sahen keinen Vorteil darin, ein Resultat bekanntzugeben, das wahrscheinlich breite Aufmerksamkeit in der Presse finden würde, um am Ende möglicherweise durchzufallen und uns alle zu demütigen. Man macht sich gar keine Vorstellungen davon, wie hinterhältig Instrumente sein können, wenn man sie nicht auf Schritt und Tritt überwacht.

In der Kosmologengemeinde kamen Gerüchte auf, und immer mehr Kollegen versuchten uns zu entlocken, was wir denn nun gefunden hätten. Einmal kam Dick Bond zu mir und sagte: »Ich habe gehört, ihr hättet einen Quadrupol von dreizehn Mikrokelvin in euren Daten.« Lächelnd gab ich ihm eine ausweichende Antwort. Gelegentlich versuchte man mich mit der Bemerkung zu ködern: »Ich habe erfahren, ihr hättet Anisotropien von der und der Größe gefunden«, worauf ich erwiderte: »Meinst du nicht, daß das ein bißchen groß ist?« Ähnlich ging es im Goddard-Raumfahrtzentrum zu, wo Sasha Kashlinsky auf demselben Flur wie Chuck Bennett arbeitete. Des öfteren schaute er bei Chuck herein und versuchte ihn zu einer Äußerung zu verleiten mit Bemerkungen wie »Also, Chuck, man sagt, ihr hättet einen großen Quadrupol entdeckt« oder »Ich habe gehört, ihr hättet etwas gefunden, aber *keinen* Quadrupol«, aber Chuck fiel nicht darauf herein. Von Zeit zu Zeit ermahnte ich das Team über elektronische Post, nichts von unseren Resultaten zu verraten, bevor wir uns ihrer nicht sicher seien. Meine Besorgnisse waren möglicherweise berechtigt. Ob der MIT-Physiker Alan Lightman von irgendwelchen Gerüchten gehört hatte, kann ich nicht sagen, aber immerhin enthielt sein 1991 erschienenes Buch *Ancient Light* einen kurzen, rätselhaften Hinweis auf »ganz neue Beobachtungen« eines nicht namentlich genannten Wissenschaftlerteams, die »auf eindeutige Messungen einer Abweichung von der Gleichförmigkeit [in der kosmischen Hintergrundstrahlung] von etwa eins zu hunderttausend hindeuten – was bei den Theoretikern einen großen Seufzer der Erleichterung auslösen würde –, doch sind diese Beobachtungen noch nicht vollständig analysiert«. Während des Zweiten Weltkriegs soll sogar das große »Geheimnis« des Atombombenprojekts Gegenstand von Gerüchten gewesen sein, die in der ganzen akademischen Welt der USA umliefen. Wer konnte wissen, was sich die

Leute alles über das DMR erzählten, während das Jahr 1991 zur Neige ging?

Im Oktober 1991 hatten wir die neueste Version der Karte im Instrumenten-Kontrollraum an die Wand geklebt. Mit ihren roten und blauen Klecksen auf einem grünen Hintergrund wirkte sie unscheinbar. Eines Abends stand ich davor, sonst war niemand im Raum, und dachte: Ja, das ist es. Das ist es, wonach ich achtzehn Jahre lang gesucht habe.

In der Diskussion darüber, ob wir mit unseren Ergebnissen an die Öffentlichkeit gehen sollte, hatte ich zwar zu den Konservativen gehört, doch jetzt war ich zutiefst überzeugt, daß wir mit unseren Instrumenten alles richtig gemacht hatten. Ich fand, daß das Team so gut zusammengearbeitet hatte, daß die Analyse so sorgfältig und die Suche nach systematischen Fehlern so gründlich gewesen war, daß wir sicher sein konnten, tatsächlich Falten gefunden zu haben, den heiligen Gral der modernen Kosmologie.

Doch der Experimentator in mir verlangte eine weitere Kontrolle, einen weiteren Test, um eine mögliche Quelle von Verzerrungen auszuschalten: störende Radiosignale aus unserer Galaxis. Im Laufe der Jahre hatte ich unsere Galaxis viele Male auf denkbare Störungen bei der Messung des kosmischen Hintergrunds untersucht. Vor fünfzehn Jahren hatte ich, während ich das differentielle Mikrowellen-Radiometer plante, zusammen mit meinem damaligen Studenten Chris Witebsky Modelle des galaktischen Signals entwickelt. Die Modelle basierten auf Radiokarten und anderen astronomischen Untersuchungen, und dazu hatten wir das eine oder andere interpoliert. Mit den Jahren hatten wir die Modelle überarbeitet, um sie möglichst auf dem neuesten Stand zu halten. Bei unseren alljährlichen Spektraluntersuchungen des kosmischen Hintergrunds auf dem White Mountain hatten wir Aufnahmen von der Galaxis gemacht und sie mit unserem Modell verglichen. Unsere Daten hatte im großen und ganzen mit unseren Modellen übereingestimmt. So genau wie jetzt hatten wir aber bislang weder gemessen noch die seltener vermessenen Karten des südlichen Himmels geprüft.

Ich war die Modelle sorgfältig durchgegangen und zu dem Schluß gekommen, daß die galaktische Störung – vorausgesetzt, die zugrunde gelegten Karten stimmten – allenfalls zehn Prozent der von uns beobachteten Signalstärke ausmachen konnte. Chuck Bennett war dagegen der Meinung, daß das galaktische Störsignal durchaus ein signifikantes Problem sein könne. Er und Gary Hinshaw begannen mit einer systematischen, unabhängigen Nachprüfung unserer Berechnungen. Chuck glaubte, unsere Karte könne durch galaktische Störung verzerrt sein. Ich hielt dagegen, daß eine Verzerrung der Karte durch galaktische Störung nur dann denkbar sei, wenn mit den Karten des galaktischen Signals etwas nicht stimme. Früher hatten Giovanni De Amici und ich in Verbindung mit unseren Messungen der kosmischen Hintergrundstrahlung die Emission der Galaxis bei großen Wellenlängen gemessen. Diese Ergebnisse stimmten mit den Modellen überein, konnten aber einen Fehler in den galaktischen Karten nicht überzeugend ausschließen. Und wenn auch nur die geringste Möglichkeit bestand, daß dadurch ein falsches Resultat entstand, durfte ich sie nicht ignorieren, gleichgültig, wie ich sie einschätzte.

Wieder einmal erhielt der südliche Himmel entscheidende Bedeutung. Im Süden ist die Galaxis weitaus imposanter und zugleich weitaus weniger gut vermessen, insbesondere sehr weit südlich.

Das galaktische Problem konnte nur durch verbesserte galaktische Beobachtungen in der Antarktis geklärt werden, wo meine Gruppe bereits eine Beobachtungsstation errichtet hatte. Die National Science Foundation hatte den Antrag meiner Gruppe, ergänzend zu FIRAS Spektralmessungen bei großen Wellenlängen durchzuführen, genehmigt. Für astronomische Beobachtungen ist die Antarktis mit ihrer kalten, trockenen Luft, der fehlenden Luftverschmutzung, dem niedrigen Luftdruck und den riesigen Weiten flachen Geländes abseits des Transantarktischen Gebirges wie geschaffen, sieht man einmal vom Weltraum ab. Dort, in einer nur zwei Kilometer vom Südpol entfernten Beobachtungsstation, würden wir das elektromagnetische Wispern der Milchstraße einfangen können, das bestätigen würde – oder auch nicht –, daß unsere Himmelskarte stimmte.

Eine schreckliche Gegend, um Forschung zu betreiben

Männer gesucht für gefahrvolle Reise.
Geringer Lohn, bittere Kälte,
lange Monate völliger Dunkelheit,
ständige Gefahr, sichere Heimkehr fraglich.
Ehre und Anerkennung im Erfolgsfall.

Zeitungsanzeige, mit der Ernest Shackleton nach Antarktisforschern suchte, um 1900

Wer zum ersten Mal in die Antarktis kommt, dem kann sie wie ein der Phantasie entsprungenes Land erscheinen: eine unermeßliche, elfenbeinfarbige Weite, zerteilt von einem ätherisch wirkenden Gebirge. Die Europäer glaubten vor Jahrunderten, an der Unterseite der Erde existiere ein üppiger, bewohnter Erdteil. Doch im neunzehnten Jahrhundert entdeckten Forschungsreisende etwas ganz anderes. Der Kontinent ließ sie erfrieren, verhungern, trieb sie zum Wahnsinn, verschlang sie in gewaltigen Stürmen und zernagte mit seinen eisigen Zähnen ihre Schiffe. »Allmächtiger!« schrieb der Forscher Robert Scott im Jahre 1912, kurz bevor der Kontinent sein Leben forderte. »Dies ist eine schreckliche Gegend . . .!«

Im November 1991 wagten sich meine Kollegen und ich in dieses furchterregende Reich. Widerstrebend, muß ich hinzufügen, denn ich wußte, welche äußeren Bedingungen uns erwarteten. Extreme Kälte, heftige Stürme, eine Hochfläche weit über dem Meeresspiegel, Einsamkeit und ernste Verletzungs- oder gar Todesgefahr. Ich möchte Scotts verzweifelte Bemerkung über die Antarktis ergänzen und sagen: »Dies ist eine schreckliche Gegend, um Forschung zu betreiben.« Leider hatten wir in dieser Hinsicht keine Wahl: Wir wollten die Kakophonie der Radioemission aus unserer Galaxis, der Milchstraße, erfassen, und dafür ist auf der Erde die Antarktis am besten geeignet.

Der genau zwei Jahre zuvor gestartete Satellit zur Erforschung des kosmischen Hintergrunds, COBE, flog alle hundert Minuten in einer Höhe von mehr als achthundert Kilometern direkt über die Antarktis hinweg. Die von COBE volle zwei Jahre lang fließenden Daten, die am Goddard-Raumfahrtzentrum und in Berkeley in mühseliger Kleinarbeit analysiert worden waren, hatten uns fast so weit gebracht, Falten in der Hintergrundstrahlung auszumachen – jene kosmischen Keime, aus denen eine Milliarde Jahre nach dem Urknall nach und nach die Galaxien entstanden waren. Es bestand jedoch die Möglichkeit – deren Wahrscheinlichkeit nach meiner Ansicht gering war, aber dennoch groß genug, um nicht ignoriert werden zu können –, daß unsere Karte der Falten eine Täuschung war, hervorgerufen durch den Schwall von Strahlung, der unablässig von der kosmischen Aktivität innerhalb der Milchstraße ausging.

Die galaktische Strahlung war schon von Astronomen erfaßt worden, aber zu bruchstückhaft, um uns beruhigen zu können. Wir mußten uns volle Gewißheit über ihr Profil verschaffen, um sie mit unserer Himmelskarte vergleichen und eine eventuelle Verzerrung der Karte durch die Strahlung der Galaxis abschätzen zu können. Bevor wir die Entdeckung von Keimen vom Beginn der Zeit bekanntgaben, aus denen im Verlauf der Geschichte des Universums die heutigen himmlischen Strukturen hervorgegangen waren, mußten wir absolut sicher sein, daß wir keine Fehler gemacht hatten. Nein, an der Antarktis führte kein Weg vorbei.

Die Antarktis, die ein Sechstel der Landfläche des Planeten umfaßt – die Ausdehnung der Vereinigten Staaten und Mexikos zusammengenommen –, ist eine wahrhaft fremdartige Welt: Der Kontinent, der einst eine verschwenderische Lebensfülle beherbergte, ist heute von den trockenen Hochtälern bis zu den gewaltigen Eismassen des Schelfs nur sehr spärlich besiedelt, überwiegend an den Rändern. Das hoch aufragende Transantarktische Gebirge, das Ost-Antarktika von West-Antarktika trennt, verschwindet unter einer mehr als zwei Kilometer dicken Eiskappe,

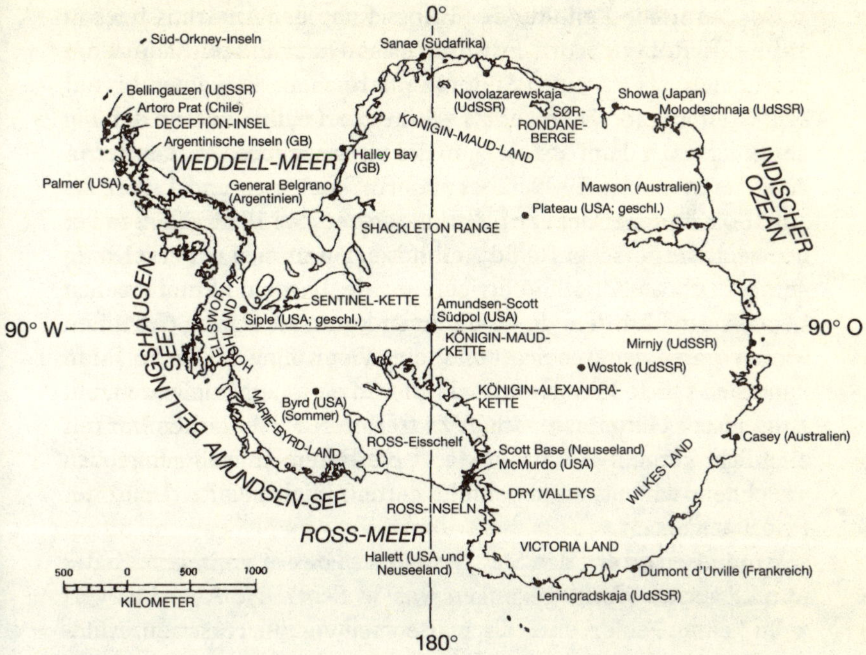

Die Antarktis: Ausgewählte Stationen und physische Merkmale.

deren Gewicht so groß ist, daß die Kontinentalkruste darunter einsinkt. Wenn das Eis verschwände, würde sich der Kontinent um fast hundert Meter heben; würde das Eis schmelzen, stiege der Meeresspiegel weltweit um fünfundfünfzig Meter.

Für viele Historiker war der russische Kapitän und Forschungsreisende Fabian Gottlieb von Bellinghausen der erste, der auf einer Schiffsexpedition im Jahre 1820 den antarktischen Kontinent eindeutig identifizierte. Im viktorianischen England warben Visionäre für die Eroberung der Antarktis, die als das letzte noch nicht erschlossene Gebiet der Erde galt. Die Wissenschaft, hieß es, werde von der Beantwortung solcher Fragen wie der, ob die Antarktis aus einem oder aus zwei Kontinenten bestehe, profitieren. Der amerikanische Ozeanograph Matthew Fontaine Maury beklagte, daß »ein Sechstel der gesamten Landoberfläche unseres Planeten ... den Bewohnern der Erde ebenso unbekannt [sei] wie das Innere eines der Satelliten des Jupiter«.

Das heroische Zeitalter der Erforschung der Antarktis begann 1902, als Robert Scott, Edward Wilson und Ernest Shackleton versuchten, als erste den Südpol zu erreichen. Sie kamen bis auf acht Breitengrade (weniger als achthundert Kilometer) an den Pol heran, mußten dann aber wegen der unerträglichen Wetterbedingungen umkehren. 1908 näherten sich Shackleton und andere bis auf 180 Kilometer dem Pol. Am 14. Dezember 1911 gelangte der norwegische Forscher Roald Amundsen zusammen mit vier Kollegen endlich ans Ziel. Sie errichteten ein Lager und hinterließen Lebensmittel für den, der nach ihnen kommen würde. Gut einen Monat später wankten Scott und seine vier Kollegen zum Pol. Man kann sich vorstellen, wie schockiert und enttäuscht sie waren, auf Amundsens Hinterlassenschaft zu treffen. »Die Antarktis war uns ziemlich vergällt«, schrieb Scott verbittert in sein Tagebuch »nachdem wir uns so abgemüht hatten, blieb uns der Lohn der Priorität versagt.«

Amundsen errang den Sieg, weil er sich besser vorbereitet hatte und klüger zu Werke gegangen war als Scott. Die Antarktis verzeiht keinen Fehler: eine falsche Beurteilung führt rasch zur Katastrophe.

Als Scott 1912 versuchte, zum Pol zu gelangen, verließ er sich mehr auf Ponys als auf Schlittenhunde. Für diese und andere Fehleinschätzungen bezahlten er und seine Gefährten mit dem Leben. Auf der Ross-Insel, der Antarktischen Halbinsel südlich vorgelagert, steht noch eine von Scotts Hütten: Drinnen riecht man noch das Heu für seine Ponys, das sich über acht Jahrzehnte wie eine Leiche im Kühlfach erhalten hat.

In der Volksmythologie ist Scott ironischerweise lebendiger in Erinnerung geblieben als Amundsen. »Der fähige, aber prosaische Amundsen scheint vor allem als Folie für den tragischen Robert Scott zu dienen«, bemerkt der Antarktisforscher Steven J. Pyne. »Nirgendwo in der abendländischen Literatur wird die Reduktion des Lebens, der menschlichen Natur und Zivilisation auf ein Minimum bezwingender und eindringlicher beschrieben.« Die Historie fasziniert mich, und Scotts Tod verfolgte mich, während wir uns zu unserer Expedition in die Antarktis rüsteten. Unser Vordringen in diese feindselige Eiswüste im November 1991, zur Zeit des antarktischen Sommers, wenn die Sonne niemals untergeht, wurde mehr als eine wissenschaftliche Expedition – es geriet auch zu einer persönlichen Prüfung.

An einem freundlichen Sommertag können in der Antarktis minus 34 Grad herrschen; wenn der eisige Wind weht, können in kürzester Frist Erfrierungen auftreten. In Alaska groß geworden, sehnte ich mich nicht nach gefühllosen Ohrläppchen und erforenen Fingerspitzen. Ich gehöre nicht zu denen, auf die eisige Temperaturen aufmunternd wirken und die am Neujahrstag fröhlich in einen eisbedeckten See springen. Wenn das Thermometer fällt, wird mein Körper träge, meine Muskeln beginnen sich zu verkrampfen, ich habe mit Erkältungen und Nebenhöhleninfektionen zu kämpfen, bekomme leicht Fieber, fühle mich matt und rundherum scheußlich.

Was noch schlimmer ist: der Südpol liegt sehr hoch und ist sehr trocken. Die Luft ist zu dünn, um normal atmen zu können. Hautverletzungen heilen nicht, weil sie nicht genügend Sauerstoff bekommen. Ich erwartete von der Antarktis nichts als Unannehmlichkeiten. Als ich meine Sorgen einigen Freunden anvertraute, entgegneten sie: »Einen Monat kannst du bestimmt *alles* ertragen.«

Das Schicksal von Scotts Expedition ging mir nicht mehr aus dem Sinn: die leblosen Abenteurer, mit offenen Augen steifgefroren, quälend nah am Ziel ihrer Reise, nur achtzehn Kilometer von einer Hütte, von Wärme und Nahrung entfernt. Hätten ihre Beine ein wenig länger ausgehalten, wären sie heute eine Fußnote der Geschichte. Aber sie starben tapfer, sinnlos, und wurden dadurch zu Helden, zu mythischen Gestalten. Ihre Expedition war der Inbegriff des edlen Scheiterns. Für eine spätere, zynischere Generation verkörperten sie etwas anderes – *das vollkommene* Versagen – und wurden zu einer handlichen literarischen Metapher (die nur von der *Titanic* übertroffen wird) für das Zwielichtige des viktorianischen Optimismus. Die letzten Worte, die Scott vor seinem Tod im Tagebuch festhielt, gingen mir immer wieder durch den Kopf: »Das Scheitern der Expedition ist auf keinen Fall einer mangelhaften Planung oder mangelnden Anstrengung der Männer zuzuschreiben.« Ich verspürte keine Neigung dazu, mit meinen Kollegen für andere zu einer Metapher des Scheiterns zu werden.

Nachdem die National Science Foundation unsere Expedition bewilligt hatte, besuchten wir Einführungsvorträge über Sicherheitsmaßnahmen. Antarktis-Beauftragte zeigten uns grauenerregende Fotos, denen wir entnehmen konnten, was passiert, wenn man nicht besondere Vorsicht walten läßt. Ein Mann, der einen Schlitten am Seil zog, war zum Beispiel so starr vor Kälte, daß er nicht merkte, wie das Seil die Blutzufuhr zu seiner Hand abband. Ergebnis: Quer über die Hand verlief eine blaue Linie, und von dort bis zu den Fingerspitzen war alles schwarz. Seine Finger waren so angeschwollen, daß die Haut geplatzt war. Sie sahen aus wie zu stark aufgeblasene Ballons.

Um Zugang zu den amerikanischen Basen in der Antarktis zu erhalten, mußten wir uns einer vollständigen ärztlichen Untersuchung unterziehen. Die Verantwortlichen wollten vermeiden, daß einer ihrer Gäste am Südpol plötzlich einen Herzbypass benötigte oder sich die Weisheitszähne ziehen lassen mußte. Es gab Greuelgeschichten von Leuten, die an einer der übrigen Basen in der Antarktis gestrandet waren und erkrankten, wie der Arzt, der auf einer russischen Station gezwungen war, sich selbst den Blinddarm herauszuoperieren. Alle Amerikaner müssen Röntgenaufnahmen von ihrem Gebiß machen lassen, damit im allerschlimmsten Fall ihre Überreste identifiziert werden können.

Ich versuchte, meine Befürchtungen dadurch zu beschwichtigen, daß ich mich kopfüber in die Reisevorbereitungen stürzte. Ich würde die Expedition leiten. Marc Bensadoun, ein graduierter Student, und Giovanni De Amici übernahmen die logistischen Vorbereitungen. Giovanni war außerdem für die Messung der galaktischen Emission verantwortlich. Giovanni, ein energiegeladener Italiener, der gern auf Berge steigt und weder Wein noch Knoblauch mag, hat etwas sehr Nüchternes an sich. Der Leiter unserer italienischen Mitarbeiter aus Mailand, Giorgio Sironi, konnte nicht mit, weil bei der ärztlichen Voruntersuchung ein potentieller Tumor entdeckt worden war; er war operiert worden, aber immer noch Rekonvaleszent. Unser Antarktisteam hatte zuvor schon am White-Mountain-Observatorium in Kalifornien und in Italien zusammengearbeitet.

Die Bewohner der amerikanischen Basis am Südpol hatten in den sechs Monaten bis zum November 1991 in völliger Dunkelheit gelebt und waren acht Monate lang fast ganz von der Welt abgeschnitten gewesen. Nur einmal, mitten im Winter, war diese Isolation durchbrochen worden, als ein Marineflugzeug Post und Versorgungsgüter abwarf. Jetzt ging der lange Winter zu Ende, und mit jedem Tag stieg die Sonne höher über den Horizont. Vier Tage vor dem Abflug teilte John Lynch vom Antarktisprogramm der National Science Foundation mir fröhlich mit, daß der Südpol für die Saison offiziell »eröffnet« sei. Die Windgeschwindigkeit am Boden betrage fünfundzwanzig Knoten und die Bodentemperatur milde achtzig Grad unter Null. Ach, du lieber Gott: – *achtzig Grad und fünfundzwanzig Knoten!* – vierunddreißig Grad. Meine Befürchtungen kehrten mit Macht zurück. Am Tag vor dem Abflug stürzte ich mich in einen Panikkauf und gab dreihundert Dollar für zusätzliche warme Unterkleidung aus. Sie bestand aus einer weiteren Schwergewichtsgarnitur, einer Expeditionsgewichtsgarnitur und zwei Leichtgewichtsgarnituren, die ich, wenn es wirklich schlimm werden sollte, noch darunter anziehen konnte. Außerdem kaufte ich eine bessere Gesichtsmaske und »Überfäustlinge« zum Schutz vor dem Wind.

Amerikanische Forschungsteams erreichten die Antarktis über einen Stützpunkt in Christchurch in Neuseeland. Dort erhielten wir genaue Anweisungen für unsere Expedition und Hinweise für den Fall, daß das Flugzeug in antarktischen Gewässern niedergehen würde. Das war ernst gemeint: Diese Flüge sind wegen des unvorhersehbaren Wetters und fehlender Flugsicherung riskant. Hier und da auf dem elefantenbeinfarbenen Kontinent ragen die Schwanzflossen von Maschinen, die vor Jahrzehnten abgestürzt sind, wie Grabsteine aus dem Eis. Leute, die den Nervenkitzel suchen, zahlen Tausende von Dollar für werbewirksam romantisierte kommerzielle Flüge über den Pol und setzen dabei ihr Leben aufs Spiel.

In unseren roten Parkas und den dicken Stiefeln stapften wir hinaus auf die Rollbahn von Christchurch, wo eine Transportmaschine der Marine, eine C 141, auf uns wartete. Sie ähnelte einem metallenen Wal mit Tragflächen. An Bordgepäck durfte man mitnehmen, was in einen Matchsack hineingeht. Da standen wir nun, mitten im neuseeländischen Sommer, in voller Überlebensausrüstung, beladen mit einem Zwanzigkilosack, und warteten in der Schlange auf dem Flugfeld. Der Schweiß floß in Strömen. Man händigte uns Wattepfropfen und ein Lunchpaket aus. Das Flugzeug sah drinnen wie eine Boing 747 aus, allerdings ausgeweidet, ohne bequeme Sitze, nichts als das blanke Gerippe der Maschine. Es war spartanisch, doch wurde dadurch viel unnötiges Gewicht eingespart. Wir schnallten uns mit roten Gurten an der Wand fest. Vor uns ragten gewaltige Holzkisten mit Fracht auf, hauptsächlich Versorgungsgüter und schweres Baugerät, dazu unsere wissenschaftliche Ausrüstung. Wegen der sperrigen Fracht mußten wir uns in den verbleibenden knappen Raum zwängen. Man wußte nicht, wo man die Füße lassen sollte, es sei denn, der Nachbar war so freundlich und erlaubte einem, die Beine unter seinen »Sitz« zu strecken.

Die Triebwerke heulten auf, wir rasten die Rollbahn entlang, und plötzlich spürten wir kurz dieses gewisse Gefühl der Schwerelosigkeit. Wir befanden uns in der Luft, mit dem Ziel McMurdo-Station in der Antarktis, über Tausende von Meilen unruhiger, eisiger See hinweg. Diejenigen, die zum ersten Mal in die Antarktis flogen, waren sichtlich nervös, während die alten Hasen sich verhielten wie – na ja, wie alte Hasen eben. Die Maschine dröhnte so laut, daß man sich nur schreiend verständigen konnte, also stöpselte man sich die Ohren zu. So hielt man es auf allen Antarktisflügen. In den nächsten acht Stunden konnte man lesen, schlafen, aus dem Fenster schauen oder den Imbiß verzehren – Sandwiches, Fruchtsaft und Dessert. Das war's. Über die längste Zeit war es schlicht langweilig. Da ich müde war, schlief ich meistens. Ab und an warf ich einen Blick aus dem Fenster und fragte mich, wann wohl die Eisberge auftauchen würden.

Eine Stunde vor der Landung erfüllte mich gleichzeitig erwartungsvolle Spannung und Beklommenheit. Nicht nur mir ging es so. Eine Frau von der Luftwaffe begann, sich dicker anzuziehen. Fünfzehn Minuten vor der Landung trug sie drei gefütterte Mützen, Innenhandschuhe und Fäustlinge. Die Fluggäste beobachteten sie verstohlen und stießen sich an.[43]

Eine Landung auf Eis fühlt sich genauso an wie eine Landung auf Beton: ein holperndes Rücken, kreischende Bremsen, und man ist auf der Erde. Der Unterschied ist nur, daß die Fluggäste sich aufgeregte Blicke zuwerfen und ihre Lippen bewegen, als würden sie sagen: »Mensch, wir sind in der Antarktis.« Wir waren auf dem zugeforenen Ross-Meer gelandet. Durchs Fenster drang gleißendes weißes Licht. Die Seitentür sprang auf, und kalte Luft strömte herein. Unseren Zwanzigkilosack geschultert, stiegen wir langsam die Treppe hinunter, hinein in den knirschenden Schnee. Eine unwirkliche Landschaft umgab uns. Weiß fast überall und Gletscher, die in den Wolken verschwanden. Eine atemberaubende Heiterkeit erfüllte uns, fast eine transzendentale Erfahrung. Die Helligkeit des Sonnenscheins blendete uns: Benommen tastete ich nach meiner Sonnenbrille. In der Ferne konnte ich das Transantarktische Gebirge erkennen. Ich machte einige Fotos, wobei mir die Hände in dem kalten Wind zitterten. Der Wind wurde noch dadurch verstärkt, daß man die Motoren der C 141 weiterlaufen ließ, damit sie nicht einfroren.

Unsere ehrfürchtige Stimmung schwand, als wir bemerkten, daß unsere Haut empfindungslos wurde. Es herrschten ungefähr minus achtundzwanzig Grad. Weiter weg standen Männer in Uniform, die uns zuriefen, wir sollten vom Flugzeug wegtreten und ihr Fahrzeug besteigen, das einer großen Orangenkiste auf riesigen Traktorreifen ähnelte, einem Anhänger mit Fahrerhaus. Noch immer die phantastische Szenerie betrachtend, stolperten wir zu dem Vehikel hinüber, das man hier »Delta« nennt, und kletterten die steile, schlüpfrige Eisenleiter hinauf. Als wir abfuhren, stand das Heck der C 141 weit offen, wie eine Riesenmuschel. Gabelstapler fuhren hinein, griffen die Kisten und fuhren sie zu einem Lagerplatz.

Mit rund achtzig Stundenkilometern näherte sich die Delta unserem zeitweiligen Aufenthaltsort, dem Städtchen McMurdo-Station. Die Station, die größte der drei permanenten Niederlassungen, welche die Vereinigten Staaten in der Antarktis unterhalten, wurde Mitte der fünfziger Jahre errichtet. Die McMurdo-Station, deren Bevölkerungszahl zwischen 250 in der Wintersaison und 1200 im Sommer schwankt, besteht aus einer Ansammlung von Hütten und Gebäuden aller möglichen Formen und Größen und hatte bis vor kurzem den Ruf, der am stärksten verschmutzte Ort der Erde zu sein. Abfälle aller Art hatten sich in Jahrzehnten auf dem Eis getürmt. Nach Protesten von Organisationen wie Greenpeace hat man aufzuräumen begonnen. Sauber ist es noch immer nicht, und ein Vertreter der National Science Foundation fühlte sich einmal an ein Bergarbeitercamp erinnert. Auf den unbefestigten Straßen ratterten Traktoren und merkwürdige Fahrzeuge umher, und auf den Abstellplätzen liegen zahlreiche Fässer und Kisten herum. Wir sollten uns hier Gott sei Dank nur drei Tage aufhalten, während wir uns für die Fahrt nochmals 1600 Kilometer weiter ins Herz des Kontinents zur Südpolarstation rüsteten, wo wir unser Gerät aufstellen wollten.

Wildlebende Tiere gibt es praktisch nur an der antarktischen Küste. Die McMurdo-Station liegt gerade weit genug im Binnenland (mit dem Meer durch einen Arm verbunden, der gewöhnlich zugefroren ist), daß sie, von den Menschen abgesehen, leblos erscheint. In Wahrheit wimmelt es dort jedoch von Leben – man muß nur hinsehen. Während unseres Aufenthaltes besichtigten wir diese verborgene Welt. Auf halbem Weg zwischen der McMurdo-Station und der Scott-Station hatte man ein Erkundungsloch in das Eis gebohrt und eine Röhre abgesenkt, in deren unterem Ende sich ein Bullauge befand. Um dorthin zu kommen, wanderten wir eine halbe Stunde übers Eis. In der Nähe war ein natürliches Eisloch, aus dem riesige Robben heraufkamen und sich in der Sonne aufwärmten. Ich zog meinen Parka aus, um in die unbehaglich enge Röhre hinabzusteigen; sie war so eng, daß ich nicht die Knie beugen konnte, um mit dem Fuß die nächste Runge zu erreichen. Ich mußte mich an den Händen von einer Runge zur nächsten hinunterlassen. Auf diese umständliche Weise gelangte ich auf den zwölf Meter tiefen Boden der Röhre, wo sich mir durch ein Bullauge ein Blick auf die eiskalte, dämmrige Welt unter dem Eis bot. In dem unheimlichen bläulichen Licht, das durch das Eis drang, sah ich Pflanzen auf dem Meeresboden sanft in der Strömung wogen; Quallen und Krill, eine Garnelenart, trieben vorüber. Dies sollte für uns bis zu unserer Rückkehr von der Südpolarstation der letzte Blick auf Leben in seiner natürlichen Umwelt sein.

Von der McMurdo-Station brachte uns ein Flugzeug mit Schneekufen, eine C 130, zum Südpol – ein Flug, der weitaus spektakulärer und gefährlicher war als der von Neuseeland in die Antarktis. Auf dem Weg zum Pol fliegt man über das zerklüftete

Transantarktische Gebirge hinweg, wo sich in Gletschern von über tausend Metern Dicke tödliche Spalten auftun. Die meiste Zeit sieht man unter sich nichts als eine reine weiße Fläche, die so glatt und nichtssagend ist wie die Oberfläche einer Billardkugel. Viele, die zum ersten Mal den Südpol besuchen, springen bei der Ankunft vor Erregung auf und rennen hinaus – keine gute Idee, weil die Luft am Pol, der fast 2800 Meter über dem Meer liegt, sehr dünn ist; schon wenn man aufsteht und sich rasch bewegt, kann einem schwindelig werden. Wer sich überanstrengt, kann durch die Höhenkrankheit ohnmächtig werden oder zuviel kalte Luft einsaugen und Halsweh bekommen.

Während mir die Flugzeugmotoren in den Ohren dröhnten, erblickte ich gut hundert Meter entfernt den symbolischen Pol. Er wird markiert durch einen rot und weiß bemalten Pfahl, auf dem eine silberne Kugel von der Größe eines Basketballs steckt, umrahmt von im Halbkreis aufgepflanzten Flaggen, die im Wind wehen. Besucher stellen sich dort für Fotos auf, die später ihr Wohnzimmer zieren. Es ist eine wunderbare visuelle Metapher. Der symbolische Pol ist nicht weit vom wahren geographischen Pol entfernt, den man aber nicht so leicht markieren kann, weil das

George Smoot am symbolischen Südpol. Man beachte den gefrorenen Atem, der im Bart zu Eis erstarrt ist. [Giovanni De Amici]

Eis sich ständig bewegt. Ich machte dort während eines Spaziergangs von der Basis zum symbolischen Pol ein Video. Sollte ich einmal meine Erinnerung an die Bedingungen in der Antarktis auffrischen müssen, brauchte ich mir nur das Video anzusehen und meiner mühsamen Atmung und den kurzatmigen Bemühungen zu lauschen, die Umgebung bei dem kräftezehrenden Marsch durch den Schnee zu beschreiben. Gewöhnlich benötige ich diese Erinnerungshilfe nicht.

Vierhundert Meter weiter liegt die Südpolarstation, ein amerikanischer Stützpunkt für wissenschaftliche Studien. Den Mittelpunkt bildet eine große, von Schneewehen überzogene geodätische Kuppel. Unter der Kuppel befinden sich kleinere Gebäude, darunter eine Cafeteria, ein Krankenrevier, eine Sauna, eine Bibliothek, ein Videoraum, eine Billardhalle und eine winzige Turnhalle. Da die Kuppel teilweise in den Schnee eingegraben ist, muß man, um hereinzukommen, eine Rampe aus knirschendem Eis hinuntergehen. Sobald man in diesen Tunnel und die angrenzenden Höhlen eintritt, ist der Wind ausgesperrt, und es wird einem sofort wärmer. Dabei liegt die Temperatur drinnen immer noch weit unter Null. Ein seltsames blaues Licht fällt durch die wenigen durchsichtigen Felder der Kuppel. Lange Eiszapfen hängen herab. Sie bilden sich aus dem Wasserdampf, den die Menschen ausatmen. Nach einer einführenden Besprechung wiesen uns die Verantwortlichen Schlafstellen in einem Sommercamp zu, das aus dunkelgrünen Zelten besteht, in denen etliche der über hundert Bewohner während des Polarsommers untergebracht sind.

Zu den ersten Dingen, die man lernt, gehört die Regel, seine Stiefel nachts nicht auf den Boden zu stellen, weil sie sonst morgens kälter sind als Eis. Hinzu kommt die Lehre von den »drei Kästen Bier«: Wenn man drei Kästen Bier im Zelt aufstapelt, wird der untere gefrieren, der nächste wird zum Trinken zu kalt und der obere genau richtig sein.

Jetzt war es an der Zeit, sich der Wissenschaft zu widmen.

Mir sank der Mut, als wir zur Beobachtungsstelle kamen. Sie war bei weitem nicht einsatzfähig. Schlechtes Wetter und Krankheitsfälle hatten die Crew der Station an der Fertigstellung gehindert. Das Forschungszelt war durchlöchert und teilweise unter Schnee-

Unser italienisch-amerikanisches Team von 1991 am Südpol: Michele Limon, Marco Bersanelli, Andrea Passerini, Giuseppe Bonelli, Giovanni De Amici (kniend), *Bill Vinje, Marc Bensadoun, George Smoot, John Gibson* (kniend), *Steve Levin.* [Giovanni De Amici]

wehen begraben. Wir mußten also erst einmal aufräumen, den Standort vorbereiten, unser Gerät herbeischaffen, es auspacken und aufstellen. Es sollte Tage dauern, bis wir ausgekundschaftet hatten, wo unser ganzes Gerät gelagert war; einiges war an der Beobachtungsstelle, einiges auf dem Frachthof, und ein Teil war immer noch auf der McMurdo-Station oder Gott weiß wo.

Der erste Arbeitstag brachte uns nichts als Unannehmlichkeiten. Zu der Kälte, die sich in die Haut biß, kam noch der peitschende Wind. Wir vermieden tunlichst, Metall im Freien mit bloßen Händen zu berühren, um keine Hautverletzungen zu erleiden. (Das Bild von den erfrorenen, schwarz gewordenen Händen ging mir nicht aus dem Sinn.) Außerdem durften wir uns nicht überanstrengen. Das Polargebiet ist eine schreckliche Gegend, die einen rasch verwirrt und erschöpft, und verwirrte, erschöpfte Menschen machen Fehler, die fatal sein können. Dank unserer Arbeit am 3800 Meter über dem Meer gelegenen White-Mountain-Observatorium kannten sich die meisten mit den Bedingungen in großer Höhe aus. Man darf nur langsam gehen und muß viel

Wasser trinken. Wenn man es gelegentlich vergißt, wird man von Mutter Natur umgehend daran erinnert. Ich erhielt eine solche Mahnung. Gegen Ende des ersten Tages mutete ich mir beim Schleppen von Gerätekisten zuviel zu. In der Kälte fing meine Nase an zu laufen, und beim Einsaugen der Luft gefror die Flüssigkeit in der Nase. Plötzlich merkte ich, was los war, und begann nach Luft zu schnappen. Dadurch wurde alles nur noch schlimmer. Die unvermittelt einströmende Luft verletzte die Luftwege. Keuchend und hustend stand ich da. Als das Gefühl im Hals wiederkehrte, war er wund und brannte. Erbittert dachte ich an die beruhigenden Worte meiner Freunde: »Einen Monat kannst du bestimmt *alles* ertragen.«

Schon jetzt schienen sich meine schlimmsten Befürchtungen zu bestätigen. Wir waren weit hinter unserem Arbeitsplan zurück. Von der Schüssel unseres Radioteleskops fehlten wichtige Teile. Und um das Maß voll zu machen, war ich ein körperliches Wrack, ein Mann von sechsundvierzig Jahren, der mit der Atmung und dem Essen Probleme hatte und am Ende der Welt saß. Verzweifelte Wut packte mich: Konnte es überhaupt noch schlimmer kommen? Wäre es nicht besser, ich stürbe jetzt und ersparte mir künftige Qualen?

Endlich trafen die fehlenden Teile der Schüssel ein, und wir konnten mit dem Aufbau beginnen. Giovanni und ich übernahmen die Montage des Instruments, mit dem wir die Emissionen der Milchstraße abhorchen wollten. Die Schüssel war in Berkeley in aller Eile gebaut worden. Wir hatten alles dafür mobilisiert. Sogar unseren meisterhaften Apparatebauer Hal Dougherty, der bereits pensioniert war, hatten wir aus dem Ruhestand geholt und außerdem noch den Studenten Christian Carter angeheuert. Hal, Christian, John Yamada, Doug Heine und andere Mitglieder der Gruppe hatten rund um die Uhr gearbeitet. Der Hauptteil der Schüssel bestand aus vierundzwanzig separaten »Blütenblättern« und entsprechenden Verlängerungsplatten, die wir als »Christians Halo« bezeichneten. Zusammenmontiert ergab sich eine Schüssel von einer Tonne Gewicht und einem Durchmesser von über neun Metern. Es war ein Blitzunternehmen gewesen. Wir wußten zwar, daß die Schüssel im sonnigen Klima des nördlichen Kalifornien funktionierte, doch beklommen fragten wir uns, wie sie sich in der

Antarktis verhalten würde, die zu Geräten ebenso grausam ist wie zu den Menschen.

Giovanni und ich montierten draußen die Schüssel Stück für Stück, Blütenblatt für Blütenblatt zusammen, wobei der kalte Wind uns die Tränen in die Augen trieb. Alle vierundzwanzig Metallblätter wurden mit dem Zentrallager verbunden. Es war, als setzten wir eine Sonnenblume zusammen. Das Ganze wurde von Hunderten von Schräubchen und Muttern zusammengehalten, die wir mit ungeschützten, fühllosen Händen anzubringen versuchten. Das fertige Gebilde wäre – das war uns klar – selbst unter günstigsten Bedingungen recht schwer zu handhaben. Unter antarktischen Verhältnissen würde es jedoch noch schwieriger sein. Wir mußten unsere Arbeit regelmäßig unterbrechen, um drinnen etwas Heißes zu trinken und unsere Masken und Handschuhe aufzutauen. Die Gesichtsmasken wurden dadurch, daß der Atem auf ihnen gefror, steif wie ein Brett. Meine Brille vereiste, so daß ich nichts mehr sehen konnte; in regelmäßigen Abständen mußte ich sie drinnen putzen. Wir wärmten unsere Hände über dem schmelzenden Eis, das auf dem Ofen stand.

Doch mit der Montage der Schüssel waren unsere Mühen noch nicht beendet. Anschließend galt es, sie auf verschiedene Himmelsgegenden auszurichten. Für diesen Zweck hatte ich ein Hydrauliksystem entwickelt, das der Schüssel des Radioteleskops jede gewünschte Neigung geben sollte. Leider mußten wir sofort feststellen, daß die Hydraulikflüssigkeit am Südpol gefror. Giovanni und ich ließen uns daher etwas anderes einfallen: Mit Hilfe eines Wagenhebers und etlicher Holzklötze, die von Hand unterlegt oder herausgenommen wurden, konnten wir der Schüssel den erforderlichen Neigungswinkel geben. Sorgen bereiteten uns die möglichen Auswirkungen des Windes auf die Schüssel. So ließen wir einen Bulldozer kommen, der im Eis eine als Windschutz gedachte muschelförmige Grube aushob, in der wir dann die Schüssel montieren wollten. Außerdem errichteten wir ringsum Zäune, die den Wind abhalten sollten. Die Grube war in der Richtung, aus der der Wind blies, am tiefsten. Sie durfte aber auch nicht zu tief sein, denn wir waren ja gerade wegen des flachen Geländes zum Südpol gekommen und wollten vermeiden, daß Signale vom Horizont in die Schüssel gerieten.

Die Befestigung der Schüssel im Boden erreichten wir durch Einfrieren ihrer Auflager und Stützen. Zunächst versenkten wir Holzblöcke im Eis. Anschließend ließen wir Eis in Zwanzigliter-eimern auf dem Ölofen schmelzen und gossen das Wasser auf Eis, so daß »Betonunterlagen« entstanden, ein solides Fundament für die Schüssel. Dann wurde das Ganze auf der Palette in die Grube befördert, wo die Stützen mit den in den Eisbeton eingelassenen Holzblöcken verschraubt wurden.

Endlich war es soweit, daß wir das Neigungssystem ausprobieren konnten. Doch nun ergab sich eine ernste Schwierigkeit. Als Hal in Berkeley die Stützen aus zolldickem Aluminiumblech angefertigt hatte, hatte er nicht bedacht, daß wir sie auf ihren Transportpaletten transportieren müßten. Eine Stütze verklemmte sich mit einer Ecke zwischen den Verstrebungen der Schüssel und ließ sich nicht mehr herausziehen. Da mein ursprüngliches hydraulisches System ausgefallen und das neue System blockiert war, stellte sich das Schwenken der Schüssel nun als ein fast unlösbares Problem dar. Giovanni wollte das verdammte Ding wieder demontieren und unter Dach umbauen. Kommt nicht in die Frage, sagte ich, weil wir dann nicht rechtzeitig fertig würden und keine Daten erhielten. Weitere Verzögerungen könnten wir uns nicht mehr erlauben. Unsere Zeit in der Antarktis sei begrenzt, und in der verbliebenen Zeit müßten wir die Schlüssel in Gang bringen. Ich dächte überhaupt nicht daran, nachdem ich all die Strapazen durchgemacht hätte, ohne Ergebnis wieder wegzugehen. Der bloße Gedanke, nochmals an diesen gottverlassenen Ort zurückkehren zu müssen... Kurzentschlossen schnappte ich mir eine Bügelsäge und stürmte nach draußen.

Der Wind heulte, und es war 40 Grad unter Null. Ich wollte das Problem dadurch lösen, daß ich von der Stütze zehn bis zwölf Zentimeter absägte, um sie aus der Verstrebung freizubekommen; dann würden wir weitermachen können. Ich kam mir vor wie der Astronaut auf dem Mond, der irgendein Ding, das nicht funktionieren wollte, mit der guten alten, typsch amerikanischen Methode zu reparieren versuchte: Er haute mit dem Schraubenschlüssel drauf.

Da stand ich also und sägte, japste nach Luft und verfluchte im stillen das verdammte Radioteleskop und die Antarktis. Ich merkte nicht, daß ich zu heftig atmete. Ich sog die Polarluft in großen Zügen ein. Die eisige Luft fuhr in die Lunge und versehrte dabei die Atemwege. Es war so kalt, daß meine Finger und mein Kopf taub wurden, während der übrige Körper, voll in Anspruch genommen, zu schwitzen begann. Das war das ideale Rezept für einen Kollaps. Und der kam dann auch. In den folgenden Tagen wurde ich vom Fieber geschüttelt und war zu nichts zu gebrauchen, abgesehen vom Geschirrspülen und anderen »häuslichen« Arbeiten.

Nachdem wir zwei Wochen lang unter physischen und psychischen Strapazen auf Teufel komm raus versucht hatten, die Schüssel hinzukriegen, war es endlich soweit, daß wir die Milchstraße abhorchen konnten, einen typischen Spiralnebel, der rund hundert Milliarden Sterne umfaßt. Die Erde umkreist einen Stern in einem entlegenen Winkel der Galaxis, deren Scheibe sich wie eine Wolke von Glühwürmchen über den Nachthimmel zieht und deren Zentrum in Richtung des Sternbildes Schütze (Sagittarius) hinter Staubwolken verborgen ist. Von dieser Scheibe und besonders vom Zentrum geht ein lautstarkes Radiorauschen aus, erzeugt durch Wärme, die entsteht, wenn Staubwolken sich zu Planetensystemen verdichten, wenn Nebel zu Fusionsenergie-Maschinen kollabieren, die wir Sterne nennen, wenn Neutronensterne in einem wahnsinigen Tempo rotieren und dabei die Materie von Begleitsternen ansaugen oder wenn sich im Herzen der Galaxis, wo die Sterne so dicht stehen, daß es nie Nacht wird, kataklysmische Vorgänge (ein ungeheures Schwarzes Loch? Antimaterie-Vernichtung?) abspielen.

Es gibt eine weitere bedeutsame Quelle galaktischen Rauschens: die Synchrotronstrahlung, die von energiereichen Elektronen ausgesandt wird, welche von galaktischen Magnetfeldern auf eine bestimmte Bahn gezwungen werden. Es war die galaktische Synchrotronstrahlung, die uns Kummer bereitete. Sie war so stark, daß die Suche nach kosmischen Rippeln dem Versuch gleichkam, auf einem lärmenden Fest ein im Flüsterton geführtes Gespräch zu belauschen. Nach unseren Berechnungen konnte das galaktische Rauschen für zehn Prozent des Signals verantwortlich sein, das vom differentiellen Mikrowellen-Radiometer an Bord von COBE aufgefangen wurde. Zehn Prozent sind doch kein Problem, wird man vielleicht denken. Wir befürchteten jedoch, daß sie zu einem Problem werden könnten, weil die Karten der von der Erde aus aufgezeichneten Synchrotronstrahlung aus den Messungen verschiedener Radioteleskope zusammengestoppelt worden waren. Daher waren an den nicht zusammenpassenden Meßwerten Korrekturen vorzunehmen. Und dann mußten wir aus der zusammengefaßten Karte auf unsere DMR-Frequenzen extrapolieren, wobei sich signifikante Fehler in die Daten einschleichen konnten. Der eigentliche Fehler konnte weit größer als zehn Prozent sein – möglicherweise so groß, daß er für das verantwortlich war, was wir als Falten interpretierten. Wenn wir erst einmal alle Quellen galaktischen Rauschens aufgespürt, gemessen und katalogisiert hatten, konnten wir sie von den COBE-Meßwerten »abziehen« und, so hofften wir, die langgesuchten kosmischen Keime ausmachen.

Zwischen unseren erhabenen wissenschaftlichen Zielen und den Mitteln, mit denen wir sie anstrebten, bestand ein großer, um nicht zu sagen: erheiternd grotesker Kontrast. Astronomische Beobachtungen von dieser Bedeutung müßte man eigentlich mit High-Tech-Apparaten durchführen, die von sirrenden Motoren angetrieben werden, wobei ein Computer die automatische Abtastung des Kosmos steuert. Wir schickten uns dagegen an, die große Schüssel, mit der wir den Himmel abtasten wollten, mit Hilfe von Seilen, Holzklötzen und einem Wagenheber zu bewegen, unter den großen körperlichen Anstrengungen zweier verrückter Männer, die manchmal zusammen lachten und sich oft gegenseitig verfluchten. Willkommen bei der Forschung in der Antarktis!

Der erste Versuch mit unserem System war spannend. Ich lokkerte die Seile, und Giovanni begann den Wagenheber hochzudrücken. Die Schüssel neigte sich, und als sie den Abtastwinkel von fünfzehn Grad erreicht hatte, schob ich die entsprechenden Klötze darunter. Dann vertäuten wir die Schüssel in dieser Position und liefen ins Instrumentenzelt. Das Signal, das die Computerbildschirme anzeigten, stieg und fiel mit der Erdrotation, die verschiedene Teile des Radio»himmels« ins Blickfeld unserer Schüssel rückte. Es funktionierte! Jubelnd fielen wir uns um den Hals.

Nachdem wir einige Stunden lang unter diesem Abtastwinkel Daten aufgezeichnet hatten, wollten wir es mit einem noch steileren Winkel probieren. Wir neigten die Schüssel um zwanzig Grad. Problemlos zeichneten wir weitere Daten auf. Jetzt weiter zu dreißig Grad. Bei diesem Winkel würde die Schüssel eine große, starke Radioquelle in der galaktischen Ebene abtasten. Ich war begeistert. Wir betreiben Radioastronomie am Südpol, dachte ich fröhlich und lockerte die Seile. Giovanni, der ebenso vergnügt war wie ich, begann den Wagenheber hochzukurbeln. Plötzlich machte die Schüssel einen Ruck, und ich wurde an den beiden Seilen, die ich hielt, in Richtung auf die Grube gezogen. »Was ist los?« schrie Giovanni. Mit einem gräßlichen Knirschen fiel die tonnenschwere Schüssel auf die Seite. Schockiert raste ich auf die andere Seite, um nachzusehen, ob Giovanni von der schweren Schüssel zermalmt worden war. Zum Glück war er neben der Schüssel in die Grube gefallen. »Was ist passiert?« fragte er, nachdem er herausgekrochen war, in der Höhenluft nach Atem ringend. »Hat der Wind sie umgeblasen?«

Giovanni De Amici neben der montierten Neunmeterschüssel. [George Smoot]

Mir war schwindelig. »Nein«, sagte ich. »Ich hielt beide Seile und gab nur ganz wenig nach, weil ich einen Windstoß befürchtete, und da zog es plötzlich ganz stark.« Wir waren achtlos gewesen – die dünne Luft hatte unser Urteilsvermögen untergraben. Eine schwere Verletzung oder Schlimmeres hätte die Folge sein können. Das war eine heilsame Mahnung, die Gefahren unseres Unternehmens nicht zu vergessen.

Wir hatten die Schüssel über ihren Schwerpunkt hinaus geneigt, und so war sie umgekippt. Giovanni und ich kletterten in der Schüssel herum und prüften die Blätter und Verstrebungen, fanden aber keinen nennenswerten Schaden. Wir hatten noch einmal Glück gehabt. Am Südpol Ersatzteile zu bekommen, wäre schwierig und zeitraubend gewesen, und dann hätten wir es als demütigend empfunden, wenn wir unser Experiment vorzeitig hätten abbrechen müssen, nur weil wir die einfachsten physikalischen Gesetze nicht beachtet hatten.

Jetzt wurde die Sammlung von galaktischen Daten zur Routine, und ich fühlte mich ganz wohl in meiner Haut. Ich war meinen schlimmsten Befürchtungen mutig entgegengetreten und hatte sie überstanden, und das Gerät funktionierte. Es war eine hoffnungsvolle Zeit.

Eines Morgens, als ich im Instrumentenzelt vor dem Bildschirm saß und die vorbeiflackernden Daten beobachtete, passierte etwas Ungewöhnliches. »Ach du lieber Himmel«, entfuhr es mir, »das sind Außerirdische.« Alle drehten sich zu mir um und schauten mich an, als hielten sie es für möglich. Ich glaubte es beinah selbst. Während der Bildschirm ansonsten ein ziemlich gleichmäßiges Signal zeigte, trat plötzlich eine große Zacke in der Kurve auf. Sie ging in die Höhe und schwang sich dann wieder ab, wie es bei einem Signal von einer punktförmigen Quelle, die über einen hinwegfliegt, zu erwarten ist, beispielsweise bei einer fliegenden Untertrasse. »Was in aller Welt ist das?« fragte ich rein rhetorisch.

»Keine Ahnung«, sagte Giovanni.

»Ich auch nicht«, sagte ich.

Mehrmals am Tag tauchte das Signal auf dem Bildschirm auf, hielt sich für kurze Zeit und verschwand wieder. Es stammte offensichtlich nicht aus einer natürlichen Quelle, etwa von einem

Polarlicht; dafür war sein Spektrum zu rein, die Frequenz zu schmal. Ich glaubte nicht an UFOs, aber nach allem, was ich in den letzten Wochen durchgemacht hatte, dachte ich, daß irgendeine Verschwörung uns daran hinderte, an die Daten zu kommen. Im Scherz meinte ich zu Steve: »Da haben wir dich von der Suche nach außerirdischer Intelligenz (SETI) losgeeist, damit du den kosmischen und galaktischen Hintergrund untersuchst, und jetzt lassen diese verdammten Außerirdischen uns nicht an die Daten ran.« Wir zogen eine ganze Reihe anderer Gründe zur Erklärung der abwegigen Signale in Erwägung – alle viel weniger spektakulär als die Außerirdischen. Vielleicht war unser Gerät defekt, und der Verstärker unterlag periodischen Schwankungen. Vielleicht registrierte unsere Schüssel verirrte Signale aus dem Experiment eines anderen Teams am Südpol. Vielleicht verzeichneten wir Schwankungen bei der Nutzung unseres Stromgenerators. Die letzte Möglichkeit erschien uns besonders interessant, denn die Princeton-Gruppe unter Jeff Peterson teilte sich einen Generator mit uns, und sie schalteten von Zeit zu Zeit eine riesige Vakuumpumpe ein.

Nach einigen Tagen stellten wir fest, daß die Signale in Abständen von etwas mehr als hundert Minuten wiederkehrten, was die Vermutung nahelegte, daß sie von einem Satelliten stammen könnten, der regelmäßig über uns hinwegflog. Es gab jedoch nicht nur eine Art von Signal, und das erschien mir rätselhaft: Wenn es ein Satellit war, warum hatte er dann nicht eine gleichbleibende Periode von hundert Minuten? Um die Quelle zu identifizieren, richtete ich die Schüssel in verschiedene Richtungen, aber ohne Erfolg. Die seltsamen Signale machten uns wahnsinnig. Diese Störung, dachte ich, verdirbt uns unsere ganzen Beobachtungen. Ein Großteil unserer Daten wurde durch die wiederkehrenden Signale einfach zunichte gemacht.

Innerhalb von zwei bis drei Tagen fanden wir dann den mutmaßlichen Sündenbock: es war nicht ein einzelner Satellit, sondern drei. Es gelang uns zwar nicht, diese Vermutung zweifelsfrei zu beweisen, doch schien mir dies die beste Lösung zu sein. Ein Anhaltspunkt, der dafür sprach, daß es sich um mehr als einen Satelliten handelte, war die Tatsache, daß die Außerirdischen nicht immer wieder zur gleichen Zeit auftauchten; teils kamen sie zur gleichen Tageszeit, teils auch nicht. Wenn es sich wirklich um mehrere Satelliten auf getrennten Umlaufbahnen handelte, dann war die scheinbare Unvorhersagbarkeit der Signale erklärlich. Außerdem sendeten sie auf einem Band, das durch internationale Vereinbarungen verboten war.

Der Schaden war eingetreten: Unsere Schüssel hatte fünf Frequenzbänder, doch wegen der Außerirdischen erhielten wir nur auf zweien brauchbare Daten. Trotz dieser Behinderung setzten wir die Datenerfassung noch zwei Wochen fort, so daß wir auf insgesamt drei Wochen kamen. Bei einem ersten Vergleich unserer galaktischen Karte mit den vorliegenden, bruchstückhaften Karten ergab sich eine gute Übereinstimmung. Zu einem eingehenderen Vergleich würden wir erst nach unserer Rückkehr in Berkeley kommen.

Die Kartierung der galaktischen Signale, mit der Giovanni und ich die meiste Zeit beschäftigt waren, war ein wichtiger Prüfstein für die Gültigkeit unserer COBE-Daten, die nach unserer Meinung auf kosmische Falten hindeuteten. Die Kartierung der Galaxis ist an sich ein interessantes Projekt, weshalb es uns nicht schwerfiel, unsere eigentliche Absicht geheimzuhalten. Noch wollten wir nichts vorzeitig über unsere mögliche Entdeckung von Falten durchsickern lassen. Das war allerdings bei der ständigen Verbindung, die ich per elektronischer Post mit Berkeley und Goddard unterhielt, gar nicht so einfach.

Am Südpol ist die elektronische Post nicht vertraulich, sondern öffentlich. Jeder konnte meine Mitteilungen in die Vereinigten Staaten und die aus der Gegenrichtung mitlesen. Wenn also ein astronomisch versierter Forscher, beispielsweise Jeff Peterson aus Princeton, zufällig auf eine direkte Botschaft von mir an Mitglieder meines Teams gestoßen wäre, dann hätte er sich gleich einen Vers darauf gemacht. Ich mußte also meine Worte mit Bedacht wählen. In Greenbelt ließ Al Kogut in der Korrespondenz mit mir ähnliche Vorsicht walten. Er schickte mir Lageberichte, in denen es etwa hieß: »Wir haben dieses und jenes Programm am Laufen, Phil Keegstra hat die Modelle X, Y und Z in Gang gesetzt, und die magnetischen Effekte sind unerheblich« – stinklangweilige Sachen, jedenfalls bestimmt nicht solche Botschaften wie »Mann, die Anisotropie beträgt heute plus oder minus 2!«

Gegen Mitte Dezember stellte ein Amateurfunker eine Verbindung zu meinen Eltern in den Staaten her. Ich hatte den Zeitunterschied vergessen und weckte sie nachts um zwei auf. Erst nach einiger Zeit begriffen sie, daß die krächzende Stimme am anderen Ende der Telefonverbindung aus der Antarktis kam und daß es die Stimme ihres Sohnes war. Mama fragte: »Ist es kalt da unten?« Das konnte ich ihr versichern. Papa scherzte: »Hast du nicht Grips genug, um eine solche Gegend zu meiden? Ich habe dich doch mit nach Alaska genommen, damit du selbst erlebst, wie es in diesen Regionen ist!« Ich sagte ihnen, daß wir mit unserer Arbeit gut vorankämen, glücklicherweise, denn ich müsse in Kürze wegen einer Überprüfung von COBE zurück sein. Zu meiner Mutter sagte er anschließend, er habe meiner Stimme etwas angemerkt. »Er wirkte nervös«, meinte er, »er hat uns nicht alles gesagt.«

Die Arbeit am Südpol hat gewisse transzendentale Züge, besonders wenn man draußen allein ist. Dort, wo wir waren, zwei Kilometer vom Pol entfernt, ist es sehr flach, sehr hell und sehr einsam. Man muß schon genau hinschauen, um in der Ferne die Station ausfindig zu machen. Es kommt einem manchmal wie ein surrealer Traum vor, wenn man in der weißen Unendlichkeit mit seinem Instrument allein ist. Ablenkung von außen gibt es nicht. Man kann sich vollkommen auf den Augenblick einstellen. Man muß sich auf das konzentrieren, was man tut. Die Erfahung ist vergleichbar mit dem Fasten während religiöser Exerzitien oder mit dem Aufenthalt in einem der sensorischen Deprivation dienenden Isolationstank, allerdings einem mit scharfen Kanten. Da gleichzeitig mehrere Experimente liefen, machte jedes Teammitglied diese Erfahrung. Michele Limon, der eine Erfrierung an der Nasenspitze erlitten hatte, kam ins Zelt gestampft und schlug die Hände zusammen, um die Kälte abzuschütteln und sich aufzuwärmen. Auf die Frage, wie es ihm gehe, antwortete er: »Ich fühle mich hier so lebendig. Ich finde es wunderbar, trotz der Unannehmlichkeiten.« Das stimmte; diese Erfahrung hatte etwas Reines, Belebendes.

Mitte Dezember packten Steve Levin und ich unsere Sachen und rüsteten uns zum Rückflug in die Vereinigten Staaten. Ich mußte zurück, um an einer, wie ich hoffte, letzten Besprechung über systematische Fehler in den Daten des differentiellen Mikrowellen-Radiometers von COBE teilzunehmen und natürlich auch, um die Daten der galaktischen Kartierung, die wir in den letzten vier Wochen aufgezeichnet hatten, genauer zu analysieren. Am 15. Dezember um 4.30 Uhr stieg das Flugzeug vom Polareis auf. Ich war in gehobener Stimmung. Wir erreichten die McMurdo-Station, von wo wir noch am Nachmittag mit einer C 141 nach Neuseeland abfliegen sollten. Steve nahm dort zur Begrüßung eine Dusche und machte ein Nickerchen, während ich den Vertreter der National Science Foundation aufsuchte und die unerläßlichen Formulare über unsere Expedition ausfüllte. Diesem Papierkrieg entgeht man nirgendwo. Als wir mit der C 141 von McMurdo abhoben, konnten wir sehen, daß der Eisschelf aufzubrechen begann. Für die Bewohner von McMurdo eine frohe Botschaft, denn das hieß, daß bald ein Schiff mit Nachschub für die Stadt eintreffen würde. Ich würde dann zum Glück schon wieder in den Staaten sein und mich mit anderen Dingen befassen. Ich mußte schmunzeln, als Steve Levin sagte:

> »Der beste Tag in der Antarktis ist der Tag deiner Ankunft. Der zweitbeste Tag ist der Tag deiner Abreise.«

Die letzte Frage

Es war Donnerstag, der 23. April 1992, kurz nach acht Uhr morgens, als ich zum Rednerpult ging, um den ersten Vortrag des Tages zu halten. Anlaß war die Jahreskonferenz der American Physical Society im Ramada-Renaissance Hotel in der Stadtmitte von Washington. In einem neuen Anzug trat ich vor die zahlreichen erwartungsvollen Zuhörer. Wir hatten angedeutet, daß das COBE-Team eine wichtige Mitteilung zu machen hätte, und so tauschten die Anwesenden, während sie ihre Plätze aufsuchten, angeregt ihre Ahnungen und Vermutungen über den Inhalt aus. Was wir mitteilen würden, war den wenigsten bekannt, auch wenn manche es sich gewiß denken konnten. Wir hatten unser Geheimnis streng gehütet. Bald würden wir zum ersten Mal öffentlich über unsere Resultate sprechen können, die schwererrungenen Früchte einer achtzehnjähriger Suche. Mit einem Gefühl der Erleichterung, in das sich eine gewisse Nervosität mischte, ordnete ich meine Vortragsnotizen.

Während des kurzen, gespannten Augenblicks zwischen diesen routinemäßigen, die Nerven beruhigenden Vorbereitungen und dem Beginn meines Vortrags dachte ich daran, daß es fast auf den Tag fünfzehn Jahre her war, daß ich zum ersten Mal in meiner Tätigkeit als Kosmologe eine wichtige Mitteilung gemacht hatte: die Entdeckung des Dipols in der kosmischen Hintergrundstrahlung. Damals hatten wir mit Hilfe eines differentiellen Mikrowellen-Radiometers (DMR) an Bord des Spionageflugzeugs U 2 ermittelt, daß unsere Galaxis sich mit einer Eigengeschwindigkeit von sechshundert Kilometern in der Sekunde bewegt, angezogen von der Gravitationswirkung einer fernen, gewaltigen Anhäufung von Galaxien. Es zeigte sich, daß unser Universum sehr viel stärker strukturiert ist, als man bis dahin vermutet hatte, und daß die Galaxien nicht gleichmäßig im Weltraum verteilt sind, sondern riesige Konglomerationen bilden. Unsere U-2-Experimente hatten außerdem gezeigt, daß die kosmische Hintergrundstrahlung bemerkenswert gleichförmig ist, ein scheinbar homogenes Nachleuchten des Urknalls.

In den fünfzehn Jahren, die seither vergangen waren, hatten diese beiden Feststellungen sich immer wieder bestätigt, was die Kosmologie vor ein Rätsel stellte. Wenn die massiven Strukturen im heutigen Universum sich tatsächlich durch Gravitation in den fünfzehn Milliarden Jahren seit dem Urknall gebildet hatten, dann mußte es in der kosmischen Hintergrundstrahlung Anhaltspunkte für eine ursprüngliche Struktur geben, die uns einen Einblick in die Beschaffenheit des Universums im Alter von dreihunderttausend Jahren gaben. Unser Instrument an Bord des Spionageflugzeugs vermochte Unterschiede in der Hintergrundstrahlung in der Größenordnung von eins zu tausend aufzuspüren, und doch hatte es kein Anzeichen einer anfänglichen Struktur entdeckt. Die Tatsache, daß es bis Anfang 1992 nicht gelungen war, Falten in der Hintergrundstrahlung zu entdecken, brachte die Kosmologie und speziell die Urknalltheorie in große Verlegenheit. Mit dem DMR an Bord des COBE-Satelliten war die Empfindlichkeit unserer Detektoren um mehr als das Zehnfache gesteigert worden, bis an die Grenze des technisch Machbaren. Wäre es auch mit diesem Instrument nicht gelungen, Falten zu entdecken, hätte sich die Wissenschaft in einer argen Klemme befunden.

Vier Monate vor der Konferenz der American Physical Society war ich erst aus der Antarktis zurückgekehrt, froh, die Herausforderung, welche die rauhen Bedingungen des Südpols an den Körper stellen, bestanden zu haben. Die galaktischen Emissionsdaten, die Giovanni De Amici und ich hatten sammeln können, bestätigten, daß die von uns verwendeten Karten der Galaxis korrekt waren. Wir konnten unsere Arbeit mit Zuversicht fortsetzen.

Vor uns lagen noch die letzten Hindernisse, die uns von unserem Ziel trennten. Sie waren teils technischer, teils psychologischer Art. Wir waren überzeugt, die lange nicht zu fassenden Falten entdeckt zu haben, und trotzdem – dessen war ich mir deutlich bewußt –

bestand immer noch die Möglichkeit, daß eine Laune der Natur oder ein Instrumentenfehler uns genarrt hatte. Unsere Karte der kosmischen Hintergrundstrahlung zeigte Fluktuationen, gewisse Regionen waren wärmer und andere kühler als der Durchschnitt. Wir konnten aber immer noch nicht sicher sein, ob das Muster wirklich auf kosmischen Falten beruhte oder ob nicht eine von zahlreichen denkbaren Täuschungen vorlag, die den gesuchten Falten zwar ähnelte, in Wahrheit aber auf Strahlung aus der Galaxis oder von dem Instrument zurückging. Ich spürte, wie bei der Gruppe die Überzeugung wuchs, daß das sich abzeichnende Muster tatsächlich kosmischen Ursprungs sei, und auch bei mir selbst nahm das Gefühl der Sicherheit zu. Aber ein solches Gefühl ist manchmal trügerisch, denn es untergräbt die Entschlossenheit, unbeirrt nach weiteren Fehlern in den Daten zu suchen. Wir mußten mit der Nachprüfung fortfahren.

Nachdem ich Mitte Dezember aus der Antarktis zurückgekehrt war, machte ich in Berkeley nur kurz halt, um die Kleidung zu wechseln, und flog gleich weiter zum Goddard-Raumfahrtzentrum. Für Ende des Monats war eine Besprechung angesetzt, die der Prüfung von systematischen Fehlern galt, eine letzte gemeinsame Durchleuchtung der Daten und Analysemethoden mit dem Ziel, Dinge aufzuspüren, die uns auch in diesem späten Stadium noch in die Irre führen könnten. Al Kogut hatte sich mit der routinemäßigen Suche nach systematischen Fehlern befaßt und sich dabei größte Wachsamkeit bewahrt. Er hatte meine Analysen erneut einer eigenständigen Nachprüfung unterzogen und dabei von seinem Standpunkt der Unbefangenheit aus einige neue Dinge ausprobiert. Diese unbefangene Frische ließ mit der Zeit nach, und Al kam zu der Ansicht, er habe jeden denkbaren systematischen Fehler aufgespürt. An diesem Punkt kam es zwischen ihm und mir zu Auseinandersetzungen. Er sagte etwa: »Hör mal, die systematischen Fehlergrenzen sind die und die. Wir haben all diese umfassenden Tests gemacht. Ich habe es fünfmal nacheinander geprüft, und ich kann mir nicht vorstellen, daß wir dabei irgend etwas übersehen haben, das ein falsches Signal erzeugen könnte.« Worauf ich dann entgegnete: »Al, du wirst mir zu selbstsicher. Woher willst du wissen, daß uns bei all unseren Tests nicht doch etwas durchgeschlüpft ist?«

Es war tatsächlich etwas übersehen worden, und Al stieß kurz vor der für Ende Dezember geplanten Besprechung darauf. Das Instrument hatte sich etwas von der jeweiligen Messung gemerkt und teilweise in die nächste Messung einfließen lassen. Es war, als hätte man ein Schriftstück fotokopiert, auf dem die Tinte noch nicht getrocknet war; etwas von der Tinte blieb dann am Glas hängen und wurde auf die nächste Kopie übertragen. In unserem Fall führte das dazu, daß zwischen zwei aufeinanderfolgenden Messungen gewisse Korrelationen entstanden. Daraus ergaben sich dort schwache Muster, wo gar keine vorhanden waren; sie täuschten auf der Karte diskrete Regionen von einigen Winkelgraden vor, die nach den Falten aussahen. Die Aufdeckung dieses Effekts war für uns eine heilsame Mahnung, weiterhin sehr auf der Hut zu sein.

Der erste Tag der Konferenz umfaßte unter anderem eine Präsentation für Vertreter der NASA-Führung, die sie über den Fortschritt des COBE-Projekts unterrichten sollte. Das Team hatte mittlerweile zwei Jahre lang an der Erstellung von Himmelskarten gearbeitet. Es war eine mühselige Arbeit gewesen, die Art von Erfahrung, die, wenn es nicht zu einem spektakulären Durchbruch kommt, Motiviation und Begeisterung nur allzu leicht aushöhlt. Die Mitglieder des Teams waren allen an sie gestellten Anforderungen in überragender Weise gerecht geworden. Wir hatten die Kriterien, die für den Erfolg des DMR-Experiments aufgestellt worden waren, hinsichtlich der Qualität der Daten, der Datensammlung und der Analyse erfüllt. Ich beschloß, aus der Mitteilung, daß wir diese Kriterien – im NASA-Jargon »Stufe-1-Spezifikationen« – erfüllt hatten, eine feierliche Angelegenheit zu machen, und kreuzte daher im Smoking auf. Ich erklärte, daß ich auf das Team und seine hingebungsvolle Arbeit stolz sei und daß das Projekt, formal gesehen, nicht zu übertreffen sei. (Wir erzählten den NASA-Vertretern nicht, was wir auf unseren Karten erkennen konnten – das würde erst möglich sein, wenn wir, zwei Tage später, die Überprüfung auf systematische Fehler abgeschlossen hätten.) Der Smoking machte einen starken Eindruck.

Mein Aufzug an jenem Tag entsprach der Überzeugung, daß eine wichtige Etappe unseres Projekts erreicht worden war. Bis dahin waren wir von der Prämisse ausgegangen, daß jede Fluktuation, die wir in der Hintergrundstrahlung beobachteten, möglicherweise eine Täuschung war, der wir mit Argwohn begegnen mußten. Jetzt war es an der Zeit, mit allen verfügbaren Kräften die Strukturmerkmale der Fluktuationen zu bestimmen, um ein Bild vom Universum, dreihunderttausend Jahre nach seiner Entstehung, zu gewinnen.

Fünfzehn Jahre zuvor, im Jahre 1977, hatten wir mit den Messungen der kosmischen Hintergrundstrahlung, die wir dank des DMR an Bord der U 2 erhalten hatten, eine ähnliche Erfahrung gemacht. Damals war nur ein gleichförmiges Leuchten herausgekommen – keine Fluktuationen in der Hintergrundstrahlung, keine Falten in der Zeit. Die COBE-Daten ergaben etwas anderes, dessen waren wir uns jetzt sicher. Die neue Karte zeigte ein Variationsmuster in der Hintergrundstrahlung, daran bestand kein Zweifel. Die Frage, auf die wir nun hinarbeiteten, war: Wenn die Falten real sind, in welchen Größenordnungen existieren sie dann, und wie viele sind es in den einzelnen Größenklassen? Der Nachweis der Realität von Falten würde uns der Schöpfungsrealität beim Urknall nahebringen; die Bestimmung ihrer Größe und ihrer Anzahl würde uns einen Einblick in den Ablauf der Schöpfung gewähren.

Laurie Rokke überwachte nach wie vor die Datenverarbeitung im COBE-Datenanalysezentrum. Chuck Bennett hatte, neben anderen unschätzbaren Leistungen, die Aufsicht über die fortlaufenden Flugoperationen. Al trieb die Dokumentation unserer Suche nach systematischen Fehlern energisch voran. Derweil entwickelte ich in Berkeley zusätzliche Programme für die Datenanalyse. In diesem Arbeitsbereich waren neben mir noch Luis Tenorio und Charley Lineweaver tätig, wobei allerdings jeder für sich arbeitete, was der gegenseitigen Kontrolle diente. Luis und ich untersuchten sorgfältig das Dipolsignal, um sicherzugehen, daß alle Daten stimmten. Als sich bei der Anwendung der Auswertungs-Software jedesmal zeigte, daß der Dipol sich aus den Signalen herausschälte, war das für uns immer wieder eine Bestätigung, daß wir auf dem richtigen Weg waren. Falls sich beim Dipol von einem Tag zum anderen eine Abweichung ergeben hätte, wäre das für uns ein Zeichen gewesen, daß irgend etwas nicht stimmte, entweder mit der vom DMR aufgezeichneten Strahlung oder mit der Auswertung. Doch der Dipol zeichnete sich jeden Tag in denselben

Form und mit denselben Werten ab. Die Übereinstimmung war deutlich – von Tag zu Tag und von Woche zu Woche. Die einzige Variation, die wir beobachteten, beruhte auf dem Umlauf der Erde um die Sonne – ein Beweis, daß Galilei recht gehabt hatte.

Anschließend ging es um die Bestätigung dessen, was wir seit einem Jahr beobachtet hatten: daß die Karte einen realen Quadrupol zeigte. Die galaktische Emission hat eine Quadrupolform, was unseren Karten der galaktischen Emission größte Bedeutung verlieh. Falls unsere galaktische Karte irgendeinen Fehler enthalten hätte, hätte das Resultat den Quadrupol verdeckt. Doch das, was Giovanni und ich in der Antarktis ermittelt hatten, bestätigte uns, daß alles in Ordnung war. Chuck Bennett, Giovanni De Amici und Gary Hinshaw bemühten sich intensiv um die Überprüfung und den Abgleich der DMR-Daten mit externen galaktischen Karten, um die galaktische »Kontamination« (das mittlere galaktische Hintergrundsignal) abzuschätzen. Das Quadrupol ist unglaublich schwach, kleiner als sechs zu einer Million – das liegt sehr nahe beim Rauschen oder einer Vordergrundstörung. Es ist aber dennoch real. Wenn man sich die Karte als ein liegendes Oval denkt, dann erscheint das Dipolsignal als eine rote beziehungsweise blaue Einfärbung an den entgegengesetzten Polen des Ovals. Das Quadrupolsignal stellt sich dar als eine rote und eine blaue Einfärbung am oberen und unteren Rand des Ovals, womit sich vier Abweichungen vom mittleren Hintergrund ergeben.

Wir waren uns sicher, daß der Quadrupol ein reales kosmisches Signal war, ein erster Hinweis auf eine Struktur, die dreihunderttausend Jahre nach dem Urknall im Gewebe des Universums vorhanden war. Den Rest dieser Struktur, soweit vorhanden, zu erforschen, das war die Herausforderung.

Unserer Devise gemäß, alles möglichst unabhängig voneinander wieder und wieder zu überprüfen, hatte ich zwei Programme entwickelt, mit denen die Verteilung der Anzahl der Falten im Verhältnis zu ihrer Winkelgröße am Himmel analysiert werden konnte. Es handelt sich hierbei um das Leistungsspektrum. Die Aufgabe, eines der Programme – die Methode der Kugelfunktionen – zu entwickeln, zu testen und anzuwenden, übernahm nun Luis Tenorio, der ältere der beiden graduierten Mitarbeiter. Charley Lineweaver, der jüngere, arbeitete mit mir an dem anderen

Programm, das nach Temperaturkorrelationen zwischen verschiedenen Teilen des Himmels suchte. Dieses Verfahren, das den meisten Astrophysikern nicht so bekannt war wie die Methode der Entwicklung nach Kugelfunktionen, diente der nochmaligen Überprüfung der Resultate. Ich arbeitete mit einer Version des Programms, Charley mit einer modifizierten, wodurch eine weitere gegenseitige Kontrolle sichergestellt war.

Ich arbeitete so schnell wie möglich. Den halben Arbeitstag verwendete ich darauf, mich über die Fortschritte der anderen in Berkeley und Goddard auf dem laufenden zu halten. Die übrige Zeit befaßte ich mich – oft bis spät in die Nacht hinein – mit der Bestimmung des Leistungsspektrums, parallel zu Luis und Charley. Bei dem Versuch, über den Dipol und den Quadrupol hinaus Kugelfunktionen höherer Ordnung zu finden, stießen Luis und ich auf eine Schwierigkeit. Um jegliche Hintergrundstörung aus der Galaxis auszuschalten, mußten wir einen großen Schnitt machen, was uns jedoch daran hinderte, das vollständige Muster der Kugelfunktionen zu erkennen. Wir mußten über die Region der galaktischen Ebene extrapolieren. Es war unklar, wie wir die unbeschriebene Region ausfüllen sollten. Die Korrelationsmethode war allem Anschein nach sicherer. Charley und ich beschlossen, unsere Programme nacheinander laufen zu lassen, und so konnten wir innerhalb weniger Tage Überprüfungsläufe machen und unsere jeweiligen Resultate miteinander vergleichen. Ende Januar, Anfang Februar nahmen die Resultate allmählich Gestalt an, aber wir wurden noch nicht recht schlau aus ihnen. Ich probierte alle möglichen neuen Ansätze aus, stellte die Daten in jedem nur erdenklichen Format dar, auch auf den Kopf gestellt und von hinten nach vorn, nur um eine andere Perspektive auszuprobieren und damit einen Durchbruch zu erzielen. Schließlich kam ich darauf, den Quadrupol, nach dem ich all die Jahre gesucht hatte, hinauszuwerfen, um zu sehen, ob die Natur an seiner Stelle etwas anderes zu bieten hatte. So würde sich vielleicht feststellen lassen, ob unsere Karte lediglich auf Rauschen beruhte, auf einer Kakophonie von beliebiger Strahlung aus vielerlei Quellen, oder ob sie ein echtes Signal von Falten enthielt, und zwar mit mehr Details als der Quadrupol. Bis tief in die Nacht hinein modifizierte ich mein Programm, um diese Idee auszuprobieren. Als ich die neue

Software in jener Februarnacht laufen ließ, hatte ich das Gefühl, nahe an einer wichtigen Entdeckung zu sein.

Das Forschen nach den Falten war ein langwieriges Unternehmen gewesen, das mehr als fünfzehn Jahre zurückreichte, und die unerbittliche Suche nach systematischen Fehlern, die sich über die beiden letzten Jahre erstreckte, schloß so etwas wie ein Heureka-Erlebnis zwangsläufig aus. Das Ganze ähnelte mehr der Ausgrabung einer versunkenen Stadt, die damit beginnt, daß ein erster Hinweis auf eine interessante Struktur erscheint, wenn die erste Sedimentschicht weggebürstet ist. Beim Abtragen weiterer Schichten werden dann allmählich die Formen der Gebäude sichtbar. In jener Nacht hatte ich das Gefühl, daß wir im Begriff waren, auf unserer Suche nach den Falten die letzten verdeckenden Schichten wegzufegen.

Die ganze Zeit über hatte ich durch Computersimulationen zu bestimmen versucht, wie die Falten aussehen müßten, wenn die inflationäre Urknalltheorie stimmte. Danach würde es Falten jeglicher Größe geben, von ganz groß bis ganz klein, wobei aber jeder durchschnittliche Himmelsbereich von allen Größenklassen besetzt sein und die gleiche mittlere Größenvariation aufweisen würde – man spricht hier von Skaleninvarianz. Die Inflationstheorie sagte eine solche Größenverteilung als Produkt der Quantenfluktuationen im Augenblick der Schöpfung voraus. Eine derartige Größenverteilung der Falten würde zur Bildung von Strukturen unterschiedlicher Größe führen, so wie wir sie im heutigen Universum beobachten.

Ich ließ das neue Programm mit diesen Simulationen und unseren Daten laufen. Die sich aus den Simulationen ergebenden Resultate waren eindeutig. Und als ich diese mit den Ergebnissen verglich, die sich bei der Subtraktion des Quadrupols von der Karte der Hintergrundstrahlung ergaben, zeigte sich eine klare Übereinstimmung mit der von der Inflationstheorie vorhergesehenen Skaleninvarianz. Der Vergleich war schön im Sinne esoterischer moderner Kunst. Ob ich glücklich war? Natürlich. Auf jeden Fall war ich hingerissen. Aber überrascht war ich eigentlich nicht. Ich hatte mich mittlerweile so sehr in die Daten vertieft, daß die Antwort für mich auf der Hand lag, wenn auch vielleicht nicht bewußt. Meine unmittelbare Reaktion war, es herauszuschreien –

es sah so schön aus. Ein Kaleidoskop von Ideen klärte sich in meinem Geist und ergab ein vollkommenes Muster. Die Urknalltheorie stimmte; die Inflationstheorie war richtig; das Muster der Falten war in etwa so beschaffen, daß es eine Strukturbildung durch kalte dunkle Materie erlaubte; und die Größenverteilung konnte dafür sprechen, daß sich innerhalb von fünfzehn Milliarden Jahren unter der Wirkung der Gravitation die wesentlichen Strukturen des heutigen Universums ergaben.

Das Muster der Falten, das ich auf der Karte sah, war ursprünglich – davon war ich zutiefst überzeugt. Einige der von den Falten repräsentierten Strukturen waren so groß, daß sie nur bei der Entstehung des Universums erzeugt worden sein konnten, nicht später. Was ich vor mir sah, waren die ursprünglichen Falten in der Zeit, die Spuren der Schöpfung und die Keime des modernen Universums.

Meine Freude war unbeschreiblich, aber ich schrie sie *nicht* heraus. Ich war zwar überzeugt, recht zu haben, aber dennoch mußte ich sichergehen, daß nicht irgendein Streich der Technik mich narrte. Warum, so fragte ich mich, mußte ich erst den Quadrupol herausnehmen, um die Falten zu sehen? Ich wünschte, daß Charley das, was ich gemacht hatte, mit seiner Methode überprüfte. Während ich mich bemühte, meine Fassung wiederzuerlangen, schrieb ich ihm eine neutral gehaltene Notiz, ob er nicht Lust hätte, seine Software in dem Sinne zu modifizieren, daß der Quadrupol aus der Karte verschwände, nur um zu sehen, was dabei herauskäme. Dann machte ich mich auf den kurzen Weg vom Lawrence Berkeley Laboratory zu meinem Haus, während dessen mein Blick auf den Lichtern der Bucht von San Francisco ruhte, ohne sie wahrzunehmen. Mit meinen Gedanken war ich woanders; der Freudentaumel wurde gedämpft durch Sorge. Zum Feiern, wenn es denn angebracht war, würde noch Zeit sein, wenn meine Resultate überprüft waren.

Gegen Ende des folgenden Tages schaute ich bei Charley herein und fragte so zwanglos, wie es mir möglich war, wie der Rechenlauf ausgegangen sei. Er sei noch nicht dazu gekommen, sagte er. Er habe eine Idee, wie er das Programm modifizieren könne; vielleicht ginge es besser, wenn wir Informationen über die Datenpunkte in unmittelbarer Nähe des Abstandes Null bekommen könnten.

Meine Enttäuschung verbergend, gab ich zu, das sei eine interessante Idee, und forderte ihn noch einmal auf, den Quadrupol herauszurechnen. »Mach beides gleichzeitig«, schlug ich ihm vor.

Ein weiterer Tag verging, und Charley war noch immer abgelenkt von seiner Idee, das Programm zu verbessern. Noch immer hatte er den Quadrupol nicht aus der Karte subtrahiert. Ich hielt es nicht länger aus. Gegen Mitternacht ging ich quer durch die Halle zu seinem Arbeitsplatz und sagte: »Geh nicht heim, bevor du nicht dein Programm über die Daten hast laufen lassen, aber zieh dabei den Mittelwert, den Dipol *und den Quadrupol* ab.« Ich sagte das in dringlichem Ton, ohne zu erklären, warum, und machte mich dann auf den Nachhauseweg. Rund drei Stunden später, als der Lauf beendet war, schob Charley ein paar Diagramme unter der Tür meines Arbeitszimmers durch.

Am nächsten Morgen war ich früh da, weil ich mit dem Team am Goddard-Raumfahrtzentrum eine Telefonkonferenz vereinbart hatte, um die Fortschritte beim Quadrupol zu erörtern. Beim Betreten meines Arbeitszimmers wäre ich fast auf die Diagramme getreten, die Charley unter der Tür durchgeschoben hatte. Ich hob sie auf und bemerkte die weiße Haftnotiz: »Hier sind die erbetenen Diagramme. Heureka?« Er hatte das gefunden, was ich gesehen hatte. Als er später im Laufe des Tages erschien, gingen wir gemeinsam sorgfältig durch, was er und ich gemacht hatten, und probierten einige weitere Verknüpfungen von Daten aus. Anschließend schickte ich Ned Wright und den Mitgliedern des DMR-Teams in Greenbelt eine Notiz mit der Bitte, es mit dem gleichen Ansatz zu probieren.

In den nächsten Tagen kamen wir alle auf dasselbe Ergebnis. Meine Stimmung stieg, aber es gab noch eine Menge zu tun: die Details klären, letzte Überprüfungen vornehmen und Entwürfe für die Veröffentlichung unserer Ergebnisse im *Astrophysical Journal* verfassen. Darüber vergingen der restliche Februar, der März und die erste Aprilhälfte. Allmählich begannen wir zu verstehen, warum das Quadrupolsignal so schwach war, fast am Nullpunkt. Ein Problem bestand darin, daß unsere Galaxis ein eigenes Quadrupolsignal hatte, und zwar in der dem kosmischen Signal entgegengesetzten Richtung. Es war, als sei eine kosmische Verschwörung bemüht, das Signal zu minimieren, um unsere Findigkeit und Geduld bei der Suche nach ihm auf die Probe zu stellen. Allen Widrigkeiten zum Trotz hatten wir gesiegt und den heiligen Gral der Kosmologie heimgeholt. Das war der Lohn für die jahrelangen Anstrengungen vieler: des COBE-Teams einschließlich der zahlreichen Manager, Ingenieure, Techniker und sonstiger Mitarbeiter, der Wissenschaftlichen Arbeitsgruppe und der verschiedenen DMR-Teams, vor allem der genialen Apparatebauer, gefolgt von den ebenso hervorragenden Leuten, welche die Daten verarbeiteten und analysierten. Alles in allem war dies eine gewaltige Gemeinschaftsleisung, bei der unzählige Dinge genau zum richtigen Zeitpunkt funktionierten.

Zwei Wochen vor der Konferenz der American Physical Society, auf der wir in sechs Vorträgen unsere Ergebnisse detailliert vorstellen wollten, hielten wir im Haus von Nancy Boggess, unmittelbar vor den Toren Washingtons, eine Besprechung des wissenschaftlichen Teams ab. Die Stimmung war ziemlich optimistisch. Aber nicht alle waren überzeugt. Philip Lubin, der in den Zeiten der U 2 bei mir studiert hatte, hatte in der Antarktis am selben Ort wie wir Daten gesammelt und unter kleineren Winkeln nach Falten gesucht. Er war sich sicher, daß sie keine Signale gefunden hatten, was vermuten ließ, daß die Beobachtungen des DMR falsch sein könnten. Stephan Meyer vom MIT und Ed Cheng vom Goddard-Raumfahrtzentrum mahnten ebenfalls zur Vorsicht, wenn auch nicht so entschieden wie Phil. Sie hatten im Herbst 1989, ungefähr in der Zeit, als wir COBE gestartet hatten, ein Radiometer an einem Ballon aufgelassen. Die Analyse der Daten machte Schwierigkeiten – das konnte ich ihnen nachfühlen –, aber sie neigten zu dem Schluß, daß sie keinen Quadrupol, kein Muster von Falten beobachtet hatten.

Natürlich hätte ich lieber gehört, daß beide Teams unsere Resultate bestätigten, und war durch die zweifache Infragestellung ein wenig verwirrt. Als besonders unangenehm empfand ich es, daß beide Teams ihre Daten auf der Washingtoner Konferenz darstellen wollten, wo ihre Vorträge im Anschluß an die DMR-Darstellungen folgen sollten. Würde es, wenn die Behauptung des COBE-Teams, Falten entdeckt zu haben, gleich darauf zweimal angefochten wurde, zu einer direkten Kontroverse kommen? Ich hoffte, nicht. Mir war klar, daß ich vor der Konferenz keine Gelegenheit haben würde, ihre Daten zu sehen; daher konnte ich nicht zuverlässig einschätzen, wie stark ihre Gegenargumente waren. Ich war mir aber inzwischen sicher, daß unser Argument viel Überzeugungskraft besaß. Wir stritten hin und her, und einer regte an, wir sollten vielleicht abwarten, bevor wir mit unserer Mitteilung hervorträten. Ich war der Meinung, wir seien lange genug vorsichtig gewesen und hätten alle denkbaren Vorkehrungen getroffen, um sicherzustellen, daß das von uns gemessene Signal kosmischen Ursprungs war. »Wir gehen an die Öffentlichkeit – ich glaube an unsere Resultate«, erklärte ich schließlich mit Nachdruck. »Ich verbürge mich mit meinem persönlichen Ansehen für unsere Resultate.«

In der Nacht vor der Konferenz der American Physical Society blieben Al, Giovanni und ich lange auf und machten Kopien von unseren Vorträgen, um sie den Teilnehmern zu überreichen. Danach gingen Giovanni und ich zu mir nach Haus, um die letzten Vorbereitungen für unsere Vorträge zu treffen. Wir fertigten Plakate an, die zur Illustration meines Vortrags dienen und zu gegebnener Zeit von Mitgliedern des Teams hochgehalten werden sollten. Auf den Plakaten, die mit L = 0, L = 1, L = 2 usw. bis L = 20 gekennzeichnet waren, konnten die entsprechenden Resultate unserer Beobachtungen abgelesen werden. L stand für einen Blick auf heiße und kalte Regionen, getrennt durch einen Winkelabstand 180/L. Letztlich stellte jedes Plakat eine mehr oder weniger detaillierte Untersuchung der Falten dar. Ich wollte im Laufe meines Vortrags die einzelnen dazu aufrufen, das angegebene Plakat hochzuhalten, indem ich zunächst den Hintergrund (L = 0) beschrieb, dann den Dipol (L = 1), dann den Quadrupol (L = 2) und so weiter. Auf diese Weise wurden alle Teammitglieder in den Vortrag einbezogen.

Am anderen Morgen um fünf luden wir Vortragsmanuskripte und Plakate in Kisten und machten uns auf den Weg nach Washington. Als wir um halb acht vor dem Auditorium eintrafen, fanden wir es verschlossen, und niemand war da. Um acht Uhr wimmelte es von Menschen, und vom Fernsehsender WQED in Pittsburgh war ein Team da. Das gab einen Vorgeschmack auf das, was uns erwartete. Sechs aus dem COBE-Team sollten sprechen: ich als erster, danach Gary Hinshaw, Chuck Bennett, Ned Wright, Al Kogut und Giovanni De Amici. Bevor es losging, war noch einiges zu organisieren, und so merkte ich gar nicht, wie die Spannung ringsum wuchs. Ich verteilte die Plakate, vergewisserte mich, wo die Teammitglieder sitzen würden, und wartete darauf, ans Rednerpult gerufen zu werden. Man hatte mir zwölf Minuten bewilligt.

»Guten Morgen«, begann ich. »Ich habe viel zu sagen und nicht viel Zeit, also komme ich gleich zur Sache.«

Ich wollte mich der Mitteilung unserer Entdeckung schrittweise nähern, weil es zum einen logisch war und zum anderen die Sache spannender machte. Da ich sei längerer Zeit keinen Vortrag mehr gehalten hatte, machte es mir richtig Spaß. Zunächst erinnerte ich die Zuhörer an die COBE-Resultate von vor zwei Jahren, denen zufolge die kosmische Hintergrundstrahlung die Merkmale der Strahlung eines schwarzen Körpers besaß, was der Urknalltheorie Glaubwürdigkeit verlieh. Ich hielt das Plakat mit der Aufschrift L = 0 hoch, das das Spektrum eines schwarzen Strahlers zeigte, und reichte es dann weiter an John Mather. Dann erklärte ich, daß das differentielle Mikrowellen-Radiometer exakt den Dipol gemessen habe, den wir entdeckt hatten und den ich vor genau fünfzehn Jahren vorausgesagt hatte. Ich hielt das nächste Plakat mit der Aufschrift L = 1 hoch, das den Dipol zeigte: Dies bewies, daß das Instrument richtig funktionierte. Danach reichte ich es weiter an Jon Aymon. Nach einer kleinen Kunstpause hielt ich dann L = 2 hoch und erklärte: »Wir haben einen Quadrupol.« Das Gefühl der Erleichterung bei den Zuhörern war deutlich zu spüren, wußten doch alle, was diese Mitteilung zu bedeuten hatte. Ich reichte das Plakat weiter an Chuck Bennett und verwies darauf, daß er in seinem Vortrag näher auf den Quadrupol eingehen werde.

Auch diejenigen unter den Zuhörern, die schon vermutet hatten, daß unsere wichtigste Mitteilung die Entdeckung des Quadrupols sein würde, ahnten nicht, daß wir noch weiter gegangen waren. Ich hielt die Plakate L = 3, L = 4 und L = 5 gleichzeitig hoch und rief die Teammitglieder auf, die Plakate mit den folgenden L-Zahlen hochzuhalten, bis hin zu L=20. Das war für die meisten offensichtlich ein Schock; wir enthüllten nicht nur, daß wir den Quadrupol gefunden hatten, was allein schon von großer

Tragweite war, sondern außerdem, daß wir ein Spektrum von Falten aller Größenklassen entdeckt hatten.

Für mich war dieser Moment der Höhepunkt einer achtzehnjährigen Forschung, für die Kosmologie war es ein bedeutender Meilenstein auf der langen Reise zum Verständnis der Natur des Universums. Ganz einfach gesagt, rettete die Entdeckung der Falten die Urknalltheorie zu einer Zeit, da sie immer mehr unter den Beschuß von Kritikern geriet. Das Resultat deutete darauf hin, daß das heutige Universum tatsächlich durch die Gravitation aus den winzigen Quantenfluktuationen hervorgegangen sein konnte, die im ersten Sekundenbruchteil nach der Schöpfung aufgetreten waren. Der spätere Kommentar von Stephen Hawking, unsere Entdeckung sei »die wichtigste des Jahrhunderts, vielleicht aller Zeiten«, mag übertrieben gewesen sein, aber bedeutsam war sie schon. Vor der Entdeckung beruhte unsere Erkenntnis von der Entstehung und Geschichte des Universums auf vier wesentlichen Beobachtungen. Diese betrafen 1. die Dunkelheit des Nachthimmels, 2. die relative Häufigkeit der Elemente mit einem gewaltigen Übergewicht von Wasserstoff und Helium gegenüber den schwereren Elementen, 3. die Expansion des Universums und 4. die Existenz der kosmischen Hintergrundstrahlung, des Nachleuchtens einer feurigen Schöpfung.

Die Entdeckung der Falten, die dreihunderttausend Jahre nach der Schöpfung im Gewebe der Zeit vorhanden waren, ist nun die fünfte Säule dieses geistigen Gebäudes. Sie macht uns verständlich, wie sich während der Entwicklung des Universums in den letzten fünfzehn Milliarden Jahren Strukturen aller Größen, von Galaxien bis Superhaufen, bilden konnten.

Die Entwicklung des Universums besteht praktisch darin, daß die Verteilung der Materie sich mit der Zeit geändert hat, ausgehend von einer nahezu homogenen Verteilung im frühen Universum und hin zu einem sehr klumpigen Universum heute, in dem sich die Materie der Galaxien, Galaxienhaufen, Superhaufen und noch größeren Strukturen verdichtet hat. Wir können diese Entwicklung als eine Reihe von Phasenübergängen betrachten, bei denen die Materie unter dem Einfluß abnehmender Temperatur (oder Energiedichte) von einem Zustand in den anderen übergeht.

Daß Dampf bei Abkühlung kondensiert, ist uns allen vertraut; dies ist ein Phasenübergang vom gasförmigen in den flüssigen Zustand. Wenn die Temperatur weiter fällt, gefriert das Wasser schließlich und durchläuft dabei einen Phasenübergang aus dem flüssigen in den festen Zustand. In diesem Sinne hat auch die Materie seit dem ersten Moment des Urknalls eine Reihe von Phasenübergängen durchlaufen.

Eine zehn Millionstel Billionstel Billionstel Billionstel (10^{-43}) Sekunde nach dem Urknall – das ist der früheste Moment, über den wir sinnvoll reden können, und das auch nur unter Ausschaltung von Zweifeln – war das gesamte Universum, das wir heute beobachten können, in einem winzigen Bruchteil der Größe eines Protons konzentriert. Raum und Zeit hatten gerade erst begonnen zu existieren. (Sie erinnern sich, daß das Universum sich nach dem Urknall nicht in einen bestehenden Raum hinein ausgedehnt hat; die Raum-Zeit entstand vielmehr mit der Expansion des Universums.) Die Temperatur betrug zu diesem Zeitpunkt hundert Millionen Billionen Billionen (10^{32}) Grad, und drei Naturkräfte – der Elektromagnetismus sowie die starke und die schwache Kern-

Thermische Geschichte des Universums

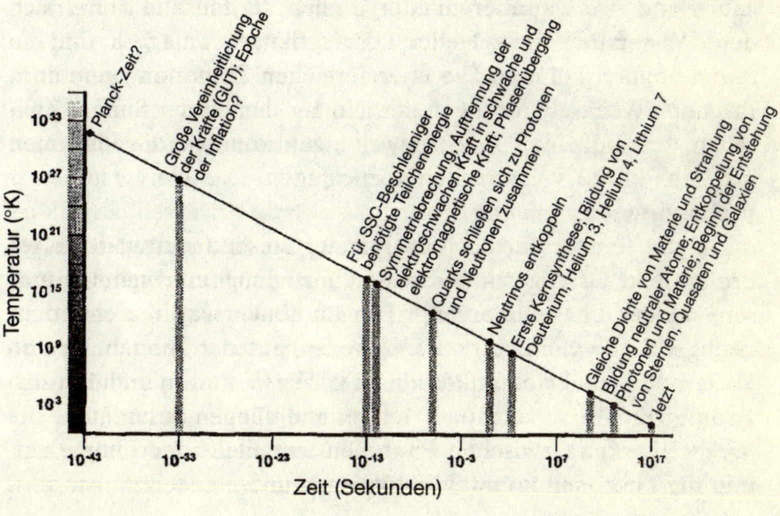

kraft – waren in einer Kraft vereint. Die Materie war nicht von der Energie gesondert, und Teilchen existierten noch nicht.

Eine zehn Milliardstel Billionstel Billionstel Sekunde (10^{-34}) Sekunden nach der Schöpfung hatte die Inflation das Universum (mit zunehmender Beschleunigung) auf das Millionen Billionen Billionenfache (10^{30}) ausgedehnt, und die Temperatur war auf unter eine Milliarde Milliarden Milliarden (10^{27}) Grad gesunken. Die starke Kernkraft hatte sich als eigene Kraft ausgeprägt, und die Materie durchlief ihren ersten Phasenübergang und existierte jetzt in Form von Quarks (den Bausteinen von Protonen und Neutronen), Elektronen und anderen fundamentalen Teilchen.

Der nächste Phasenübergang ereignete sich, als das Universum eine Zehntausendstelsekunde alt war und die Quarks sich zu Protonen und Neutronen (und zu Antiprotonen und Antineutronen) zu vereinigen begannen. Es kam zur Vernichtung von Materie- und Antimaterieteilchen, wobei ein geringer Rest von Materie übrigblieb. Alle Naturkräfte waren jetzt voneinander getrennt.

Nach etwa einer Minute war die Temperatur so weit gesunken, daß Protonen und Neutronen, wenn sie zusammenstießen, zusammenbleiben konnten und die Kerne von Wasserstoff und Helium bildeten, dem Stoff, aus dem die Sterne sind. Diese Suppe aus Materie und Strahlung, die anfangs die Dichte von Wasser hatte, setzte ihre Expansion und Abkühlung weitere dreihunderttausend Jahre lang fort, war aber zu energiereich, als daß Elektronen sich den Wasserstoff- und Heliumkernen hätten anlagern und so Atome bilden können. Die energiereichen Photonen standen in rasenden Wechselwirkungen mit den Teilchen in der Suppe. Zwischen den einzelnen Wechselwirkungen konnten die Photonen nur sehr kurze Wegstrecken zurücklegen. Das Universum war praktisch undurchsichtig.

Als die Temperatur nach dreihunderttausend Jahren auf etwa dreitausend Grad gesunken war, vollzog sich ein weiterer entscheidender Phasenübergang. Die Photonen waren nicht mehr genügend energiereich, um Elektronen aus der Umgebung von Wasserstoff- und Heliumkernen zu verjagen, und so bildeten sich Atome von Wasserstoff und Helium und blieben zusammen. Die Wechselwirkung zwischen Photonen und Elektronen hörte auf, und die Photonen konnten entweichen und große Entfernungen zurücklegen. Mit dieser Entkoppelung von Materie und Strahlung wurde das Universum transparent, und die Strahlung ergoß sich in alle Richtungen, um als kosmische Hintergrundstrahlung, die wir noch immer beobachten, durch die Zeit zu eilen. Die zu jener Zeit freigesetzte Strahlung vermittelte uns eine Momentaufnahme von der Verteilung der Materie innerhalb des Universums, als dieses dreihunderttausend Jahre alt war. Wäre die gesamte Materie gleichmäßig verteilt gewesen, dann wären das Gewebe des Raums glatt und die Wechselwirkung der Photonen mit Teilchen homogen gewesen, was eine völlig gleichförmige kosmische Hintergrundstrahlung zur Folge gehabt hätte. Unsere Entdeckung der Falten macht klar, daß die Materie nicht gleichförmig verteilt war, daß sie bereits strukturiert war und so die Keime bildete, aus denen das komplexe Universum von heute hervorgegangen ist.

Regionen des Universums mit höherer Materiekonzentration übten eine größere Gravitationswirkung aus und krümmten damit den Raum positiv; weniger dichte Gebiete hatten eine geringere Gravitationswirkung, was sich in einer geringeren Krümmung des Raums auswirkte. Als sich dreihunderttausend Jahre nach dem Urknall Strahlung und Materie entkoppelten, trug der plötzlich freigesetzte Strom von Hintergrundphotonen die Prägung dieser Verzerrungen des Raumes, und deshalb zeigt er die Falten, die wir auf unseren Karten sehen: Strahlung, die von den dichteren Gebieten ausgeht, erscheint kühler als der durchschnittliche Hintergrund, jene aus weniger dichten Gebieten wärmer.

Wie wir schon sahen, gibt es zweierlei Materie im Universum: dunkle und sichtbare; beide Arten spielen bei der gravitativen Strukturbildung eine unterschiedliche Rolle. Die dunkle Materie, die ihrer Natur nach nicht auf Strahlung, wohl aber auf die Schwerkraft reagiert, hat vermutlich weit früher begonnen, Strukturen zu bilden, als die sichtbare Materie, die von dem energiereichen Photonenfluß durchgerüttelt wird. Geformt von den Konturen des Raums, der seinen Ursprung in Quantenfluktuationen im inflationären Universum hatte, könnte die dunkle Materie schon zehntausend Jahre nach dem Urknall begonnen haben, sich unter dem Einfluß der Schwerkraft zu verdichten. Nach dreihunderttausend Jahren befreite die Entkopplung von Materie und Strahlung die gewöhnliche sichtbare Materie, die dann von den durch die dunkle Materie gebildeten Strukturen angezogen wurde. Mit der Verdichtung der sichtbaren Materie entstehen Sterne und Galaxien. Ein hübsches Bild hierfür sind Spinnweben, die, bei gewöhnlichem Licht oft unsichtbar, deutlich sichtbar werden, wenn der Tau, der sich nachts auf den Fäden niederschlägt, von der Morgensonne beschienen wird. Das zarte Netzwerk von Galaxien, das wir am Nachthimmel sehen, ist der schimmernde Tau auf einem kosmischen Spinngewebe, denn die sichtbare Materie deutet die Form von Strukturen dunkler Materie an, von denen sie durch Gravitation angezogen wurde.

Wegen der Beschränkungen des differentiellen Mikrowellen-Radiometers an Bord von COBE haben unsere Karten eine relativ geringe Auflösung. Die kleinsten Objekte, die wir als Falten sehen können, sind von enormen Ausmaßen. Sie führen hin zu Strukturen, die so groß wie oder größer sind als die Große Mauer, eine gewaltige, konzentrierte Masse von Galaxien, deren Durchmesser viele Hunderte Millionen von Lichtjahren beträgt. Wenn wir eine bessere Auflösung erreichen können, rechne ich damit, daß wir in der Lage sein werden, Strukturen von der Größe von Galaxien auszumachen. Die Botschaft unserer Resultate – die Botschaft, die an jenem Apriltag so große Erleichterung unter den Kosmologen hervorrief – war jedoch trotz der derzeitigen Beschränkungen klar. Fred Hoyle hatte behauptet, die Urknalltheorie scheitere daran, daß sie die frühe Bildung von Galaxien nicht erklären könne. Die COBE-Resultate widerlegten ihn. Die Existenz der von uns beobachteten Falten in der Zeit bedeutet, daß die Urknalltheorie unter Einbeziehung der Gravitationswirkung nicht nur die frühe Bildung von Galaxien erklären kann, sondern auch die im Laufe von fünfzehn Milliarden erfolgte Zusammenballung der massiven Strukturen, von deren Existenz im heutigen Universum wir Kenntnis haben. Dies ist ein Triumph für Theorie und Empirie.

Mit einer so großen Resonanz auf unsere Mitteilung – sowohl unmittelbar danach als auch in den folgenden Wochen – hatten wir nicht gerechnet. Daß es für Kosmologen ein wichtiges Ereignis sein würde, war mir klar. Als Gary Hinshaw auf dem Weg zum Rednerpult an mir vorbeiging, um den nächsten Vortrag zu halten, murmelte er: »Was soll ich denn *danach* noch sagen?« Die Astrophysikerin Sun Rhie eröffnete später ihren Vortrag über topologische Defekte mit den Worten: »Ich weiß nicht, ob ich diesen Vortrag nach der COBE-Mitteilung überhaupt noch halten sollte.« Während unsere Entdeckung die von ursprünglichen Fluktuationen und der Inflation ausgehende gravitative Anlagerung von Materie stützte, schwächte sie konkurrierende Theorien, speziell die Theorie der topologischen Defekte. Diese Theorie sagte ein ganz anderes Muster der Größe und Anzahl von Falten voraus, als wir es beobachtet hatten, und war somit falsifiziert. David Spergel, der zusammen mit Neil Turok die Texturenversion der Theorie der topologischen Defekte entwickelt hatte, erklärte nach der Sitzung: »Wir sind erledigt.« Paul Steinhardt, ein führender Inflationstheoretiker, sagte: »Ich bin froh, daß ich an diesem historischen Tag hier war... Hätte ich doch nur meine Studenten mitgebracht.«

Das hörte ich natürlich gern, besonders im Hinblick auf das MIT- und das Südpolteam, deren Darstellung ich abschließend verfolgen konnte. Lyman Page erklärte zwar, die MIT-Daten widersprächen denen von COBE, doch seiner letzten Graphik konnte ich entnehmen, daß das nicht der Fall war. Sie behaupteten, es gebe keine Falten, doch für mich war klar, daß die Korrelationskurve mit den COBE-Daten übereinstimmte.[44] Als ich begriff, daß es darüber keine Kontroverse geben würde, überkam mich eine große Erleichterung. Und als Todd Gaier in Anwesenheit seines Doktorvaters, Phil Lubin, die Südpol-Resultate vortrug, standen diese ein wenig im Widerspruch zu den unseren, doch gab es für die Diskrepanzen viele mögliche Erklärungen. Wir standen unangefochten da – zumindest an diesem Tag.

Ich hatte kaum Zeit, mir ein Sandwich zu holen, mir über die für Mittag angesetzte Pressekonferenz Gedanken zu machen und nach der Graphik zu suchen, die wir angefertigt hatten, um unsere Resultate der Presse zu erläutern. Sie wurde im letzten Moment gebracht, direkt vom Zeichenbrett.

Dann gingen wir hinunter in den Raum, in dem die Pressekonferenz stattfinden sollte. Es war brechend voll; eine Reihe von Fernsehkameras und Scheinwerfern im Hintergrund veranlaßte mich, nicht nur vor Überraschung zu blinzeln. Als Ned Wright, Chuck Bennett, Al Kogut und ich auf das Podium stiegen, wurde mir klar, wie groß das allgemeine Interesse an unseren neuen Erkenntnissen war. Ich versuchte mich noch zu sammeln, um gleich sowohl den Journalisten als auch dem Fernsehpublikum die Bedeutung unserer Resultate in allgemeinverständlichen Worten und Bildern zu erläutern.

Ich sollte als erster sprechen. Um die Fakten und die Bedeutung unserer Entdeckung zu unterstreichen, erklärte ich eingangs: »Wir haben die ältesten und größten Strukturen, beobachtet, die jemals im frühen Universum gesehen wurden. Das waren die ursprünglichen Keime heutiger Strukturen, wie Galaxien, Galaxienhaufen und so weiter. Sie stellten außerdem gewaltige Rippel im Gewebe der Raum-Zeit dar, die sich aus der Zeit der Schöpfung erhalten haben.« Die zahlreichen Fragen, die man uns stellte,

Auf der Pressekonferenz vom 23. April 1992 gibt George Smoot, eine Graphik vorzeigend, Falten in der Raum-Zeit bekannt. [AP/Wide World Photos]

drehten sich vornehmlich um zwei Komplexe: Wie groß sind die Strukturen? Welche Bedeutung kommt unserer Entdeckung zu?

Darauf antwortete ich, daß selbst Superlative keinen wirklichen Eindruck von diesen Strukturen vermitteln könnten, die sich über so ungeheure Entfernungen erstrecken, daß sogar die Große Mauer, die ihrerseits Hunderte Millionen von Lichtjahren mißt, daneben zwergenhaft erscheint. Einige seien so groß, daß das Licht sie seit dem Bestehen des Universums noch nicht durchquert habe. Auf die Frage, wie fundamental unsere Entdeckung sei, führte ich eine Reihe von Vergleichen an, doch die Presse pickte sich vor allem den heraus: »Wenn Sie religiös sind, dann ist es so, als würden Sie Gott sehen.« Der Urknall ist eine kulturelle Ikone, eine wissenschaftliche Erklärung der Schöpfung. Die Zeitungs- und Fernsehjournalisten bombardierten mich vierzig Minuten lang mit Fragen und forderten mich immer wieder auf, die Bedeutung der COBE-Resultate für Laien verständlich darzustellen, doch aus allem Gesagten wurde der eine Satz am häufigsten zitiert, und er hat sich am tiefsten eingeprägt.

In der Kosmologie fließen Physik, Metaphysik und Philosophie ineinander, und wenn die Forschung sich der letzten Frage nähert, der Frage nach unserer Existenz, verwischen sich zwangsläufig die Grenzen. Einstein, der sich um eine rationale Erklärung der Welt bemühte, hat einmal gesagt: »Ich möchte wissen, wie Gott die Welt erschaffen hat. Ich möchte seine Gedanken kennen.« Das war metaphorisch gemeint, als ein Maßstab für die Tiefgründigkeit seines Forschens. So war auch meine vielzitierte Bemerkung zu verstehen.

Metaphorisch oder nicht, meine Bemerkungen und die Kommentare anderer Mitglieder des COBE-Teams sowie anderer Kosmologen wurden von Zeitungen in aller Welt abgedruckt – ein Beweis für das starke allgemeine Interesse, den Ursprung des Universums und unsere Stellung in ihm zu verstehen. Nach mir sprach Ned Wright. Er ging ausführlicher darauf ein, was aus unseren Resultaten für Theorien der Strukturbildung und für die Notwendigkeit der dunklen Materie folgte. Chuck Bennett gab ein kurzes Statement über die Ergebnisse und ihre Interpretation und beantwortete Fragen. Al Kogut schilderte schließlich, was wir alles getan hatten, um die Daten sorgfältig zu verarbeiten und sicherzustellen, daß jegliche instrumentellen Effekte ausgeschlossen waren. Er machte die große Schwierigkeit des Experiments deutlich. Nachdem er geendet hatte, ging man zu allgemeinen Fragen über. Das zog sich noch über Stunden hin, bis die Pressekonferenz schließlich für beendet erklärt wurde und sich in Trauben von Reportern auflöste, die weiterhin ihre Fragen an uns, an andere Mitglieder des COBE-Teams und an Leute wie Alan Guth und Paul Steinhardt, die Urheber der Inflationstheorie, richteten.

Nach einiger Zeit führten uns Philip Schewe und die anderen Pressesprecher der American Physical Society in das Pressebüro der Konferenz. Dort sollten wir uns den telefonischen Fragen von Reportern stellen, die nicht an der Konferenz teilgenommen hatten. Wir saßen zu sechst in dem Raum und beantworteten bis in den Abend hinein die Fragen, die pausenlos von Rundfunk-, Fernseh-, Zeitungs- und Zeitschriftenvertretern kamen. Irgendwann zwischen halb fünf und fünf kam es zu einem kleinen Vorfall, der mir in Erinnerung geblieben ist. Ich hatte gerade ein Interview beendet und rief quer durch den lärmerfüllten Raum Philip Schewe zu: »Kommen solche Fütterungen der Presse-Piranhas öfter vor?« Worauf Philip zurückgab: »Das einzige Mal, daß es so schlimm war, war nach der Bekanntgabe der kalten Fusion.« Schlagartig trat völlige Stille ein. Alle schienen zu denken: Und wenn es nun falsch ist? Wenn sie einen Fehler gemacht haben? Dann klingelten wieder die Telefone, und die Fragerei ging weiter.

Für einige Tage waren verschiedene Mitglieder des COBE-Teams und andere Kosmologen gefragte Leute in Fernseh- und Radio-Talk-Shows und Zeitungen. Das öffentliche Aufsehen und die ungeheure Neugier der Allgemeinheit bot eine einzigartige Gelegenheit, naturwissenschaftliche Fragen mit einem sehr breiten Publikum zu diskutieren und für den Gedanken zu werben, daß menschliches Bemühen den Geheimnissen der Natur auf die Spur kommen kann. Ich nahm aus dieser Erfahrung die Erkenntnis mit, daß die Menschen ein tiefes Bedürfnis nach den Metaphern der Schöpfung haben, auch wenn der wissenschaftliche Aspekt als solcher eine große geistige Anstrengung von ihnen verlangt.

Eine Vorstellung, die für mich große Überzeugungskraft besitzt und, wie ich glaube, die Zuversicht stärkt, daß wir eines Tage die

Schöpfung in ihrem Wesen verstehen werden, ist für mich die Hypothese, daß die Bestandteile und die Gesetze des Universums immer einfacher werden, je mehr wir uns dem Augenblick der Schöpfung nähern. Eine hilfreiche Vergleichsmöglichkeit bietet hier das Leben selbst oder, noch einfacher, der einzelne Mensch. Jeder von uns ist eine ungeheuer komplexe Entität, aus vielen verschiedenen Geweben zusammengesetzt und zu zahllosen unterschiedlichen Handlungen und Gedanken befähigt. Wenn wir den Lebensweg eines Menschen bis über seine Geburt hinaus zurückverfolgen, kommen wir schließlich zu dem Moment, da ein bestimmtes Ei durch eine bestimmte Samenzelle befruchtet wird. Das Individuum wird immer einfacher, ist letztlich als eine in der DNA verschlüsselte Information in einer Reihe von Chromosomen enthalten. Die Entwicklung, die einen DNA-Code nach und nach in ein reifes Individuum verwandelt, besteht in einer Entfaltung, einer zunehmenden Komplexität, bei der die in der DNA enthaltene Information übersetzt und während der einzelnen Lebensphasen manifest wird. So verhält es sich nach meiner Überzeugung auch mit dem Universum. Wir können erkennen, wie hochgradig komplex das Universum heute ist, und wir sind Teil dieser Komplexität.

Dank der Vereinigung von Astrophysik und Teilchenphysik zeigt uns die Kosmologie, daß diese Komplexität aus äußerster Einfachheit entstanden ist, wobei die Materie eine Reihe von Phasenübergängen durchlaufen hat. Wenn man diese Phasenübergänge zeitlich zurückverfolgt, gelangt man zu immer größerer Einfachheit und Symmetrie, in der die fundamentalen Naturkräfte verschmelzen und die Teilchen sich in immer fundamentalere Komponenten verwandeln. Wenn wir noch weiter zurückgehen, gelangen wir an einen Punkt, wo das Universum beinahe eine unendlich kleine, unendlich dichte Konzentration von Energie war, ein Fragment der ursprünglichen Raum-Zeit. Diese Einfachheit und Symmetrie des Universums, die in dem Maße zunimmt, wie wir uns dem Punkt der Schöpfung nähern, läßt mich hoffen, daß wir, wenn wir die Kräfte des logischen und philosophischen Denkens nutzen, das Universum verstehen können. Das Universum wäre dann verständlich, wie Einstein es ersehnte.

Was geschieht nun, wenn wir noch weiter zurückgehen, über

den Moment der Schöpfung hinaus? Was war vor dem Urknall? Was war, bevor die Zeit begann? Diese letzte Frage erschüttert unseren Glauben an die Fähigkeit der Wissenschaft, die Natur zu erklären. Die Existenz einer Singularität – in diesem Fall des gegebenen einmaligen Zustands, aus dem das Universum hervorging – ist für die Wissenschaft Anathema, weil sie sich jeder Erklärung entzieht. Die Frage, *warum* ein solcher Zustand existierte, ist nicht zu beantworten. Ist dies dann der Punkt, an dem die wissenschaftliche Erklärung versagt und Gott als Urheber der Singularität, der urprünglichen Einfachheit in sein Recht tritt? Der Astrophysiker Robert Jastrow hat eine solche Aussicht in seinem Buch *God and the Astronomers* als den Alptraum des Wissenschaftlers beschrieben: »Er hat die Berge der Unwissenheit erklommen; er ist im Begriff, den höchsten Gipfel zu bezwingen; als er sich über die letzte Felskante emporschwingt, begrüßt ihn eine Schar von Theologen, die dort seit Jahrhunderten sitzen.«

Um diesem Alptraum zu entgehen, haben die Kosmologen seit langem nach Erklärungen des Universums gesucht, die die Notwendigkeit eines Anfangs vermeiden. Einstein – Sie erinnern sich – mochte nicht an die Implikation seiner eigenen Gleichungen glauben, denen zufolge das Universum expandiert und also auch einen Anfang gehabt haben muß, und konzipierte, um das zu vermeiden, die kosmologische Konstante. Erst aufgrund von Hubbles Beobachtungen eines expandierenden Universums konnte Einstein sich dazu durchringen, seinen Gleichungen zu glauben. Einer der Gründe, der die Steady-State-Theorie für viele so anziehend machte, war der, daß das Universum ihr zufolge keinen Anfang und kein Ende hat und daher keine Erklärung erforderte, was vor der Zeit $t = 0$ war. Man nannte dies das vollkommene kosmologische Prinzip.

Vor zehn Jahrn versuchten Stephen Hawking und Jim Hartle das Problem anders zu lösen, indem sie die Singularität wegdefinierten. Aus einer Theorie der Quantengravitation leiteten sie ab, daß die Zeit endlich ist, aber keinen Anfang hat. Das ist nicht so bizarr, wie es klingt, wenn Sie an die Oberfläche einer Kugel denken. Die Oberfläche ist endlich, aber sie hat weder Anfang noch Ende. Man kann fortgesetzt mit dem Finger darüberfahren und kommt möglicherweise wieder an den Ausgangspunkt zurück. Wenn man annimmt, daß das Universum kugelförmige Raum-Zeit ist, kann man die Oberfläche umrunden und vielleicht wieder zu dem Punkt in Raum und Zeit zurückkehren, von dem man ausgegangen ist. Dies setzt natürlich die Möglichkeit der Zeitreise voraus, im Widerspruch zum Machschen Prinzip. Doch die Welt der Quantenmechanik mit ihrer Unschärferelation ist ein seltsamer Ort, an dem unirdische Dinge geschehen können. Sie ist ein so fremdartiger Ort, daß sie sich möglicherweise unserem menschlichen Verständnis entzieht, sind wir doch Kinder der Welt der klassischen Newtonschen Mechanik.

Wir wissen einfach nicht, ob es einen Anfang des Universums gegeben hat, und so liegt der Ursprung der Raum-Zeit weiterhin in Terra incognita. Keine Frage ist fundamentaler und magischer – gleichgültig, ob sie im naturwissenschaftlichen oder theologischen Sinne erhoben wird. Ich bin überzeugt – vielleicht sollte ich besser sagen: ich glaube –, daß die Wissenschaft sich dem Moment der Schöpfung immer mehr nähern wird, was durch die wachsende Einfachheit, die wir dort antreffen, erleichtert wird. Nach Ansicht mancher Physiker läßt sich die Materie letztlich reduzieren auf punktförmige Objekte mit bestimmten intrinsischen (inneren) Eigenschaften. Andere sehen in den fundamentalen Teilchen winzige Strings, die ihre Eigenschaften durch ihre Schwingungen erzeugen. Ob nun das eine oder das andere zutrifft, jedenfalls kann man sich in Verbindung mit bestimmten Konzepten wie mit dem der Inflation vorstellen, daß das Universum aus fast nichts entstanden ist – nicht aus nichts, aber praktisch aus nichts. Fast, aber nicht ganz eine Schöpfung *ex nihilo*. Das wäre eine phantastische geistige Leistung, bei der aber immer noch eine Grenze bleibt, die von der wissenschaftlichen Forschung nicht überschritten werden kann – heraus käme an Ende eine Beschreibung der Singularität, aber keine Erklärung für sie.

Einem Ingenieur mag die Differenz zwischen nichts und praktisch nichts gering erscheinen. Für einen Wissenschaftler und erst recht für einen Philosophen bedeutet ein solcher Unterschied, so geringfügig er auch sein mag, sehr viel. Es könnte sein, daß wir Jastrows Alptraum erleben, wenn wir uns der letzten Frage nach dem Warum stellen. Warum-Fragen sind der wissenschaftlichen Untersuchung nicht zugänglich und werden ihren Platz immer in der Philosophie und der Theologie haben, die zwar keine substantielle Erklärung liefern, aber doch Trost spenden können.

Was aber, wenn das Universum, das wir sehen, das einzig mögliche wäre, das Produkt eines singulären Anfangszustands, der von singulären Naturgesetzen bestimmt war? Wir wissen heute, daß eine Reihe von fundamentalen Eigenschaften des Universums nur geringfügig andere Werte hätten haben müssen, und es wäre überhaupt kein oder doch ein ganz anderes Universum entstanden. Wäre zum Beispiel die starke Kernkraft nur ein bißchen schwächer gewesen, bestünde das Universum ausschließlich aus Wasserstoff; wäre sie nur ein bißchen stärker gewesen, hätte sich der ganze Wasserstoff in Helium umgewandelt. Wäre der Überschuß an Protonen gegenüber Antiprotonen – eine Milliarde und eins zu einer Milliarde – nur ein wenig anders ausgefallen, gäbe es im Universum entweder gar keine baryonische Materie oder eine katastrophale Überfülle davon. Wäre die Expansionsgeschwindigkeit des Universums eine Sekunde nach dem Urknall nur um hunderttausend Billionstel geringer gewesen, so wäre das Universum längst wieder in sich zusammengestürzt. Wäre die Expansionsgeschwindigkeit um ein Millionstel größer gewesen, hätten sich keine Sterne und Planeten bilden können.

Die Liste der kosmischen Zufälle, ohne die wir nicht in diesem Universum existieren würden, ist lang, was Stephen Hawking zu der Bemerkung veranlaßte: »Die Wahrscheinlichkeit, daß ein Universum wie das unsere aus so etwas wie dem Urknall hervorging, ist äußerst gering.« Noch weiter ging der Princeton-Physiker Freeman Dyson: »Je länger ich das Universum und die Details seines Aufbaus untersuche, desto mehr Beweise finde ich dafür, daß das Universum irgendwie gewußt haben muß, daß wir kommen würden.« Man hat diese Verkettung von Zufällen, die die Voraussetzung unserer Existenz in diesem Universum sind, als anthropisches Prinzip bezeichnet. Im Grunde besagt es nur, was auf der Hand liegt: Wären die Dinge anders gewesen, würde es uns nicht geben. Es mag sein, daß viele andere Universen möglich sind, und vielleicht existieren viele parallel zu unserem Universum. Nach einer Lesart der Inflationstheorie ist unser Universum aus einem größeren Gewebe der Raum-Zeit gewachsen, gleichsam eine Erdbeere neben vielen anderen. Ich meine jedoch, daß es, da die Dinge einfacher werden, je mehr wir uns dem Moment der Schöpfung nähern, nur eine begrenzte Zahl von Möglichkeiten gegeben hat, vielleicht sogar nur eine einzige, und daß alles so vollkommen war, daß es anders gar nicht hätte sein können.

Was können wir, wenn es denn so ist, zur letzten Frage sagen? Daß Gott im Hinblick auf die Entwicklung des Universums überhaupt keine Wahl hatte und seine Existenz demnach überflüssig ist? Oder daß Gott sehr schlau war und es genau richtig gemacht hat? In beiden Fällen bliebe für die Wissenschaft immer noch die Frage zu klären: Warum gerade diese Bedingungen und keine anderen? Vielleicht ist aber die Verstehbarkeit des Universums in diesem Sinne schon Erklärung genug. Wahrheit und Reichtum des Universums bestehen in seiner Existenz, und unser Streben nach dieser Wahrheit und diesem Reichtum wird ewig dauern wie das Universum selbst.

Unsere Entdeckung, daß das Gewebe der Zeit Falten aufweist, ist Teil dieses ewigen Strebens und ein wichtiger Schritt nach vorn in diesem goldenen Zeitalter der Kosmologie. Auf einmal beginnen sich die Teile eines größeren Puzzles zusammenzufügen: Die Inflationstheorie gewinnt an Überzeugungskraft und die dunkle Materie an Realität. Unser Glaube an den Urknall erhält neuen Auftrieb: Der dunkle Nachthimmel, die Häufigkeit der Elemente, die Beweise für ein expandierendes Universum und das Nachleuchten der Schöpfung werden durch einen Mechanismus ergänzt, durch den sich die Strukturen des heutigen Universums gebildet haben könnten. Die stärkste Kraft des Universums besteht in seiner Kreativität, die im Laufe der Zeit die Materie, die Strukturen von Sternen und Galaxien und letzten Endes uns hat entstehen lassen. Den Kern dieser Kreativität bilden die Falten, der Aufbau einer Struktur aus der Homogenität.

Die Suche wird weitergehen, mit dem zweifachen Ziel, die dunkle Materie zu entdecken und den Ursprung der Raum-Zeit zu verstehen. Woher die Antwort kommen wird, kann niemand sagen; doch wenn man sich an der jüngsten Geschichte orientieren darf, dann wird es auf eine Verknüpfung der beobachtenden Wissenschaft und der Teilchenphysik ankommen. Weitere Satellitenflüge sind geplant. Wir müssen als Kultur entscheiden, ob das

Der Urknall: Ein expandierendes und sich entwickelndes Universum

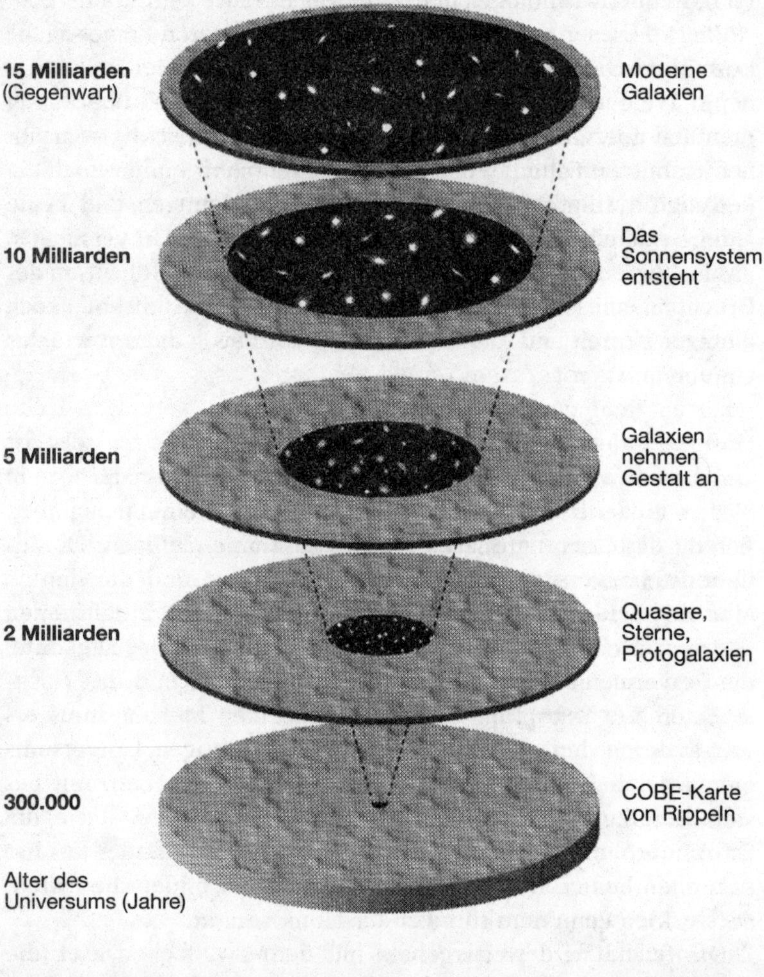

geistige Streben in Richtung auf die letzte Frage uns etwas wert ist. Je mehr wir über die Geschichte des Universums erfahren, desto mehr erfahren wir über uns selbst und über die Fragen, die zu stellen es uns drängt.

1977 erschien Steven Weinbergs Buch *Die ersten drei Minuten*, eines der besten allgemeinverständlichen Bücher, die je über kosmologische Fragen geschrieben wurden, das mit Recht immer wieder neu aufgelegt wird. Es basiert auf einem Kurs über Gravitation und Kosmologie, den Weinberg am MIT hielt, als ich dort studierte. Dieser Kurs trug mit zu meiner Entscheidung bei, in die kosmologische Forschung einzusteigen. Am Ende seines Buches denkt Weinberg über Fragen nach, die wir uns auch stellen, namentlich über die innere Gewißheit, daß die Menschen kein bloßer kosmischer Zufall sein können, das Zufallsergebnis einer Verkettung physikalischer Prozesse in einem Universum, das uns in jeder Beziehung wie Zwerge erscheinen läßt. Er drückt es so aus: »Man begreift kaum, daß [diese schöne Erde] nur ein winziger Bruchteil eines überwiegend feindlichen Universums ist. Noch weniger begreift man, daß dieses gegenwärtige Universum sich aus einem Anfangszustand entwickelt hat, der sich jeder Beschreibung entzieht und seiner Auslöschung durch unendliche Kälte oder unerträgliche Hitze entgegengeht. Je begreiflicher uns das Universum wird, desto sinnloser erscheint es auch.«

Hier muß ich meinem ehemaligen Lehrer widersprechen. Mir kommt das Universum alles andere als sinnlos vor. Je mehr wir über das Universum erfahren, desto mehr erkennen wir, wie sich alles ineinanderfügt, daß das uns umgebende Meer von Materie, Sternen und Galaxien eine grundlegende Einheit aufweist. Außerdem erkennen wir, wenn wir das Universum als Ganzes erforschen, immer mehr, daß »Mikrokosmos« und »Makrokosmos« ein und dasselbe sind. Wenn wir beides zusammennehmen, wird uns bewußt, daß die Natur nicht deshalb so ist, wie sie ist, weil sie das Zufallsergebnis einer zufälligen Reihe von sinnlosen Ereignissen ist, sondern im Gegenteil: Das Universum ist, wie es ist, weil es so sein *muß*. Seine Entwicklung war in seinen Anfängen festgelegt, sie steckte, wenn man so sagen darf, in seiner kosmischen DNA. Die Entwicklung des Universums läßt eine klare Ordnung erkennen, die von Einfachheit und Symmetrie zu wachsender Komplexität und Struktur führt. Im Laufe der Zeit vereinigen sich einfache Komponenten zu komplizierten Bausteinen, die eine reichere, vielfältigere Umwelt hervorbringen. Dem Zufall kommt eine wesentliche Rolle in der Entwicklung der Mannigfaltigkeit des Universums zu. Einstein hatte in diesem Sinne (wenn auch nicht im

Sinne der Quantenphysik) richtig erkannt, daß Gott nicht mit dem Universum spielt. Während Einzelergebnisse Zufallssache sind, besitzt die Entwicklung höherer komplexer Systeme insgesamt den Charakter der Unvermeidlichkeit. Es erscheint als ganz natürlich, daß sich Wesen entwickelt haben, die das Universum in Frage stellen und verstehen können. Ich fände es sehr erstaunlich, wenn eine solche Intelligenz nicht an vielen Orten in unserem sehr großen Universum entstanden wäre.

Wenn ich auf Reisen bin, besuche ich gern die großen Kunstmuseen, um mir die klassischen Skulpturen und Gemälde anzusehen, die in Jahrhunderten von ästhetischen Visionären geschaffen wurden. Kosmologen und Künstler haben manches miteinander gemein. Beide suchen die Schönheit, die einen am Himmel, die anderen auf der Leinwand oder im Stein. In dem Augenblick, da der Kosmologe erkennt, wie die Gesetze und Prinzipien des Kosmos sich allmählich zu einem Ganzen fügen, daß sie miteinander verflochten sind, daß sie eine Symmetrie zeigen, welche die alten Mythologien ihren Göttern vorbehielten, wenn ihm klarwird, daß diese Gesetze besagen, daß das Universum expandieren *muß*, daß es flach sein *muß*, daß es all das sein *muß*, was es ist – in diesem Augenblick nimmt er reine, unverfälschte Schönheit wahr.

Das religiöse Schöpfungskonzept entspringt einem Staunen über die Existenz des Universums und unsere Stellung in ihm. Auch das wissenschaftliche Schöpfungskonzept ist mit einem Staunen verknüpft: Ehrfürchtig stehen wir vor der äußersten Einfachheit und der schöpferischen Kraft der physikalischen Natur – und vor ihrer Schönheit auf allen Ebenen.

Anmerkungen

1 Bei einem Apollo-Flug zum Mond, der keine Atmosphäre hat, wurde Galileis Fallgesetz erneut bewiesen. Vor einem weltweiten Fernsehpublikum ließ ein Astronaut eine Feder und einen schwereren Gegenstand fallen. Beide trafen genau gleichzeitig auf dem Mondboden auf.

2 1992, dreihundertfünfzig Jahre später, entschuldigte sich der Vatikan für die Behandlung, die der Florentiner Sterngucker durch die Kirche erfahren hatte. Heute läßt die Kirche sich von Astronomen und anderen Wissenschaftlern über die physikalische Welt beraten. Es ist gegenwärtig schwer vorstellbar, daß wissenschaftliche Gesellschaften sich von Theologen und anderen über die spirituelle Welt beraten lassen. Allerdings lassen sie sich von Anwälten und gelegentlich auch von Ethik-Kommissionen beraten. In dem Maße, wie die Wissenschaft reift und ihren Platz findet, wird ein Austausch dieser Art sich verstärken.

3 Der englische Astronom Edmund Halley bemerkte 1705, daß Kometen aus den Jahren 1531, 1607 und 1682 annähernd die gleiche Bahn hatten. Er vermutete, daß es sich um einen einzigen Kometen handelte. Mit der neuen Methode seines Freundes Isaac Newton berechnete er die Bahn dieses Kometen und sagte seine Wiederkehr für das Jahr 1758 voraus. Tatsächlich tauchte dieser Komet siebzehn Jahre nach seinem Tode wieder auf und trägt heute seinen Namen.

4 Dieses Ergebnis ist inzwischen nach oben revidiert worden, auf rund zwei Millionen Lichtjahre. Das Licht, das uns heute erreicht, wurde also vor zwei Millionen Jahren von der Andromeda-Galaxie ausgesandt, ungefähr zu der Zeit, als sich in Afrika die Gattung *Homo*, zu welcher der Mensch gehört, zu entwickeln begann.

5 Man bestimmt die Frequenz- oder Wellenlängenverschiebung anhand der Verschiebung dünner, dunkler Linien im Spektrum. Diese »Absorptionslinien« werden Fraunhofer-Linien genannt, nach dem Deutschen Joseph von Fraunhofer (1787–1826). Die Linien entstehen dadurch, daß bestimmte Licht-

frequenzen von einem vor der Lichtquelle befindlichen kühleren Gas (wie der Gashülle von Sternen) absorbiert werden. Der niederländische Physiker Pieter Zeeman (1865–1943) untersuchte »Emissionslinien«, dünne, *helle* Linien, die durch ein entsprechendes heißes Gas hervorgerufen werden. Im neunzehnten Jahrhundert erkannte man, daß jedes Element eine andere Linienanordnung erzeugt, was später durch die Quantenphysik erklärt wurde.

6 Die Entdeckung, daß der Andromedanebel auf uns zurast, wirkte damals revolutionär. Heute wissen wir, daß er zur »lokalen Gruppe« von Galaxien gehört, der auch unser System, die Milchstraße, angehört. Die lokale Gruppe umfaßt etwa ein Dutzend Galaxien, die durch gegenseitige Anziehung zusammengehalten und deshalb durch die Expansion des Kosmos nicht auseinandergetrieben werden. Es ist möglich, daß der Andromedanebel und die Milchstraße irgendwann zusammenstoßen; Fälle solcher Kollisionen im All sind von Astronomen häufiger beobachtet worden. Zum Glück sind die Abstände zwischen den Sternen in Galaxien recht groß, und so kann eine Galaxie die andere durchdringen, ohne daß größerer Schaden entsteht – wie wenn eine Wolke durch die andere hindurchgeht.

7 Die Atomzahl bezieht sich auf die Anzahl der Protonen in einem Element. Wasserstoff ist das leichteste Element und hat nur ein Proton. Helium hat zwei Protonen, Lithium drei usw.

8 Daß etwas aus nichts entstehen sollte, war keine neue Idee: Robert Millikan hatte behauptet, die kosmischen Strahlen seien Photonen, die der kontinuierlichen Erschaffung von Materie im All entstammen, einer Schöpfung, die nach seinen Worten bewies, daß »Gott immer noch an der Arbeit ist«. Und der Astrophysiker James Jeans hatte in seinem Buch *Astronomy and Cosmogony* vermutet, daß »die Zentren der Nebel ›singulären Punkten‹ entsprechen, an denen sich aus einer anderen, gänzlich fremden räumlichen Dimension Materie in unser Universum ergießt, so daß sie einem Bewohner unseres Universums als Punkte erscheinen, an denen kontinuierlich Materie erschaffen wird«. Ironischerweise haben Edward Tryon und andere Theoretiker auf die häufig gestellte Frage »Was war *vor* dem Urknall?« unter Zuhilfenahme der Quantentheorie geantwortet, daß unser Kosmos buchstäblich aus nichts entstanden sei.

9 Fünf Grad Kelvin oder 5 K ist die in Celsius-Graden angegebene Temperatur oberhalb des absoluten Nullpunkts. Die Einheit ist benannt nach Lord Kelvin, einem Pionier der Wärmeforschung. Der absolute Nullpunkt ist die Temperatur, die ein Objekt hat, wenn die gesamte in ihm enthaltene Wärme abgeführt ist. Sie liegt bei minus 273 Grad Celsius.

10 Lemaître betonte, daß seine Theorie nichts mit der Religion zu tun habe. Er war empört, als Papst Pius XII. 1951 den Urknall als Beweis der göttlichen Schöpfung anführte.

11 So benannt nach Max Planck, der 1900 die Quantenhypothese aufstellte, die erklärt, wie die Intensität der Strahlung eines schwarzen Körpers mit der Frequenzkurve (Spektrum) zusammenhängt. Die Quantenvorstellung, eine der größten Revolutionen der Wissenschaftsgeschichte, ging direkt auf die Erforschung der Strahlung eines schwarzen Körpers zurück. Bevor Planck sie entwickelte, hatten er und andere Physiker sich den Kopf über ein physikalisches Phänomen zerbrochen, die sogenannte »Ultraviolett-Katastrophe«, die, wenn man so will, eine auf die Erde geholte Variante des Olbersschen Paradoxons war. Aus der Tatsache, daß ein schwarzer Körper alle Frequenzen vollständig absorbiert und emittiert, hatten die Physiker im neunzehnten Jahrhundert gefolgert, daß seine Strahlung überwiegend bei hohen Frequenzen liegen müßte, also im ultravioletten Bereich und darüber, weil die Zahl der verfügbaren Zustände bei hohen Frequenzen größer ist als bei niedrigen Frequenzen. Wie kam es dann, daß schwarze Körper nicht sehr viel mehr hochfrequente Strahlung emittieren? Planck rang sich, nachdem er jahrelang mit dem Problem gekämpft hatte, dazu durch, daß nur eine radikale Antwort genügen würde, eine Antwort, die dem »gesunden Menschenverstand« hohnsprach. In einem Vortrag und einem Artikel sprach er im Jahre 1900 die Vermutung aus, daß Energie nicht in stetiger, endlos teilbarer Form emittiert wird, sondern in Bündeln, die er Quanten nannte. Lichtquanten höherer Frequenz können nur dann freigesetzt werden, wenn von außen Energie zugeführt wird, die der höheren Energie der Lichtquanten entspricht. Ein schwarzer Körper neigt folglich dazu, eine sehr viel größere Menge Quanten niedriger Energie und damit niedriger Frequenz zu emittieren als Quanten hoher Frequenz und damit hoher Energie. Diese Idee war so revolutionär wie Einsteins Relativitätstheorien, denn sie zeigte, daß Materie und Energie nicht stetig, sondern letztlich diskret sind.

12 Der Physiker Edward Teller wurde vor allem bekannt als Vater der amerikanischen Wasserstoffbombe.

13 »Antimacassars« sind Sessel- oder Sofaschoner. Anti-Antimaterie ist Materie.

14 1956 war die Atomic Energy Commission (A. E. C.) für die Entwicklung der Atomenergie verantwortlich. Die Aufgaben sind inzwischen übergegangen auf die Nuclear Regulatory Commission und das US-Energieministerium.

15 Inzwischen ist der Vorgang automatisiert worden und wird von computergesteuerten Geräten erledigt.

16 Was manchen Besucher überrascht, die das LBL mit dem Lawrence Livermore National Laboratory verwechseln, einer Einrichtung für Atomwaffen und Atomforschung im Osten San Franciscos. Die wichtigste Gemeinsamkeit ist das »Lawrence« im Namen, nach Ernest O. Lawrence, dem Gründer des LBL, einem Pionier auf dem Gebiet der Teilchenbeschleuniger und der Kernphysik.

17 Die Kausalität verlangt die Existenz eines Antiteilchens zu jedem Elementarteilchen. Der Kausalität zufolge muß eine Ursache der Wirkung vorausgehen. Daß dies so ist, versteht sich nicht von selbst, denn gemäß der speziellen Relativitätstheorie könnten verschiedene bewegte Beobachter die umgekehrte Reihenfolge beobachten, wären da nicht die sich spiegelbildlich verhaltenden Paare von Teilchen und Antiteilchen. In einem begrenzten Sinne verhalten sich Antiteilchen, die sich in der Zeit rückwärts bewegen, wie Teilchen, die sich in der Zeit vorwärts bewegen, und Teilchen die sich in der Zeit rückwärts bewegen, wie Antiteilchen, die sich in der Zeit vorwärts bewegen. Diese Vertauschung ist eine Spiegelsymmetrie der Raum-Zeit.

18 Das ist himmelweit entfernt von dem Superconducting Supercollider (SSC), der zum größten je gebauten Beschleuniger werden sollte. Darin sollten Protonen und Antiprotonen aufeinanderprallen und Hochenergiebedingungen entstehen lassen, die für kurze Zeit die Temperatur und Dichte des Urknalls zu jenem Zeitpunkt simuliert hätten, der eine Billionstelsekunde (10^{-12} Sekunden) nach dem Urknall lag. So lassen sich Theorien überprüfen, denen zufolge die bekannten Kräfte in den Anfängen des Universums Teil einer »Superkraft« waren. (Anm. d. Übers.: Am 21. Oktober 1994 hat das amerikanische Energieministerium nach einem vorangegangenen Beschluß des Kongresses bekanntgegeben, daß die Arbeiten am SSC aus Kostengründen endgültig eingestellt werden.)

19 Ein weiterer Fall, in dem Wissenschaftler glaubten, einen solchen Effekt entdeckt zu haben, war der 1989 entstandene Wirbel um die »kalte Fusion«.

20 Alfvén ist übrigens anderer Meinung. Er glaubt, die bei Ballonexperimenten gemessenen Teilchenenergien seien zu niedrig, um Antimaterie zu entdecken, die energiereich genug ist, um die Leidenfrost-Schicht zu durchdringen.

21 Siehe Anmerkung 18.

22 Gleichzeitig wurde eine Reihe junger Teilchentheoretiker von Steven Weinbergs *Gravitation and Cosmology*, 1972 erschienen, zur Beschäftigung mit der Kosmologie angeregt.

23 Auch das »neu« reichte bisweilen nicht. Als meine Freundin Constantina Economou mich im Labor besuchte und das Schild sah, fragte sie belustigt: »Habt ihr nichts von dem Experiment von Michelson und Morley gehört? Wir haben es schon im Philosophieunterricht durchgenommen.«

24 Es gab keine Treibstofftanks. Der Treibstoff war in den Tragflächen untergebracht; dies war das erste Flugzeug mit Tragflächentanks. Durch das Gewicht des Treibstoffs hingen die Tragflächen am Boden herunter und mußten mit speziellen Rädern abgestützt werden, die beim Start abgeworfen wurden.

25 33 GHz ist eine Frequenz von 33 Milliarden Schwingungen pro Sekunde und entspricht einer Lichtwellenlänge von 0,91 Zentimetern.

26 Anm. d. Übers.: Verfahren zur Minimierung der Beugungsschärfe und damit zur Verbesserung des Auflösungsvermögens.

27 Tatsächlich ist die Erdbahn leicht elliptisch.

28 Die von englischen Wissenschaftlern 1991 gemeldete Entdeckung eines Planeten, der einen fernen Pulsar umkreist, entpuppte sich als Irrtum; sie hatten den Umlauf der Erde um die Sonne nicht berücksichtigt. Was sie entdeckt hatten, war der Planet Erde.

29 Jahrzehnte später traf Rubin einen Astronomen, der dem Ausschuß angehört hatte, der darüber entschied, wer auf der Konferenz von 1951 sprechen sollte. Er erzählte ihr, der Ausschuß habe eine »sehr ernste Diskussion« darüber geführt, ob sie sprechen dürfe oder nicht.

30 Der größte Superhaufen, den man heute kennt, hat eine mindestens zehnmal so große Ausdehnung.

31 Heute glauben Astronomen, daß galaktische Halos einen Durchmesser haben, der bis zum Dreißigfachen des Durchmessers jeder sichtbaren Galaxie reicht. Wären diese Halos mit bloßem Auge zu erkennen, dann wäre unser Himmel noch spektakulärer, als er es jetzt schon ist; von der Erde aus könnten wir mehr als tausend Galaxien mit Halos sehen, die größer erschienen als der Vollmond.

32 Dieser Wert ist nicht exakt, da wir die Geschwindigkeit der Hubble-Expansion nicht genau kennen.

33 Die sieben Samurai sind David Burstein, Roger Davies, Alan Dressler, Sandra Faber, Donald Lynden-Bell, Roberto Terlevich und Gary Wegner.

34 Im atomaren Bereich ist es üblich, die Masse in Elektronvolt anzugeben, einer Einheit der Energie. Darin äußert sich Einsteins Feststellung, daß Masse und Energie Kehrseiten einer Medaille sind.

35 Dasselbe sieht man bei einem nicht-lupenreinen Diamanten. Gewisse Teile des Kristallgitters sind nicht einheitlich ausgerichtet. Manche Mängel beruhen auf druckbedingten Brüchen.

36 Der Jahrgang 1968 der *Physical Review* nahm rund 1,20 Meter Regalfläche ein. Wenn die Verdoppelung der Fläche alle sechs Jahre anhalten würde, würden die Einbanddeckel in 286 Jahren, also im Jahre 2254, sich anscheinend

mit Lichtgeschwindigkeit voneinander entfernen. Alle Bände dieses Jahres würden, nebeneinander aufgereiht, eine Strecke von einem Lichtjahr einnehmen. Tatsächlich wurde die *Physical Review* 1970 in vier Abteilungen aufgeteilt, A, B, C und D. Der Umfang wuchs weiter, allerdings nicht mehr so schnell. Es entstanden jedoch zusätzliche Zeitschriften. Die Anzahl der veröffentlichten wissenschaftlichen Artikel wies, als ich es letztes Mal nachprüfte, immer noch ein exponentielles Wachstum auf. Es hat sich in der letzten Zeit vermutlich verlangsamt, bedingt durch Haushaltszwänge.

37 Wir sind vertraut mit Magneten, die Dipole sind, also zwei Pole haben: Nord und Süd. Die Physiker an Teilchenbeschleunigern bauen oft Quadrupolmagnete, die vier magnetische Pole – Nord, Süd, Nord, Süd – in einer symmetrischen Anordnung aufweisen. (*Mono* ist das griechische Präfix für »ein«.)

38 Symmetriebrechung führt zu topologischen Defekten, und die einfachsten Defekte für eine GUT-Symmetriebrechung zur Zeit $t = 10^{-34}$ Sekunden sind magnetische Monopole. Das Kausalitätsargument, das wir bezüglich der Synchronisation und Homogenisierung vorgebracht haben, läßt sich auf die Bildung von Defekten übertragen. In 10^{-34} Sekunden kann Licht nur rund 10^{-24} Zentimeter zurücklegen, und folglich müßte es in jeder Region von dieser Größe im Mittel einen Defekt geben. Diese kleine Region hat sich seitdem ausgedehnt und mißt heute etwa drei Meter. Es ist daher in jedem gewöhnlichen Zimmer mit einem magnetischen Monopol zu rechnen.

39 Die Carlsberg-Stiftung, die an der wissenschaftlichen Forschung seit langem Anteil nimmt, war ein wichtiger Sponsor des Symposiums. Die Brauerei hatte eine direkte Leitung zum Haus von Niels Bohr gelegt, so daß er ihre Inspiration stets anzapfen konnte.

40 Der beim raumfahrtinteressierten Publikum bekannteste Lagrange-Punkt ist L_5. Der in Princeton tätige Teilchenphysiker Gerard O'Neill befürwortete in den siebziger Jahren L_5 als Standort für die Errichtung künftiger Raumkolonien.

41 Ich erinnere daran, daß Slipher eine stehende Ovation erhielt, obwohl niemand begriff, was seine Daten bedeuteten.

42 Ned trug ähnlich wie Al Kogut entscheidend dazu bei, die Wissenschaftliche Arbeitsgruppe davon zu überzeugen, daß die Resultate korrekt seien und daher publiziert werden sollten. Ned entwickelte mehrere Algorithmen für die Datenanalyse und führte Simulationen durch, bei denen die DMR-Resulate unabhängig geprüft wurden.

43 Ich flog hinunter mit Steve Levin, der als Student an dem Projekt teilhatte und jetzt für JPL bei der Suche nach außerirdischer Intelligenz (SETI) mitarbeitet.

Wir flogen direkt in die Antarktis. Ein Teil des Teams – Giovanni, Marc Bensadoun, Michele Limon und Marco Bersanelli – machte eine Erfahrung, die eher der Regel entspricht. Da ihr Flug wiederholt gestrichen wurde, saßen sie mit ihrer arktischen Ausrüstung im warmen Christchurch fest. Nach einer Reihe von Enttäuschungen in aller Herrgottsfrühe flogen sie endlich nach Süden – aber nur, um auf halbem Wege umzukehren. Als die Maschine kehrtmachte, schlief Marco gerade. Erst kurz vor der Landung wachte er auf und legte seine volle Überlebensausrüstung für die Antarktis an. Beim Blick aus dem Fenster sagte er: »Ich wußte gar nicht, daß die Antarktis so grün ist« – bis er bemerkte, daß von den anderen keiner die Ausrüstung angezogen ahtte. Die Antarktis ist wirklich nicht grün.

44 Im Dezember 1992 erklärte Stephan Meyer vom MIT-Team vor der Texas-Pascos-Konferenz in Berkeley, daß ihre Ballonforschung die COBE-DMR-Resultate im wesentlichen bestätigt habe.

Teilnehmer am COBE-Experiment

Mitarbeiter

Eve Abrams
Robert Abresch
Rosa E. Acevedo
Kenton Ackerman
Mario H. Acuna
Charles Adams
Kenton Adams
Susan E. Adams
William Adams
Mary Adkins
Darlene Ahalt
Eliezer Aharonovich
Angela Ahearn
Anisa Ahmad
James E. Akers
Cheryl Albert
Charles Alecknavage
Robert Aleman
Steve Alexander
Bruce Allen
Douglas Allen
Calvin Allison
Mary Aloupis
Thomas Amacher
David Amason
Wendy Ames
Julie Anderson
Matthew Anderson
Michael Anderson
Anthony Andoll
Leonard C. Andreozzi
Earl Angulo
William Anonsen
Carol Archambeault
Mark Arend
Nerses M. Armani
Robert M. Armstrong
Richard A. Arnold
Petar Arsenovic
Jorge A. Aviles
Lois Aylor
Paul Aylor
Jon Aymon
Sabinus Azoro
Karin Babst
Neal D. Bachtell
Charles Backus
Hortense Backus
Yoon Bae
Leon Bailey
Susan Bailey
Audrey J. Baker
Donald Baker
Barry Baltozer
Peter M. Baltzell
Anthony Banday
Melvin Banks
Dale F. Bankus
Quinton Barker
Joseph Barksdale
Jeffrey Barnes
William Barnes
Richard D. Barney
Joseph Baros
Andrew G. Barr
William Barrett
Harold S. Barsch
D. E. Bartels
Michael Barthelmy
Shivanand Basappa
Lisa Basiley
Gayle Bates
John G. Bauernschmidt
Mark A. Baugh
Robert Baumann
Carl Bayne
Phyllis Bayne
David Bazell
Earl Beard
Norman R. Beard
Renate Beaver
John M. Beckham
Richard D. Beckman
Howard Becraft
Reuven Bekhokhma
Anthony J. Bello
Porfirio Beltran
Sheela Belur
Jeannette Benavides
Robert Bender
Bud Bengtson
Matt Bengtson
Charles L. Bennett
Jerome Bennett
John Bennett
Joseph Bentley

Darlene Bently
Ronald L. Bento
Erik C. Berger
Franz Berlin
Graham Berriman
Colman W. Beulah
Naren Bewtra
John Bichell
Arlene R. Bigel
Sandra Biggs
Jeffrey Blackwell
Diane Blair
Wilfredo Blance
Roycee A. Bland
Thomas Blaser
Michael Blizzard
Nathan Block
Garcia Blount
Diane Bobak
John Boeckel
Edward Boggess
Jerry T. Bonnell
Carol Boquist
Francesco Bordi
Patricia L. Bordi
Richard Bost
Rene A. Boucarut
Richard Bouchard
David Bouler
Robert Bounds
Stephen Bove
John Bowden
Donald Bower
Gordon Bowers
Gregory Bowers
William T. Bowers
Priscilla Bowers
Jeffrey Bowers
Robert F. Boyle
Barbara Bradtmueller
Christine Brandford
Regis Brekosky
Keith Brenza
Polly Bresnahan
Carrie Brezinski

Vincent J. Briani
Mildred Brice
Ronald D. Brickerd
Donald E. Briel
Thomas C. Briggs
Lawrence Bromery
Marvin Brooks
James J. Brophy
Cecilia Brown
Heather Brown
Kimberley Brown
Leonard Brown
Luther Brown
Mark A. Brown
Stacey L. Broyles
Nathan Bruce
Calvin Bryant
James Buckeridge
David Buckholtz
Spike Bukowski
James Bullock
Frances Bunevitch
Christopher Bunyea
Harold Burdick
Shawn Burdick
William M. Burgess
Carol Burke
Raymond Burkhardt
Lynette Burley
Peter Burr
Valorie Burr
Douglas Burritt
Helen Burritt
Joseph I. Burt
Scott Burtis
Gretchen Burton
Frank Bush
John Busse
Thomas Butash
James Byrd
Jerome Byrd
Wallace D. Cacho
Robert W. Cade
James Caldwell
Jody Caldwell

William Campbell
Malcolm Cannon
Vince Canali
Ciro Cancro
George W. Cantrell
Dawn Canty
Darlene Capone
Clinton Carle
Hawk Carnahan
Armen Caroglanian
Nancy Carosso
Daniel Carrigan
Donald Carson
Karen Carter
Denise Cartwright
Enrico Caruso
Paul Caruso
Ronald Cary
Christopher A. Cascia
William Case
Michael K. Cassidy
Stephen H. Castles
Joseph Cauley
Carline J. Cazeau
Jose R. Cerrato
Robert Chalmers
William Chambers
Carolyn Chandler
Florence Chandler
Po Lam Chang
Susan Chang
Chim Chao
Hwai-Soon Chen
Edward S. Cheng
Wendy Cheng
Sarada Chintala
John Chitwood
Sang Choi
Jerry Christian
Kyle G. Christoff
Paul T. Christoff, Jr.
Harry Chrysohidis
Quoc Chung
Se Chung
Juan Cifuentes

Larry Clairmont
David Clark
John Clarke
Carroll Clatterbuck
Kenneth Claytor
Steve Clemenson
James Cleveland
Lawrence Cline
Wanda Clingerman
Joel Cohen
Robert Coladonato
Alexander M. Coleman
Maude Coleman
Melanie Coleman
Roy Coleman
David Collier
Ernest Collins
Jesoph Colony
Jack Commerford
Kevin Connell
Michael W. Connor
Richard A. Conte
Eric Cook
Lawrence Cook, Jr.
JAn Cooksey
Carollyn Cooley
Gerald Cooper
Nabil Copty
Julie Corry
Kenneth C. Cory
Donald Cosner
David Cottingham
Jim Cottrell
Jack Coulson
Grady Cox
Stephen R. Cox
Carole A. Cramer
Eric Cramer
Allen J. Crane
Melvin Crompton
Donald F. Crosby
Leigh Croteau
John Crow
Patrick Cudmore
Donald D. Culin
David W. Culver
Carlos Cumberbatch
Robert Cummings
Herbert Cunningham
Ada Curtis
Angela Curtis
Cynthia Curtis
Omar S. Custodio
William Daffer
Terry Daley
Lisa Dallas
Christopher Daly
Richard Dame
Charles Dan
Anthony Danks
Nicholas D'Apice
David Dargo
Henry H. Darin
Donald D. Davis
Glen Davis
Lloyd D. Davis
Mitchel Davis
Giovanni De Amici
Robert DeFazio
Wallace DeGrange
Donald Deibler
Casey Dekramer
Thomas Delaney
Ronald C. Delbrook
Robert Denhardt
Marion DePriest
Larry W. Derouin
Rebecca J. Derro
Ashok Desai
Michael Devett
Edward Devine
Jenell Dewitt
John Di Bartolo
James Dieter
Donald Diggs
Deborah A. Dionisio
Michael Dipirro
Elain C. Dixon
Ronald L. Dixon
James Dodd
Leon Donde
Martin J. Donohoe
Robert Dorn
Hal Dougherty
Andreas Doulaveris
Ernst Doutrich
Dewey Dove
Gully Dowdy
Maurice Dowdy
William Doyden
Theodore Drabczyk
Robert Drollinger
Donna Drummond
Michael Drury
Joseph Ducosin
Cedric Duffield
Thomas Dugan
Betty Dumas
Larry Dumonchelle
Clyde E. Duncan
Anthony Dunston
Jeff Durachta
Dale Durbin
Eliahu Dwek
James Dye
Edward Dyer
Derrick A. Early
George E. Eastman
James Edelmann
Jerome Edwards
William Eichhorn
R. Einertson
Wayne Eklund
Dean Elliott
Mathew Elliott
Daniel Ely
Joseph Emmons
Roger Emralino
Robert D. Endres
Charles England
Gene Eplee
Robert Eplee
Mark E. Erickson
Thomas Erickson
Irven Errera

Steven Etchison
Karen Evans
William Evans
John Ewing
Randee Exler
Carin Facchina
Donald Fadler
Roger E. Farley
Frank H. Fash
Matthew J. Fatig
Michael W. Fatig
Francis Federline
Richard Fedorchak
Paul Feinberg
Irene Ferber
Michael Femino
Casimir A. Ferenc
Nelson J. Ferragut
Paula Ferring
Donald Field
Orlando Figueroa
Debra L. Filson
Kelvin Finneyfrock
Nova D. Fisher
Michael W. Fitzmaurice
Dale Fixsen
William H. Flaherty
Mark Flanegan
Lisa Flemming
Catherine D. Fleshman
Yury Flom
Jose Florez
Manuel Florez
Robert Flynn
Everett Fogle
Walter Folz
James Fonner
David Ford
James Fournier
Billy G. Fox
Rudolph L Foxwell
Anthony D. Fragomeni
Marcia Frances
Richard A. Franchek
Gene Francis
Joan Frank
Bryan Franz
Gregory Frazier
Richard Freburger
Martin E. Frederick
Immanuel Freedman
Richard Freeman
Thomas French
Henry Freudenreich
Robert Frey
Patricia R. Friedberg
Scott Friedman
Joan L. Fritz
Glen Fuller
Edwin H. Fung
Ronald R. Gagne
Joel Gales
Gur Gallent
John Galloway
Kevin Galuk
Frederick W. Gams
Kenneth Gardner
Christopher J. Garner
James Gary
Raul Garza-Robles
James Gatlin
Michael Gauss
Joseph Gauvreau
Gary Gavigan
Richard Gayo
John B. Geagan
Wayne Geer
Timothy C. Gehringer
Guy Germana
Earl. C. Gernert
Frederick C. Gessner
Nardinder Ghuman
Judith Gibbon
John Gibson
Carl Gieger
Phil Gill
Jeanette Gilleland
David Gilman
Carey Gire
Richard H. Gladfelter
Edward L. Glenn
Jenny M. Glenn
Kevin R. Glenn
Elva Glover
Gene Gochar
Meng Goh
James A. Golden
Carlos Gomez-Rosa
Nilo Gonzales
Lawrence L. Good
Walter Goodale
Cassandra Nix Goodall
Sebert Goodall
Wayne Goodman
William Goodyear
Diana Gordon
Krys Gorski
William Gotthardt
Ira Graffman
Randall Graham
Angela C. Grant
David Gray
Richard Gray
Alexander Green
Charles Green
Walter L. Green
Barry N. Greenberg
Thomas Greenhorn
Linda Greenslade
Jeffrey Greenwell
Ronald C. Greer
Wayne Greer
Jerry M. Greyerbiehl
George Griffin
Robert Grigsby
Celine Groden
Daniel Grogan
Frederick C. Gross
Michael R. Gross
Thomas Grubb
Kurt Grubler
Samuel Gulkis
Jeffrey S. Gum
Ved K. Gupta
Nancy Gusack

Paul Guy
John J. Habert, Jr.
Thomas R. Hackerwelder
Robert Hackley
Carl Haehner
Kathleen K. Hagan
Joseph Hage-Dagher
Sheila Haghighat
John Hagopian
Paul Haight
William B. Haile
Thomas P. Hait
Milton Halem
Gardeania Hamilton
Joseph Hammerbacker
Jeffrey J. Hampton
Ronald Hand
Paul Haney
Hagop Hannanian
Richard V. Hanold
William Happel
Thomas Harbach
Richard Harner
Abigail D. Harper
Steven Harper
Cheryl Harrington
Benjamin Harris
Charles A. Harris
Gary Harris
Horace Harris
Russell E. Harrison
Jon Harzer
Lois Haskins
Peter Hatfalvi
Michael G. Hauser
James Heaney
David Heckle
Robert D. Heidenreich
Jeffrey Hein
Doug Heine
Brian N. Helland
Hamid Hemmati
Edward Hemminger
Gerald Hempfling
John Henegar
Paul Henley, Sr.
John Henninger
David Hepler
Roberto P. Hernandez
Leon Herreid
Michael J. Hersh
Donald Hershfield
Jules Hershfield
Thomas Heslin
Dale Hetrick
Patricia Hettenhouser
Tilak Hewagama
Kevin A. Hicks
Stanley C. Hilinski
James Hill
Mark L. Hill
Paul D. Hill
Roland Hill
Thomas Hill
Lawrence M. Hilliard
R. Kenneth Hinkle
Noel Hinners
Gary Hinshaw
George Hinshelwood
Triem Hoang
Mary Hoban
Richard Hockensmith
Janet V. Hodges
Henry Hoffman
Richard Hoffman
William Hoggard
Howard Holbrook
Neil Holby
George Holland
Sue Holland
Wayne Holland
Richard Hollenhorst
Cecelia Hollis
Michael Hollis
John Holloman
David Hon
Michael A. Honaker
John Hopkins
Richard A. Hopkins
Lynn Hoppell
Lee Horning
Charles E. Houchins
Joseph K. Howard
Elmer T. Howell
Qihui Huang
Alton Hubbard
Thomas Huber
David Huff
Allen D. Huffman
Richard Hughes
Wayne Hughes
Peter Hui
Edward Hulbert
Carolyn Humphrey
Patrick W. Humphrey
Ronald Hunkeler
Cleophus T. Hunt
Darlene Hunt
Russell Hurlbert
Jamil Hussain
Mark Hymowitz
Dominick Iascone
Joseph Iffrig
Mary Igal
William Iliff
Grace Incoom
Jeffrey L. Ingream
Elaine Inskeep
Sandra Irish
Richard Isaacman
Herold Isenberg
Mury Itkin
Patrick Izzo
Bud Jackson
Mattie Jackson
Patricia M. Jackson
Peter Jackson
Robert Jackson
Willard E. Jackson, Jr.
William Jackson
Daniel Jacobs
Atul Jai
Calvin L. James
John C. James III

Joseph James
Paul James
Rita Jankowski
Michael Janssen
William Jarrell
Elizabeth M. Jay
Jane Jellison
Diane Jenkins
Eric Jenkins
Linda Jenkins
Kirk Jenkins
Kenneth Jensen
Joel Jermakian
Jay Jett
Barbara Johnson
Bernard Johnson
Carlton Johnson
Clarence Johnson
Helen Johnson
Leslie Johnson
Marva Johnson
Michael Johnson
Tamra T. Johnson
Thomas Johnson
William Jolly, Jr.
Anthony Jones
Carol Jones
David Jones
Frank Jones
Isaiah Jones
Maggie E. Jones
Morris Jones
Richard M. Jones, Jr.
Shirley Jones
Willie Jones
Shawpin Jong
Carolyn Judd
Edward Kaita
Ford Kalil
Susan Kaltenbaugh
George Kambouris
Allan L. Kane
Lisa Kane
K. S. Kannon
Linda Drexler Kanzler
Keith Kappes
Bernard F. Karmilowicz
Gabriel Karpati
Charles Katz
Lonny R. Kauder
Marvin Kaufman
Joseph Keating
Ronald Kedzierski
Phillip Keegstra
Michael E. Kefauver
Daniel Keith
Amy Kekeisen
Carl W. Kellenbenz
Michael W. Keller
John Kelly
Linda Kelly
William Kelly
Thomas Kelsall
Myron Kemerer
Steven Kempler
Cherry A. Kenney
Richard Kennon
Peter Kenny
James Kerley
Deborah D. Kershner
Robert A. Kichak
Patrick L. Kilroy
Sang Kim
Charles W. King
James S. King
Henry Kingwood
Robert Kinwell
Laurie Kipple
Frank Kirchman
James D. Kirk
Donald Kirkpatrick
Robert Kirkpatrick
Emil R. Kirwan
Francis J. Kisner
James Kistler
Jan Kjellberg
Bernard J. Klein
Herman Kleiner
Daniel A. Klinglesmith
Douglas E. Knight
Lyle Knight
Dawn Knode
John M. Koenig
Alan Kogut
Leonid Kokourine
Diane Kolos
Andrew Korb
Carl Kotecki
Robert Kozon
Betty Kramer
William Krause
Ronald Krellen
Michael Kridler
James Krise
George Kronmiller
Donald Krueger
Timothy O. Krueger
Peter Kryszak
Michael Kulpak
Carol Kulwich
Vijaya Kumar
Robert Kummerer
Charles Kung
Michael Kurtz
Louis R. Kurzmiller
Jonathan Kutler
Huang Kwei
Alton Lacks
Carol J. Lacombe
Brook Lakew
John Lallande
Allan C. Lane
Paul Lang
James Lanks
Annette LaJoie
Rhea Langlois
Douglass J. Lankenau
James G. Lanks
James Largent
Gerald Larner
Jeanette Larsen
Kimberley Lascola
Warren C. Lathe, Jr.
Connie Lau
Robert E. Laughlin

Kenneth W. Laverly
C. Laverty
Santo Lavorata
Frank Lawrence
John Lawrence
Robert L. Leavel
Deborah Lebair
Robert S. Lebair, Jr.
Javier Lecha
Maria Lecha
Elwin Lee
Grace Lee
Norman Lee
Roger Lee
Oleina Lee-Simpson
Henning Leidecker
Joel Leifer
Roland F. Leland
Darrel D. Lemon
Margie D. Lenson
Michael Lenz
Theodore Leoutsakos
Ralph Leshun
Stephen O. Leslie
Jim M. Lester
Brian Lev
Steven Levin
Allen J. Levine
Douglas B. Leviton
Edward P. Lewis
William Lewis
Robert Light
Michele Limon
Michael Lin
Celeste Lindsay
Raymond Lindsay
Jerome Lindsey
John Lindsey
Charles Lineweaver
Loren Linstrom
Moussa Lishaa
Casey Lisse
Donald E. Lloyd
Patrick K. Lo
Charles David Lockhart
Karen Loewenstein
Barry R. Lohr
Catherine A. Long
Lois Long
Gerald Longanecker
Manuel P. Lopez
Blake Lorenz
John Lorenz
David L. Love
Brian Lowe
Crockett Lowe
Barbara Lowery
Paul Loyd
Philip M. Lubin
Ray A. Lundquist
Lorraine Lust
Ronald A. Luzier
Michael Lynch
Gene McAlicher
Marsha McBride
Dennis McCarthy
Patrick McCaslin
Marty McClure
Sidney McClure
Matthew McCoy
Duane K. McDermond
Buck McDonald
Darrell McDonald
Deborah McDonald
Gary A. McDonald
James McDonald
Mickey McDonald
Renee McDonald
Wesley McDonald
William R. McDonald
Olivia V. McFarlane
William McGunigal
Daniel C. McHugh
Walter McKenny
Christopher McLeod
John McMahon
Joyce McMurtrey
Vernon B. McNeill
Snehavadan Macwan
John McWilliams
Sean Madine
Laurence E. Madison
Timothy J. Madison
Edward Magette
Thomas Magner
Jeffer M. Mahmot
Robert Maichle
David Maitland
John A. Majane
Angela E. Majstorovic
Andrew Makar
James A. Mallin
William A. Mamakos
George Mangum
Kevin Mangum
John Mangus
Amil Mann
Mark Mann
Roland R. Manning
Dominic Manzer
Daniel Marinelli
Paul Marionni
Jane Marquart
Thomas H. Marsh
Anthony Marshall
Dale Marshall
Earl Martin
Frank Martin
Pilar Martin
Robert Martin
Gregory Martins
John Maruschak
John Marvin
Clair L. Maschauer
Shirley Masiee
James Mason
Derck Massa
John C. Mather
Eric Mathis
Philip Matthews
Andrew Mattie
Carman Mattiello
Kelly Mattis
Roger Mattson
Henry Maurer

Mary S. Maxwell
L. Eliezer May
Houston Mayhall
Riley Mayhall
Frank Mayo
James O. Mayor
George Meadows
Robert D. Medlock
David Medwedeff
Cindy A. Meisner
John Mejane
Nicolas V. Mejia
Fred C. Menage, Jr.
John Mengel
Robert Menrad
Maureen Menton
Sandra L. Mercil
Darrell Merrill
James Metz
Harold Meyer
Stephan S. Meyer
William H. Meyer
Joseph Miko
Laura Milam
Malcolm B. Milam
Andrew Miller
Anthony Miller
Barry Miller
Curtis Miller
Grace Miller
Henry Miller
Kelly A. Miller
Mark Miller
Paul Miller
William Miller
James Milligan
James Mills
Marilyn Mills
Richard C. Mills
Thomas Mills
Paul Milwicz
Linda Miner
James Ming
Peter Minott
William Mish
Darryl Mitchell
Joel Mitchell
Kenneth Mitchell
Reginald S. Mitchell
Mila Mitra
Faye Mitschang
Herbert J. Mittleman
William Mocarsky
Gary Moffatt
David Mok
Stephen Monk
Clarence R. Monn, Jr.
Patrick Moody
Keith Moore
John Mooring
Armando Morell
Barbara Moroz
Carolyn Morris
Richard Morris
Samuel H. Moseley, Jr.
Carol L. Mosier
Mahmoud M. Motamedamian
Doug H. Mount
Charles Moutoux
Faye Movahhed
Paul Mowatt
Ronald C. Moxley
Earl Moyer
Donald C. Muganda
Joseph Muller
Ronald M. Muller
James Mullins
Jeggery Mullins
Michael Mumma
James Munford
Joseph A. Munoz
Alan Murdock
Thomas L. Murdock
Kenneth Murphy
Paul Murray
William Myers
David Nace
Edward Nace
Jolyn Nace
Roy Nakatsuka
Cookie Namkung
Richard Nash
Elaine Nelson
Norman Ness
Hellen Neumann
Douglas Newlon
Phillip Newman
Son Ngo
Tu Nguyen
Lawrence Nichols
Harry Nikirk
David Niver
Peter Noerdlinger
Louis M. Norman
Linda Norsworthy
Marci Norton
Ramon T. Novo
Prasad Nune
Joseph O'Connor
Nils Odegard
Sten Odenwald
Ted Ogelsby
John H. Olesen
Leonard Olson
Terence P. O'Neill
Matthew A. Opeka
David Orbock
Richard L. Ore
Becky M. Ortega
Edmond Oser
West Over
Linda Owens-Ryschkewitsch
Larry Pack
John Packard
Frank Paczkowski
Stephen J. Paddack
Nancy Painter
David Palace
Mark Palini
Aliza Panitz
Bradford H. Parker
Mark Parker
Brenda Parkinson

Jeta C. Parraway
Lilian Parraway
Ziba Parsa
John Parsons
Herb Pascalar
Suryakant M. Patel
Lilian Patrick
Robert W. Patschke
Frederick Patt
George J. Pattison
Nancy Patton
Steven Patton
John Paulkovich
Dan A. Payne
Jack Peddicord
Jeffrey Pedelty
David Perretin
Freddie L. Perry
James C. Perry
William Perry
George Peters
Robert L. Peterson
Steven Peterson
Yvonne Peterson
David C. Pfenning
Dung Pham
Minh C. Phan
James E. Phenix
John Phillips
Robert Phillips
George Pieper
Brian Pierman
Fred Pirnia
Ryszard L. Pisarski
Samuel Placanica
Barbara Plante
Jürgen P. Pleines
Walter Plesniak
John Pocius
James Poland
Darrel J. Poloway
Karen Pope
Bradley J. Poston
Donald N. Potter
Angela Powell
Bernard Powell
Carl Powell
Gwendolyn Powell
Charles Powers
Edward I. Powers
Michael K. Powers
Urmila Prasad
Quain S. Prather
Lawrence A. Pratt
Henry Price
Robert Price
Phillip C. Prichard
Theresa Proctor
Harper Pryor
David Puckett
John Pyle
Chadwick T. Quach
Edward R. Quinn, Jr.
Harvey Rabinowitz
William Raborg
Marie Rabyor
Atul Rae
Paul Ragan
Rebecca Ragusa
H. K. Ramapriyan
Rajendra G. Ramlagan
Ramjit Ramrattan
Abraham Ramsey
William Rappel
Roger Ratliff
Lowell Rau
Anne Raugh
Gayle Rawley
Shirley Read
Ronald C. Rector
Kevin Redman
Yvonne Denise Reed
William J. Regan
Jim K. Reidy
Leshun Relph
Albert Renner
Bruce W. Rentch
Kirk Rhee
Catherine Richards
Donald Richardson
George Richardson
Carl Riffe
Carl Riley
Nancy Rinker
Wyatt Rinker
Katharyn Rivas
Michael Roberto
Dwight Roberts
Joan Roberts
Deloris Robinson
George Robinson
James Robinson
Jerry Robinson
Jon W. Robinson
Vernon Robinson
Willie G. Robinson, Jr.
Jill Rock
Edward Rodriguez
Guillermo E. Rodriguez
Otilia I. Rodriguez-Alvarez
Thomas Roegner
James S. Rogers
Lonnie Joe Rogers
Laurie Rokke
Kent G. Roller
Richard R. Rolnicki
Arlett Romano
Juan Roman-Velazquez
Anthony Rondeau
Francis A. Rondeau
Giulio Rosanova
Lawrence Rosen
Jacob Rosenberg
Robert Rosenberry
Charles Ross
Peter Rossoni
Anthony Rota
Charles Roten
Betty Rowdon
Shelley Rowton
Mary Royce
Laddawan Ruamsuwan
Gregory A. Ruck
Janet K. Ruff

Arthur P. Ruitberg
George Rumney
Richard Runyon
Shirley Rupp
Thomas Russell
P. Russo
Richard C. Rutkowski
Timothy Rykowski
Michael Ryschkewitsch
John A. Ryskewich
Jack Saba
Debora B. Sabatino
William Sadler
S. R. K. Vidya Sagar
Joseph W. St. John
Andrew G. Samchuck
Henry Sampler
Robert Sanchez
Edward Sanford
Robert Sanford
Stephanie M. Sanidas
Jairo Santana
Jay Santry
Brett P. Sapper
Carol Sappinton
Mark Saulino
Dwayne A. Saunders
Rudolfo Scarpati
Clell Scearce
Charles Scharmann
John J. Schaus
George C. Scheffey
John Scheifele
William Schiflett
Richard Schmadebeck
Gregory Schmidt
Josef A. Schmidt
Sherry Schmitz
Michael Schools
Robert T. Schools
Kenneth B. Schou
Michael Schroedl
Evelyn Schronce
Diane Schuster
David Schwartz
D. P. Schwartz
Ronald Schweiger
John Scialdone
Courtney Scott
Jill Scott
Richard H. Scott
Sidner J. Scott
Kay Scoville
Stanford Scribner
Lawrence Sears
Diane Sebok
Lou Segar
Ritchie Seigel
Paul Seiler
Roman I. Semkiw
Steven Senk
Ignatius N. Serafino
Aristides T. Serlemitsos
Debra Servin-Leete
Steven Servin-Leete
Eugene V. Shackleford
Sharon Shackleford
Richard A. Shafer
Edward Shaffer
Kamlesh Shah
Michael C. Shai
Rakeev K. Sharma
John Shawhan
Oren Sheinman
Charles Sheppard
Allan Sherman
T. R. Shevlin
William Shields
David Shrewsberry
Frederick Shuman
Charles Shyr
Christopher J. Silva
Allan Silver
Robert F. Silverberg
Joyce Simcox
Robert Simenauer
Mornam F. Simms
Carl G. Simon
Stephen Simonds
Alda Simpson
Douglas Sims
Michael Singer
Kawal P. Singh
Ramesh Sinha
John Arthur Skard
Joseph T. Skladany
Edward Skolka
Rosalie Skrabak
Shereese Sloan-Smith
Marjorie A. Small
Earnestie Smart
Jan Smid
Charlene Smith
Frank Smith
Frederick M. Smith
George Smith
James Smith
Larry L. Smith
Lee Smith
Margaret Smith
William Smith
George F. Smoot
Edward Smygocki
Thomas Sodroski
Carl Solomon
Kyung-Hye Song
William Spiesman
Kathryn Spinola
Michael C. Spinolo
George R. Springham
Walter Squillari
William Stabow
Carolyn H. Stahl-Boss
Kenneth Stark
Richard A. Stavley
Joseph Stecher
Sally Stemwedel
Joseph Stephenson
Robert Steudel
Peggy Stevens
David Stevens-Rayburn
Alphonso Stewart
John Stewart
Kenneth P. Stewart II
George Stitt

Joseph Stivaletti
Neal D. Stoffer
Jonathan Stokes
Edward J. Stoner, Jr.
George Stoner
Kathryn Stoner-Jhabvala
Cedley Storey
Allan Strojny
Priscilla Struthers
Mary Jean Studer
Philip Studer
Douglas D. Stump
John Sudey
Bubby A. Sullivan
David J. Sullivan
Edward Sullivan
Thomas Sullivan
Janet Sushon
Steven G. Sutherlin
Betsy Sutton
John Sutton
Robert Sutton
Thomas L. Swales
Maximilian Swantko
John Sween
Robert Swope
Carl Sylvis
Kasimer J. Szczech
Wiktor Szczyrba
Darnell Tabb
Devin Tailor
John J. Tarpley
Cynthia Tart
Christopher M. Tasevoli
Charlene Taylor
Gerald Taylor
Karen Taylor
Muriel Taylor
Luis Tenorio
William Tereniak
Krishna Tewari
Janet Tharps
Khon Thia
Charles Thomas
William Thompson
John Thomson
Richard Tighe
Smith E. Tiller
Gary Toller
John Tominovich
Hollice Tommer
Raymond W. Topolski
Marco Toral
Hank Torrance
E. Torres
Sergio Torres
Eduardo Torres-Martinez
Gregory Toth
John Townsend
Harrison W. Toy
Paul Trahan
Alice Trenholme
Robert Trescott
Jack Triolo
Wen-Hu Tsai
Jim L. Tucker
Angela Tung
Kevin Turpie
Joseph Turtil
Timothy Tyle
Nigel Tzeng
Joanne Uber
Ralph Uline
Bernard Uphsur
A. Robert Urbach
Danny J. Utley
Sandra Vanderweit
Don A. Van Gundy
John T. Van Sant
Michael Van Steenberg
Jack Van Zant
Barbara Vargo
George E. Varndell
Barbara Varosi
Edwin Vaughan
Gilbert Velasco
Thomas J. Venator
Ravi Venkataraman
Ralph Vidnovic
Jancilon Viegas
Michael Viens
Milton Vineyard
Michael Vinton
David W. Voight
Daniel Volonakis
Eugene Volpe
Stephen M. Volz
Robert G. Voorhees
Clarence Wade
Carl Walch
James Wall
Nancy Walpole
Mark Walter
Kenneth Walters
David Wampler
Harte Wang
Dalroy Ward
Douglas Ward
John Ward
Rodney Ward
Shari Warner
Timothy Warner
David K. Wasson
Donald Watson
Sharon Watson
Robert C. Weaver
John Webb
Richard R. Weber
Brooke Webster
Timothy Wechsler
Janet Weiland
Ronald C. Weimer
Howard Weiss
Rainer Weiss
Robert Welbourne
Dott Wells
Jerry A. Wells
Robert F. Wendler
Albert West
Donald West
Steven M. West
Mark Westerman

David Wheeler
Benjamine White
Carrie J. White
Charles A. White
Debra White
Richard White
Rickey L. White
Steven White
Raymond Whitehead
Raymond Whitley
Edward Wienike
Sandra Wigton
David T. Wilkinson
Bernadette Williams
Billy B. Williams
Domenica Williams
Herman Williams
Michael Williams
Seth Williams
Steven Williams
Clayton Wilson
Denise Wilson
Edward Wilson
John Wilson
Lisa Wilson
Meridith Wilson
Reid Wilson
Richard Wilson
Thomas L. Wilson
Robert T. Wimsatt
Julia Winkler
Allan N. Winters
Howard Witcher
Christopher Witebsky
Berl Wittig
Carl Wittman
John Wolfe
Robert Wolfe
John Wolfgang
Gary Wolford
Jack Wolsh
James Wood
Roger Wood
Rose Wood
Steven Wood
Christopher Woodhouse
Natalie Woodson
William Woodyear
Lois Workman
Everett Worley
Louis Worrel
Barbara Wrathall
Edward L. Wright
Leroy Wright
Robert Wright
J. Andrzej Wrotniak
David Wyckoff
David Wynne
Michael Yachmetz
John Yagelowich
John H. Yamada
Jack Yambor
Jaya Yodh
David D. Yoest
Song Yom
Suk J. Yoon
Anthony Young
Earle Young
Kenneth Young
Kimberly Young
Peter Young
Stephania B. Young
Wesley Young
John L. Zahniser
John Zaniewski
Jane Zellison
Gerald R. Zgonc
David J. Zillig
Jerry Zimmerman
Lynne Zink

Unternehmen

AeroJet General
Applied Research Corporation
AT&T Information Service
Ball Aerospace Systems Division
Bendix Field Engineering Corporation
Berkshire Technologies
City Wide Security Services, Inc.
Computer Bades Systems, Inc.
Computer Sciences Corporation
Electomagnetic Sciences, Inc.
Electronic Associates, Inc.
Engineering & Economic Research
Fairchild Space Company
Ford Aerospace Division
General Electric Corporation
General Sciences Corporation
Hughes Aircraft Company
Hughes STX Systems Corporation
Information Development & Applications, Inc.
International Business Machines
J. H. Lawrence Corporation
McDonnell Douglas, Inc.
NSI Technical Services Corporation
NYMA, Inc.
OAO Corporation
RMS Technologies, Inc.
Science Application Research
Science Systems Applications, Inc.
Stanford Telecommunications
Swales & Associated, Inc.
UNISYS
Universities Space Research Association

Empfehlenswerte Literatur

Alfvén, Hannes: *Worlds-Antiworlds.* W. H. Freemann, San Francisco 1966.

Arp, Halton C.: *Quasars, Redshifts, and Controversies.* Interstellar Media, Berkeley, California 1987.

Barrow, John/Silk, Joseph: *The Left Hand of Creation: The Origin and Evolution of the Expanding Universe.* Basic Books, New York 1983.

Cornell, James: *Bubbles, Voids, and Bumps in Time: The New Cosmology.* Cambridge University Press, New York 1989.

Davies, Paul: *Prinzip Chaos. Die neue Ordnung des Kosmos.* C. Bertelsmann, München 1988.

The New Physics. Cambridge University Press, New York 1987.

Coming of Age in the Milky Way. William Morrow, New York: 1988.

Ferris, Timothy: *The Red Limit.* William Morrow, New York 1977.

Gamow, George: *The Creation of the Universe.* Viking, New York 1957.

Mr. Tompkins in Paperback. Cambridge University Press, New York 1965.

Gribbin, John: *Jenseits der Zeit.* Bettendorf, München 1994.

The Omega Point: The Search for the Missing Mass and the Ultimate Fate of the Universe. Bantam, New York 1988.

Guth, Alan/Steinhardt, Paul: *The Inflationary Universe. Scientific American.* January 1990, S. 116–128.

Harrison, Edward: *Kosmologie. Die Wissenschaft vom Universum.* Dannstädter Blätter, 1990.

Hawking, Stephen: *Eine kurze Geschichte der Zeit.* Rowohlt, Reinbek 1988.

Krauss, Lawrence M.: *The Fifth Essence: The Search for Dark Matter in the Universe.* Basic Book, New York 1989.

Layzer, David: *Die Ordnung des Universums.* Insel, Frankfurt a. M. 1994.

Learner, Eric: *The Big Bang Never Happened.* New York 1991.

Lemaître, Georges: *The Primeval Atom.* Van Nostrand, New York 1950.

Lederman, Leon/Schramm, David: *Vom Quark zum Kosmos.* Spektrum Akademischer Verlag, Heidelberg 1990.

Lightman, Alan P.: *Ancient Light: Changing View of the Universe.* Harvard University Press, Cambridge, Mass. 1991.

Longair, Malcolm: *The Origins of Our Universe.* Cambridge University Press, New York 1991.

Overbye, Dennis: *Das Echo des Urknalls. Kernfragen der modernen Kosmologie.* Droemer Knaur, München 1991.

Parker, Barry: *Invisible Matter and the Fate of the Universe.* Plenum Press, New York 1989.

Reeves, Hubert: *Atoms of Silence.* MIT Press, Cambridge, Mass. 1981.

L'heure de s'enivirer: L'univers a-t-il sens? Paris 1986.

Patience dans l'azure: L'évolution cosmique. Paris 1981.

Riordan, Michael/Schramm, David: *Die Schatten der Schöpfung. Dunkle Materie und die Struktur des Universums.* Spektrum Akademischer Verlag, Heidelberg 1993.

Schilling, Govert: *De Salon van God: Spuertocht naar de Architectuur van de Kosmos.* Wereldbibliotheek, Amsterdam 1993.

Silk, Joseph: *Der Urknall. Die Geburt des Universums.* Birkhäuser, Freiburg 1990.

Trefil, James: *Fünf Gründe, warum es die Welt nicht geben kann. Die Astrophysik der Dunklen Materie.* rororo, Reinbeck 1992.

The Moment of Creation: Big Bang Physics from Before the First Millisecond to the Present Universe. Macmillan, New York 1984.

Weinberg, Steven: *Die ersten drei Minuten. Der Ursprung des Universums.* Piper, München 1978.

Danksagung

Die ehrfurchtgebietenden Geheimnisse des Universums schlagen uns alle in ihren Bann. Dieses Buch versucht, dem Leser, der Leserin etwas von dem Staunen und der Begeisterung der Forscher zu vermitteln. Dankbar erkennen die Autoren an, daß sie in der Schuld der Allgemeinheit stehen, die durch ihre Steuern die Mittel bereitstellt, die unsere Arbeit ermöglichen. Ich danke den amerikanischen Stellen – der NASA, dem Energieministerium und der National Science Foundation –, die diese Arbeit auf vielfache Weise unterstützt haben, besonders aber durch ihre Stützpunkte und Laboratorien, darunter das Lawrence Berkeley Laboratory, das Space Sciences Laboratory, die National Scientific Balloon Facility, die Südpolarstation, NASA Ames, das Goddard- und andere Raumfahrtzentren und die zahlreichen anderen Observatorien und Wissenschaftszentren. Die Mitarbeiter dieser Einrichtungen waren hochqualifiziert und zeigten größte Einsatzbereitschaft. Die Zusammenarbeit mit ihnen war uns ein Vergnügen und eine Ehre. Mein besonderer Dank gilt den Leitern der LBL Physics Division – Bob Birge, Dave Jackson, Pier Oddone und Bob Cahn – und den Direktoren des Space Sciences Laboratory – Kinsey Anderson, Buford Price und Chris McKee – für ihre Unterstützung und für die Bereitstellung sehr anregender, kreativer und produktiver Forschungsmöglichkeiten.

All diese Unterstützung und die ganze Infrastruktur wären unfruchtbar geblieben ohne ein leistungsfähiges Bildungswesen. Dank spreche ich meinen Lehrern aus, angefangen vom ersten Schuljahr bis hinauf zur Universitätsebene. Auf jeder Stufe erhielt ich Gelegenheit und erfuhr ich Ermutigung, zu lernen und das Werk früherer Generationen zu studieren. Meine Lehrer weckten in mir Respekt vor dem Wissen und vor Büchern (noch heute fällt es mir schwer, mich von einem Buch zu trennen), Lernfreude und Wißbegierde. Die Aufgabe meiner Professoren auf dem College war einfacher: mir den Wissensschatz, den Gelehrte der Vergangenheit angehäuft hatten, zugänglich zu machen und mich zu ermutigen, meine eigenen Interessen und Neigungen zu entdecken. Ich danke denen, die am MIT meinen Bildungsgang geleitet haben: Victor Weisskopf, Philip Morrison, Steven Weinberg und viele andere. Besonderer Dank gilt meinem Doktorvater, David H. Frisch, der mir die Experimentalphysik nahebrachte und mich in jenen Aspekten unterrichtete, die nicht in Lehrbüchern vorkommen, und Luis W. Alvarez, der diese Ausbildung in Berkeley fortführte und mich dazu anregte, meinen Interessenbereich zu erweitern. Die hohe Qualität der Universitäten und der durch sie vermittelten Bildung und Ausbildung ist einer der größten Aktivposten unseres Landes.

Natürlich fängt alles zu Hause an, und ich muß meiner Familie und meinen Freunden für ihre Ermutigung und fortgesetzte Unterstützung danken. Besonders hervorheben möchte ich die Rolle meiner Mutter, die mir umfangreiche Förderung angedeihen ließ und mir als Persönlichkeit und als Lehrerin der Naturwissenschaften ein glänzendes Vorbild war. Sie flößte mir Achtung vor Kultur und Bildung ein und prägte meine Neigung dafür. Mein Vater wirkte durch seine Aktionen und Leistungen als Vorbild – ein Forscher und Abenteurer im Übergang von den alten Traditionen zur neuen wissenschaftlichen Forschung.

Meine Freunde, besonders Julian und Connie, zeigten viel Verständnis für mich und verziehen mir die vielen Stunden, die ich ihnen im Namen von Kunst und Wissenschaft vorenthielt.

Die kosmologische und naturwissenschaftliche Forschung ist insgesamt ein großangelegtes Unternehmen mit vielen Beteiligten. Bei denen, die ihre Anstrengungen diesem Unternehmen widmen, stehen ich und die übrigen Mitglieder meines Teams in tiefer Schuld. Ihre Arbeit bereichert uns alle auf vielfältige Weise. Was in diesem Buch beschrieben wird, beruht auf den schwererrungenen Leistungen sehr vieler Mitwirkender. Es war mir ein Vergnügen, mit vielen von ihnen zu arbeiten, seien es prominente Wissenschaftler oder weniger bekannte Forscher, seien es Ingenieure und technische Mitarbeiter, die, auch wenn man selten von ihnen hört, unentbehrlich sind. In Berkeley hatte ich das Vergnügen und den Vorzug, mit vielen hervorragenden Menschen zusammenzuarbeiten, darunter Jon Aymon, Hal Dougherty, John Gibson, Doug Heine, Robbie Smits und John Yamada. Nicht zu vergessen als Mitarbeiter sind viele herausragende wissenschaftliche Kollegen – Studenten, Doktoranden in ihrer Funktion als »Arbeitspferde«, Assistenten und Forschungskollegen.

Am COBE-Projekt waren ungewöhnlich viele Mitarbeiter und Kollegen beteiligt; der Anhang führt über tausend Personen auf, die zu COBE beigetragen haben. Mein besonderer Dank gilt der Wissenschaftlichen Arbeitsgruppe von COBE – Chuck Bennett, Nancy Boggess, Ed Cheng, Eli Dwek, Sam Gulkis, Mike Hauser, Mike Janssen, Tom Kelsall, Phil Lubin, John Mather, Steve Meyer, Harvey Moseley, Tom Murdock, Rich Shafer, Bob Silverberg, Rainer Weiss, Dave Wilkinson und Ned Wright – und den Mitgliedern des DMR-Teams, dessen Zusammensetzung sich mit den einzelnen Phasen des Experiments änderte. Zum DMR haben über vierzig Personen in besonderer Weise beigetragen, und sie verdienen besondere Anerkennung – wie auch all jene, die es ermöglicht haben, daß das DMR ebenso wie FIRAS und DIRBE ihre Ziele erreichten; daher ihre Erwähnung im Anhang.

Schließlich möchte ich all jenen danken, die mit diesem Buch zu tun hatten, darunter Keay Davidson, Roger Lewin, William Morrow, Maria Guarnaschelli, die das Personenregister bearbeitete, Chas Edwards, Arlene Goldberg, Kurt Aldag und die Herstellungsabteilung, unsere anderen Verleger und unser Agent John Brockman. Christopher Slye hat aus meinen einfachen Skizzen und Konzepten viele der schönen Illustrationen angefertigt, die dieses Buch bereichern. Dank möchte ich auch all denen sagen, die einzelne Abschnitte des Buches gelesen und kommentiert haben. Vor allem danke ich den Lesern, die, so hoffe ich, an diesem Buch Spaß gehabt und daraus gelernt haben. Sie sind das gebildete Publikum, auf das Wissenschaft und Kultur angewiesen sind.

Stichwortverzeichnis